MARKUS AENISHÄNSLIN

LE *TRACTATUS* DE WITTGENSTEIN ET L'*ÉTHIQUE* DE SPINOZA

ÉTUDE DE COMPARAISON STRUCTURALE

SPRINGER BASEL AG

Library of Congress Cataloging-in-Publication Data

Aenishänslin, Markus:
Le Tractatus de Wittgenstein et l' Éthique de Spinoza : Étude de comparaison structurale / Markus Aenishänslin.
p. cm.
Originally presented as the author's thesis (thèse d'État française), Université de Provence (Marseille et Aix-en-Provence), 1988.
Includes bibliographical references.
ISBN 978-3-7643-2508-4 ISBN 978-3-0348-8592-8 (eBook)
DOI 10.1007/978-3-0348-8592-8
1. Wittgenstein, Ludwig. 1889–1951. Tractatus logico-philosophicus. 2. Logic, Symbolic and mathematical. 3. Language and languages–Philosophy. 4. Spinoza, Benedictus de, 1632–1677.
Ethica. 5. Ethics. I. Title.
B3376.W563T73198 1993
192–dc20

Die Deutsche Bibliothek – CIP-Einheitsaufnahme

Aenishänslin, Markus:
Le Tractatus de Wittgenstein et l' Éthique de Spinoza : Étude de comparaison structurale / Markus Aenishänslin. – Basel ; Boston ; Berlin : Birkhäuser, 1993
ISBN 978-3-7643-2508-4

Originally published by Birkhäuser Verlag in 1993

Typography: Albert Gomm and M. Ae.
Printed on acid-free paper produced of chlorine-free pulp

9 8 7 6 5 4 3 2 1

INTRODUCTION

Cet ouvrage, qui est la thèse de doctorat d'État que j'ai soutenue devant l'Université de Provence à Aix-en-Provence le 30 juin 1988, mais à laquelle j'ai toutefois apporté postérieurement certaines rectifications, a pour objet la comparaison structurale du *Tractatus* de Wittgenstein avec l'*Éthique* de Spinoza.

Monsieur le Professeur Gilles-Gaston Granger, qui m'a confié le soin de cette étude comparative et en a suivi l'élaboration, et auquel je renouvelle ici l'expression de ma respectueuse gratitude, a perçu la pensée de Wittgenstein comme une transposition moderne de la doctrine de Spinoza et il lui a paru intéressant de comparer les oeuvres représentatives de ces deux auteurs que sont le *Tractatus* et l'*Éthique*.

Les travaux de Martial Gueroult m'ont guidé dans mes recherches en vue d'approfondir le système de l'*Éthique* et j'ai également mis à profit les critiques qui ont été formulées à la soutenance de ma thèse par Madame le Professeur Élisabeth Schwartz, présidente du jury.

Je remercie l'Université de Bâle, la *Freiwillige Akademische Gesellschaft* à Bâle et la fondation *Berta Hess-Cohn* à Bâle qui ont bien voulu financer l'édition de cet ouvrage. Et je suis reconnaissant aux Éditions Birkhäuser à Bâle et particulièrement à Monsieur Albert Gomm de l'attention qu'ils ont apportée à son impression tout en respectant, dans la mesure du possible, la présentation matérielle de ma thèse de doctorat.

Dans la «Première Partie» de cet ouvrage est examinée la manière dont Wittgenstein construit le monde à partir des «choses» auxquelles il confère la propriété de posséder une seule «nature substantielle» leur appartenant en propre et pouvant être ou la spatialité ou la colorité ou tout autre. Les choses existent nécessairement alliées en «configurations de choses». A toute chose correspond un «nom» et un seul, à toute configuration de choses une «configuration de noms» et une seule. Une configuration de noms est une «proposition élémentaire» susceptible d'être vraie, en ce cas la configuration de choses correspondante existe, ou d'être fausse et la configuration de choses correspondante n'existe alors pas. Une configuration de noms existe éternellement, même fausse, de sorte que la configuration de choses correspondante est préfigurée éternellement. Lorsqu'elle n'existe pas, elle est «possible».

Toutes les configurations de choses possibles réservant une place à une chose déterminée forment le « faisceau de configurations de choses » dérivé de cette chose. Un faisceau est l'équivalent de la nature substantielle de la chose dont il est dérivé.

Les configurations existantes ayant pour origine le même faisceau de configurations de choses constituent l'unique « situation de choses » existante propre à ce faisceau; une telle situation de choses possède la nature substantielle de la chose dont le faisceau est dérivé; elle est spatiale ou colorée ou autre.

Une situation de choses n'existe pas éternellement, mais, à sa disparition, une autre advient à l'existence. La substitution continue et infinie, au sein d'un même faisceau, de situations de choses à d'autres situations de choses engendre la « parcelle de la réalité » propre à ce faisceau; celle-ci possède la nature substantielle de la chose dont le faisceau est dérivé; elle est spatiale ou colorée ou autre.

Dans l'ensemble des situations de choses formant une parcelle de la réalité, chaque sous-ensemble propre détermine un « fait » défini sur cette parcelle de la réalité. Ce fait existe dès que l'une des situations de choses du sous-ensemble existe. Il emprunte la nature substantielle de la parcelle de la réalité; il est spatial ou coloré ou autre.

La totalité des faits définis sur toutes les parcelles de la réalité est le « monde ».

Chaque fait possède une « image logique » qui n'a pas de nature substantielle et ne peut dès lors faire partie du monde; mais, ces images logiques sont à ce point proches du monde que, regroupées en des ensembles d'images interconnectées, elles en sont les limites qui jouissent ainsi d'une certaine continuité et s'apparentent à des surfaces closes, plongées dans le monde pour le limiter de l'intérieur. Ces limites sont les « sujets » dont chacun constitue la pensée d'un homme.

Les faits sont connectés entre eux de sorte que le monde bénéficie d'une continuité comparable à celle dont disposent les limites.

La connaissance des faits et la perception des limites du monde donnent à l'homme la « vue du monde ». Wittgenstein conçoit une vue « juste » par laquelle le monde se manifeste à l'homme comme un ensemble continu de faits avec toutes ses limites. L'homme doué d'une telle vue est heureux et apparaît comme étant une limite régulière et continue du monde.

Cependant, l'homme doit sa vue du monde aux images logiques dont il n'est pas lui-même l'auteur, mais qui sont produites par une instance dénommée par Wittgenstein le « vouloir ». Les images logiques étant connectées entre elles, la destruction d'une image existante ou l'adjonction d'une nouvelle image par le vouloir entraîne des modifications de la surface-limite du monde qu'est la pensée d'un l'homme.

Dans la « Deuxième Partie » est retracé le procédé par lequel Spinoza construit la « Nature naturante » au moyen de l'unique « substance » composée d'une infinité d'« attributs » dont les « modifications » finies ou infinies forment la « Nature naturée ».

Chacun des attributs possède une seule nature propre qui peut être ou l'Étendue ou la Pensée ou tout autre et transmet sa nature à ses modifications ou « modes ».

Les modes finis de l'Étendue sont les « corps » dont l'existence repose sur le principe régissant les systèmes planétaires et en vertu duquel des corps d'un type « élémentaire » appelés « corps très simples » sont unis par l'effet de leurs « mouvements » concordants pour engendrer un « corps composé », les corps composés s'alliant encore entre eux jusqu'à constituer une sorte d'ultime corps qu'on peut assimiler à un « corps maximal ».

Un corps composé est capable de transformations qui sont soumises à certaines règles relevant tant de son « plan de construction » que des plans des corps le composant et des plans des corps qui lui sont étrangers et qui viennent l'affecter.

Les modes finis de la Pensée sont les « idées »; ces idées sont de trois types: d'abord l'« idée d'un corps » qui possède un plan de construction isomorphe au plan de construction du corps et qui est comparable à un système planétaire; ensuite l'« idée d'une transformation d'un corps » qui correspond à la transformation de l'idée de ce corps ou à une « fluctuation » de cette idée; enfin, l'« idée de l'idée d'un corps ou de l'idée d'une transformation d'un corps ».

Parmi les corps composés existe le « Corps humain » et parmi les idées composées l'idée de ce corps appelée « Ame humaine ». Le Corps humain et son Ame, aux plans isomorphes, font l'homme.

L'étude des plans de construction de son Corps et de son Ame devient la préoccupation majeure de l'homme en vue de prolonger son existence, d'accéder à la connaissance de Dieu d'où il tire sa béatitude et, finalement, d'obtenir l'éternité pour une partie au moins de son Ame.

Dans la « Troisième Partie », la comparaison des deux systèmes met en évidence les points de concordance et de dissemblance de leurs constructions respectives. Il en résulte que les concepts majeurs du *Tractatus* tels que la substance du monde, le fait et le monde, l'image logique d'un fait et le sujet, la vue du monde *sub specie aeterni*, ont des concepts correspondants dans l'*Éthique*; le concept du vouloir, bon ou mauvais, fait exception et n'est pas conforme au système de l'*Éthique*.

Wittgenstein et Spinoza construisent tous les deux leur système à partir de la substance, mais, tandis que le premier aboutit au monde en tant que totalité des faits en passant par les parcelles de la réalité et par les faits définis sur elles, sans avoir ensuite recours à la substance lorsqu'il construit les images logiques et les sujets, le second n'admet rien en dehors de la substance pour parvenir à l'union de la Nature naturante et de la Nature naturée.

La pensée d'un homme wittgensteinien, conçue comme une surface close plongée dans le monde, reste étrangère au monde; l'homme spinoziste, par contre, demeure retenu par son Ame comme par son Corps à l'intérieur de la Nature naturée.

Finalement, le Dieu wittgensteinien, rendant vraies ou fausses les images logiques, appelle à l'existence les faits du monde ou les abolit. Mais Wittgenstein laisse les limites du monde, ou sujets, à l'influence du vouloir, plaçant ainsi à côté de Dieu une seconde puissance, alors que Spinoza, laissant Dieu investir toute la Nature, ne reconnaît aucune autre puissance, même subsidiaire.

PREMIÈRE PARTIE

LE MONDE
CONSTRUIT PAR LE *TRACTATUS*

CHAPITRE PREMIER

LA FORME CYCLIQUE DU *TRACTATUS*

1
La numérotation des thèses du *Tractatus*

Dans le *Tractatus*, Wittgenstein exprime ce qu'il appelle le «poids logique des thèses»[1] par des nombres décimaux qui jouent en même temps le rôle de numéros de thèses. Faut-il lire les thèses dans l'ordre apparent de leur seule succession? Ne faut-il pas greffer les numéros sur une trajectoire de forme cyclique de façon à ce que certaines thèses, lues une première fois, soient relues ultérieurement?

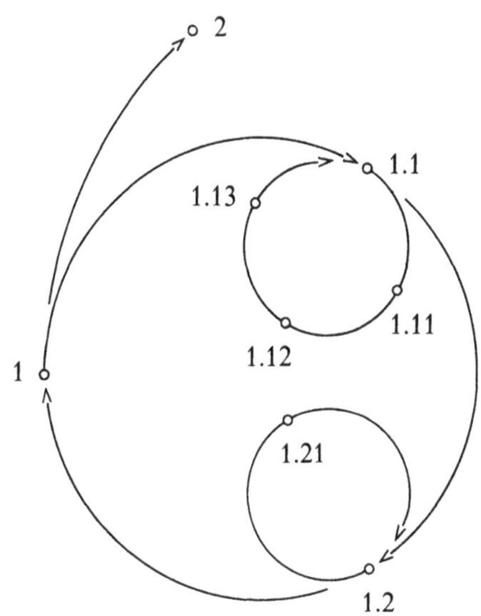

Par exemple, le début du *Tractatus* peut être lu ainsi:

1 Le monde est tout ce qui se produit là.

1.1 Le monde est la totalité des faits, non pas des choses.

1.11 Le monde est déterminé par les faits et par cela même que ce sont *tous* les faits.

1.12 Car la totalité des faits détermine ce qui se produit là et aussi tout ce qui ne va pas se produire là.

1.13 Les faits dans l'espace logique sont le monde.

1.1 Le monde est la totalité des faits, non pas des choses.

1.2 Le monde se fragmente en faits.

1.21 Quelque chose [*Eines*] peut se produire là ou ne pas se produire là, et tout le reste peut demeurer inchangé.[2]

1.2 Le monde se fragmente en faits.

1 Le monde est tout ce qui se produit là.

2 Ce qui se produit là, le fait, est l'existence [*das Bestehen*] d'états de choses.

On pourrait imaginer une édition du *Tractatus* où certaines thèses seraient reproduites à plusieurs endroits selon les phases successives de l'exposé. Si l'on accepte une telle répétition des mêmes thèses, l'interprétation des thèses 1, 1.1, 1.11, ..., 2 est la suivante: le monde est, selon la thèse 1, la totalité d'instances d'un unique type nommé: «ce qui se produit là»: *das, was der Fall ist.* L'expression *der Fall sein* signifie moins une situation ou un événement en soi que l'existence incontestable d'une situation ou d'un événement. Ainsi, dans l'expression «ce qui se produit là», il faut insister sur le pronom «ce»: *das*, qui indique des instances susceptibles de se produire là. Toute instance dont on ne saurait dire qu'elle se produit là, est exclue du monde. Cette exclusion suggère qu'il peut y avoir des instances en dehors du monde. La thèse suivante (1.1) confirme qu'il existe des instances autres que celles dont la totalité est le monde: les choses, *Dinge*, et introduit une nouvelle instance, les «faits»: *Tatsachen.* L'explication de ces termes est remise à plus tard, car la troisième thèse (1.11) indique que le monde est distinct de tout le reste grâce aux faits, à condition qu'il n'en manque aucun pour constituer une totalité. De la quatrième thèse (1.12) il appert que tout ce qui est exclu de se produire là, constitue une anti-totalité vis-à-vis de la totalité de ce qui se produit là. Ces deux totalités sont déterminées par celle des faits; ce qui finalement ne se produit pas là, constitue une instance virtuelle et le monde est la totalité de certaines virtualités réalisées. Selon la cinquième thèse (1.13) les faits se situent *in alio*, à l'intérieur d'une autre instance que le monde, appelée «espace». C'est à condition d'être situés à l'intérieur de cet espace que les faits constituent le monde, mais il est possible que cet espace, qui est de nature logique, déborde le monde.

Après la thèse 1.13 il faut relire la thèse 1.1 pour l'expliciter: la totalité des choses, même si elle se trouvait également à l'intérieur de cet espace, ne serait pas le monde. La totalité des faits détermine la totalité de ce qui se produit là et son anti-totalité depuis l'intérieur de l'espace logique (1.12); elle détermine seule son contenu sans que l'espace logique n'intervienne dans l'avènement des faits (1.11).

Selon la thèse 1.2, les faits ont leur origine dans la fragmentation du monde: le monde se fragmente en faits: *zerfällt in Tatsachen*. Le préfixe *zer* indique un processus de fissuration produisant des morceaux qui, désagrégés, tombent les uns après les autres, si bien que l'idée de «tomber en ruine» n'est pas étrangère à cette thèse 1.2. De cette désagrégation ne sort qu'un seul type d'entité, le fait; les morceaux du monde, restant ensemble, constituent une totalité, *Gesamtheit*, qui demeure monde. Le monde antérieur à la fragmentation était un Tout: *ein Ganzes*. Quand il sera question de changer les limites du monde, on apprendra que le monde doit être appréhendé comme un Tout et l'on se souviendra de cette distinction entre le monde fragmenté en faits et le monde pris en entier. Le verbe *zerfallen* est au présent; faut-il en conclure que ce processus de fragmentation ne s'arrête pas? En tant que le monde est *in statu dilabendi*, ses débris se logent dans l'espace logique, mais il n'est pas dit que le monde en tant que Tout y soit également logé.

Si l'on envisage deux instances qui peuvent se produire là, aucune des deux n'a le pouvoir, en se produisant ou en s'abstenant de le faire, de forcer l'autre à se produire ou à ne pas le faire, selon la thèse 1.21. Ensuite, la thèse 1.2 se relit et s'explique ainsi: quand bien même le monde se fragmenterait en une totalité de morceaux, il continuerait, lui seul, à déterminer ce qui se produit là et ce qui ne peut se produire là. Enfin, la thèse 1, relue, signifie que le monde est à la fois la totalité d'instances nommées «ce qui se produit là» et celle d'instances issues de sa propre fragmentation. A cette seconde totalité est dévolu le pouvoir de déterminer la première.

Il est temps que la thèse 2 vienne identifier «ce qui se produit là» au «fait». La thèse 1 définit le monde comme «ce qui se produit là» et la thèse 2 explicite cette expression; la thèse 2 n'est donc pas la suite de la thèse 1.21, mais de la thèse 1.

2
Le texte codé du *Tractatus*

Wittgenstein a bien voulu pourvoir de codes les parties de son texte qu'il appelle *Sätze*[1], ce qui sera traduit par *thèses*. Comme codes il choisit les signes numériques: 1, 2, 3 ..., 1.1, 1.2, 1.11, ..., 4.003, ... L'ordre de lecture des thèses peut être figuré par un graphe à condition que chaque code soit pris comme un point de départ d'une ou plusieurs flèches en direction d'autres numéros. Inversement, chaque code est le point d'arrivée d'une ou plusieurs flèches. Reliant les flèches aux flèches, le système des codes révèle une structure dynamique: il définit des itinéraires, des parcours, des chemins qui conduisent le lecteur à travers la totalité des informations du *Tractatus*.

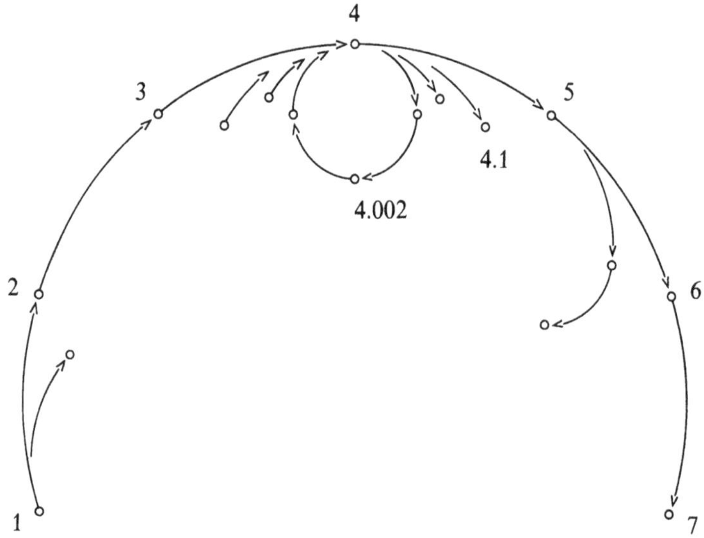

3
Le parcours cyclique de lecture

Le principe selon lequel les thèses sont reliées entre elles par des mouvements cycliques caractérise la stratégie propre au *Tractatus*. Soit, par exemple, la thèse 4: après cette thèse 4, nous lisons les thèses 4.001, 4.002 et 4.003; mais avant de poursuivre notre lecture par la thèse 4.01, nous revenons, selon le principe du mouvement cyclique, à la thèse 4; et ce n'est qu'après l'avoir relue que nous poursuivrons notre lecture par les thèses 4.01, ..., 4.06, pour revenir à la thèse 4 que nous relisons à nouveau. De là, nous repartons pour 4.1, 4.2, ..., 4.5 et nous revenons une troisième fois à la thèse 4, que nous relisons une dernière fois avant de la quitter pour la thèse 5. Le mouvement cyclique partant de cette thèse 4 est donc défini par les trois suites de numéros de thèses

S_1: 4, 4.001, 4.002, 4.003, 4,

S_2: 4, 4.01, 4.02, 4.03, 4.04, 4.05, 4.06, 4,

S_3: 4, 4.1, 4.2, 4.3, 4.4, 4.5, 4

Ce principe de mouvement cyclique a la caractéristique de demander trois retours successifs à la même thèse 4 et quatre départs de cette même thèse: la suite S_2 part de cette même thèse 4 de laquelle partait déjà la suite S_1, et la suite S_3 fait de même ... La lecture répétée de la thèse fondamentale détermine donc le mouvement logique du *Tractatus*, qui s'articule en un système de cycles et de sous-cycles. Ce mouvement cyclique est typique du développement logique du *Tractatus* de telle sorte qu'un itinéraire de lecture trace une seule ligne continue de parcours à travers cet ouvrage.

4
L'ordre des cycles

On peut distinguer six ordres de thèses dans le *Tractatus*:

- les thèses d'ordre 1, qui sont numérotées avec un seul chiffre (1, 2, 3, ...),
- les thèses d'ordre 2, qui sont numérotées avec deux chiffres (1.1, 1.2, 2.1, ...),
- les thèses d'ordre 3, 4, 5 et 6.

Correspondant à ces six ordres de thèses, on peut établir six ordres de groupes de thèses; un «groupe» de thèses assemble toutes les thèses du même ordre, thèses dont les numéros se distinguent seulement par leur dernier chiffre:

- le groupe d'ordre 1, qui réunit les sept thèses d'ordre 1,
- les groupes d'ordre 2, qui réunissent des thèses d'ordre 2,
- les groupes d'ordre 3, 4, 5 et 6.

Un groupe d'ordre n de thèses, $2 \leq n \leq 6$, est greffé sur une thèse d'ordre m, $m < n$, si les suites de chiffres marquant les thèses du groupe d'ordre n commencent par la suite de chiffres marquant la thèse d'ordre m et y ajoutent des chiffres, mais s'arrêtent après le premier chiffre différent de 0.

Les thèses d'ordre supérieur à 1 peuvent se disposer sur des cycles; on peut donc envisager cinq ordres de cycles:

- les cycles d'ordre 2, qui relient les thèses d'un groupe d'ordre 2,
- les cycles d'ordre 3, 4, 5 et 6.

Si un groupe d'ordre n, $2 \leq n \leq 6$, est greffé sur une thèse d'ordre m, $m < n$, le point figurant cette thèse sera le point de tangence du cycle d'ordre n correspondant.

Le code des numéros des thèses indique le parcours de lecture qu'il faut suivre pour atteindre l'information que contient le *Tractatus*; le «poids logique» d'une thèse se traduit par la position qu'elle occupe sur ce parcours.

5
Le parcours cyclique de la thèse 2 à la thèse 2.02

Il n'est indiqué nulle part dans le *Tractatus* qu'il y ait un ordre cyclique à suivre dans sa lecture; c'est donc un principe d'interprétation extérieur au texte qu'il faut tenter de mettre en oeuvre. N'importe quelle partie du *Tractatus* doit s'y prêter; celle qui a été choisie fait suite aux huit premières thèses qui ont été interprétées dans le premier paragraphe; elle constitue le tronçon du parcours des thèses 2 à 2.1 et commence l'ontologie. Ce parcours forme un vaste système de cycles dans lequel on entre par la thèse 2. Après bien des détours, et sans jamais atteindre la thèse 2.1, on regagne, en sortant de ce système, la thèse 2.

Lorsqu'on part de la thèse 2, le parcours oblige à suivre le cycle d'ordre 3:

$$2, 2.01, \ldots, 2.06, 2.$$

Après l'arrivée à la thèse 2.01, le détour par le cycle d'ordre 4 greffé sur la thèse 2.01:

$$2.01, 2.011, \ldots, 2.014, 2.01$$

s'impose. Sur la thèse 2.012 est greffé le cycle d'ordre 5:

$$2.012, 2.0121, \ldots, 2.0124, 2.012$$

qui oblige à faire un nouveau détour. Arrivé à la thèse 2.0123, le parcours fait encore un détour par le cycle d'ordre 6 greffé sur la thèse 2.0123:

2.0123, 2.01231, 2.0123.

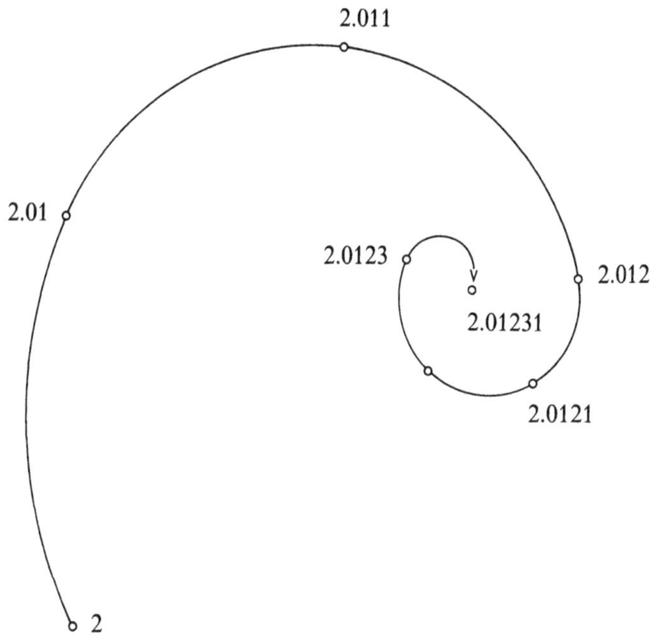

De la thèse 2.01231 il faut revenir à la thèse 2.0123, d'où le parcours passe par la thèse 2.0124 pour regagner la thèse 2.012. Le parcours vers la thèse 2.013 est alors libre, mais, à ce point, s'impose le détour par le cycle d'ordre 5:

2.013, 2.0131, 2.013.

Le parcours est à nouveau libre vers la thèse 2.0124, mais, à ce point, une fois encore, s'impose un détour par le cycle d'ordre 5:

2.014, 2.0141, 2.014.

Finalement, c'est le retour à la thèse 2.01. Ainsi, la première «étape» du cycle:

2, 2.01, . . . , 2.06, 2

s'achève par le retour à la thèse 2.01 d'où l'on peut repartir vers la thèse 2.02.

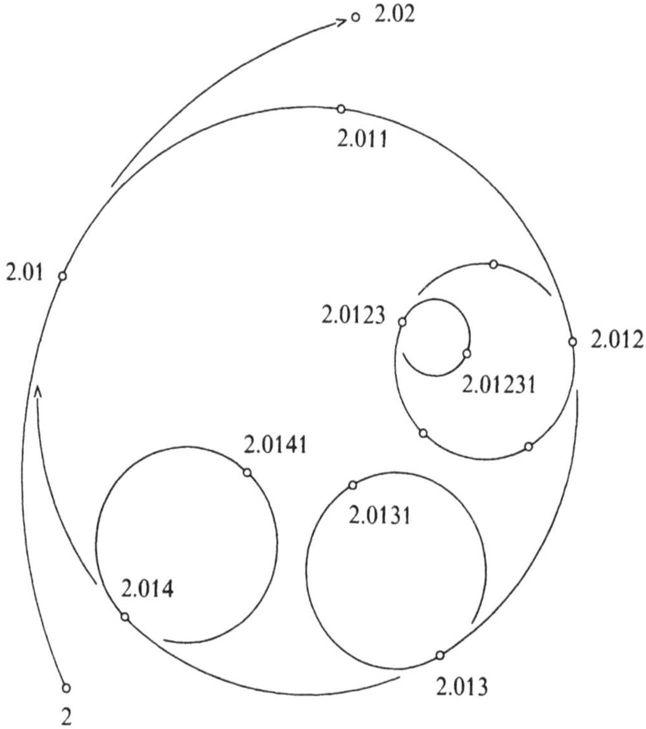

En reprenant le parcours de cette première étape, on interprète la thèse:

> «2.01 – L'état de choses est une liaison de choses [*von Gegenständen*]. (D'entités [*von Sachen*], d'objets [*von Dingen*]).»[1]

Les choses sont des entités qui, par leur «liaison», donnent lieu à la construction d'une nouvelle entité, l'«état de choses». La thèse 2 présente le fait en ayant recours aux états de choses; la thèse 2.01 qui lui succède, explique l'état de choses par les choses et abandonne le fait: cet abandon est marqué, *pro memoria*, dans le numéro 2.01 par le chiffre 0.

La thèse 2.01 a l'apparence d'une définition; elle n'est qu'une présentation indiquant le seul type d'entité qui prend part à l'état de choses. Si elle était une définition, elle n'aurait pas besoin du cycle: 2.01, 2.011, ..., 2.014, 2.01:

> «2.011 – Il est essentiel à la chose de pouvoir être partie intégrante d'un état de choses.»[2]

Wittgenstein appelle la chose *Bestandteil*, partie intégrante, en choisissant un mot dérivé du verbe *bestehen*, verbe qui exprime la permanence. Une chose qui *besteht, hat Bestand*; elle dure indéfiniment. La chose est essentiellement *Teil*, partie, d'un état de choses, duquel on ne saurait la soustraire sans l'anéantir.

La thèse 2.012 est encore une explication de la thèse 2.01:

> «2.012 – En logique rien n'est contingent: si la chose *peut* être [*vorkommen*] dans un état de choses, il faut que la possibilité de l'état de choses soit déjà [irrévocablement] préétablie dans la chose.»

Le lecteur est averti que les choses et les états de choses se trouvent dans un domaine appelé «logique» où rien n'est contingent. En fait, la possibilité de l'état de choses dans lequel la chose peut advenir *muss im Ding bereits präjudiziert sein*. Le verbe *präjudizieren* a pour origine *praejudicare*: juger quelque chose par anticipation ou même prendre des dispositions pour que les décisions à venir aient pour norme ce qui est *präjudiziert*. Qu'est-ce qui est donc *präjudiziert* dans la chose? Une certaine possibilité, celle de pouvoir être dans un état de choses.

La thèse 2.0121, première étape du cycle:

2.012, 2.0121, ..., 2.0124, 2.012,

est composée de cinq énoncés qui ont l'allure de thèses, bien qu'ils ne portent pas de numéros, et qu'on pourrait appeler «sous-thèses». Le parcours cyclique amène de la thèse 2.012 à la première sous-thèse, notée «2.0121 [1]», qui est suivie de quatre autres. Existe-t-il, comme pour les thèses numérotées, des parcours reliant une sous-thèse à l'autre? Pour répondre à cette question, il faut au préalable interpréter ces sous-thèses et la thèse 2.0122.

La première sous-thèse de la thèse 2.0121 rappelle la thèse 2.012, aux termes de laquelle l'insertion de la chose dans un état de choses ne peut être contingente:

> 2.0121 [1] – «Il paraîtrait comme [*gleichsam*] contingent qu'un état de choses pût convenir postérieurement à une chose susceptible de subsister pour elle-même.»

Ces deux thèses diffèrent cependant en ce que, énonçant l'une et l'autre une condition nécessaire à l'insertion de la chose dans un état de choses,

> la thèse 2.012 stipule que la possibilité de tout état de choses doit être préétablie dans la chose,

tandis que

la sous-thèse 2.0121 [1] spécifie que la chose ne doit pas être susceptible de subsister pour elle-même.

Si la chose parvenait à s'insérer dans un état de choses sans respecter l'une ou l'autre de ces conditions, elle ne devrait cette insertion qu'à la contingence. Or, «en logique rien n'est contingent», donc la chose doit respecter les deux conditions.

La sous-thèse 2.0121 [1] comporte le terme *Sach-Lage* au lieu de *Sach-Verhalt* utilisé jusqu'alors. Le paragraphe 6 du chapitre 5 établira la différence entre ces deux termes; il suffit pour l'instant de signaler que la sous-thèse 2.0121 [1], bien qu'intelligible si on lit *Sach-Verhalt* au lieu de *Sach-Lage*, se comprendra mieux quand toute sa signification sera donnée au terme *Sach-Lage*.

Puisque la condition nécessaire à l'insertion de la chose dans un état de choses énoncée par la sous-thèse 2.0121 [1] diffère de celle formulée par la thèse 2.012, la sous-thèse 2.0121 [1] n'est pas l'explication de la thèse 2.012. Ainsi, elle n'y ramène pas.

Ce n'est pas une des quatre sous-thèses 2.0121 [2] à 2.0121 [5] qui est la suite de 2.0121 [1], mais la thèse 2.0122 qui explicite l'impossible indépendance de la chose pressentie par 2.0121 [1]. Il existe donc un tronçon de parcours allant de 2.012 à 2.0121 [1] et de là à 2.0122:

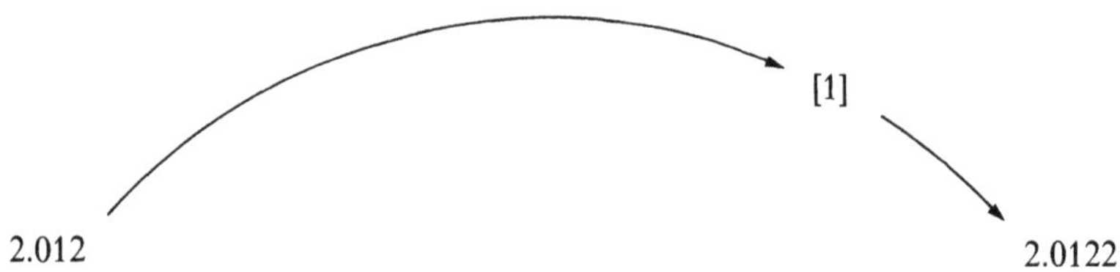

La deuxième sous-thèse de la thèse 2.0121 reprend une formule de la thèse 2.012; il convient de partir du texte original pour mettre en évidence les similitudes et les différences de ces deux formules:

> 2.0121 [2] – «Wenn die Dinge in Sachverhalten vorkommen können, so muss dies schon in ihnen liegen.»[3]

> «2.012 – In der Logik ist nichts zufällig: Wenn das Ding im Sachverhalt vorkommen *kann*, so muss die Möglichkeit des Sachverhaltes im Ding bereits präjudiziert sein.»

La sous-thèse 2.0121 [2] et la thèse 2.012 mettent l'accent sur le verbe «pouvoir»: «si les choses peuvent», «si la chose peut», et elles partent de la même éventualité de l'insertion des choses dans des états de choses. La thèse 2.012 conçoit que n'importe quelle chose peut s'insérer dans un certain état de choses à condition que ce même état de choses soit préfiguré dans la chose. La sous-thèse 2.0121 [2], elle, conçoit que la totalité des choses peut s'insérer dans des états de choses à condition que «cela réside en elles»: *dies muss in ihnen liegen*. L'expression *in ihnen liegen* signifie: «être incorporé dans la nature des choses», de sorte que dans la perspective du *Tractatus* les choses ont une essence. Le pronom démonstratif «cela», *dies*, est mis à la place de la proposition: «que les choses peuvent être dans des états de choses» et c'est donc la possibilité d'être dans des états de choses qui est l'essence même des choses. La thèse 2.012 est une des applications de la sous-thèse 2.0121 [2] et le parcours n'a pas à ramener à elle:

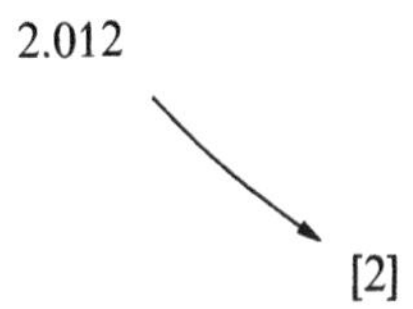

Dès la deuxième sous-thèse, le lecteur sait que si une chose s'intègre dans un état de choses, elle le fait parce qu'elle est construite dans ce but, mais il ne sait pas si ce but pourra être atteint. Alors intervient la troisième sous-thèse:

> 2.0121 [3 a] – «Quelque chose de logique ne peut pas être uniquement possible [. . .]»

La seule espèce de possibilité mentionnée jusqu'à ce point du parcours est la possibilité d'être dans des états de choses, et elle est donc «quelque chose de logique». La sous-thèse 2.0121 [3] répond à la question laissée ouverte par 2.0121 [2]: si les choses ont la capacité d'être dans des états de choses, est-il nécessaire qu'elles y soient? La sous-thèse 2.0121 [3 a] répond par l'affirmative; elle fait donc suite à 2.0121 [2]:

2.0121 [3 a] a pour corollaire:

> 2.0121 [3 b] – «[. . .] La logique traite de chaque possibilité, et toutes les possibilités sont [les] faits [de la logique].»

Quelque chose de logique est une certaine possibilité; selon 2.0121 [3 a], elle doit se réaliser. Il y a donc deux types de faits qui seront distingués ultérieurement: les uns sont à l'intérieur de l'espace logique (1.13) et leur totalité forme le monde, les autres sont les faits de la logique.

La sous-thèse 2.0121 [4] fait apparaître un sujet collectif désigné par «nous»; mais, il serait prématuré d'attribuer à ce pronom personnel «nous» le sens d'un entendement commun à tous les hommes:

> 2.0121 [4] – «De même que nous ne pouvons pas du tout penser des choses spatiales à l'extérieur de l'espace ni des choses temporelles en dehors du temps, nous ne pouvons penser *aucune* chose en dehors de la possibilité de sa liaison avec d'autres choses.»

Wittgenstein invoque l'habitude humaine de penser les choses spatiales et les choses dont la nature est la temporalité à l'intérieur de leurs «réceptacles», l'espace et le temps. Les choses substantielles doivent se penser à l'instar de cette habitude: non seulement la chose est astreinte à exister nécessairement dans des états de choses, selon la thèse 2.0121 [3 a], mais quand bien même un sujet aurait une consistance indépendante de la logique, il ne saurait la penser autrement.

La sous-thèse suivante fait apparaître un sujet individuel: je, *Ich*:

> 2.0121 [5] – «Si je puis penser la chose connectée avec d'autres choses [pour former l'état de choses], je ne puis la penser en dehors de la possibilité de cette connexion.»

Puisque le sujet, pensant la chose, doit la penser dans la connexion de l'état de choses, il subit une contrainte dont l'origine n'a pas encore été indiquée et qui le sera seulement lors de l'examen des limites du monde.

Une analyse plus approfondie montre que les quatrième et cinquième sous-thèses ne font qu'une. La quatrième sous-thèse conçoit l'hypothèse selon laquelle:

> *la chose serait en dehors de la possibilité de sa liaison avec d'autres choses*

et la rejette. La cinquième sous-thèse envisage la même hypothèse selon laquelle:

> *la chose serait en dehors de la possibilité de sa connexion avec d'autres choses,*

c'est-à-dire que:

> *il serait impossible que la chose soit connectée avec d'autres choses pour former l'état de choses,*

et finalement la rejette pour lui opposer la certitude:

> *la chose est connectée avec d'autres choses pour former l'état de choses (car je peux la penser connectée avec d'autres choses).*

Mais, si la chose peut être pensée comme connectée avec d'autres, nous n'avons pas encore l'assurance que cette connexion se réalisera. Intervient alors la sous-thèse 2.0121 [3 a]: l'insertion de la chose, en tant que possibilité de la logique, dans une configuration de choses, n'est pas uniquement possible, elle est réelle. Les deux sous-thèses 4 et 5 ne se comprenant qu'à partir de la troisième sous-thèse, il existe le tronçon de parcours:

[3 a] → [4 + 5]

Après le bloc [4 + 5] on lit la thèse 2.0122, qui apparaîtra comme sa conséquence. Elle aborde le thème de la liberté des alliances des choses, tout en précisant que de multiples états de choses offrent à la chose la possibilité d'y entrer:

> 2.0122 [a] – «La chose est indépendante pour autant qu'elle peut être [*vorkommen*] dans tous les états de choses [*Sachlagen*] *possibles*, mais cette forme d'indépendance est une forme de connexion avec d'autres choses, une forme de dépendance.»

En effet, la chose est *unselbständig*; littéralement, elle ne peut rester debout: *stehen*, par elle-même: *selbst*; elle a besoin de ses homologues pour subsister: *be-stehen*[4]; il ne peut y avoir de «splendide isolement», mais la chose a la liberté de choisir ses alliances, sous réserve, toutefois, de choisir parmi celles qui y sont prédéterminées.

Les instances dont le comportement se rapproche le plus de celui des choses sont les mots:

> 2.0122 [b] – «(Il est impossible que des mots [*Worte*] existent [*auftreten*] de deux manières différentes, seuls et dans la proposition.)»

Sur le parcours antérieur à la thèse 2.0122 il n'est pas traité du mot et de la proposition, le lecteur ignore les fonctions que Wittgenstein réservera à ces instances. Les mots peuvent exister isolés ou inclus dans une proposition, mais l'une des options exclut l'autre.

Puisque le bloc [4 + 5] vient d'énoncer que la chose existe en connexion avec d'autres choses et qu'il est impossible qu'elle existe autrement que dans l'état de choses, ce bloc est un précurseur de la thèse 2.0122 déjà pressentie par la première sous-thèse de sorte que dans 2.0122 se joignent deux tronçons:

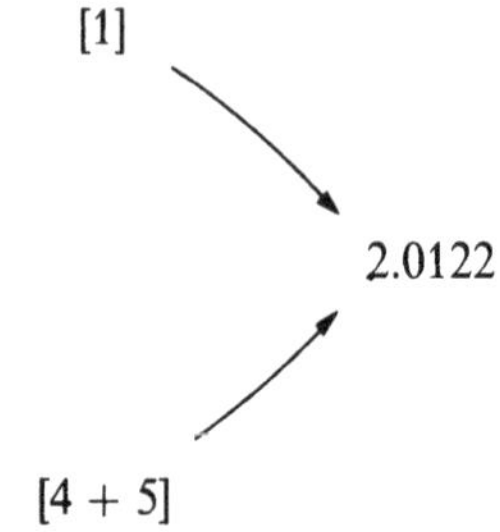

Pour la compréhension de cette thèse, ses deux antécédents sont indispensables; le premier exclut l'isolement de la chose pour éviter que l'insertion de la chose dans l'état de choses ne soit contingente, le second l'exclut pour garantir que l'existence de la chose est nécessaire. Aussi la thèse 2.0122 offre-t-elle à la chose d'être dans tous les états de choses possibles pour lui épargner l'isolement et l'oblige-t-elle à s'allier avec d'autres choses pour lui garantir l'existence.

Finalement, entre la première et la troisième sous-thèses existe un rapport. La chose, dont l'isolement est exclu par la première sous-thèse, reçoit de la troisième la garantie que son insertion dans l'état de choses se fera. Ainsi, un tronçon de parcours relie [3 a] à [1].

Il existe donc bien des parcours reliant la thèse 2.012 à certaines sous-thèses de la thèse 2.0121, une sous-thèse à une autre et, finalement, des sous-thèses à la thèse 2.0122:

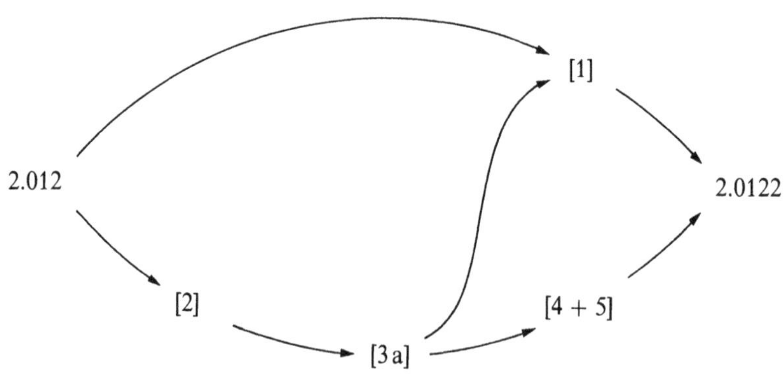

A la thèse 2.012 il serait utile de poster trois lecteurs; le premier partirait dans la direction de [1], les deuxième et troisième dans la direction de [2] pour se séparer au point [3 a]; le second rejoindrait le premier à [1] pour l'avertir du message de [3a] et le troisième poursuivrait sa route vers 2.0122 où tous les trois se rejoindraient.

Les conditions de l'existence de la chose étant maintenant déterminées, Wittgenstein examine celles qui sont nécessaires à la connaissance d'une chose:

> 2.0123 [1] – «Si je connais la chose, je connais également la totalité des possibilités de son occurrence [*ihres Vorkommens*] dans des états de choses.»

Si la thèse 2.0121 [4] apprend que le propre d'une chose est de pouvoir s'allier avec d'autres choses, la thèse 2.0123 [1] précise que les possibilités des alliances forment une totalité. La deuxième sous-thèse précise que de telles possibilités reposent uniquement dans la chose elle-même, à savoir dans sa nature; et la troisième que ces possibilités sont fixées à jamais:

> 2.0123 [2] – «(Chaque possibilité [de son occurrence dans un état de choses] doit résider [*liegen*] dans la nature de la chose.)»

> 2.0123 [3] – «Il ne pourra être trouvé ultérieurement une nouvelle possibilité.»

La première sous-thèse 2.0123 [1] est reliée par un tronçon à la première phrase de la thèse 2.0122, car si la logique dote la chose d'un ensemble d'états de choses dans lesquels la chose peut être, il faut que le sujet les connaisse tous. La deuxième sous-thèse, tout en laissant de côté le sujet, établit toutes les possibilités d'occurrence dans la nature même de la chose. Il convient de distinguer dans la chose:

1 sa construction faite aux fins de son occurrence dans des états de choses[5],

de

2 la possibilité de son occurrence dans un état de choses déterminé[6].

Le plan de construction est déposé dans l'essence de la chose, et chacune des possibilités y est préfigurée. La deuxième sous-thèse est reliée à la première et amène directement à la thèse:

> «2.01231 – Pour que je connaisse une chose, il faut que je connaisse non pas sans doute ses propriétés externes, mais toutes ses propriétés internes.»

Cette thèse permet d'identifier les possibilités de l'occurrence d'une chose dans des états de choses reposant dans l'essence de la chose aux propriétés «internes» de la chose. La troisième sous-thèse de la thèse 2.0123 peut être reliée à la deuxième: aucune possibilité d'occurrence dans des états de choses ne peut être ajoutée à celles qui résident dans l'essence de la chose; ainsi, de la troisième sous-thèse, on regagne la deuxième.

La thèse 2.01231 reconduit à la thèse 2.0123, car elle confirme que les propriétés internes sont la condition suffisante de la connaissance des choses. De la thèse 2.0123 on va à la thèse 2.0124:

> «2.0124 – Dès que toutes les choses sont données, par là même tous les états de choses *possibles* sont également donnés.»

Après les totalités et des faits[7], et des possibilités de la logique[8], et des états de choses possibles[9], et des possibilités de l'occurrence d'une chose déterminée dans des états de choses[10], Wittgenstein énonce une cinquième totalité, celle des choses, dont est fonction la totalité des états de choses à condition qu'on les mette tous dans la catégorie des possibles, même les existants. L'instance en fonction de laquelle la totalité des états de choses existants est donnée, n'est pas la totalité des choses, ni même une instance dépendant des choses, et elle ne résidera pas dans le domaine de la logique; elle sera la totalité des propositions élémentaires vraies. Quand toutes les choses sont données: *gegeben*, tous les états de choses possibles le sont également. Si commun que soit le verbe «donner», son emploi dans une ontologie amène à s'interroger sur le donneur et le bénéficiaire des choses.

Fort des informations des thèses 2.0121 à 2.0124, on doit relire la thèse 2.012 qui peut alors être comprise comme suit: la possibilité d'un état de choses déterminé préétablie dans une chose se retrouve dans chacune des choses impliquées dans cet état de choses (2.0123 [2]) et seulement dans ces choses (2.0124), et elle y est fixée éternellement (2.0123 [3]); elle est donc nécessaire (2.0123 [1]) et suffisante (2.01231) à la connaissance d'une chose. Elle se traduit par la soumission de la chose à ses alliances avec ses homologues, ne lui laissant que la liberté de préférer l'une à l'autre (2.0122). Cette possibilité, à jamais fixée, est «du logique» (2.0121 [3]), comme le seront encore d'autres possibilités ([3]). Le sujet qui pense la chose ne peut même pas être effleuré par l'idée qu'elle ne serait pas en alliance avec ses homologues ([5], [4]). Finalement, si cette possibilité de s'allier à d'autres choses existe, elle doit être immanente à la chose de toute éternité (2.0121 [2]); si la chose pouvait exister seule, ce serait un pur hasard qu'elle puisse, *a parte post*, s'enclencher dans un état de choses (2.0121 [1]), mais la logique exclut le hasard (2.012). De la thèse 2.012, comprise dans son ampleur, on part pour la thèse 2.013:

«2.013 – Chaque chose est, semblablement, dans un espace d'états de choses possibles. Cet espace, je peux le penser vide, mais je ne peux pas penser la chose sans l'espace.»

La chose se situe, d'une façon analogue aux objets spatiaux, dans un «espace» d'états de choses possibles. La première sous-thèse de la maille greffée sur la thèse 2.013 compare la chose à l'objet spatial situé, selon la mécanique classique, dans l'espace infini:

2.0131 [1 a] – «La chose spatiale doit être située dans l'espace infini.»

Dans l'expression: *der räumliche Gegenstand*, le terme *Gegenstand* laisse la porte ouverte à deux acceptions, le corps solide d'une part, la chose du système ontologique du *Tractatus*, définie par la thèse 2.01, d'autre part. Selon la sous-thèse 2.0131 [2] cet «espace infini» serait engendré par des états de choses possibles parce que les choses se situent dans des états de choses. Ainsi la chose pourrait-elle être assimilée à un «point dans l'espace» comme l'explique la parenthèse de la sous-thèse [1]:

2.0131 [1 b] – «(Le point dans l'espace est une place réservée à une variable [*eine Argumentstelle*] dans une fonction.)»

Un argument devenant opérationnel dans une fonction, la chose peut être considérée comme un argument qui intervient dans un état de choses capable de lui garder une place libre. Tant que la chose ne vient pas occuper cette place, l'état de choses reste possible. Puisqu'une chose est contrainte à s'allier avec d'autres choses pour exister, il faut une multiplicité d'alliances disponibles entre elles et d'autres choses pour satisfaire à cette contrainte. Ces alliances possibles et disponibles «étendent» l'«espace» de tous les états de choses dans lesquels une chose déterminée, toujours la même, peut s'insérer. La première phrase de la sous-thèse 2.0131 [2] prend pour modèle l'espace de la «colorité»: *Farbenraum*:

2.0131 [2 a] – «La tache dans le champ visuel doit non pas nécessairement être rouge, mais avoir une couleur: [la tache] est pour ainsi dire environnée de l'espace de la colorité.»

L'expression: *la tache dans le champ visuel* doit être assimilée à un état de choses réservant une place à la chose dont la nature est la colorité. *L'espace de la colorité*, *Farbenraum*, qui environne la tache dans le champ visuel évoque l'«espace» engendré par des états de choses réservant chacun, d'éternité en éternité, une place à cette chose dont la nature est la colorité.

Cependant, il semble découler de la formule: *cette tache doit avoir nécessairement une couleur*, que cette chose doit effectivement occuper, dans un certain état de choses, la place qui lui est réservée. Un état de choses au moins réservant une place à la chose dont la nature est la colorité, existe alors.

En conclusion, l'espace des états de choses dans lesquels une chose déterminée peut s'insérer comporte au moins un état de choses existant.

Il doit être précisé que sont incolores: la chose dont la nature est la colorité (2.0232), chacun des états de choses lui réservant une place et, finalement, l'espace engendré par ces états de choses.

Ce point acquis, on doit retourner à la thèse 2.013:

> 2.013 [b] – «[L'espace des états de choses possibles] je puis le penser vide, mais non pas la chose sans l'espace.»

En effet, un état de choses dans lequel une chose manque au rendez-vous est un état de choses possible qui subsiste en tant que «fait» de la logique. L'espace des états de choses possibles subsiste donc en l'absence de la chose. Si l'espace n'est pas vide, la chose est présente, et l'état de choses existe; s'il est vide, l'état de choses n'existe pas. Une seule chose peut occuper la place réservée:

> 2.0131 [2 b] – «Der Ton muss *eine* Höhe haben, der Gegenstand des Tastsinnes *eine* Härte usw.»[11]

A une chose n'est réservée qu'une seule place dans un état de choses, mais des places lui sont réservées dans plusieurs états de choses. Peut-elle les occuper toutes à la fois? Il s'avérera qu'elle le pourra.

Il y a d'une part, pour une seule chose, la totalité des états de choses dans lesquels elle peut entrer, et d'autre part la totalité de toutes ces totalités: c'est là ce que désigne pour la première fois l'expression «la possibilité de tous les états de choses»:

> «2.014 – Les choses contiennent la possibilité de tous les états de choses.»

Cette nouvelle entité, une possibilité, est contenue: *enthalten*, dans cette autre entité qu'est la totalité des choses. Celles-ci constituent une totalité parce que toutes obéissent à la même condition d'existence. En effet, l'existence de la chose est le fruit de son alliance avec ses homologues, et la possibilité d'entrer dans des états de choses en est la condition que Wittgenstein assimile à la «forme» de la chose:

> «2.0141 – La possibilité de son occurrence dans des états de choses est la forme de la chose.»

Les choses, solidairement, sans qu'aucune ne manque à son devoir, répondent à cette condition d'existence par la «forme» dévolue à chacune d'elles. Cette forme est la *ratio essendi* de cette autre possibilité introduite par la thèse 2.014, la «possibilité de tous les états de choses». Immanente aux choses, la forme cautionne l'existence de toutes les choses qui cautionnent donc elles-mêmes leur existence, de sorte que le terme d'«autosuffisance» pourrait leur convenir. Finalement, l'essence de la chose a pour statut d'être «forme», car selon la thèse 2.0121 [2], le propre de l'essence de la chose est justement la possibilité de son occurrence dans des états de choses.

De la thèse 2.014 il faut enfin revenir à la thèse 2.01: «l'état de choses est une liaison de choses»: il n'appartient qu'à la chose d'y entrer, mais elle y est contrainte pour exister.

Le *Tractatus* étant fragmenté en thèses, on pourrait le concevoir comme un ensemble fini de «points» distincts qui seraient reliés par différents «parcours» dont le plus évident est celui qui relie les thèses dans leur ordre d'impression. Or, Wittgenstein a marqué la plupart des thèses par des numéros décimaux; d'où la possibilité de fonder des parcours sur ces numéros. Le texte du *Tractatus* est une chose, le parcours en est une autre; à chaque point le lecteur retient une information qu'il transporte jusqu'à un point précis. Si l'on admet une comparaison, il pourrait être trouvé une illustration de cette manière de comprendre un texte philosophique dans le guide intitulé *Manière de montrer les jardins de Versailles*, rédigé par Louis XIV.[12] Le Roi trace un parcours à travers les jardins de Versailles: «1. [...] En sortant du chasteau par le vestibule de la Cour de marbre, on ira sur la terrasse; il faut s'arrester sur le haut des degrez pour considérer la situation des parterres des pièces d'eau et les fontaines des Cabinets. 2. [...] Il faut ensuite aller droit sur le haut de Latonne et faire une pause pour considérer Latonne, les lésars, les rampes, les statües, l'allée royalle, l'Apollon, le canal, et puis se tourner pour voir le parterre et le château.»[13] – «6. [...] On entrera dans le Labirinte, et après avoir descendu jusques aux canes et au chien, on remontera pour en sortir du costé de Bachus.»[14] – «14. [...] On entrera dans la petite allée qui va à Flore, on ira aux bains d'Apollon et l'on en fera le tour pour considérer les statües, cabinets et bas-reliefs.»[15] – «23. [...] On resortira par le Dragon, on passera par l'allée des Enfans, et quand on sera sur la pierre qui est entre les deux bassins d'en bas, on se tournera pour voir d'un coup d'oeil tous les jets de Neptune et du Dragon; on continuera en suite de monter par ladite allée.»[16] – «25. [...] on se tournera sur le haut du degré pour voir le parterre du Nort, les statües, les vases, les couronnes, la Piramide et ce qu'on peut voir de Neptune, et après on sortira du jardin par la mesme porte par où l'on est entré.»[17]

6
Les sept thèses principales du *Tractatus*

Sur un tronçon du parcours fondé sur les numéros s'articule finalement un système de cycles et de sous-cycles. Quand le lecteur aura parcouru tous les tronçons des thèses 1 à 7, pourra-t-il s'arrêter à cette dernière thèse, ou sera-t-il reconduit à la thèse 1?

Une thèse du *Tractatus* est ordinairement le commentaire d'une autre thèse, à l'exception des thèses 1, 2, 3, 4, 5, 6 et 7, qui méritent d'être appelées «principales». Il est concevable que le lecteur ne se sente pas disposé à lire les commentaires et parcoure ces sept thèses principales. Un cycle relie les thèses-commentaires, mais le parcours reliant les thèses principales n'est pas un cycle, à moins qu'on ne puisse le prolonger au delà de la thèse 7 jusqu'à la thèse 1. Une vue d'ensemble des sept thèses principales permet de serrer de plus près la question:

> «1 – Die Welt ist alles, was der Fall ist.» [«Le monde est tout ce qui se produit là.»]
>
> «2 – Was der Fall ist, die Tatsache, ist das Bestehen von Sachverhalten.» [«Ce qui se produit là, le fait, est l'existence d'états de choses.»]
>
> «3 – Das logische Bild der Tatsachen ist der Gedanke.» [«L'image logique des faits est la pensée.»]
>
> «4 – Der Gedanke ist der sinnvolle Satz.» [«La pensée est la proposition ayant un sens.»]
>
> «5 – Der Satz ist eine Wahrheitsfunktion der Elementarsätze.» [«La proposition est une fonction de vérité des propositions élémentaires.»]
>
> «(Der Elementarsatz ist eine Wahrheitsfunktion seiner selbst.)» [«(La proposition élémentaire est une fonction de vérité d'elle-même.)»]

«6 – Die allgemeine Form der Wahrheitsfunktion ist: $[\bar{p}, \bar{\xi}, N(\bar{\xi})]$.» [«La forme générale de la fonction de vérité est: $[\bar{p}, \bar{\xi}, N(\bar{\xi})]$.»]

«Dies ist die allgemeine Form des Satzes.» [«C'est la forme générale de la proposition.»]

«7 – Wovon man nicht sprechen kann, darüber muss man schweigen.» [«Ce dont on ne peut parler, il faut le taire.»]

La thèse 1: «le monde est tout ce qui se produit là» considère le monde comme totalité d'entités d'un unique type défini par «ce qui se produit là»: *was der Fall ist*, et exclut toute entité différente, s'il y en a. Elle tranche entre ce qui est le monde et ce qui n'est pas le monde. Le monde est donc limité et laisse, virtuellement, quelque chose en dehors de lui. Ludwig Wittgenstein instruit le lecteur que le monde est ce qui se produit là, et seulement ceci, et tout ceci. Se pose alors une question: que signifie *was der Fall ist*? La thèse 2 permet d'établir l'équivalence de cette expression et du mot *Tatsache*: fait, et elle détermine le fait comme l'existence d'états de choses, le *Bestehen von Sachverhalten*, mais suscite une nouvelle question: que signifie *Sachverhalt*? Ce n'est pas la thèse 3: «l'image logique des faits est la pensée» qui y répond, mais la thèse 2.01, demandant elle-même une suite, la thèse 2.011. Cette thèse 3 introduit une entité qui semble accrochée au fait, son image logique, que Wittgenstein identifie à la pensée. La question de savoir si les images logiques font partie du monde reste ouverte, et on ignore si le fait et son image logique sont des instances «gémellaires» ne pouvant exister qu'ensemble. La thèse 4: «la pensée est la proposition ayant un sens» répond à la question que suggère la thèse 3: que signifie «pensée»? Ainsi, l'image logique des faits peut être classée parmi les propositions ayant un sens. Celles-ci sont-elles toutes des images logiques de faits?

Il faut attendre la thèse 5 pour avoir la définition de «la proposition» en général, puisque jusqu'ici il n'est question que de propositions pourvues de sens: «La proposition est une fonction de vérité des propositions élémentaires. (La proposition élémentaire est une fonction de vérité d'elle-même.)» Alors que le concept de proposition élémentaire est laissé sans explication dans les sept thèses principales, celui de fonction de vérité est l'objet de la thèse 6: «La forme générale de la fonction de vérité est: $[\bar{p}, \bar{\xi}, N(\bar{\xi})]$. C'est la forme générale de la proposition.»

Pour l'entourage de Wittgenstein, le sens du symbole «$[\bar{p}, \bar{\xi}, N(\bar{\xi})]$» pouvait être immédiatement transparent, mais le lecteur d'aujourd'hui doit recourir à des thèses non principales comme 6.001, . . , 6.01, 5.5, 5.501, . . . et s'initier à l'écriture symbolique du jeune Wittgenstein. Sans le secours des thèses-commentaires, la thèse 6 suffit à faire apparaître que les propositions, et *a fortiori* les propositions pourvues de sens, revêtent une unique forme générale. De même que les entités composant le monde sont d'un unique type, leurs images logiques le sont également. Les thèses 5 et 6 emploient le terme «proposition» sans l'épithète «pourvue de sens»; il y a donc des propositions qui ne sont pas des images logiques de faits. Quelle que soit la portée de la distinction entre propositions pourvues de sens et propositions non pourvues de sens, les unes et les autres sont des «fonctions» de la vérité et de la fausseté d'un autre type de propositions appelées «élémentaires». Il n'est pas encore dit si les fonctions des propositions élémentaires peuvent également être vraies ou fausses.

Les thèses 3, 4, 5 et 6 ne reviennent ni sur le monde, ni sur les états de choses; leur but est la proposition, alors que celui des thèses 1 et 2 est le fait; ce sont donc là les deux concepts majeurs des six premières thèses principales. La forme de l'image du fait a été mentionnée, la question de la forme du fait n'a pas été soulevée. Puisque les images logiques ne sont assignées qu'aux faits, existe-t-il d'autres entités telles que les états de choses, par exemple, qui auraient des images, logiques ou non?

L'explication de la thèse 6 doit se faire par les thèses 6.001, 6.002, 6.01, et non par la thèse 7 qui ne concerne plus la construction du monde wittgensteinien ni les images des faits, et semble bien être un mot d'ordre au lecteur: «ce dont on ne peut parler, il faut le taire».

Après cette vue d'ensemble des sept thèses principales, il convient d'étudier les termes allemands que Wittgenstein a choisis. Il signale en premier lieu une instance composée, le monde, en évoquant ses composants qui sont pour l'instant désignés par les mots: *was der Fall ist.* Il y a corrélation entre le terme *der Fall sein* et sa négation: *nicht der Fall sein*; les expressions: *es ist der Fall* ou: *es ist nicht der Fall*, sont les réponses à la question de savoir si telle situation est réalisée: *der Fall ist.* Les composants du monde sont donc des instances agréées après constat de leur présence. Wittgenstein les confine à l'intérieur d'une totalité: *alles, was der Fall ist.* La thèse 2 contient le terme qui les désigne: «fait», *Tatsache.* Ce mot évoque une situation ou un événement, fruit d'une action: *Tat*, et qui en est l'effet indéniable: chose faite, *getan.*

Un fait appelle plusieurs instances d'un nouveau type: «les états de choses», *Sachverhalte.* La traduction française: «état» de choses rend mal le sens du terme composé allemand *Sachverhalt.* Ce terme-ci désigne: *wie sich die Sachen zueinander verhalten*, les rapports qu'entretiennent mutuellement les choses. En effet, il ne s'agit pas d'un état dans lequel se trouveraient ensemble plusieurs choses, mais de leur *Verhalten*, ce qui se traduit par le «comportement» des unes par rapport aux autres. Quand il existe un tel comportement, Wittgenstein l'exprime par la formule: *ein Sachverhalt besteht*. Un comportement de certaines choses par rapport à d'autres qui *besteht* a une sorte de permanence: *hat Bestand*; cette permanence est la prérogative des états de choses. La permanence de plusieurs états de choses à la fois est un «fait»; dans le cas de la permanence de plusieurs états de choses, il est possible qu'une image logique se forme. Il est écrit *Bild der Tatsachen* et non pas *der Tatsache*, ce qui se comprend comme «l'image qui revient à chaque fait». L'image est restreinte au type d'image «logique» sans que le terme «logique» ne soit explicité dans les thèses principales. Le mot *Bild* s'apparente à *Gebilde* qui n'a pas d'équivalent français et désigne le produit d'une action formatrice: le *Gebilde* est *gebildet*, formé. *Bild* est une instance *sui generis*, même si parfois elle semble n'être que la réplique de son antécédent. Ainsi, l'image qu'est le *Spiegelbild*, la reproduction inversée d'un objet dans un miroir, est un *constructum* ou *Gebilde* qui tient un lieu virtuel. L'image est appréhendée par nos cinq sens; aussi une nuance esthétique n'en est-elle pas absente. *Bild* signifie tantôt l'objet fabriqué *a posteriori* d'après son antécédent, tantôt le modèle à imiter. Il appartiendra aux thèses-commentaires de régler la question d'un auteur des images; celle d'un mécanisme producteur est entamée dans les thèses principales 5 et 6.

La proposition-image est caractérisée par le mot *sinnvoll*, «plein de sens», sans que soit précisée dans les sept thèses principales l'acception de «sens d'une proposition». Puisque la thèse 5 laisse de côté l'adjectif *sinnvoll*, elle implique qu'il existe des propositions «remplies à plein» de sens et d'autres, vides: *sinnentleert*. Il est loisible de concevoir une proposition pourvue de sens comme objet qui s'offre à nos organes sensoriels. *Ipso facto* elle est porteuse d'informations qui ne sont autres que son «sens» capté intuitivement. Ces informations peuvent avoir un contenu d'une certaine ampleur ou se réduire à indiquer une simple direction. Ainsi le mot *sinnvoll* pourrait-il n'être que le signal «→». Enfin, ce *Bild* ou *Gebilde*, fruit de la permanence de plusieurs états de choses, est une proposition porteuse de sens.

La thèse 5 définit les propositions comme «fonctions de vérité», *Wahrheitsfunktionen*, de propositions «élémentaires», mot qui n'est pas explicité; il convient de présumer que la «proposition» est le résultat d'un certain «calcul» fondé sur les propositions élémentaires où la proposition est secondaire par rapport à cette nouvelle entité. A cette fonction de vérité des propositions élémentaires, la thèse 6 attribue une «forme» qualifiée de «générale»: *allgemein*, qui est commune à toutes les fonctions de vérité, si nombreuses soient-elles: *allen gemeinsam.* Comme la forme de la proposition n'est pas due à son emploi d'image, elle appartient à la fois aux propositions pourvues de sens et aux autres. La formule *allgemeine Form* n'est pas sans ressemblance avec l'expression *alles, was der Fall ist*: tous les composants du monde sont d'un unique type, et toutes les propositions d'une unique forme.

Les six premières thèses principales ont demandé l'explication de substantifs et d'adjectifs; Wittgenstein attend la thèse 7 pour employer d'autres verbes que le verbe «être», à savoir «parler»: *sprechen*, suivi de son opposé, «se taire»: *schweigen.* La portée de la thèse 7 pourra être comprise dès qu'on connaîtra les instances visées par l'adverbe pronominal *wovon.* Si le verbe «parler» signifie «formuler des propositions pourvues de sens», donc «former des images logiques», l'adverbe *wovon* signale des instances qui, si elles ne se soustraient pas à toute représentation, se soustrairaient au moins à la représentation par des images logiques. Cependant, «parler» signifie-t-il seulement «formuler des propositions pourvues de sens», à savoir produire des pensées dans la signification restreinte que leur prêtent les thèses 3 et 4? Tout langage revêt-il la forme d'une fonction de vérité? Le terme «parler» semble avoir une signification plus large qu'il ne paraît au premier abord. En effet, la thèse 7 est d'une remarquable retenue: d'une part elle n'emploie pas le terme technique «représenter par des images logiques», mais seulement le mot usuel «parler»; et d'autre part ni elle n'indique quelles sont les instances non susceptibles de représentation ni ne confirme que les faits sont seuls représentables. Elle n'exclut ni qu'il y ait des instances autres que les faits qui seraient susceptibles d'images, par exemple leur totalité, ni que les images logiques puissent représenter un autre type d'instances que les faits.

Cette analyse des termes allemands profitera à la reconstruction du parcours qui mène le lecteur de la thèse 1 à la thèse 7. Ayant pris connaissance de la première thèse, il se dirigera vers la thèse 2 et recueillera l'explication de l'expression «ce qui se produit là», mais sera tenté de se laisser prendre par la question: que signifie «état de choses»? et, pour assouvir sa curiosité, d'aller à la thèse 2.01, de là à la thèse 2.011. Le mouvement qui part de la thèse 1 et passe par la thèse 2, se poursuit en fragments de plus en plus petits: 2, 2.01, 2.011, 2.012, 2.0121, ..., 2.0123, 2.01231 ... Le lecteur suivant ce parcours s'enliserait dans les cycles de l'ontologie du *Tractatus*. Mais s'il désire s'instruire sur la condition réservée au fait, il se dirigera vers la thèse 3 et poursuivra sa route jusqu'à la thèse 6. Une seconde fois, il est susceptible d'être tenté de faire le détour par les thèses 6.001, 6.002, 6.01 ... pour déchiffrer le symbole «$[\bar{p}, \bar{\xi}, N(\bar{\xi})]$» de la thèse 6. Ce détour lui apprendrait que le premier terme «$\bar{p}$» représente la totalité des propositions élémentaires, le terme «$\bar{\xi}$» un ensemble quelconque de propositions, soit élémentaires, soit fonctions des propositions élémentaires, mais il le laisserait dans l'ignorance de la signification du symbole «N»; il faudrait, en effet, revenir en arrière, jusqu'aux thèses 5.5, 5.501, 5.502, 5.503, 5.51, pour savoir que N définit la proposition composée de toutes les propositions contenues dans $\bar{\xi}$: si toutes les propositions contenues dans $\bar{\xi}$ sont fausses, cette proposition est vraie, et seulement si elles sont toutes fausses. Le symbole «$[\bar{p}, \bar{\xi}, N(\bar{\xi})]$» se lit: «pour construire une nouvelle proposition, on choisit, pour la composer, certaines propositions, soit élémentaires, soit fonctions de propositions élémentaires; cette nouvelle proposition, en vertu de N, sera vraie si toutes les propositions composantes sont fausses, et seulement si elles sont toutes fausses». Cependant, si le lecteur se résout à aller directement de la thèse 6 à la thèse 7, il se doute que les propositions pourvues de sens n'auront pas d'autre champ d'application que les faits.

Il y a deux césures dans le parcours passant par les sept thèses principales, une entre la deuxième et la troisième et une entre les sixième et dernière; face à la seconde césure, la première s'estompe. La dernière thèse n'est pas la suite du mouvement qui unit les six premières thèses principales; elle propose une maxime qui paraît guider tout homme censé, à savoir qu'il ne parle pas de ce qui se soustrait au «coup de filet» du langage. Cette maxime fait penser à l'exergue tiré du poète et critique Kürnberger: «tout ce qu'on sait [...] se prête à être dit en trois mots»[1] et elle est reprise dans la «Préface de l'auteur»:

exergue:

1 «... und alles, was man weiss, nicht bloss rauschen und brausen gehört hat, lässt sich in drei Worten sagen.»[2]

2 [Néant.]

Préface:

1 «Was sich überhaupt sagen lässt, lässt sich klar sagen»[3],

2 «und wovon man nicht reden kann, darüber muss man schweigen».[4]

thèse 7:

1 [Néant.]

2 «Wovon man nicht sprechen kann, darüber muss man schweigen.»

En arrivant à la thèse 7, après avoir passé par les six premières thèses principales, le lecteur connaît les formules de l'exergue et de la préface et sait que la thèse 7 ne résume qu'une partie du sens du *Tractatus*. Kürnberger distingue les choses dont on a un savoir certain et celles dont on a seulement entendu le bruissement et le mugissement; les premières, dit-il, s'expriment «en trois mots», c'est-à-dire de façon succincte, ce qui ne signifie pas pour autant qu'elles s'énoncent clairement. Wittgenstein ajoutant au propos de Kürnberger prétend que

> «ce qui seulement se dit, se dit clairement» (*Préface*).

ou: ce qui ne se dit pas clairement, ne se dit pas du tout: *wovon man nicht reden kann, darüber muss man schweigen*. Arrivé à la thèse 7, le lecteur retrouve cette maxime de la préface qu'il avait reçue avant de s'engager dans son périple à travers la *Tractatus*. La seule différence entre elle et la thèse 7 est la substitution, sans signification, de *sprechen* à *reden*. En réaction à cette maxime prohibitive surgit le souvenir de l'instance dont on peut parler, le fait, et de son image logique, la pensée. La thèse 7 suggère au lecteur la vanité du discours sur autre chose que les faits du monde et replace son regard sur le monde, lieu assuré de son discours. Ainsi le renvoie-t-elle à la thèse 1. En effet, le parcours par les thèses 2 à 7 enseigne que l'image est le concept majeur pour l'intellection du monde et permet de reformuler la thèse 1:

> [1] – [Le monde est la totalité d'un type d'instances dont on peut, à coup sûr, faire des images logiques.]

Disposant de cette information, il convient de s'engager plus profondément dans le parcours à travers le *Tractatus* en passant par des thèses non principales: le monde est la totalité des instances dont on peut faire des images logiques et qui ne sont pas des choses (1.1); il est divisible, car il se fragmente en faits (1.2); ainsi, il est une totalité de fragments susceptibles d'images logiques (1). Ces fragments doivent leur existence à l'existence des rapports entre des choses (2), et «nous», nous nous faisons en effet des images de ces fragments, qui, selon les informations recueillies lors du premier parcours, sont prédestinés à en avoir (2.1). L'image possède en commun avec le fragment qu'elle représente la «forme logique de la représentation» (2.2); ce fragment, et non seulement son image, comme l'a enseigné la thèse 6, possède donc une certaine forme; bien qu'il doive son existence à des rapports entre certaines choses (2), il faut se tourner vers son image pour saisir sa forme ...

7
Le nombre virtuellement infini de parcours

Il existe un premier parcours clos «initiatique», passant par les thèses d'ordre 1: 1, 2, ..., 7, 1:

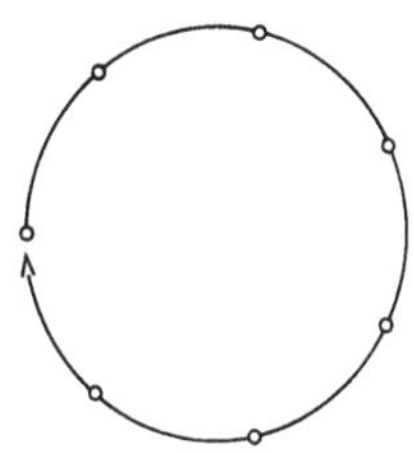

un deuxième parcours qui passe par les thèses d'ordre 1 et les thèses d'ordre 2: 1, 1.1, 1.2, 1, 2, 2.1, 2.2, 2, 3, ..., 7, 1:

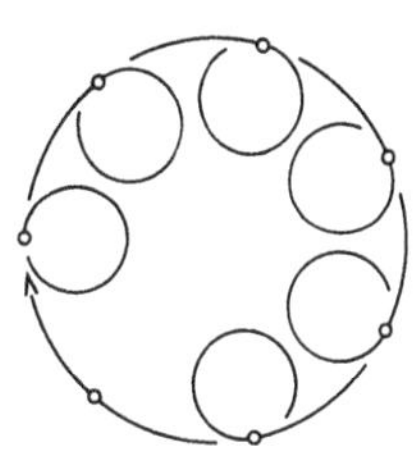

puis un troisième parcours qui passe par les thèses d'ordre 1, les thèses d'ordre 2 et les thèses d'ordre 3... Nous pouvons parler de «suite de parcours», comme on parlerait de «suite de fonctions numériques», et ainsi parler de «parcours limite» comme on parlerait de «fonction limite». La suite des parcours converge vers un parcours limite virtuel qui fait penser à une fonction du type de celle de Peano et qui représenterait le système définitif du *Tractatus*.

DEUXIÈME CHAPITRE

ORDO ET CONNEXIO RERUM DANS LA SUBSTANCE DU MONDE

1
La forme de la chose

La chose est l'entité ontologique de base du système construit par Wittgenstein. Pour exister, elle a besoin d'autres choses avec lesquelles elle existe «en alliance», *in Verbindung*[1], formant avec elles une «configuration»; cette configuration est la deuxième entité ontologique qui s'appelle «état de choses»[2]: «dans l'état de choses, les choses pendent les unes aux autres comme les chaînons d'une chaîne».[3] Si la possibilité que la chose c entre en configuration avec une chose d est inscrite dans la chose c, alors dans la chose d est inscrite la possibilité que d entre en configuration avec la chose c:

> La chose c ne peut subsister sans être en alliance avec d'autres choses d, e, f, ... qui, de leur côté, ne pourraient subsister sans être en alliance avec d'autres choses l, m, n, ...

La chose fait donc appel, pour exister, à des choses coexistantes; qu'elle n'ait pas besoin d'instances d'un type autre que la chose, c'est ce que Wittgenstein nomme sa simplicité[4]. En glissant cette clause dans son système, il écarte la possibilité qu'une chose soit *causa sui* et met son existence à la merci des états de choses dans lesquels elle peut survivre. Mais comme ceux-ci ne lui feront pas défaut, «le stable, l'existant et la chose sont Un».[5]

Le recensement des choses pouvant exister, en alliance avec c, dans un état de choses, ne suffit pas pour le déterminer, bien qu'il soit nécessaire; l'état de choses ne sera déterminé que si l'ordre et la connexion des choses qui peuvent s'y produire sont définis[6]. C'est pourquoi deux états de choses comprenant les mêmes choses sont différents si l'ordre et la connexion des choses sont différents dans l'un et l'autre. Ainsi, dans une chose sont prédéterminés non seulement les choses avec lesquelles elle peut former des états de choses, mais aussi leurs ordre et connexion.

Les choses se trouvent réduites à une situation où elles n'existent qu'en ayant recours à la possibilité d'advenir dans des états de choses;

cette situation est leur «forme» (2.0141). Wittgenstein, en outre, leur attribue des «formes» telles que la spatialité, la temporalité, la colorité (2.0251), si bien qu'il y a une forme commune à toutes les choses, leur dépendance à l'égard d'un état de choses, mais il n'est pas dit qu'à chaque chose appartiennent et la spatialité et la temporalité et la colorité.

2
L'éternité de la chose

La réalisation du principe imposant à la chose de s'allier avec quelques-uns de ses homologues lui confère l'existence. Parce que les choses qui peuvent se prêter à l'alliance ne font pas défaut, la chose existe éternellement, quelle que soit l'instabilité des alliances. Wittgenstein a donc recours, pour introduire l'éternité dans son ontologie, *primo* à une condition d'existence imposée aux choses, *secundo*, à la disponibilité inépuisable des choses pour des alliances avec leurs homologues, disponibilité si féconde qu'il peut se permettre de concevoir les alliances comme instables. Cependant, cette disponibilité n'est que «promesse» ou tout au plus un axiome qui se dissimule sous des formules comme: «quelque chose de logique [, à savoir les alliances des choses avec leurs homologues,] ne peut être seulement possible» (2.0121 [3 a]), «toute chose est, semblablement, dans un espace d'états de choses possibles» (2.013 [a]) qui peut être conçu vide de choses, mais qui est indispensable à l'existence de la chose.[1] Il est à remarquer que cet axiome porte sur des possibilités d'alliances, et non sur des alliances effectivement maintenues. Ces possibilités ont leur lieu dans la chose elle-même, dans sa «nature»[2]; elles sont sa définition. On peut voir là un rappel de la démarche de Spinoza, qui implante l'éternité de la substance dans son essence ou nature[3]; cependant, la différence de ces conceptions apparaîtra dans la «Troisième Partie».

3
La nature de la chose

Les possibilités d'occurrence dans des états de choses, inscrites dans une seule chose c, forment une totalité: «sämtliche Möglichkeiten [ihres] Vorkommens in Sachverhalten» (2.0123 [1]), qui peut être considérée comme le «faisceau» d'états de choses relatif à c et qu'on notera «F(c)». Il détermine d'une part

- toutes[1] les choses pouvant advenir, en alliance avec c, dans un état de choses,

d'autre part

- leurs ordre et connexion.

Chaque possibilité de l'occurrence de la chose c dans un état de choses doit résider dans sa nature (2.0123[2]); de la nature de la chose c découle donc le faisceau F(c). La thèse 2.01231 permet d'identifier ces possibilités aux «propriétés internes» de la chose c, qui, à elles seules, constituent sa nature. Du faisceau F(c) découle donc, inversement, la nature de c. La nature de la seule chose c introduit un ordre partiel et local dans la substance.

Deux choses d et d′ engagées dans le même faisceau F(c) sont, de par leur possibilité d'alliance avec la même chose c, «apparentées», ce qui sera noté «d $\sim$ d′». Il est tentant d'élargir cette notion de parenté au-dela d'un seul faisceau et de qualifier d'apparentées deux choses f et h engagées dans différents faisceaux $F(c_1)$ et $F(c_2)$ s'il existe une chose g telle que f $\sim$ g par rapport à $F(c_1)$ et g $\sim$ h par rapport à $F(c_2)$. Pour que deux choses engagées dans différents faisceaux d'états de choses puissent être apparentées, il doit donc exister cette troisième chose g «hybride». Ne pourrait-on pas concevoir comme apparentés deux faisceaux $F(c_1)$ et $F(c_2)$, s'il existe une chose f dans l'un et une chose h dans l'autre telles que f $\sim$ h? Ainsi, l'ordre et la connexion des choses engagées dans l'un des faisceaux se poursuivraient jusque dans l'ordre et la connexion des choses engagées dans l'autre. Enfin, ne pourrait-on pas également qualifier d'apparentées deux choses f et f′ engagées dans les faisceaux F(c) et F(c′) s'il existe une suite finie de faisceaux $F(c_1), \ldots, F(c_n)$ telle que

$$F(c) \sim F(c_1) \sim F(c_2) \sim \ldots \sim F(c_n) \sim F(c')?$$

Wittgenstein prévoit-il la parenté entre deux choses quelconques? L'ordre et la connexion des choses engagées dans un faisceau quelconque se poursuivraient-ils jusque dans l'ordre et la connexion des choses de n'importe quel autre faisceau? Si la totalité des choses était telle que cette question eût une réponse affirmative, elle devrait être considérée comme indivisible et pourrait être dénommée «substance». Wittgenstein ne parle pas explicitement d'un *compactum*; mais, d'après l'ensemble de son ontologie, il n'est pas improbable qu'il considère toute chose comme étant susceptible d'être liée à toute autre chose. Il n'est pourtant pas définitivement exclu que la substance ne se divise en différentes parties telles que les choses contenues dans l'une n'aient pas de parenté avec celles contenues dans une autre.

La chose est l'entité dont la seule mission ontologique qui lui est dévolue est d'être dans des états de choses: *vorkommen in Sachverhalten.* La forme[2] de la chose c est constituée, d'une part, par l'ensemble des choses avec lesquelles elle peut composer des états de choses, d'autre part, par l'ordre et la connexion que peuvent adopter ces choses dans chaque état de choses contenant c[3]. La forme relève de la logique. Or, «en logique rien n'est contingent: si la chose *peut* être dans un état de choses, il faut que la possibilité de l'état de choses soit déjà [irrévocablement] préétablie dans la chose»[4]. Ainsi, la substance réside *in ordine et connexione rerum.*

4
L'état de choses possible

Les choses du *Tractatus* sont uniquement capables d'être en liaison avec d'autres choses, elles ne peuvent recevoir ni extension, ni couleur[1], ... Si elles se lient, l'état de choses qu'elles peuvent former «tient debout»: *besteht*; si elles ne se lient pas, *besteht er nicht.* On ne peut sortir de l'alternative: l'état de choses *besteht* ou *besteht nicht.* Que l'état de choses e(c) existe, *besteht*, signifie que les choses qui peuvent former la configuration e(c) l'ont, en fait, formée. *Bestehen* se rapporte à une configuration de choses qui *besteht.* Que l'état de choses e(c) n'existe pas, *nicht besteht*, signifie que les choses qui peuvent former la configuration e(c) ne l'ont pas formée. Même dans ce cas, elle est prédéterminée dans l'essence des choses qui peuvent la former, et existe comme possibilité de la logique[2].

On ne peut trouver dans l'essence d'une chose que la possibilité d'un certain état de choses; quant à son actualisation, elle sera l'oeuvre d'une instance susceptible d'être vraie ou fausse, la proposition élémentaire. Ainsi, l'existence de l'état de choses est mise en relation avec la notion de vérité alors que celle des choses ne l'est pas.

Puisqu'aucune chose ne peut exister isolément, toutes les choses sont engagées dans des états de choses. Tous les états de choses n'existent pas, car leur existence est instable.[3] Il y a des choses qui ne sont pas engagées dans un état de choses bien que celui-ci soit inscrit dans leur essence. Mais comme toutes choses, elles sont pourtant engagées dans un autre état de choses. C'est donc au niveau des états de choses que se fait la distinction entre le réel et le virtuel.

Wittgenstein nomme la chose *Bestandteil*[4], terme dont la traduction «pièce» ne rend pas tout le sens. En effet, *Bestandteil* évoque une partie fonctionnelle d'un objet dépourvu de vie[5], mais ne désigne pas seulement un *Maschinenbestandteil*, puisqu'il peut désigner, par exemple, une partie d'une ornementation baroque. Le substantif *der Bestand* dérive du verbe *bestehen* qui signifie «demeurer debout», et que Wittgenstein emploie pour mettre l'accent sur la stabilité de la chose dans l'existence en tant qu'elle s'encastre dans l'état de choses. En fait, un *Bestand-Teil* implique un objet dans lequel il peut s'insérer; la chose qui existerait isolée: *allein für sich*[6], ne pourrait demeurer stable; les réserves que fait Wittgenstein à propos de l'emploi de l'adjectif *selbständig* le confirment[7].

L'emploi des termes «liaison»: *Verbindung*[8], et «connexion»: *Verband*[9], en rapport avec les choses qui sont des «pièces» d'un état de choses, accentue le rôle fonctionnel de la chose. Les choses, pièces en liaison mutuelle, s'ajustent les unes aux autres: *verhalten sich zueinander*[10], et le même mot *Verhalt* caractérise la configuration des choses, le *Sach-Verhalt*. Pour souligner l'unité que constitue l'état de choses, Wittgenstein emploie le terme *Zusammenhang*[11] qu'il faut prendre dans l'acception qu'il a reçue en mécanique et que traduit le terme «enclenchement», mécanisme fait pour rendre solidaires deux pièces d'une machine. Même le mot possibilité, *Möglichkeit*, dans le contexte de la chose, prend une certaine couleur mécanique, spatiale, comme si la possibilité de l'état de choses était l'espace laissé vide pour recevoir une cheville[12]; la chose ne peut pas passer à côté de cet espace vide préparé pour la recevoir[13].

Aux termes empruntés à la mécanique s'ajoute le terme «configuration» avec ses connotations géométriques et esthétiques. L'état de choses, *Konfiguration*[14], enveloppe le sens de *figura* que le *figulus* façonne dans l'argile; *figura* désigne ce qui est contenu entre une ou plusieurs limites et implique l'idée de clôture par une ligne continue. Le préfixe *con* indique que les choses définies par le *Tractatus* s'unissent pour constituer une figure et qu'on est arrivé à un résultat précis.

5
L'état de choses existant

Si une configuration de choses e(c) se réalise, elle existe: *besteht*, et elle se dissoudra[1]. Mais il n'y a pas de choses isolées, il n'y a que des choses toujours configurées; il n'y a donc pas d'action qui ferait concourir au «rendez-vous» des choses isolées restées en attente; les choses ne sont pas des substances capables de subsister par elles-mêmes. Le *Tractatus* connaît une «réorganisation» ontologique qui se déroule à l'intérieur de la substance: tous les états de choses, au fur et à mesure, se désagrègent, et les choses qui y étaient impliquées sont «enrégimentées» dans de nouveaux états de choses.

La configuration qui *besteht* est un type d'entité différent d'une configuration préfigurée dans l'essence d'une chose, seulement possible. L'ontologie du *Tractatus* distingue deux sortes d'existence: celle des possibilités de configurations de choses inscrites dans l'essence des choses, et celle des configurations réalisées. Alors que la chose simple existe toujours en alliance avec certains de ses homologues, l'état de choses composé de choses existe sans être en alliance avec un autre état de choses.

Une chose c doit pouvoir être engagée dans au moins deux états de choses existants. Si elle ne pouvait adhérer qu'à un seul état de choses e(c) existant, les autres choses engagées dans e(c) seraient engagées également dans le seul état de choses e(c). A la dissolution de celui-ci, deux cas pourraient se présenter:

1 aucune chose engagée dans e(c) ne s'allierait à une chose étrangère à e(c),

2 une chose d engagée dans e(c) s'allierait à une chose g engagée dans un état de choses e(g) différent de e(c).

Dans le premier cas, les choses engagées dans e(c) se rangeraient après sa dissolution dans un nouvel ordre et constitueraient un nouvel état de choses e′(c), ou bien elles se regrouperaient en plusieurs états de choses dont un seul contiendrait c. Donc, ou l'état de choses serait stable en ce qui concerne les choses qu'il allie et leurs seuls ordre et connexion seraient variables, ou un état de choses existant serait le fragment d'un autre état de choses. Une telle restriction imposée à la formation des états de choses ne serait guère conciliable avec la thèse 2.061.

Dans le second cas, d n'ayant pas appartenu à e(g), l'alliance de g avec d se ferait dans un nouvel état de choses e(d), différent de e(g), ce qui amènerait la dissolution de e(g). Seraient donc menacés de dissolution tous les états de choses existants contenant une chose pouvant s'allier avec une chose provenant de e(c) ou d'un état de choses e(g) dissous à la suite de la dissolution de e(c). Or, ce processus de dissolution d'états de choses serait en contradiction avec la thèse 2.062.

6
Les choses indiscernables

Il faut oublier le sens courant du mot «chose» quand on veut comprendre la chose selon Wittgenstein, et s'habituer à l'idée qu'il existe des choses indiscernables les unes des autres. Il en est question dans la thèse 2.0233 et dans le cycle: 2.0233, 2.02331, 2.0233 greffé sur elle:

> «2.0233 – Deux choses de même forme logique ne sont – abstraction faite de leurs propriétés externes – distinctes [*unterschieden*] entre elles que par cela même qu'elles sont différentes [*verschieden*].
>
> 2.02331 – Ou bien une chose a des propriétés que n'a nulle autre, et alors on peut, sans autre formalité, la faire ressortir parmi les autres choses par une description et attirer l'attention sur elle; ou au contraire, il y a plusieurs choses qui ont en commun l'ensemble de leurs propriétés, et alors il est tout à fait impossible d'en désigner (du doigt) une seule d'entre elles.
>
> Car si rien [d'autre] ne met la chose en relief, je ne peux pas [non plus] la mettre en relief, car si je le fais, elle se trouve alors précisément mise en relief.»[1]

S'il y a plusieurs choses qui ont en commun l'ensemble de leurs propriétés, aucun geste ne permet d'en faire sortir une du rang.

Toute ontologie se doit de traiter la question des indiscernables; celle de Leibniz offre dans les *Nouveaux Essais* un texte qui peut être considéré comme normatif: «quoiqu'il y ait plusieurs choses de même espece; il est pourtant vrai qu'il n'y en a jamais de parfaitement semblables: ainsi quoique le temps et le lieu (c'est à dire le rapport au dehors) nous servent à distinguer les choses, que nous ne distinguons pas bien par elles mêmes, les choses ne laissent pas d'etre distinguables en soi»[2]. Pour vérifier si deux choses sont identiques ou distinctes, «il faut toujours qu'outre la difference du temps et du lieu, il y ait un *principe* interne de *distinction*»[3]. Ainsi, le «precis de l'*identité* et de la *diversité* ne consiste [...] pas dans le temps et dans le lieu [...] Pour ne point dire que c'est plutot par les choses qu'il faut discerner un lieu ou un temps de l'autre.»[4] Les choses peuvent prétendre à être des individus à condition qu'on puisse les distinguer sans avoir recours à autre chose qu'à elles-mêmes: «Si deux individus étoient parfaitement semblables et égaux et (en un mot) *indistinguables* par eux mêmes, [...] j'ose dire, qu'il n'y auroit point de distinction individuelle ou de differens individus [...]»[5]

Tandis que Leibniz, après avoir circonscrit les choses d'une «même espèce», recherche parmi ces choses celles qui pourraient être indiscernables, Wittgenstein se livre à l'étude des choses indiscernables en considérant celles qui ont une «même forme logique». En effet, dans la thèse 2.0233 il envisage deux choses de même forme logique et fonde leur distinction sur rien d'autre que leur dualité; ainsi ne fait-il pas appel, au contraire de Leibniz, à une distinction basée sur une différence aussi minime soit-elle de leurs formes.

Si deux choses sont donc distinctes seulement par cela même qu'elles sont deux, que signifie le terme «distinctes»? Quand une chose peut s'engager dans tous les états de choses dans lesquels une autre peut s'engager, et inversement, les deux choses ont la même forme logique. Pourtant, Wittgenstein les estime distinctes, si elles sont «différentes» (2.0233). Pour comprendre ce que Wittgenstein entend par «choses différentes», il ne faut pas considérer les états de choses possibles, mais les existants. En fait, engagée dans un état de choses existant e(c), la chose c diffère de la même chose c en tant qu'engagée dans l'état de choses existant e*(c). Parce que «deux choses de la même forme logique» sont engagées dans deux états de choses existants, elles sont différentes: *verschieden*, et parce qu'elles peuvent ainsi être différenciées, elles sont distinctes: *unterschieden*. Une seule chose c s'insérant dans plusieurs états de choses existants est conçue comme plusieurs choses distinctes, tout en ayant la même forme logique. A la question qu'on peut maintenant poser: existe-t-il, dans l'ontologie du *Tractatus*, des choses distinctes, mais qui aient en commun leurs propriétés internes, donc leur forme logique, il faut répondre par l'affirmative. Wittgenstein évite l'expression «choses identiques» et préfère parler de «plusieurs choses qui ont en commun l'ensemble de leurs propriétés» (2.02331 [1]).

Deux choses de même forme logique sont différentes, donc distinctes. Peut-on les discerner? La réponse est négative: «il est tout à fait impossible d'en désigner (du doigt) une seule». En fait, l'appel à un sujet serait inadmissible, car si un sujet intervient et met une chose en relief, il la privilégie au détriment de ses homologues et brise ainsi l'égalité de toutes les choses de même forme logique. Mais un sujet ne peut briser l'égalité de ces choses, ni même attester leur égalité:

> «5.5303 – Soit dit en passant: dire de *deux* choses qu'elles sont identiques est un non-sens [...]»[6]

L'absence de principe interne de distinction des choses entraînera la suppression de l'individualité des choses qui ont une même forme logique. Il n'en restera pas moins des individus dans le système du *Tractatus*, mais on ne les trouvera pas du côté des entités qui, pour exister, ont besoin de leurs homologues; ils seront du côté des limites du monde.

7
De la chose individuelle

Les propriétés internes ne conférant pas une individualité à la chose, dans le système du *Tractatus*, les choses donnent la première importance à leur existence nécessaire, quitte à ne pas avoir d'individualité. Pour exister, elles sont contraintes à s'allier à d'autres choses, et seulement à celles qui sont préfigurées dans leur nature. Quand Wittgenstein traite de la logique, il fait intervenir les concepts opposés que sont le «nécessaire» et le «contingent»[1], car «en logique rien n'est contingent» (2.012), et «hors de la logique, tout n'est que contingence» (6.3); en logique tout est donc nécessaire, et «il n'y a qu'une nécessité logique» (6.37). Une chose qui ne serait plus «partie intégrante d'un état de choses» (2.011), n'aurait plus d'existence nécessaire: existant seule, *allein für sich*, libre de s'allier avec n'importe quelle chose, il serait aléatoire qu'elle puisse finir par trouver un état de choses qui lui convienne[2].

Si l'existence d'une chose ne peut être contingente, la chose elle-même ne peut être possible, mais doit être réelle. Wittgenstein fait encore intervenir les concepts opposés que sont le «réel» et le «possible». Puisque «toutes les possibilités [de la logique] sont ses propres faits» (2.0121 [3 b]), dans l'espace des choses tout est réel et nécessaire; il n'y a ni possible ni contingent.

Finalement, on est en mesure de décrire le comportement de la chose: elle est éternelle parce que simple. Le terme «simple» ne signifie pas «individuelle», et indique sa particularité de ne s'associer qu'avec ses homologues. Pour exister, elle doit le faire, mais elle existe nécessairement, car les choses auxquelles elle peut s'associer ne peuvent être «en rupture de stock»; la substance, forme stable du monde (2.022, 2.023), signifierait alors: «forme inépuisable».

Le comportement de l'état de choses est contraire à celui de la chose. Il est périssable parce que composé; il ne s'associe pas à ses homologues et ne peut exister qu'à cette condition; son existence est contingente, mais il y a autant d'états de choses existants qu'il en faut pour permettre à toute chose de s'associer à d'autres choses. Il y a dans le système du *Tractatus* une instance qui a la particularité d'être composée tantôt de choses et tantôt d'états de choses; cette instance est la substance; elle est la totalité des choses, mais aussi celle des états de choses existants. En effet, les états de choses existants «couvrent» la substance du monde en tant que toutes les choses y sont engagées. Il se peut qu'il y ait des états de choses existants «en excédent»; il en existe cependant une totalité *minimum* suffisante pour recueillir toutes les choses en les préservant de la non-existence.

La *ratio essendi* de la forme d'une chose se trouve dans ces états de choses qui la déterminent nécessairement. Une forme logique et une seule est ainsi déterminée, mais plusieurs choses ont cette forme, suivant le paragraphe 6 de ce chapitre. La question n'est pas de savoir s'il existe un ou plusieurs exemplaires d'une chose, mais de savoir si l'on peut parler d'exemplaires d'une chose. Ici on en arrive à la question de la distinction numérique et de la distinction réelle des choses.

8
Distinction numérique et distinction réelle des choses

Wittgenstein refuse qu'on dise: «il y a 100 choses» ou «il y a $\aleph_0$ choses» (4.1272[5b]); peut-on en conclure que dans l'espace des choses aucune numération n'est possible? N'est-ce pas impliqué par la thèse 4.128[1]?

> 4.128[1] – «Die logischen Formen sind zahl[-]*los*.»

Le suffixe allemand *los* signifie l'absence totale de ce que désigne le radical; par exemple: *eine blätterlose Pflanze* est une plante qui, par nature, n'a pas de feuilles. Malheureusement, l'adjectif composé *zahllos* a pris l'acception d'«innombrable», c'est pourquoi Wittgenstein a choisi un graphisme particulier: «zahl*los*» pour mettre en valeur la signification habituelle du suffixe *los*, et la thèse 4.128[1] se lit:

> Etant donnée leur nature, *les formes logiques n'ont rien à faire avec les nombres.*

Deux interprétations de cette formule sont possibles:

1 les nombres ne font pas partie des formes logiques,

ou

2 les formes logiques ne sont pas sujettes à numération.

La première interprétation est étayée par la thèse:

> 5.453[2] – «[...] il doit ressortir qu'il n'y a pas de nombres en logique»,

la seconde interprétation est étayée par la thèse:

> 4.1272[6] – «[...] il est dépourvu de sens de parler du *nombre de toutes les choses*».

Si donc les formes logiques, de nature substantielle, ne se confondent pas avec les nombres, elles ne sont pas non plus sujettes à numération.

On peut attribuer à la chose un nom et non un nombre, et la deuxième sous-thèse de la thèse 4.1272 distingue entre nommer et dénombrer:

> 4.1272[2] – «Où que ce soit que le mot ‹chose› [...] soit employé avec justesse, il est exprimé dans le symbolisme logique par le nom variable.»

La forme de la chose prend rang parmi les «formes logiques», qui ne sont pas sujettes à numération, c'est pourquoi:

> 4.128[2] – «[...] il n'y a pas en logique de nombres prééminents [*ausgezeichnete Zahlen*] [...]»,

ce qui signifie, par rapport aux formes des choses telles que la spatialité, la temporalité, la colorité, la tonalité, etc., mentionnées dans les thèses 2.0131[3] et 2.0251, qu'il n'est pas possible de les compter ou de les ordonner; la thèse 5.454[1] le confirme: «[dans l'espace logique des choses] il n'existe aucun alignement, il ne peut exister aucune classification». Il n'y a donc pas lieu de faire, par exemple, de la chose spatiale la base du système du *Tractatus*, en l'interprétant comme un monisme: «il n'y a pas de monisme ou de dualisme, etc., philosophique» (4.128[2]) fondé sur les formes des choses; que Wittgenstein écarte les nombres de l'espace des choses ne leur ôte pas le droit de cité dans son système, mais signifie qu'ils ne se trouvent pas là où se situe la substance qui, n'étant pas le monde (1.1), est pourtant en étroite liaison avec lui. C'est en dehors des entités qui constituent la forme du monde que l'on rencontrera les nombres, dont la notion pourrait être cernée dans le cadre de la construction des limites du monde.

9
L'infinité de la chose

La possibilité assurée à la chose c d'être dans un état de choses e(c) n'est autre que sa connexion possible avec d'autres choses ou la possibilité de la structure de e(c) (2.032). Cette possibilité est «quelque chose de logique» (2.0121[3a]); elle est une «forme» (2.033), donc une forme logique. Ainsi, un état de choses e(c) offrant une place à la chose c détermine par cela même une forme logique, différente de toute autre déterminée par un autre état de choses e*(c). Il existe *zahllose* de ces formes. La chose c est définie par la totalité des états de choses qui lui offrent une place; elle est donc «infinie» parce qu'elle est définie par une «infinité» de formes logiques.

10
Les formes des choses

> «2.0251 – L'espace, le temps et la couleur (la colorité) sont des formes des choses.»

> «2.0251 – Raum, Zeit und Farbe (Färbigkeit) sind Formen der Gegenstände.»

Le texte allemand a permis de distinguer *la* forme de la chose: «*die* Form»[1], les formes des choses: «die Form*en*»[2], et la forme *logique* de la chose ou sa nature[3]. Il convient de comparer la notion de ces «formes» des choses avec celle de «forme logique».

La thèse 2.0251 indique qu'il y a une pluralité de «formes» qui conviennent aux choses et cite: «l'espace», «le temps», ... Ces formes coïncideraient-elles avec l'une ou l'autre de ces formes logiques (ou propriétés internes) constituant la nature d'une chose? Selon le texte de la thèse 2.0251, il n'est pas exclu qu'à une seule chose c reviennent plus d'une de ces «formes», mais il est également possible qu'une seule forme appartienne à une chose c. Dans ce cas, la notion de «forme» proposée par la thèse 2.0251 se confond avec celle de «nature» de la chose, car sa nature, à elle seule, contient tout ce qui est essentiel, sans que, par exemple, la «forme» de la spatialité ne lui ajoute quelque chose. Pourtant, chaque nature ne convient qu'à une seule chose; il n'y aurait donc qu'une seule chose c à laquelle reviendrait une de ces formes citées dans la thèse 2.0251; ainsi, il n'y aurait qu'une seule chose c dont la forme serait la spatialité. Or, la nature d'une chose est définie par la totalité des états de choses dans lesquels elle peut se produire, et dans chacun d'eux par l'ordre et la connexion des choses. La spatialité serait donc présente dans une certaine totalité d'états de choses déterminée par une unique chose c, qui est insérée dans chacun d'eux, et où elle institue l'ordre et la connexion entre les choses. Toute chose autre que c pouvant se produire dans ces états de choses n'aurait pas la forme de la spatialité. Cette affirmation est moins inattendue qu'elle ne le paraît si elle est mise en rapport avec la «puissance de l'être» d'une seule chose: les états de choses dans lesquels elle peut se produire sont «*zahl-los*», leur «stock» est inépuisable et la chose éternelle; son éternité entraîne celle de la spatialité. On verra dans la suite que la chose wittgensteinienne a des similitudes avec l'attribut du système spinoziste, dans lequel un seul attribut, par exemple l'Étendue, produit une infinité de modes.

11
L'unicité de la chose

Si à une chose ne revient qu'une seule des formes citées dans la thèse 2.0251, il n'y aura pas, par exemple, une chose spatio-temporelle; et si ces formes sont identifiées à la nature des choses, il n'y en aura pas une qui appartiendra à deux choses à la fois.

12
L'indivisibilité de la chose

De la définition de la chose c comme totalité des états de choses composant le faisceau F(c), se tire l'indivisibilité de la chose. En fait, aucun des états de choses e(c) du faisceau F(c) ne peut être remplacé par un état de choses e(c′) d'un autre faisceau F(c′), sauf au cas où e(c′) est identique à un état de choses e*(c) du faisceau F(c).

13
La réalité: *die Wirklichkeit*

Pour qu'une chose c puisse exister, il faut des choses aptes à s'allier avec elle ainsi que des états de choses contenant c et définissant l'ordre et la connexion des choses susceptibles de s'allier avec c. Tous ces états de choses composent le faisceau F(c).

Comme un état de choses peut seulement *bestehen* ou *nicht bestehen*, les états de choses composant le faisceau F(c) doivent répondre à l'une des deux options. La réalité, *Wirklichkeit*, consiste donc dans cette oscillation entre exister et ne pas exister:

> 2.06[1] – «Das Bestehen und Nichtbestehen von Sachverhalten ist die Wirklichkeit.»

La totalité des états de choses composant le faisceau F(c) détermine la nature de la chose c; cette nature est une de ces «formes» citées dans la thèse 2.0251, par exemple la spatialité. Comme on l'a tenu pour vraisemblable, il n'y a qu'une chose spatiale c. Une chose c′, $c' \neq c$, contenue dans un état de choses e(c) du faisceau F(c) engendre le faisceau F(c′); l'état de choses e(c) appartient aux deux faisceaux et contribue à déterminer tantôt la nature de c et tantôt celle de c′. Il n'y a donc pas d'états de choses «spatiaux» ou «temporels», etc., mais il y a une réalité spatiale, une réalité temporelle, etc.:

> la réalité spatiale, par exemple, consiste dans cette oscillation entre exister et ne pas exister qui s'impose à tous les états de choses composant le faisceau de la chose spatiale et seulement à eux.

A l'intérieur de la réalité s'étend donc une réalité «teintée» de spatialité aussi loin que peuvent s'étendre les états de choses provenant du faisceau F(c) de la chose spatiale c. Ainsi peut-on découper une partie de la réalité qu'on nommera dorénavant «parcelle spatiale de la réalité».

14
La temporalité

Dans le début du *Tractatus* aucune «nature» d'une chose n'est mise en avant des autres; ainsi, la temporalité est sur le même rang que la colorité, la sonorité, la spatialité, etc.[1] Pourtant, à la fin du *Tractatus*, la temporalité et la spatialité sont mises en avant parce que

> «la solution de l'énigme de la vie dans l'espace et le temps [...]» (6.4312 [1 d])

reste à trouver.

Pour comprendre la position particulière de la temporalité dans le système de Wittgenstein, il convient d'abord d'étudier ce qu'elle a en commun avec les autres formes des choses. La colorité, *Färbigkeit*, par exemple, est une forme qui permet à la chose qui la possède de constituer des configurations avec d'autres choses et de pourvoir ainsi à son existence[2]; la chose qui revêt la forme de la colorité se trouve dans l'espace de la colorité[3], mais la chose elle-même[4] et les états de choses constituant cet espace sont incolores, *farb-los*. La temporalité est également une forme qui permet à la chose qui la possède de constituer des configurations avec d'autres choses et de pourvoir ainsi à son existence; la chose qui revêt la forme de la temporalité se trouve dans l'espace de la temporalité, *Zeit-Raum*, mais la chose elle-même et les états de choses constituant cet espace sont intemporels, *zeit-los*. La temporalité est donc la possibilité propre à une seule chose, le *Zeit-Ding*, de survenir dans les états de choses constituant l'espace de la temporalité qui est un espace au même titre que l'espace de la colorité, *Farb-Raum*, ou l'espace de la spatialité, *Raum-Raum*, etc. Aucun de ces espaces n'est vide, chacun contient nécessairement une chose, l'un le *Zeit-Ding*, l'autre le *Farb-Ding*, le troisième le *Raum-Ding*, etc.

Si l'on désigne par «t» la chose qui revêt la forme de la temporalité, l'espace de la temporalité est constitué par tous les états de choses possibles e(t) qui réservent une place à t et, dans cet espace, t existe nécessairement. Puisqu'un état de choses contribue à constituer autant d'espaces qu'il contient de choses, un état de choses e(t) réservant une place à une chose c différente de t contribue à constituer l'espace de la chose c. Dans cet espace, t peut exister, mais n'existe pas nécessairement. Par contre, dans un espace d'états de choses dont aucun ne réserverait une place à t, l'existence de t serait impossible. Une telle situation supposerait l'existence d'espaces d'états de choses n'ayant aucun état de choses en commun, ce qui est compatible avec le système du *Tractatus* comme le montrera l'interprétation de la thèse 5.135 dans le paragraphe 19 du chapitre 5. Parmi les états de choses constituant l'espace d'une chose c, il ne s'en trouve donc pas nécessairement un qui réserverait une place à t et, puisque des états de choses dans lesquels l'existence de t est impossible peuvent exister, il est concevable de parler d'«intemporalité» pour désigner cette absence de la nature de la temporalité. Deux types d'intemporalité apparaissent donc:

1 l'intemporalité de la chose t qui incarne la nature de la temporalité,

2 l'intemporalité d'un espace d'états de choses dont aucun ne réserve une place à la chose t dont la nature est la temporalité.

Si l'homme pouvait pénétrer dans ces espaces d'états de choses qui ne réservent aucune place à la chose dont la nature est la temporalité, il gagnerait l'intemporalité:

> 6.4311 [2] – «Si l'on comprend par éternité, non pas une durée infinie, mais l'intemporalité [*Unzeitlichkeit*], alors, qui vit dans l'actualité [*in der Gegenwart*], vit éternellement.»

Dans un lieu où les natures de la temporalité et de la spatialité ne font pas sentir leurs effets, l'homme serait hors du temps et de l'espace. Il aurait résolu l'énigme de la vie dans l'espace et le temps. Pourtant, il perdrait son corps, spatial et temporel.

15
La stabilité de la chose

«Les choses constituent la substance du monde»; pour déterminer ce qu'elles sont, il est bon de recourir à la substance. Son existence entraîne le passage à l'existence d'autant d'états de choses possibles qu'il en faut pour placer, maillon par maillon, toutes les choses jusqu'à la dernière dans un état de choses comparable à une chaîne.[1] La substance n'est donc pas antérieure aux états de choses qui existent, *bestehen*. Les états de choses sont des configurations de ces choses qui paraissent être des éléments stables[2] dont la totalité constitue la forme stable[3] du monde. Il faut bien mettre en relief ce trait de stabilité, d'immuabilité: stables sont les choses et stable est leur ensemble, la substance du monde, qui n'est rien d'autre que la forme stable du monde.

Le système du *Tractatus* prévoit une multitude de mondes différents les uns des autres, mais tous ont en commun une forme stable constituée des mêmes choses[4]. C'est la configuration des choses qui est le changeant, l'instable[5]. Pourtant, il s'avérera que le corrélatif de l'état de choses, la proposition élémentaire, est stable alors que ses valeurs de vérité sont susceptibles de mutation.

16
La forme de l'état de choses

Un ensemble de choses dans lequel tout sous-ensemble contient au moins une chose connectée avec une chose d'un autre sous-ensemble du même ensemble est un état de choses existant. La possibilité offerte aux choses formant un ensemble d'être connectées de cette façon est la possibilité de l'état de choses ou sa «forme» (2.033); la possibilité offerte à une seule chose de trouver d'autres choses pour constituer avec elles un tel ensemble est la forme de la chose (2.0141).

Il y a une seule chose d'une nature déterminée, une chose spatiale par exemple, et cette chose engendre le faisceau F(c) d'états de choses possibles auxquels elle est commune. La nature de la chose ne peut être attribuée à un état de choses; pourtant, elle envahit tout le faisceau F(c). Comment se fait-il que différents états de choses, apparentés en vertu de la chose c, concourent par leur totalité à exprimer sa nature? Comment la chose spatiale exprimerait-elle la spatialité, si aucun des états de choses où elle est insérée n'est spatial? On pourrait avancer que les états de choses composant le faisceau F(c) ont non seulement en commun la chose c, mais aussi, au moins partiellement, l'ordre et la connexion des choses, de sorte que chaque chose, de par sa nature unique, produit dans son voisinage un ordre et une connexion uniques. Il serait donc possible de coordonner une forme géométrique, distincte de toute autre, avec chacune des natures distinctes des choses. La chose spatiale serait, par exemple, l'unique chose qui ne serait attachée qu'à deux autres:

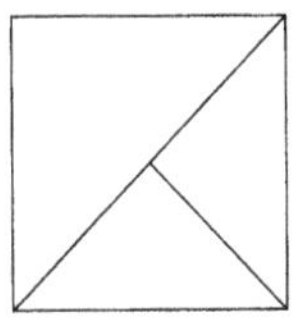

La chose dont la nature est la temporalité serait, par exemple, l'unique chose d'où partent six cycles:

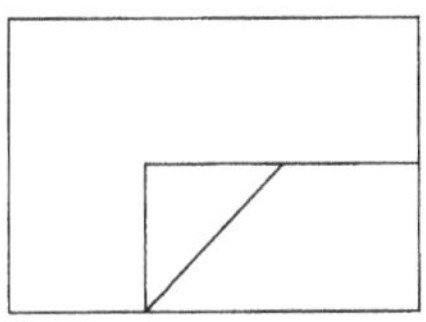

La spatialité, la temporalité, la colorité, etc., se traduiraient par une propriété formelle de la chose, qui se définirait par la façon dont elle se connecte avec les autres et qui pourrait être considérée comme une possibilité de la structure de l'état de choses (2.033). Ainsi la spatialité aurait-elle sa géométrie à l'intérieur des états de choses et la temporalité la sienne, etc.

17
La substance du monde

La chose n'existe qu'à titre d'élément de la totalité partielle appelée état de choses. Les états de choses existants émergent des états de choses possibles préfigurés dans les essences des choses. L'analyse de la notion de substance devra expliciter les rapports entre les états de choses, possibles ou existants, et la substance.

Le terme «substance» n'apparaît que dans cinq thèses, tout au début du *Tractatus*. Wittgenstein spécifie dans une première thèse la nature de la substance:

> 2.021 [a] – «Les choses forment la substance du monde.»

Dans la thèse suivante, il justifie le rôle de la substance dans son système ontologique:

> «2.0211 – A supposer que le monde n'ait pas de substance, qu'une proposition ait un sens dépendrait de ce qu'une autre proposition soit vraie.»

Enfin, dans trois thèses, Wittgenstein énonce un critère de la substantialité:

> «2.0231 – La substance du monde ne peut déterminer qu'une forme, et non pas des propriétés matérielles [...]»
>
> «2.024 – La substance est ce qui existe indépendamment de ce qui se produit là.
>
> 2.025 – Elle est forme et contenu.»

Sur ce point, une comparaison avec Spinoza sera ultérieurement possible, puisque l'*Éthique* commence par une définition de la substance: «j'entends par substance ce qui est en soi et est conçu par soi: c'est-à-dire ce dont le concept n'a pas besoin du concept d'une autre chose, duquel il doive être formé»[1]. A première vue, la thèse 2.024 exprime également que la substance du monde est en soi, car, selon la thèse 2.0231, la substance est isolée par un no man's land de ce que Wittgenstein appellera «réalité empirique» dans la thèse 5.5561 [1 a]: la substance est absolue et ne peut être qu'unique. Pourtant, dans le *Tractatus*, la substance n'a rien à voir avec la conception par soi, car la conception par soi de la substance exige un sujet pensant, mais dans le système du *Tractatus* «il n'y a pas de sujet pensant, capable de représentation» (5.631) et il semble dès lors que substance et entendement n'aient pas de rapports chez Wittgenstein; cependant, le chapitre 8 mettra en évidence de tels rapports.

Dès à présent, à considérer l'expression «substance du monde» utilisée par Wittgenstein, on peut penser que la substance est destinée à la construction du monde; en effet, quand il s'agit de lui donner une forme, c'est aux choses qu'il est fait appel.

18
La substance en tant que forme

Pour expliquer le terme «forme», il convient de partir de la thèse 2.022: «un monde pensé de façon aussi différente que possible du monde réel doit avoir quelque chose en commun avec ce monde réel et ce quelque chose est la forme»[1]. Une telle forme est stable suivant la thèse 2.0231; elle consiste en la totalité[2] des choses[3] et n'est autre que la substance[4].

Puisque la «forme est la possibilité de la structure» (2.033), la forme du monde est la possibilité de la structure du monde; cette possibilité est donc stable. Le mot allemand qui est traduit par «stable» est *fest* (2.023) et, dans les thèses 2.027 et 2.0271, *fest* s'identifie à *bestehend*, «subsistant». Dans la thèse 2.0271, Wittgenstein oppose au couple de synonymes *fest*, *bestehend*, le couple de synonymes *wechselnd*, *unbeständig*; *unbeständig* devient l'opposé de *bestehend*. Or, le verbe *bestehen* fait comprendre la solidité de l'existence de quelque chose, et cette idée est rendue par les termes *Bestand* et *beständig*. Étant *beständig*, la possibilité de la structure du monde subsiste alors sans subir d'altération.

Cette «possibilité de la structure du monde», maintenue sans altération, s'appelle «forme stable du monde» ou «substance du monde»; elle existe éternellement:

> *Die Substanz ist das, was [ewig] besteht (unabhängig von dem, was der Fall ist)* (2.024).

On ne saurait assez insister sur l'aspect structural propre à la substance wittgensteinienne. Car, un monde pensé de façon aussi différente que possible du monde réel doit avoir en commun avec celui-ci, non la structure elle-même, mais la possibilité d'en avoir une; un monde sans forme ne peut exister.

19
La substance en tant que contenu

Il convient maintenant d'expliquer en quel sens

> «[la substance] est [. . .] contenu».

Dans l'hypothèse où la substance-contenu peut varier, on peut l'identifier à la totalité des états de choses existants, totalité variable en fonction de la disparition et de l'avènement à l'existence des états de choses. Toutes les choses trouveraient ainsi dans la substance-contenu le lieu assuré de leur existence. Et puisqu'un contenu demande un réceptacle qui le contient, quel serait ce réceptacle? Ce serait la forme stable du monde ou la substance en tant que forme.

20
L'infinité de la substance

Dans le paragraphe 9 de ce chapitre l'infinité de la chose a déjà été définie: une unique chose détermine les états de choses dans lesquels elle peut survenir et qui ne peuvent, par nature, être nombrés: *zahllose Sachverhalte*. De la même façon, les choses, par nature, ne peuvent être nombrées: *zahllose Dinge*. La substance étant constituée de choses, il y a lieu de parler d'infinité de la substance même. Cette double infinité n'est pas sans évoquer la formule *infinita infinitis modis* de la *Proposition 16* de la *Première Partie* de l'*Éthique*. Ce n'est pas encore le lieu d'approfondir cette comparaison, parce qu'il faudra au préalable cerner de plus près le sens de l'infinité wittgensteinienne. En effet, il faut distinguer l'infinité de la substance en tant qu'elle est forme et son infinité en tant que contenu.

La substance, unique forme stable appartenant à tous les mondes possibles, donne la possibilité à ces mondes d'avoir une «structure». Cette structure sera élucidée par le biais de la structure des états de choses qui, *zahllos*, déterminent une unique chose c et sont à l'origine de l'infinité de la substance.

L'ordre et la connexion des choses constituent la structure de l'état de choses[1]. Une unique chose c tient à sa disposition *zahllose* états de choses possibles pour pouvoir se maintenir en existence; chacun d'eux est déterminé non seulement par les choses autres que c qu'il réunit, mais aussi par l'ordre et la connexion qui règnent entre c et ces autres choses. Cet ordre et cette connexion diffèrent d'un état de choses à l'autre. Il faut donc concevoir la totalité des ordres et des connexions propres à une chose c et une seule; ces ordres et ces connexions ne peuvent pas être nombrés: les choses «sans nombre» (*zahllose Dinge*) qui, dans les états de choses «sans nombre» (*in den zahllosen Sachverhalten*) propres à la chose c, peuvent s'allier avec c, le font *auf zahllose Art und Weise*. C'est la raison pour laquelle la forme de la chose peut être appelée la «possibilité de la structure».

De l'unique chose c il faut passer à la totalité[2] des choses et envisager, outre la totalité des ordres et des connexions propres à une seule chose c, la totalité de ces totalités. C'est elle qui pourrait être appelée la «possibilité de la structure»[3] de la substance; ainsi, la substance en tant que forme du monde est la possibilité de la structure du monde.

Cette possibilité de structure est infinie, car la puissance de production d'ordre et de connexion des choses par chaque chose est infinie. D'où la forme du monde est infinie, et la substance en tant que forme l'est également.

En ce qui concerne l'infinité de la substance en tant que contenu, ce contenu est la totalité d'états de choses existants qui maintiennent la totalité des choses dans l'existence. Quand il s'agit des états de choses existants, il faut prendre en compte leur comportement les uns vis à vis des autres.

> «2.061 – Les états de choses sont indépendants les uns des autres.
>
> 2.062 – On ne peut conclure de l'existence ou de la non-existence d'un état de choses à l'existence ou à la non-existence d'un autre état de choses.»

Il convient de confronter le principe de l'existence de l'état de choses avec celui de la chose qui ne peut exister seule. Il serait tentant d'énoncer que, si un état de choses périt, une chose c qui s'y trouve enrôlée se doit de chercher un autre état de choses, sinon elle n'existe plus. Or, il n'en est rien, car une telle affirmation serait en conflit avec la thèse 2.062 aux termes de laquelle la non-existence d'un état de choses ne saurait entraîner l'existence d'un autre. En effet, d'après les thèses 2.061 et 2.062, quelles que soient les pertes en états de choses – ils peuvent disparaître à volonté –, il n'est pas besoin de concevoir un lien logique entre leur disparition et leur avènement à l'existence, quand bien même la chose c aurait besoin d'au moins un état de choses existant pour exister. Le tissu des états de choses existants est si dense que, quelle que soit la quantité de trous causés par la disparition d'états de choses, le tissu reste «quasi intact». Ce tissu n'est autre que la substance en tant que contenu. S'il y avait une compensation entre les états de choses disparus et les états de choses advenant à l'existence, elle serait, selon les thèses 2.061 et 2.062, fortuite.

Les états de choses existants constituent la substance en tant que contenu; n'auraient-ils pas dès lors droit à une part de substantialité? Ne doit-on pas conclure des thèses 2.061 et 2.062 que deux états de choses existants sont réellement séparés l'un de l'autre comme le sont deux substances? L'état de choses est mortel; il est douteux que le même état de choses, disloqué, se reforme une seconde fois. La substance du monde en tant que contenu doit être conçue comme constituée d'entités périssables.

Ne peut-on pas songer à quelque parallélisme entre les substances de Wittgenstein et de Spinoza? Wittgenstein construit la substance du monde à partir des éléments les plus simples, comme le fait Spinoza. Une infinité de choses «sans nombre», ressemblant à des attributs, sont réellement distinctes les unes des autres. Ces «attributs» reposent sur des états de choses périssables et ont un statut *in alio*, si bien qu'on pense à un retournement de la situation ontologique spinoziste où ce sont les modes qui sont *in alio*.

21
L'indivisibilité de la substance

Les choses constituent la substance du monde. Quel sens faut-il donner au verbe «constituer»: *bilden*? Les choses sont-elles des «parties» de la substance: *Bestandteile*, comme elles le sont des états de choses? Il semble que Wittgenstein ait rejeté l'idée d'une substance constituée de parties. En effet, quand il envisage, dans la thèse 2.0121[1], qu'une chose pourrait subsister pour elle-même et qu'il doit convenir que, dans ce statut, elle ne trouverait que par accident un état de choses où s'intégrer, il suppose que la chose serait une partie de la substance; or, il écarte cette supposition dans la thèse 2.0122[b].

Un état de choses existant en tant que tel est indivisible; si sa division survient, il n'existe plus, et les choses dont il était composé sont nécessairement intégrées dans un autre état de choses. Ainsi, la chose trouve toujours asile dans le *compactum* d'un état de choses existant et la substance ne peut être divisée en choses.

Chaque état de choses existant est séparé réellement de tout autre, mais tous les états de choses existants composent la substance du monde qui, tout en étant indivisible par rapport aux choses, est fragmentée en états de choses existants.

Pour expliquer les rapports entre la substance et les choses et entre la substance et les états de choses, il convient de recourir aux figures qui couvrent le plan euclidien de telle façon qu'il existe certaines symétries transposant une quelconque de ces figures en une autre. Comme on le sait, il existe dix-sept groupes de symétries correspondant chacun à un certain type de figure; un seul est utilisé ci-dessous, le type de figure correspondant est représenté par le carré c avec une médiatrice de deux côtés parallèles:

c

En juxtaposant des exemplaires de ce carré de telle façon que la médiatrice soit alternativement horizontale et verticale, le plan ainsi couvert sera employé comme modèle de la substance du monde:

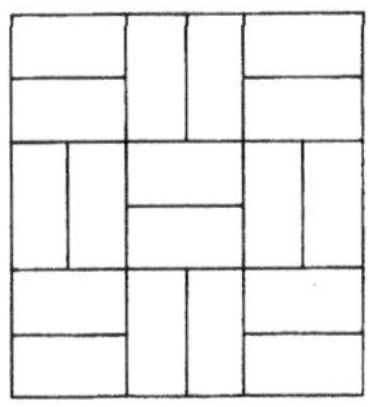

Soit une quelconque chose c parmi toutes les choses qui constituent la substance: elle a pour symbole le carré c. Dans le plan couvert par le carré c divers types d'axes permettent de déplacer ce carré par symétrie axiale et translation. Un de ces types est ici retenu:

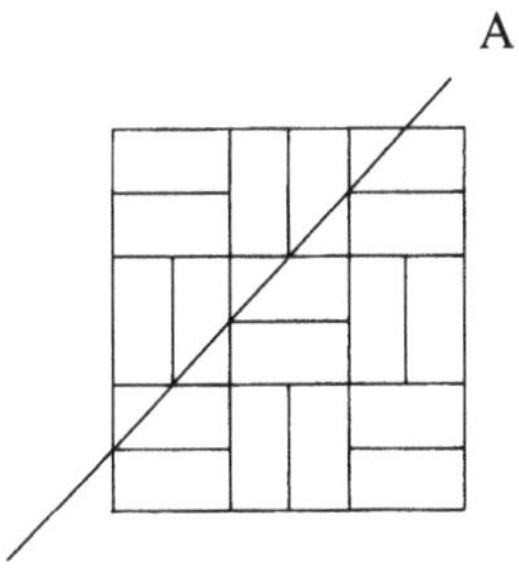

On fait tourner le carré c autour de cet axe A de manière à ce que, par une translation le long de cet axe, il atteigne une nouvelle position:

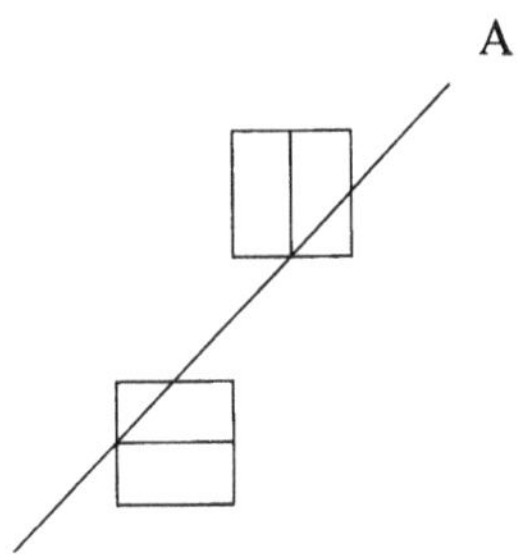

ou on se contente d'une translation:

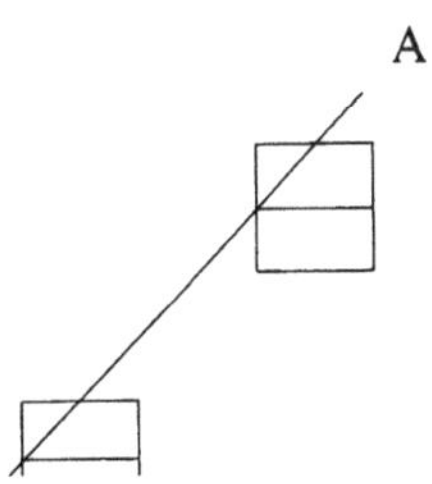

Tous les carrés qui sont atteints à l'aide de l'axe A sont conçus comme n'étant pas autre chose que le carré c lui-même, ou: toutes les choses qui sont atteintes à l'aide de l'axe A sont conçues comme étant la chose c elle-même.

En considérant maintenant tous les axes parallèles à l'axe A, il apparaît que chacun détermine une chose différente de toute autre. Toutes ces choses forment un état de choses qui s'étend sur tout le plan. Pour qu'une chose existe, il est nécessaire qu'un état de choses existe; cette condition est symbolisée par le plan couvert par le carré c et traversé par l'axe A et les axes parallèles à A. Ainsi, la chose c

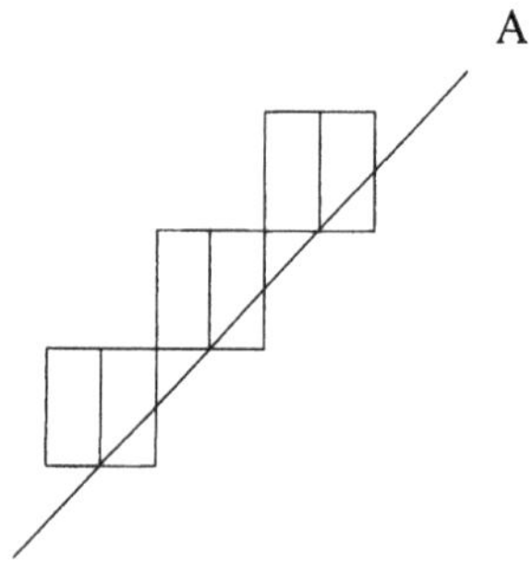

se trouve scellée entre d'autres choses dont elle ne peut être isolée, et même pas distinguée par sa figure qui est identique à celle des autres choses. Sa position par rapport à l'un des axes A est le seul critère de distinction. Elle est stable, car il existe toujours un axe A pour la maintenir dans l'existence. De plus, elle est simple, car, pour exister, elle n'a besoin que d'instances de même nature.

Puis on considère un type d'axe de symétrie autre que le type A, à savoir B,

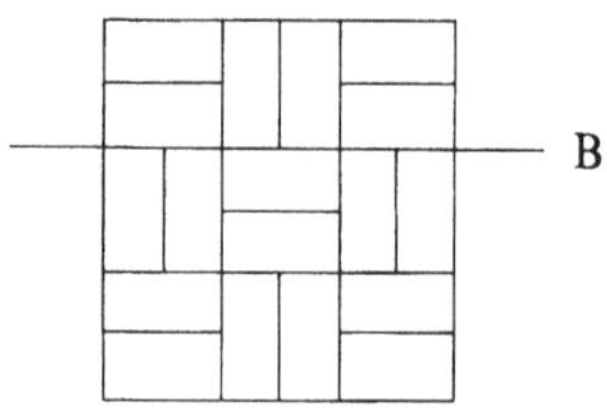

qui permet le transfert du carré c

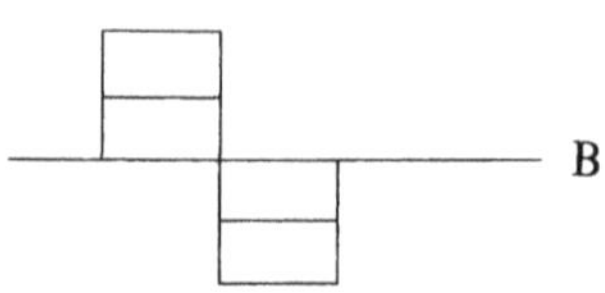

ou

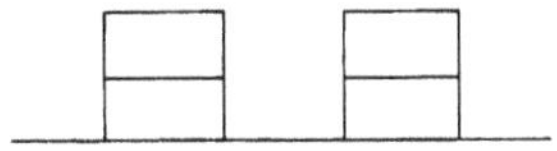

B

Chaque axe parallèle à B détermine une chose c différente de toute autre. Toutes ces choses différentes les unes des autres forment un second état de choses qui s'étend sur tout le plan. Pour qu'une de ces choses existe, il est nécessaire qu'existe ce second état de choses: cette condition est symbolisée par le plan couvert par le carré c et traversé par l'axe B et les axes parallèles à B.

Un type d'axe autre que les types A et B, soit C, détermine un troisième état de choses, etc. Le plan couvert par le carré c, traversé par les axes A, B, C, ... et par les ensembles de leurs parallèles, symbolise donc la substance du monde. Pour distinguer les choses les unes des autres, il faut tracer des axes de symétrie dans le modèle; d'une façon semblable, dans la substance du monde, il faut qu'adviennent des états de choses pour que les choses se distinguent les unes des autres.

22
L'unicité de la substance du monde

Lors de son introduction dans la thèse 2.021, la substance est spécifiée comme substance du monde, spécification maintenue dans les thèses 2.0211 et 2.0231; il reste les deux thèses 2.024 et 2.025 où elle n'est pas spécifiée, mais il est hors de doute qu'il s'agit de la substance du monde. De ces remarques, il s'ensuit que le système du *Tractatus* demande une substance qui soit en rapport avec le monde.

Cependant, il faut établir l'unicité de la substance du monde dans le système à partir des propriétés qui la distinguent des autres instances. Ainsi, l'on verra qu'il est possible de dire du monde qu'il est contenu, mais qu'on ne saurait dire: le monde est forme et contenu, comme il est dit: «la substance est forme et contenu» (2.025). Le monde a une forme, mais n'en est pas une.

TROISIÈME CHAPITRE

LA PROPOSITION ÉLÉMENTAIRE

1
Le rapport de la proposition élémentaire avec «son» état de choses

La proposition élémentaire est annoncée par la thèse 3.21: «à la configuration du signe simple [du nom] dans le signe propositionnel correspond la configuration des choses dans l'état de choses». Celui-ci et la proposition élémentaire sont deux de ces entités gémellaires qui, dans le système du *Tractatus*, attirent l'attention de l'observateur, car l'état de choses et la proposition élémentaire semblent construits selon le même schéma:

> «Dans l'état de choses, les choses pendent les unes aux autres, comme les chaînons d'une chaîne» (2.03).
>
> «La proposition élémentaire [...] est [...] un enchaînement de noms» (4.22).[1]

A la totalité des choses qui constitue la substance du monde, correspond la «totalité» des noms, laquelle connaît *ordinem et connexionem nominum* comme la substance est *ordo et connexio rerum.* Ainsi, la thèse 3.21 paraît faire de la proposition élémentaire la réplique de l'état de choses quand elle est lue:

> die *Konfiguration der [...] Zeichen [...] entspricht* der *Konfiguration der Gegenstände,*

mais en vérité le texte porte:

> der *Konfiguration der [...] Zeichen [...] entspricht* die *Konfiguration der Gegenstände.*

Dès lors, telle qu'est la configuration des noms, telle doit être la configuration des choses.

Le verbe par lequel Wittgenstein désigne la tâche qu'accomplit la proposition élémentaire est *behaupten.* Ce verbe a un sens voisin des verbes «établir» et «poser». Le *Tractatus* ne dit pas:

> *der Elementarsatz behauptet einen Sachverhalt,*

mais:

> *der Elementarsatz behauptet* das Bestehen *eines Sachverhaltes* (4.21),

ce qui confère au verbe *behaupten* le sens de «appeler à l'existence», et ainsi, la proposition élémentaire déclenche le passage à l'existence de l'état de choses possible.

2
La vérité de la proposition élémentaire

La proposition élémentaire est susceptible d'être vraie ou fausse et l'existence ou la non-existence de l'état de choses P est l'effet de la vérité ou de la fausseté de la proposition élémentaire p: «si la proposition élémentaire est vraie, alors l'état de choses existe; si la proposition élémentaire est fausse, alors l'état de choses n'existe pas» (4.25), ou:

> A *Si l'état de choses existe, la proposition élémentaire est vraie, et seulement s'il existe* (4.25).

C'est là le critère de la vérité de la proposition élémentaire; il est fondé sur le passage à l'existence de l'état de choses possible (4.21). Si l'on admettait que la proposition élémentaire est une image de la réalité, le *Tractatus* la soumettrait à un second critère de la vérité:

> B «L'image s'accorde avec la réalité ou non; elle est conforme ou non conforme [à la réalité], vraie ou fausse» (2.21).[1]

Ce dernier critère repose sur le terme «s'accorder», *übereinstimmen*; «pour discerner [*erkennen*] si l'image est vraie ou fausse, nous devons la comparer à la réalité» (2.223)[2]; «la proposition représente l'existence et la non-existence des états de choses» (4.1)[3], elle «ne peut être vraie ou fausse qu'en étant une image de la réalité» (4.06)[4]. Toute la question est de savoir si la proposition élémentaire est une image de la réalité. La proposition élémentaire est une instance, la réalité en est une autre; peut-on comparer la première avec la seconde? La première «représente» l'état de choses P; or, P n'est pas un fragment de la réalité, qui est une autre instance que l'état de choses ainsi que le développe le paragraphe 13 du chapitre 2. La proposition élémentaire diffère donc d'une image de la réalité en tant qu'elle répond à ce critère de vérité A; et elle ne répond pas au critère B auquel répond l'image de la réalité.

3
Les rapports entre la proposition élémentaire et ses homologues

«Les états de choses sont indépendants les uns des autres» (2.061). Un principe semblable tiré de 5.152[1, 2] et 5.01 vaut pour les propositions élémentaires: elles sont «indépendantes les unes des autres», expression qui se précisera après consultation des thèses 5.134 et 4.211:

1 «nulle autre proposition élémentaire ne se peut inférer d'une proposition élémentaire» (5.134).

Cette thèse, appuyée par les thèses 5.11, 5.12 et 5.121, affirme que:

1′ *la vérité d'une proposition élémentaire ne peut rendre vraie une autre proposition élémentaire.*

Selon la thèse 4.211,

2 «c'est un signe de la proposition élémentaire qu'aucune proposition élémentaire ne puisse la contredire».

Puisque

> «toute proposition qui en contredit une autre, la nie» (5.1241 [3]),

la thèse 4.211 peut s'écrire:

2′ *la vérité d'une proposition élémentaire ne peut rendre fausse une autre proposition élémentaire.*

1′ et 2′ peuvent se regrouper en cet unique énoncé:

> *On ne peut conclure de la vérité d'une proposition élémentaire ni à la vérité ni à la fausseté d'une autre proposition élémentaire.*

Ce n'est pas encore la réplique de la thèse 2.062 qui vaut pour les états de choses:

> «On ne peut conclure de l'existence ou de la non-existence d'un état de choses ni à l'existence ni à la non-existence d'un autre état de choses.»

Mais, pour une proposition élémentaire r et «son» état de choses R, il est exact d'affirmer, selon 4.25, que si r est vraie, R existe, et seulement si r est vraie. On peut donc conclure de la non-existence d'un état de choses P à la fausseté de «sa» proposition élémentaire p; et si l'on pouvait conclure de cette fausseté à la vérité (ou à la fausseté) d'une autre proposition élémentaire q, on pourrait finalement conclure à l'existence (ou à la non-existence) de l'état de choses Q. Ainsi:

> *On ne peut conclure de la vérité ou de la fausseté d'une proposition élémentaire ni à la vérité ni à la fausseté d'une autre proposition élémentaire.*

4
L'existence de la proposition élémentaire

Si les états de choses sont possibles, ils le sont éternellement; certains d'entre eux peuvent aussi exister: *bestehen*, mais il leur arrivera de cesser d'exister (2.0271). C'est en tant que possibilité ou forme préétablie dans l'essence des choses qui, en alliance avec d'autres, les composent, que les états de choses existent éternellement. Cette possibilité ou forme possède-t-elle une possibilité gémellaire éternelle qui serait une proposition élémentaire? Il semble que le système du *Tractatus* confère à chaque proposition élémentaire l'existence nécessaire, et que ces propositions prennent ainsi rang parmi les formes transcendantales. En effet, l'ordre et la connexion des choses dans un état de choses sont «présents» dans «sa» proposition élémentaire; celle-ci ne saurait être composée *ad hoc*, quand l'état de choses *besteht*. La proposition élémentaire est susceptible d'être fausse: pendant qu'existe seulement l'essence de son état de choses, et que lui-même n'existe pas: *nicht besteht*. Chacune des propositions élémentaires est donc éternelle comme la forme ou essence de son état de choses, ou comme les choses elles-mêmes.

5
La proposition élémentaire n'est pas un état de choses

Serait-il possible d'assimiler le statut de la proposition élémentaire à celui de l'état de choses et de simplifier ainsi l'aspect du système du *Tractatus*? Une certaine proposition élémentaire p, pouvant appeler à l'existence l'état de choses P, serait-elle seulement un autre état de choses Q, différent de P? L'assimilation de l'état de choses à la proposition élémentaire, présentée de cette façon, entraînerait l'assimilation du statut des noms à celui des choses.

En repensant, à partir du concept de la chose, celui de l'état de choses, la question de l'assimilation se pose sous un jour plus nuancé: la chose possède une forme où sont inscrites les choses avec lesquelles elle peut «être en alliance». Le terme «alliance» renvoie à des configurations qui s'appellent «états de choses»; la forme de la chose définit la totalité des états de choses dont elle peut faire partie. Le *Tractatus* semble ainsi permettre la formule: la proposition élémentaire étant la définition de «son» état de choses, à une chose correspond la totalité des propositions élémentaires dont chacune définit un des états de choses dans lesquels la chose peut entrer. Ce serait donc la proposition élémentaire qui, dans la chose: *im Ding*, fixerait *a priori* cette possibilité de l'état de choses[1] en tant que structure imposée aux choses[2] se constituant en états de choses. Forme éternelle, définition d'un état de choses, la proposition élémentaire, pour être un état de choses, devrait revêtir, par intermittence, le mode d'existence dont Wittgenstein gratifie l'état de choses et qu'il désigne par le verbe *bestehen*. Il faudrait qu'on puisse dire: *der Elementarsatz besteht*, ou: *besteht nicht*. Cette formule, dans le *Tractatus*, fait défaut. L'état de choses possède un mode d'existence qui n'est pas celui de la proposition élémentaire; celle-ci, inversement, est susceptible de recevoir l'attribut «vraie», attribut qui ne peut qualifier l'état de choses.

Si la proposition élémentaire possède un mode d'existence autre que celui de l'état de choses, où se situe-t-elle? Puisque c'est elle qui fixe *a priori* la possibilité de l'état de choses en tant que structure imposée aux choses se constituant en états de choses, la forme de la chose n'est-elle autre que la totalité des propositions élémentaires dont chacune définit un des états de choses dans lesquels la chose peut entrer? La forme de la chose est-elle constituée par des propositions élémentaires? Celles-ci étant des configurations de noms, les noms feraient-ils donc partie intégrante de la forme des choses? La discussion du sujet dans le chapitre 8 écartera cette supposition.

6
Les possibilités quant à la vérité ou à la fausseté de plusieurs propositions élémentaires

A un faisceau d'états de choses répond le «faisceau» des propositions élémentaires gémellaires: si Wittgenstein envisage des «possibilités quant à la vérité ou à la fausseté de plusieurs propositions élémentaires»[1], il ne semble pas attribuer la vérité ou la fausseté aux propositions élémentaires prises une par une.

Aucune autre instance que la proposition élémentaire n'est vraie, la proposition composée ne faisant qu'hériter de sa vérité[2]. Ce serait donc à l'entour des propositions élémentaires qu'on trouverait le dispensateur de la vérité.

Le recensement des propositions élémentaires correspondant à un faisceau F(c) d'états de choses, complété par le recensement[3] des vraies et des fausses fournissent une «description» du faisceau F(c); quand ils sont faits sur tous les faisceaux, les divers recensements[4] donnent une description du monde en tant que totalité des états de choses existants[5].

QUATRIÈME CHAPITRE

LE FAIT

1
De la proposition élémentaire au fait minimal

A partir des propositions élémentaires se construisent des «propositions composées»[1]. De même que la proposition élémentaire est le double d'un certain état de choses, la proposition composée est le double d'une certaine entité qui s'appelle un «fait». Pour le construire, il faut d'abord, aussi paralogique que cela puisse sembler, construire son double, la proposition composée.

La construction des propositions composées commence par celle des propositions composées «minimales», construites à partir de deux propositions élémentaires distinctes appelées l'une p, l'autre q. La proposition élémentaire p est le double de

> la possibilité d'une configuration de choses inscrite dans l'essence d'une chose,

et la proposition élémentaire q le double de

> la possibilité d'une deuxième configuration inscrite dans l'essence de la même chose ou d'une autre chose.

Ces deux possibilités de configurations de choses sont les états de choses appelés l'un P, l'autre Q.

Etant donné qu'une proposition élémentaire est susceptible de deux valeurs de vérité «V» et «F», il y a quatre combinaisons possibles pour deux propositions élémentaires: VV, FV, VF, FF. Chacune de ces combinaisons est une «possibilité de vérité de p et q». Elles permettent de composer la suite:

VV, FV, VF, FF.

A chacun des quatre termes de cette suite est attribuée ou la valeur V, ou la valeur F; d'où une seconde suite de quatre termes qui sont ou «V» ou «F», par exemple:

V, V, F, V.

La «proposition composée de p et q» est la proposition qui prend les valeurs de vérité de cette seconde suite, valeurs correspondant aux possibilités de vérité de p et q. Ainsi la proposition composée de p et q est-elle susceptible d'être vraie ou fausse.

Wittgenstein caractérise une proposition composée par un «signe propositionnel» qu'il écrit comme une «table de vérité». Celle-ci, pour deux propositions élémentaires, peut prendre la forme suivante:

« p	q	
V	V	V
F	V	V
V	F	
F	F	V »

La colonne de droite répartit les valeurs de vérité «V» de la proposition composée. Parmi les quatre possibilités de vérité de p et q, le signe propositionnel a donc choisi, pour leur attribuer la valeur V, la première, la deuxième et la quatrième.

> Parmi les quatre possibilités de vérité de p et q, il y a donc seize possibilités d'en choisir une, deux, trois, quatre ou aucune.

A partir de deux propositions élémentaires, sont formées seize propositions composées minimales différentes, chacune caractérisée par son signe propositionnel propre. Deux propositions particulières sont à remarquer: quelles que soient les possibilités de vérité de p et q, la vérité de l'une est certaine, la vérité de l'autre impossible.[2] La première est appelée «tautologie», la seconde «contradiction». Quant aux quatorze autres propositions composées minimales, elles sont telles qu'il existe toujours une possibilité de vérité de p et q qui les rend vraies, et une qui les rend fausses. Puisque les possibilités de vérité de p et q sont instables[3], de vraies, ces propositions deviendront inéluctablement fausses, et de fausses, elles redeviendront vraies. Ces quatorze propositions sont les doubles des quatorze «faits» minimaux. En effet, le signe propositionnel cité en exemple, qui choisit les première, deuxième et quatrième possibilités de vérité de p et q, entraîne le choix des trois possibilités quant à l'existence ou à la non-existence des deux états de choses possibles P et Q:

P existe et Q existe,

P n'existe pas et Q existe,

P n'existe pas et Q n'existe pas.

Le choix de ces trois possibilités constitue un fait, appelé «f». La proposition composée de deux propositions élémentaires p et q détermine le choix d'une, de deux ou de trois possibilités parmi les quatre possibilités quant à l'existence ou à la non-existence des états de choses P et Q. Si la proposition composée est vraie, une et seulement une parmi ces possibilités choisies est réalisée; et dans ce cas, le fait déterminé par la proposition composée existe, *besteht*. Si la proposition composée est fausse, aucune de ces possibilités choisies n'est réalisée, et le fait n'existe pas, *besteht nicht*. S'il existe, il disparaîtra inéluctablement. Aucun fait ne peut être la cause de l'existence ou de la modification d'un autre.[4]

Il convient de souligner l'importance du concept de possibilité dans la construction du fait. En effet, entre les états de choses P et Q, constitutifs d'un fait minimal f, il y a quatre combinaisons possibles: P *besteht* et Q *besteht*, P *besteht nicht* et Q *besteht*, ..., d'où quatre possibilités quant à l'existence ou à la non-existence des deux états de choses possibles P et Q. Ces possibilités sont des formes logiques et comme telles ont une consistance ontologique. Parmi elles, on peut en choisir une, deux ou trois de telle sorte qu'il y a quatorze choix différents. La formule: P *besteht nicht* et Q *besteht nicht* signale le fait n'existant qu'à condition que ni P ni Q n'existent.

La proposition composée de p et q: $p.\ p \supset q : \supset : q$ est appelée tautologie; éternellement vraie, elle est le double d'une instance éternellement existante qui peut être présentée ainsi:

P existe et Q existe,

P n'existe pas et Q existe,

P existe et Q n'existe pas,

P n'existe pas et Q n'existe pas.

L'ensemble de ces quatre possibilités constitue ce qui peut s'appeler un «fragment de la réalité». Un tel fragment prend en compte la totalité des possibilités quant à l'existence ou à la non-existence des états de choses P et Q.[5] La tautologie $p.\ p \supset q : \supset : q$ est alors le double de ce fragment. Un tel fragment n'est ni un fait, ni *a fortiori* un fragment du monde.

2
Du fait minimal au fait général

Après avoir composé le fait minimal, il convient de composer des faits qui impliquent un nombre quelconque n $(n > 2)$ d'états de choses dont chacun existe ou n'existe pas selon la vérité ou la fausseté de la proposition élémentaire qui est son double. A partir de ces propositions élémentaires, les propositions qui seront les doubles des faits impliquant n états de choses sont composées, et, finalement, ces faits eux-mêmes sont composés.

Quant à la vérité ou à la fausseté de n propositions élémentaires, il en existe $K_n = 2^n$ possibilités[1]. Si donc n propositions élémentaires sont données, il existe 2^n possibilités de diviser leur ensemble en deux sous-ensembles, l'un comprenant les propositions élémentaires vraies, l'autre les fausses. Chacune de ces 2^n possibilités de division constitue une entité ε qui s'appelle possibilité quant à la vérité ou à la fausseté des n propositions élémentaires. Une de ces «possibilités de vérité» ε se trouve réalisée, et une seule. En ce qui concerne les n états de choses, il existe K_n possibilités de diviser leur ensemble en deux sous-ensembles, l'un comprenant les états de choses existants, l'autre les non existants. Chacune de ces 2^n possibilités de division constitute une entité λ qui s'appelle possibilité quant à l'existence ou à la non-existence des n états de choses. Une de ces possibilités λ se trouve réalisée, et une seule.

Dans l'ensemble des possibilités de vérité ε_i $(i = 1, \ldots, K_n)$ sont prélevés[2] des sous-ensembles propres qui en rassemblent un certain nombre N: $0 < N < K_n$. Ces sous-ensembles sont des entités d'un type nouveau, notées $\{\varepsilon_i\}_j$ $(j = 1, \ldots, L_n - 2)$[3]. A une entité $\{\varepsilon_i\}_j$ correspond une entité, elle aussi nouvelle: un «signe propositionnel», noté s_j. En voici un exemple:

« p_1	…	p_n	
V	…	V	F
F	…	V	V
.		.	.
.		.	.
.		.	. »

La colonne de droite, de par la répartition des signes «V», détermine un des sous-ensembles $\{\varepsilon_i\}_j$. s_j présente la proposition composée $\mathfrak{p}_j$ qui est vraie pour les possibilités de vérité ε_i marquées par V, et seulement pour celles-ci. Puisqu'à ε_i répond son entité gémellaire λ_i, $\mathfrak{p}_j$ détermine un choix de possibilités λ_i. Ce choix est le fait f_j. Pour que f_j existe, la condition nécessaire et suffisante est que son double p_j soit vrai.[4] Ainsi un fait doit-il son existence à un certain ensemble de propositions élémentaires, les unes vraies, les autres fausses.

Après cette définition du fait, il convient de tourner le regard vers la thèse 2: «Ce qui se produit là, le fait, est l'existence d'états de choses», *die Tatsache ist das Bestehen von Sachverhalten.* Cette thèse dit que pour constituer un fait, il faut disposer d'une pluralité d'états de choses; la thèse 2.034 le confirme en ramenant la structure d'un fait à une pluralité de structures qui appartiennent chacune à un état de choses. L'expression: *das Bestehen von Sachverhalten* se traduit par: «que des états de choses existent»; elle spécifie qu'il s'agit d'états de choses existants. La thèse 2 ne va pas au delà de cette affirmation: pour qu'un fait se constitue, il suffit que plusieurs états de choses existent. Mais il y a des faits qui n'existent qu'à condition que tous les états de choses impliqués dans cette parcelle de la réalité n'existent pas. Aussi Wittgenstein annexe-t-il à la thèse 2 un amendement: la non-existence d'états de choses est appelée «fait négatif» (2.06 [2]). Un tel fait est un fait de plein droit: c'est ce fait unique qui existe si aucun des états de choses impliqués dans cette parcelle n'existe, et seulement si aucun n'existe.

CINQUIÈME CHAPITRE

LES IMAGES D'UN FAIT

1
Le fait, son double et son image

Tous les faits, et eux seuls, ont droit à des images qui sont elles-mêmes des faits[1]; ainsi un fait f peut être l'image d'un fait f′, différent de lui. f et f′ ont leurs doubles $\not{p}$ et $\not{p}'$ qui sont des propositions composées. Pour que le fait f puisse être l'image du fait f′, il doit exister entre f et f′ un certain «isomorphisme»[2] dont ce chapitre explicitera le fonctionnement et il apparaîtra nécessaire qu'entre $\not{p}$ et $\not{p}'$ existe un autre isomorphisme:

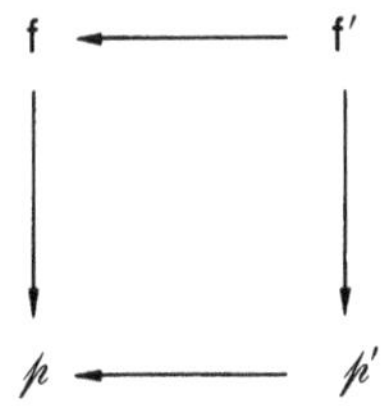

Dans les faits f et f′ sont impliquées des possibilités λ quant à l'existence ou à la non-existence d'états de choses; dans les doubles $\not{p}$ et $\not{p}'$ sont impliquées des possibilités de vérité ε de propositions élémentaires. Dans ce graphe, la proposition $\not{p}$ a une situation singulière; étant le double de f, elle est en rapport direct avec lui et, f étant l'image de f′, elle a également un certain rapport avec le fait f′.

Le double de l'image du fait f′ est dit «composé»[3] de propositions élémentaires, mais cette «composition», effleurée dans le chapitre précédent, a besoin d'être approfondie.

2
La proposition élémentaire «composée» avec d'autres propositions élémentaires

La composition de deux propositions élémentaires ne se fait pas à l'aide d'un «opérateur» tel que « ∧ », « ∨ », « ⊃ », ... parce qu'il ne se trouve pas d'«opérateur» gémellaire capable de joindre les entités gémellaires des propositions élémentaires.[1] L'on prendra donc en compte, pour construire les propositions composées, les seules propositions élémentaires, ou plus exactement leur vérité (ou fausseté). En effet, il s'agit du nombre:

$$\binom{n}{\nu}$$

des combinaisons de propositions élémentaires vraies, n propositions élémentaires ($\nu = 0, 1, \ldots, n$) étant données. Quant à la vérité ou à la fausseté de n propositions élémentaires, il en existe:

$$K_n = \sum_{\nu=0}^{n} \binom{n}{\nu}$$

possibilités[2]. Ainsi, un sous-ensemble de propositions élémentaires montre, en ce qui concerne leur vérité ou non-vérité, la même forme qu'un sous-ensemble d'états de choses en ce qui concerne leur existence ou non-existence, à savoir la forme de la réalité: *Wirklichkeit*. Il est notable que, dans le système du *Tractatus*, la forme qu'on appelle «forme de la réalité»[3] appartient aussi à une instance différente de la réalité qui ne fait appel qu'à des propositions élémentaires prises en compte par rapport à leur vérité ou à leur non-vérité. Elle pourrait être nommée «le penser». Son pouvoir serait de diviser l'ensemble des possibilités quant à leur vérité ou à leur fausseté en deux sous-ensembles, comme il a été établi dans le paragraphe 2 du chapitre 4.

L'instance gémellaire du «penser» est la réalité. Elle ne fait appel qu'à des états de choses, et il n'est question de rien d'autre que de leur existence ou non-existence. Si n états de choses sont donnés, $n > 1$, il existe $K_n = 2^n$ possibilités de diviser leur ensemble en deux sous-ensembles, l'un comprenant les états de choses existants, l'autre les non-existants.

La réalité n'est autre que la possibilité de faire cette division. Dans le système du monde wittgensteinien, chacune de ces 2^n possibilités de division constitue une nouvelle entité logique notée «λ».[4] Une de ces possibilités λ quant à l'existence ou à la non-existence des n états de choses, se trouve réalisée, et une seule. Par exemple, il se peut que soit réalisée la possibilité λ telle qu'aucun des états de choses n'existe.

La proposition élémentaire est l'entité la plus solitaire du système du *Tractatus*, ainsi que l'affirme le paragraphe 3 du chapitre 3:

> *On ne peut conclure de la vérité ou de la fausseté d'une proposition élémentaire ni à la vérité ni à la fausseté d'une autre proposition élémentaire.*

Il convient donc de porter attention à l'acte qui soude les propositions élémentaires indépendantes et solitaires, et qui a pour particularité de produire une image d'un fait; en effet, on peut définir la «connexion logique»: *die logische Verbindung*[5], de *n* propositions élémentaires à partir

1 des possibilités ε quant à leur vérité ou à leur non-vérité

et

2 des possibilités λ quant à l'existence ou à la non-existence des *n* états de choses correspondant, un par un, à ces *n* propositions élémentaires,

ces possibilités λ étant les entités gémellaires des possibilités ε. Donc, lorsque *n* propositions élémentaires $p_1, \ldots, p_n$ $(n > 1)$ sont données:

1 K_n possibilités de vérité ε_i $(i = 1, \ldots, K_n)$ sont données simultanément.

2 Dans l'ensemble des possibilités de vérité ε_i sont prélevés des sous-ensembles propres qui en rassemblent un certain nombre N:

$$0 < N < K_n.$$

Ces sous-ensembles sont des entités d'un type nouveau, à savoir des «images», notées «$\imath_j$»:

$$j = 1, \ldots, L_n - 2; \quad L_n = \sum_{\kappa=0}^{K_n} \binom{K_n}{\kappa}.$$ [6]

3 A chacune des possibilités ε_i répond son entité gémellaire λ_i, à savoir une possibilité quant à l'existence ou à la non-existence de *n* états de choses $P_1, \ldots, P_n$.

4 L'image $\imath_j$ détermine un sous-ensemble de possibilités $(\lambda_i)_j$ pour chacune desquelles elle est vraie. Elle détermine un sous-ensemble de possibilités $(\lambda_i{}^*)_j$ pour chacune desquelles elle est fausse: ce sous-ensemble s'appelle le «sens» de l'image.

5 Une proposition élémentaire, si elle existe, est ou vraie ou fausse: une des possibilités ε_i est réalisée et une seule.

6 Un état de choses, s'il est possible, ou existe ou n'existe pas: une des possibilités λ_i est réalisée et une seule.

Les entités ε_i et λ_i, en tant que virtualités, existent éternellement, sans pouvoir, cependant, rester réalisées éternellement[7]. Le système du *Tractatus* n'admet pas que les images demeurent éternellement vraies, d'où la condition:

$$N < K_n.$$

Les propositions élémentaires $p_1, \ldots, p_n$ déterminent quand une image doit cesser d'être vraie. Par exemple ($n = 2$): p_1 étant vraie, p_2 fausse, ε_3: VF est réalisée et

$$\imath_7: (FVVF)(p_1, p_2)$$

vraie; p_1 devenant fausse, ni ε_3 ni ε_2 ne pouvant être réalisées, $\imath_7$ devient fausse. Parce qu'elles commandent la vérité et la fausseté de l'image $\imath$, les propositions élémentaires $p_1, \ldots, p_n$ sont «composées».

7 Une «image» $\imath$ dont le sens est l'ensemble vide, est éternellement vraie.

Si cette «image» $\imath$ n'est rendue fausse par aucune possibilité ε_i, elle est éternellement vraie et se soustrait à l'influence des propositions élémentaires. En effet, par l'influence qu'elle exerce sur la vérité d'une proposition composée, une proposition élémentaire entre en rapports avec les autres propositions élémentaires impliquées dans cette même proposition composée. Dès que cette influence cesse, ces rapports se disloquent et chacune retombe dans son état d'isolement[8].

3
Les images logiques des faits

Il suit de la quatrième phase de la composition de n propositions élémentaires $p_1, \ldots, p_n$ que les images $\imath$ sont pourvues de sens; puisqu'une proposition pourvue de sens, lorsqu'elle est l'image d'un fait f, est l'image «logique» de ce fait (4, 3), les images $\imath$ sont des images logiques. Mais une image $\imath$ ainsi construite est également le double $\not{p}$ d'un fait f. Si l'on se reporte au graphe du paragraphe 1, la proposition $\not{p}$ est l'image logique du fait f.

4
Les auteurs des images

Si l'on renonce au détour par les thèses 2.01 et suivantes, on apprend par la thèse 2.1 que «nous nous faisons des images des faits» et, puisque «l'image logique des faits est la pensée» (3), lorsque nous nous faisons des images logiques, «nous pensons», formule rappelant l'axiome spinoziste: *homo cogitat*[1].

Il convient de retenir que les images ont des auteurs, présents dans le pronom «nous». Ce pronom peut signifier «tous les hommes» et ainsi la thèse 2.1 indiquerait que tous les hommes se font des images. Cependant, quand Wittgenstein définira le sujet, à partir de la thèse 5.6, il ne lui attribuera pas la production d'images. La question de l'identité de l'auteur d'une image se pose dès lors. On ne saurait exclure que Wittgenstein groupe sous le pluriel «nous» différentes instances concourant à produire l'image.

Puisque faire une image est une action, à savoir doubler les fragments du monde par d'autres fragments appelés «images», il convient de rechercher les instances capables d'agir de cette façon. L'action de faire des images n'est guère du ressort de la volonté humaine qui n'a pas d'impact sur le monde[2]. Une seule instance a un impact sur le monde, le vouloir[3], qui a pouvoir de changer les limites du monde; seulement, cette action ne semble pas être en rapport avec la production des images, à moins que l'action de changer les limites du monde ait quelque chose à voir avec la production des images. En effet, les limites du monde enserrent les faits dont les images logiques doivent se trouver quelque part. Si elles étaient sur les limites, les deux actions envisagées ne seraient peut-être pas totalement étrangères l'une à l'autre. Cette prise en considération du vouloir serait d'autant plus prometteuse que le sujet-limite paraît incapable d'engendrer des pensées.[4]

Le but de cette interprétation est donc d'éclaircir les rapports entre le vouloir et le sujet-limite afin d'identifier l'auteur ou, éventuellement, les auteurs d'une image; pour l'instant, il est acquis que le monde est prédéterminé à avoir des images de ses fragments et qu'il est fait appel à un ou, éventuellement, plusieurs auteurs usant de cette possibilité offerte par le système du monde. Mais si l'on ne peut encore savoir qui sont les auteurs, on peut déjà connaître le mécanisme selon lequel les images sont fabriquées. A cette fin il est utile de restreindre leur domaine à celui des images logiques.

5
L'opération image

L'image logique est une proposition pourvue de sens; il convient d'indiquer «comment une [telle] proposition est construite»[1] en expliquant comment une proposition quelconque est obtenue par l'application réitérée aux propositions élémentaires[2] de cette «opération de vérité» indiquée par la formule «[p̄, ξ̄, N(ξ̄)]». C'est par cette opération que sont composées les propositions élémentaires en vue d'obtenir des images des faits.

Le cycle: 5.2, 5.21, ..., 5.25, 5.2 développe l'idée d'une opération appliquée à des propositions; la thèse 5.234 introduit l'opération de vérité qui, selon la thèse 5.5, nie toutes les propositions auxquelles elle s'applique. Le cycle: 5, 5.1, ..., 5.6, 5 règle le fonctionnement général de l'opération de vérité; le cycle: 5.5, 5.51, ..., 5.55, 5.5 ajuste cette opération à la nature des ensembles de propositions auxquels elle s'applique; finalement, le cycle: 5.55, 5.551, ..., 5.557, 5.55 examine les bases de l'opération de vérité, les propositions élémentaires.

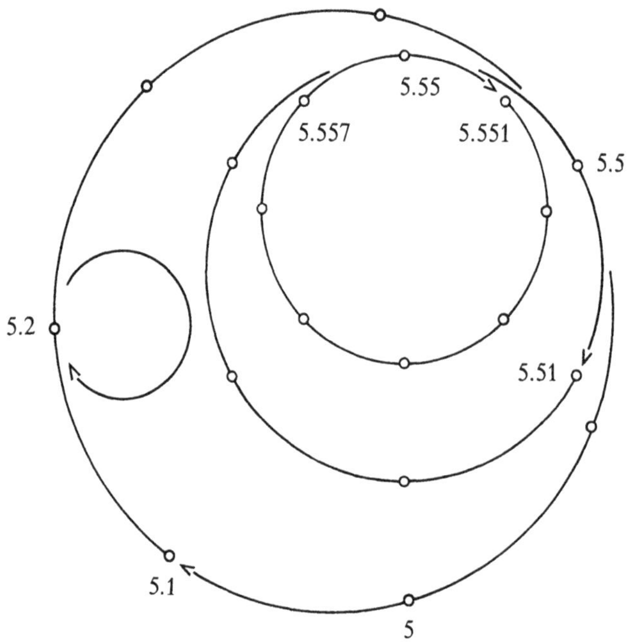

La thèse 5.5 définit une opération Ω à appliquer aux propositions élémentaires:

1 Ω produit ou une proposition élémentaire ou une proposition «non élémentaire»,

2 pour toute proposition q, fonction de vérité de propositions élémentaires, il existe une série finie de propositions $p_1, p_2, \ldots, p_n$ telles que Ω appliquée à des propositions élémentaires produit p_1, que Ω appliquée à p_1 et à des propositions élémentaires produit $p_2, \ldots$ et que $p_n = q$.

3 Ω ne prend en compte que la vérité ou la fausseté des propositions élémentaires, et non leur forme.

Pour définir des propositions non élémentaires, la vérité et la fausseté des propositions élémentaires suffisent; il n'est pas besoin de constantes logiques figurant des entités fictives (5.4); toutes les propositions non élémentaires sont produites à partir de la seule opération Ω (5.3[1, 2, 4]); pour l'appliquer à une proposition non élémentaire p, il suffit de considérer p comme élémentaire, car Ω ne prend en compte que la vérité ou la fausseté de p, et non sa forme (5.3[3a]); Ω réitérée ne produit autre chose que des propositions élémentaires ou non élémentaires (5.3[3b]); si Ω appliquée à un ensemble de propositions:

$$p_{i_1}, p_{i_2}, \ldots$$

composées ou élémentaires, produit p_{i+1}, il existe un certain ensemble de propositions élémentaires et une opération Ω′ tels que Ω′ appliquée à cet ensemble produit p_{i+1} (5.3 [3c]); les structures de toutes les propositions p sont affines entre elles (5.2) et les fonctions de vérité s'ordonnent en séries (5.1).

La thèse 5.5 spécifie l'opération Ω par la «barre de Sheffer»; puis la thèse 5.501 introduit la variable «ξ» dont les valeurs sont des propositions et marque l'ensemble de toutes les valeurs de ξ par le signe «$\bar{\xi}$»; la thèse 5.502 note la barre de Sheffer par «$N(\bar{\xi})$». Le cycle:

$$5.5,\ 5.51, \ldots,\ 5.55,\ 5.5$$

lancé par la thèse 5.5 définit l'opération $N(\bar{\xi})$ pour l'ensemble $\bar{\xi}$ contenant une seule valeur (5.51), ensuite pour $\bar{\xi}$ contenant deux valeurs (5.51), puis définit $N(\bar{\xi})$ pour le cas où une fonction unique fx produirait toutes les valeurs de $\bar{\xi}$ en engageant toutes ses variables x: $N(\bar{\xi}) = \sim(\exists x).fx$ (5.52). Si les variables x désignent des choses, fx désigne des propositions élémentaires: dans la substance est délimité un ensemble de choses x et fx est une proposition élémentaire gémellaire d'un état de choses P contenant une chose x de cet ensemble. Puisque $N(\bar{\xi})$ est «la négation de toutes les valeurs de la variable propositionnelle ξ» (5.502[b]), $\sim(\exists x).fx$ signifie que toutes les propositions élémentaires produites par fx à partir des choses x de cet ensemble sont fausses.

Une fonction fx définie sur un ensemble de choses x et produisant des propositions élémentaires n'est pas univoque, car une chose c existant dans deux états de choses existants est comptée pour deux choses distinctes; fc signifie tantôt la proposition élémentaire gémellaire du premier état de choses, tantôt la proposition élémentaire gémellaire du second; l'identité du signe «c» dans fc signale l'identité de la chose c (5.53).

Si p contient une proposition p', il existe un ensemble de propositions $\bar{\xi}$ et une opération N tels que N appliquée à l'ensemble $\{\bar{\xi}, p'\}$ produit p (5.54).

Toute proposition p pouvant être obtenue par N appliquée à un ensemble de propositions élémentaires (5.3[3c]), on a intérêt à connaître des fonctions fx de choses x produisant des propositions élémentaires. Puisque les états de choses possibles s'organisent en faisceaux F(c), il serait utile de disposer d'une fonction fx qui produirait toutes les propositions élémentaires gémellaires des états de choses d'un faisceau F(c) et elles seules. fx aurait quelque chose à voir avec la nature de c de sorte que les propositions élémentaires issues de fx participeraient toutes de la même forme. *A fortiori*, en connaissant toutes les formes possibles des propositions élémentaires, on serait en mesure de connaître les faisceaux F(c). Le cycle lancé par la thèse 5.5 débouche, en fait, sur la question de toutes les formes possibles des propositions élémentaires (5.55); le cycle:

5.55, 5.551, . . . , 5.557, 5.55

greffé sur la thèse 5.55 est voué à la recherche de telles formes.

Wittgenstein a la volonté de montrer les fragments du monde accessibles à l'homme, preneur d'images. Ces images en tant que «logiques» sont des propositions, fonctions de vérité de propositions élémentaires[3]; et l'image d'un fragment du monde surgit de cette forme de la fonction de vérité résumée dans le symbole $[\bar{p}, \bar{\xi}, N(\bar{\xi})]$ qui se lit: pour construire une nouvelle proposition p, étant donné un ensemble $\bar{p}$ de propositions élémentaires, on forme un ensemble $\bar{\xi}$ de propositions qui sont soit des propositions éléments de $\bar{p}$ soit des propositions fonctions des éléments de $\bar{p}$; l'opération N appliquée à $\bar{\xi}$ donne la nouvelle proposition p. La forme $[\bar{p}, \bar{\xi}, N(\bar{\xi})]$ est nécessaire pour qu'une proposition soit une image logique d'un fait; elle n'est cependant pas suffisante, car elle détermine aussi bien la forme des propositions pourvues de sens que celle des tautologies et des contradictions. Mais si une proposition engendrée par cette opération est pourvue de sens, elle est l'image d'un fait, existant ou virtuel. On peut donc construire les images des faits sans avoir égard aux faits eux-mêmes. La forme $[\bar{p}, \bar{\xi}, N(\bar{\xi})]$ de l'image logique se projette sur le monde en déterminant la forme de ses fragments.[4] Les images logiques ont toutes une forme de même type; il en est de même pour les fragments du monde, et ces deux types sont identiques: si les images étaient bleues, les fragments du monde ne sauraient être rouges.

L'unique forme des images logiques résulte d'un ordre à suivre dans leur construction[5]; pour toute image logique $\mathscr{i}$, il existe un ensemble $\bar{\xi}(\mathscr{i})$ de propositions élémentaires p ou composées $\mathscr{p}$ tel que l'opération N soit définie sur $\bar{\xi}(\mathscr{i})$, et qu'elle produise $\mathscr{i}$. L'opération $[\bar{p}, \bar{\xi}, N(\bar{\xi})]$ produit donc des signes propositionnels: signes des images logiques et des «quasi-connexions» de signes, désignant les tautologies et les contradictions:

« p_1	...	p_n	
V	...	V	F
F	...	V	V
.		.	.
.		.	.
.		.	. »

Ainsi, elle produit la forme de l'image logique qui est celle d'un fait défini par un choix de possibilités de vérité d'une suite d'états de choses. Elle s'attaque à des propositions élémentaires ou composées et en opère la jonction:

$$\mathscr{p} \oplus \mathscr{q} \Rightarrow \mathscr{t}$$

Mais, les propositions tant élémentaires que composées sont des «fonctions de vérité»[6]; l'opération $[\bar{p}, \bar{\xi}, N(\bar{\xi})]$ s'attaque donc à des fonctions: elle en joint deux ou plusieurs pour en obtenir une autre, nouvelle ou non:

$$\mathscr{p}_1 \oplus \mathscr{p}_2 \oplus \ldots \Rightarrow \mathscr{t} \quad (\mathscr{t} = \mathscr{p}_i \text{ ou } \mathscr{t} \neq \mathscr{p}_i)$$

Le signe propositionnel lui-même désigne une telle fonction, susceptible de deux valeurs: «vrai» ou «faux». Les «arguments» de cette fonction ne sont pas les propositions élémentaires ou composées, mais leur vérité ou fausseté, si bien qu'on peut l'écrire, par exemple, comme une fonction arithmétique de plusieurs variables:

$$f(x_1, \ldots, x_n)$$

où $x_1, x_2, \ldots$ et la fonction $f(x_1, \ldots, x_n)$ ne sont susceptibles que des deux valeurs 0 ou 1. La «forme générale selon laquelle une proposition [$\mathscr{p}$] est construite»[7], est donc telle que la vérité ou la fausseté de $\mathscr{p}$ puisse être la fonction de la vérité ou de la fausseté de propositions élémentaires impliquées.

C'est l'opération Ω spécifiée comme «$N(\bar{\xi})$» qui «soude» les propositions élémentaires: si au point de départ sont données deux propositions élémentaires p et q, elles sont au même titre des «propositions» et des «fonctions»[8], si bien que l'opération, en joignant deux fonctions, joint deux propositions. La «composition» ou «jonction» des propositions élémentaires est la jonction de deux fonctions. L'opération Ω nie p et nie q; ainsi, elle échange les deux fonctions p et q contre une nouvelle:

«(FFFV) (p, q)».

Cette définition de la jonction ne dépend pas du nombre des propositions élémentaires impliquées; la nouvelle fonction peut être:

(FFFFFFFV) (p, q, r), etc.

Si l'un des arguments est la proposition élémentaire p et l'autre la proposition composée $\mathscr{p} = p/q$, l'opération Ω produit la nouvelle fonction de p et q:

$$(FVFF)(p, q) = \mathscr{q}.$$

Une fois produite la fonction:

$$\mathscr{t} = (VFVV)(p, q),$$

l'opération Ω appliquée à l'ensemble $\bar{\xi} = \{\mathscr{q}, \mathscr{t}\}$ produit la contradiction:

$$\mathfrak{c} = (FFFF)(p, q).$$

Seulement, la contradiction n'est pas une jonction des propositions élémentaires, et le signe «(FFFF) (p, q)» n'est pas un signe propositionnel.

Il faut distinguer entre cette opération $[\bar{p}, \bar{\xi}, N(\bar{\xi})]$ et la forme générale de la proposition $\mathscr{p}$. Cette forme est celle d'une fonction de vérité, alors que l'opération $[\bar{p}, \bar{\xi}, N(\bar{\xi})]$ est une opération spécifique (parmi tant d'autres) joignant des fonctions de vérité et privilégiant la fonction $N(\bar{\xi})$. Cette fonction de vérité $N(\bar{\xi})$ ne fait que nier les propositions élémentaires et met un terme à l'existence d'états de choses. Elle contrefait, dans le domaine des signes propositionnels, la forme de la réalité qui est *bestehen* ou *nicht bestehen*. Ainsi l'opération Ω, définie sur les propositions élémentaires, agit aussi sur les états de choses existants et non existants, donc sur la «réalité totale» (2.063).

L'opération $[\bar{p}, \bar{\xi}, N(\bar{\xi})]$ pourrait-elle se passer d'un opérateur qui inlassablement renouvelle cette opération productrice d'images logiques périssables $\mathscr{p}$? Le texte du *Tractatus* ne mentionne pas un tel opérateur. Il ne faut cependant pas perdre de vue le vouloir. Bien que sa tâche soit de changer les limites du monde, il pourrait intervenir dans la production des formes des images.

6
La situation de choses: *die Sachlage*

L'image «représente» la réalité: *bildet die Wirklichkeit ab*, en «représentant»

> une possibilité quant à l'existence ou à la non-existence d'états de choses: *indem es eine Möglichkeit des Bestehens und Nichtbestehens von Sachverhalten darstellt.*[1]

Le verbe *darstellen* est voisin des verbes *darbieten* et *darbringen*: porter solennellement une chose devant un personnage habilité à la recevoir; l'image pose alors solennellement une possibilité quant à l'existence ou à la non-existence d'états de choses devant un observateur. L'image, quand il est question de sa fonction définie par le verbe *darstellen*, ne pose pas un fait devant un observateur, mais une *Sachlage* qu'il ne faut pas confondre avec *Sachverhalt*. Le terme *Sach-Lage* peut se traduire par «situation dans laquelle se trouvent des choses: *Sachen*» ou par «situation de choses», et désigne justement cette entité λ_i qui n'avait pas encore reçu d'appellation: une possibilité quant à l'existence ou à la non-existence de plusieurs états de choses. Une situation de choses n'est pas un fait, qui serait défini par une, deux ou plusieurs de ces entités λ_i, mais non par toutes:

> «2.202 – L'image pose devant un observateur une situation de choses possible [une possibilité quant à l'existence ou à la non-existence d'états de choses] [...]»

Les situations de choses λ_i se situent dans l'espace logique:

> *l'image pose devant un observateur une situation de choses possible dans l'espace logique*[2], à savoir «l'existence et la non-existence d'états de choses»[3].

La situation de choses est l'entité intermédiaire entre l'état de choses et le fait. Le modèle suivant en précise la notion: soit un état de choses alliant les choses 1, 2, 3 et 4; s'il est compté dans le faisceau F(1) de la chose 1, il est représenté par

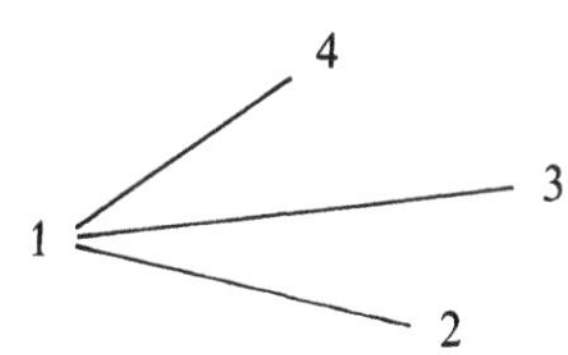

s'il est compté parmi les états de choses du faisceau F(2), par

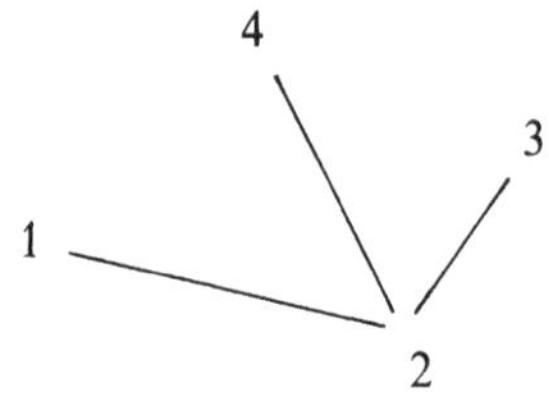

Les traits reliant les chiffres ne signifient donc pas l'ordre et la connexion entre les choses et les deux figures représentent le même état de choses.

La chose 1 en tant qu'elle engendre le faisceau F(1) sera représentée par une droite verticale et l'état de choses s'étendant dans un plan horizontal lui est attaché. Tous les *zahllose* autres états de choses du faisceau F(c) s'attachent de la même façon, à des étages différents, si bien qu'on aura une «tige» d'où sortiront des ensembles de «pédicelles»:

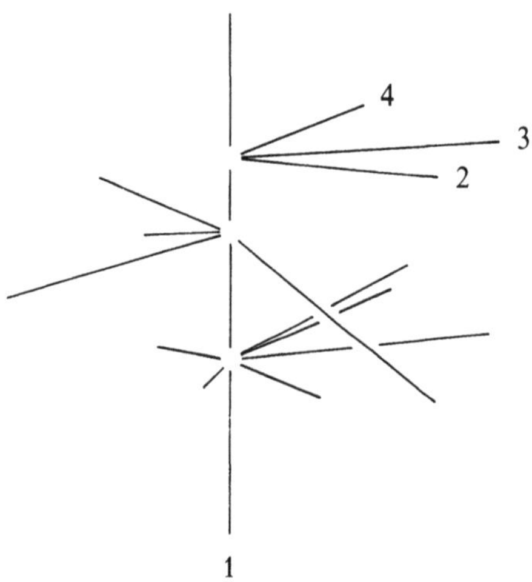

Une situation de choses λ_i est représentée par cette tige qui porte tous les états de choses que la possibilité de vérité gémellaire ε_i appelle à l'existence, et seulement ces états de choses. Les états de choses qu'elle «arbore» contiennent tous une même chose c, si bien que λ_i peut être notée «λ_i(c)»: une situation de choses hérite de la nature de la chose c; elle est, par exemple, spatiale et, dans ce cas, uniquement spatiale.

Selon la thèse 5.525[2] une situation de choses est «possible», «impossible» ou «certaine»:

> 5.525[2] – «La certitude, la possibilité ou l'impossibilité d'une situation de choses ne s'expriment pas par une proposition, mais par

le fait qu'une expression est une tautologie, une proposition pourvue de sens ou une contradiction.»

Il faut interpréter cette thèse en tenant compte des trois cas:

1 la possibilité d'une situation de choses,

2 l'impossibilité d'une situation de choses,

3 la certitude d'une situation de choses.

La situation de choses mentionnée dans la thèse 5.525[2] sera désignée par «λ_i», la possibilité de vérité gémellaire de λ_i par «ε_i». Cette possibilité de vérité est, selon cette même thèse, enregistrée:

1 soit dans une image logique $\mathscr{i}$ la comprenant parmi ses raisons de vérité,

2 soit dans la contradiction $\mathfrak{c}$,

3 soit dans la tautologie $\mathfrak{t}$.

Une situation de choses λ_i existe, si la possibilité de vérité ε_i est réalisée, et seulement si elle l'est.

1 Une image logique $\mathscr{i}$ interdit, tant qu'elle existe et est fausse, la réalisation de ses raisons de vérité. Mais aucune image $\mathscr{i}$ n'est éternellement fausse; aussi la raison de vérité ε_i pourra-t-elle se réaliser, de sorte que l'existence de λ_i est possible.

2 La contradiction $\mathfrak{c}$ interdit, tant qu'elle existe, la réalisation de toutes les possibilités de vérité ε_i qu'elle enregistre, de sorte que l'existence de λ_i gémellaire de ε_i est impossible.

3 Au contraire de la contradiction, la tautologic $\mathfrak{t}$ amène la réalisation de chacune des possibilités de vérité ε_i qu'elle enregistre, de sorte que l'avènement à l'existence de λ_i gémellaire de ε_i peut être qualifié de certain tant que la tautologie $\mathfrak{t}$ existe.

7
La structure du fait

Le fait a été défini comme le choix que la proposition composée $\mathscr{p}$ opère parmi les possibilités λ_i quant à l'existence ou à la non-existence de certains états de choses. Le terme «structure», expliqué pour l'état de choses comme l'ordre et la connexion des choses, ne l'est pas encore pour le fait auquel une «structure» est également attribuée:

> «2.034 – La structure du fait consiste dans les structures des états de choses [*aus den Strukturen der Sachverhalte*].»

Quel sens donner au verbe «consister en», *bestehen aus*: comment la structure du fait est-elle constituée à partir des structures des états de choses? Et de quels états de choses s'agit-il: de tous les états de choses impliqués dans le fait f, existants et non existants? L'étude de la structure de l'état de choses permet de répondre à ces questions:

> «2.032 – L'ordre et la connexion des choses dans l'état de choses [sont] la structure de l'état de choses.»

Puisqu'une chose c peut appartenir à plusieurs états de choses existants et qu'il n'est pas exclu que plusieurs états de choses existants regroupent les mêmes choses, il revient à l'ordre et à la connexion établis entre une chose c et ses homologues de distinguer les états de choses les uns des autres.

Si l'on prend en considération, pour définir la structure d'un fait f, les structures de divers états de choses, il importe de préciser ceux qui entrent en jeu. En tenant compte qu'une chose c détermine un seul faisceau F(c) d'états de choses dont plusieurs sont existants, il convient, pour définir un fait, de retenir seulement des états de choses qui ont en commun une certaine chose c. On pourrait parler d'un fait f «défini sur un faisceau F(c)». S'il faut donc déterminer les états de choses dont il s'agit pour constituer la structure d'un fait f, on peut dire que tous pivotent autour d'une seule chose c enchâssée dans chacun d'eux. Tous ces états de choses ne sont pas existants. Pour constituer la structure du fait f, s'agit-il de considérer les états de choses existants ou les non existants, ou les uns et les autres? Puisque le système admet le fait f′, qui existe si tous les états de choses impliqués dans sa définition ne sont pas existants, il semble qu'il faille considérer la structure de chaque état de choses existant ainsi que celle de chacun des non existants pour constituer la structure du fait f. Quelle que soit l'apparente validité de ce raisonnement, il faut plutôt, pour expliquer la structure du fait, se référer à la théorie de la substance. Les états de choses impliqués dans le fait f contiennent tous cette même chose c, et ils forment le faisceau F(c) tout entier. Il n'est donc pas possible que tous ces états de choses n'existent pas, sinon c n'existerait pas. Il se justifie ainsi que ce fait f′ ne peut exister.

A ce point du raisonnement, une remarque change la situation du tout au tout. En effet, dans les calculs du *Tractatus*, le nombre des états de choses est toujours fini[1]. Il convient pourtant de se souvenir qu'il y a *zahllose* états de choses dans lesquels une seule chose c peut advenir. Ainsi, les schémas des thèses 4.411 et 5.501 ne sont que des approximations qui, faute de mieux, essaient d'évoquer la construction du fait fondé sur les *zahllose* états de choses du faisceau F(c).

Si donc chaque fait implique des états de choses existants, il est possible de s'appuyer, pour constituer la structure du fait, uniquement sur la structure de chacun des états de choses existants:

> La structure du fait f est constituée de toutes les *zahllose* structures, chacune provenant d'un des états de choses existants impliqués dans f et contenant tous la même chose c.

Cette conception de la structure du fait doit être vérifiée en partant d'une chose c déterminée, par exemple de cette unique chose spatiale ou *Raumding*. Un faisceau F(c) d'états de choses possibles lui correspond. Une possibilité quant à l'existence ou à la non-existence de tous les états de choses du faisceau est une situation de choses λ. Toutes ces situations de choses λ forment la parcelle de la réalité engendrée par le faisceau de la chose spatiale. Quelle que soit la situation de choses λ qu'on prélève dans cette parcelle, la possibilité de vérité ε correspondante contient des valeurs de vérité «V».

Pour comprendre maintenant la structure d'un fait f défini sur la parcelle spatiale de la réalité, il faut considérer qu'une seule possibilité de vérité ε est réalisée et qu'il existe une seule situation de choses λ correspondante dans la parcelle spatiale de la réalité. Si λ est de celles dont l'existence entraîne l'existence du fait f, elle est prise en compte pour la détermination de la structure de f, sinon non. Puisque la définition d'un fait peut inclure plusieurs situations de choses, la structure du fait varie selon la situation de choses λ existante. Quand existera, par exemple, une situation de choses λ*, le fait f existant aura une structure composée des structures des états de choses auxquels correspond la valeur «V» dans la possibilité de vérité ε* gémellaire de λ*.

Si cette interprétation du système ontologique du *Tractatus*, selon laquelle toute chose d'une nature ou forme déterminée est unique – qu'il y ait donc un unique *Raumding* –, est juste, on peut, en ce qui concerne les formes des choses comme la spatialité, etc., proposer les conjectures suivantes:

1 L'état de choses n'est pas spatial, mais la parcelle de la réalité définie par la seule et unique chose spatiale c est spatiale. Cette parcelle est engendrée par le faisceau F(c) de «la» chose spatiale.

2 Les états de choses impliqués dans ce faisceau F(c) ont ceci en commun que dans tous est enserrée la chose spatiale c.

3 Une situation de choses λ qui s'étend sur tout le faisceau F(c) est «spatiale».

4 Tout fait défini sur la parcelle de la réalité engendrée par le faisceau F(c) est un fait «spatial».

La notion de «structure du fait» permet de répondre à la question de la «nature» du fait. En effet, il y a des choses dont la forme ou nature est la spatialité, d'autres dont elle est la colorité, etc. Il est impossible de subsumer la configuration des choses, l'état de choses, sous une de ces natures, chaque état de choses comportant *zahllose* choses ayant chacune sa propre nature différente de toutes autres. Mais il y a une réalité spatiale, temporelle, etc., ou plus exactement: une parcelle spatiale de la réalité, une autre temporelle, etc. Sur elles sont définis des faits spatiaux, colorés, etc.

Une image d'un fait spatial est-elle spatiale? Selon la thèse 2.171 «l'image peut représenter toute réalité dont elle a la forme». Puisqu'il y a une réalité spatiale, l'image d'un fait spatial semble donc être spatiale[2]. Une telle conception ne s'harmonise pas avec la thèse 4.011 où la notation musicale est appelée une image de la musique, image spatiale de la pensée musicale qui n'est pas un fait spatial. Il faut attendre les notions de la forme de la représentation: *Form der Abbildung* et de la forme de la figuration: *Form der Darstellung*, pour dénouer cette difficulté.

8
Les coordonnées logiques d'un fait

Il serait tentant d'essayer maintenant de concevoir le fait dans l'espace logique comme il est dit dès le début du *Tractatus*:

> «1.13 – Les faits dans l'espace logique sont le monde.»

Mais il ne peut être précisé ce qu'est l'espace logique qui contient les faits sans avoir traité de la totalité de leurs images logiques et des limites du monde; ce sera le paragraphe 19 du chapitre 8 qui exposera l'espace logique; ici peuvent être seulement indiquées les instances qui déterminent le fait: le faisceau F(c), la forme propositionnelle et l'ensemble des propositions élémentaires spécifiant les états de choses du faisceau F(c) qui sont pris en considération.

Le fait f est défini à partir d'un choix opéré parmi les situations de choses λ(c) d'un faisceau F(c); ce choix est enregistré dans le double $\not{p}$ de f. Dès que le fait f existe, il est réalisé, dans son double $\not{p}$, une possibilité de vérité ε à laquelle est assignée la valeur «V»; de là naît la situation de choses λ gémellaire de ε. Dire: λ existe, équivaut à dire: f existe.

Les doubles de tous les faits sont produits en séries par l'opération $[\bar{p}, \bar{\xi}, N(\bar{\xi})]$; un fait f greffé sur une parcelle de la réalité engendrée par un faisceau F(c) trouve le modèle de sa définition parmi les formes propositionnelles des séries de doubles.

Puisqu'un fait est greffé sur une parcelle de la réalité déterminée par une chose c dont il hérite de la nature, cette nature le distingue de la multitude d'autres faits qui ont trouvé le même modèle de définition que lui parmi les termes des séries de doubles, mais qui sont greffés sur d'autres parcelles. En effet, la situation de choses λ dont l'existence entraîne l'existence du fait f, a la même nature que lui, les états de choses qu'elle arbore contenant tous la même chose c.

Il convient de préciser la façon dont un fait est construit à partir des choses. Avec les faits s'achève la généalogie des entités qui sont appelées à construire le monde: chose, état de choses, fait. Le passage à la deuxième instance exige de rassembler une pluralité de premières instances, le passage à la troisième, de disposer d'une pluralité de deuxièmes instances. Chaque chose est insérée dans l'espace des possibilités de son occurrence dans des états de choses, du fait de son insertion dans son faisceau F(c). Ainsi les différents faisceaux étendent-ils l'«espace des choses».

Si l'on considère les *zahllose* situations de choses λ(c) d'un faisceau F(c) et le choix opéré parmi elles, on en arrive aux faits f(c) définis sur le faisceau F(c): chaque fait tire le modèle de sa définition d'une forme propositionnelle produite par l'opération $[\bar{p}, \bar{\xi}, N(\bar{\xi})]$ et sa nature du faisceau F(c) sur lequel il est défini. Si maintenant on considère, d'une part, tous les faisceaux F(c) et, d'autre part, tous les modèles, on obtient deux «coordonnées» d'un fait: l'une choisie parmi les *zahllose* natures de choses ou parmi les choses, l'autre parmi les *zahllose* formes propositionnelles produites par l'opération $[\bar{p}, \bar{\xi}, N(\bar{\xi})]$. Comme la nature d'une chose c a pour expression le faisceau F(c), un fait a pour expression une formule du type:

$$(F(c) \times [\bar{p}, \bar{\xi}, N(\bar{\xi})] \times \ldots)$$

Cependant, tout fait possible n'est pas déterminé univoquement par ces deux coordonnées. Il peut y avoir deux faits de même forme propositionnelle définis sur le même faisceau, par exemple $p \vee q$ et $r \vee s$, P, Q, R, S distincts les uns des autres et P, Q, R, S $\in$ F(c). Le fait f a pour double $p \vee q$:

« p	q	
V	V	V
F	V	V
V	F	V
F	F	»

Toutes les situations de choses $\lambda(c)$ du faisceau F(c) se répartissent en quatre classes: la première est la classe des situations de choses où P et Q existent, etc. Peu importe l'existence ou la non-existence des *zahllose* états de choses différents de P et de Q rivés sur les situations de choses $\lambda(c)$ appartenant à chacune de ces classes. Le fait $p \vee q$ existe chaque fois qu'existe une situation de choses appartenant à la deuxième classe. Le fait $r \vee s$ est défini de la même façon que $p \vee q$: si une situation de choses $\lambda(c)$ appartenant à cette deuxième classe existe de sorte qu'existe R ou S, les deux faits $p \vee q$ et $r \vee s$ existent sans se confondre. A la vérité, ils se distinguent l'un de l'autre par les propositions élémentaires «logées» dans leurs doubles et qui sont p et q pour l'un, r et s pour l'autre. Par conséquent, ce sont les propositions élémentaires p et q qui, dans chaque situation de choses $\lambda(c)$, sont la marque distinctive du fait $p \vee q$. Il convient de les désigner par «$\{p\}$».

Finalement, si l'on conçoit l'ensemble $\{p\}$ des propositions élémentaires épinglant le fait f sur la parcelle de la réalité comme la troisième des coordonnées de f, on peut symboliser f par la formule:

$$(F(c) \times [\bar{p}, \bar{\xi}, N(\bar{\xi})] \times \{p\})$$

qui se lit: le fait f est déterminé par la nature de la chose c sur le faisceau de laquelle il est greffé, par le modèle de la forme propositionnelle qu'emprunte son double $\not{p}$ parmi les formes produites par l'opération de vérité $[\bar{p}, \bar{\xi}, N(\bar{\xi})]$ et, finalement, par les propositions élémentaires $\{p\}$ «logées» dans $\not{p}$.

Dans ce paragraphe, les faits sont définis «de façon locale», à savoir sur une parcelle de la réalité $\Lambda(c)$ déterminée. Pour arriver à l'espace logique des faits, il faudra considérer toutes les parcelles et la totalité des images logiques des faits.

9
Le sens de l'image

Les fonctions de vérité fournissent les formes propositionnelles dont on a besoin pour construire l'espace où sont insérés les faits existants, ce qui rappelle que le fait f et son image logique ι sont indissociables: «ce que l'image représente, est son sens»[1]. Le sens, *Sinn*, remonte au verbe *sinnen* ou *nachsinnen*: s'efforcer, par exemple, de trouver le dénouement d'une histoire. Joint au terme «image», le terme «sens» invite à chercher ce que l'image en question exprime et ce qu'elle dissimule. Wittgenstein utilise *Sinn* dans les dernières thèses du *Tractatus* comme quelque chose qui est la solution d'une énigme. Ainsi, la question de la vie dans l'espace et le temps[2], ou celle de la vie[3], sont des énigmes qui s'éclaircissent «après de longs doutes»[4]. Dans le sens de l'image reste quelque chose de cette idée de trouvaille qu'est la découverte du fait dont l'image est le fac-similé.

L'image est une action; elle instaure un «rapport représentant»: *eine abbildende Beziehung*[5]. Le participe présent indique cette action représentative toujours en cours, et ce rapport engendre et maintient une multitude de corrélations: *Zuordnungen*[6], que Wittgenstein compare à des antennes[7] qui tâtonnent et palpent la réalité. A la vérité, puisqu'il y a corrélation entre les ε_i et les λ_i, mais aussi entre chaque proposition élémentaire p impliquée dans ε_i et l'état de choses P impliqué dans λ_i, et finalement entre chaque nom «c» dans une proposition élémentaire p et chaque chose c dans l'état de choses P correspondant, c'est à partir de chaque élément de l'image qu'une antenne «flaire» son élément corrélatif dans la réalité.

L'image logique du fait de même que la proposition élémentaire revêtent un sens; or, pour qu'une instance du système wittgensteinien soit l'image d'un fait, il est nécessaire qu'elle ait un sens: aussi la tautologie et la contradiction ne sont-elles pas des images. Mais cela n'est pas suffisant: la proposition élémentaire n'est pas l'image d'un fait. Il convient donc de distinguer le sens d'une proposition élémentaire de celui d'une image d'un fait.

Pour déterminer le sens d'une proposition élémentaire p, il faut revenir à la thèse 2.0123[2] suivant laquelle il appartient à la nature d'une chose c de préfigurer l'état de choses P dont la chose peut faire partie. Dans la chose c, les autres choses d, e, f, ... devant former avec elle l'état de choses P sont recensées et l'ordre et la connexion des choses devant composer P sont précisés; mais dans chacune des choses d, e, f, ... sont également recensées les autres choses devant former avec elles l'état de choses P et sont précisés de même l'ordre et la connexion des choses devant composer P.

L'état de choses P est en rapport avec les propositions élémentaires: selon le paragraphe 2 du chapitre 3 il existe pour toute proposition élémentaire p un accord avec un certain état de choses P, accord consistant en cela que p est vraie si P existe, et inversement, de sorte que p est fausse si P n'existe pas. Suivant le paragraphe 3 du même chapitre, il existe un seul état de choses en accord avec une certaine proposition élémentaire, ainsi: l'accord de la proposition élémentaire p avec les possibilités quant à l'existence ou à la non-existence de l'état de choses P et son désaccord avec les possibilités quant à l'existence ou à la non-existence de tout autre état de choses permettent d'attribuer un «sens» précis à la proposition élémentaire p[8], car telle qu'est la configuration des noms dans p, telle doit être celle des choses dans P[9], de sorte que le sens de p est l'état de choses P préfiguré dans chaque chose le composant.

En ce qui concerne maintenant le sens de l'image d'un fait, il est utile de définir l'image sur une parcelle de la réalité. En effet, comme on parle d'un fait f défini sur un faisceau F(c) ou greffé sur la parcelle de la réalité engendrée par une chose c, on peut parler de son image logique $\imath$ comme définie sur la parcelle de la réalité engendrée par la chose c, parcelle sur laquelle est déjà greffé le fait f.

Pour approcher de la définition de $\imath$ sur une parcelle de la réalité, on part de la simulation d'un faisceau F(c) fini de n états de choses ($n > 1$). S'il n'y avait que n états de choses, il y aurait 2^n possibilités λ_i quant à l'existence ou à la non-existence de ces états de choses. L'ensemble de ces 2^n possibilités λ_i formerait

«la parcelle de la réalité correspondant au faisceau F(c)»,

chacune des possibilités λ_i étant un «point de la réalité». Sur cette parcelle pourraient être définies

$$2^{2^n} - 2$$

images logiques $\imath$, selon le paragraphe 2 de ce chapitre. Une image $\imath$, selon sa définition, doit être fausse pour au moins une de ces 2^n possibilités λ_i quant à l'existence ou à la non-existence des n états de choses; une telle possibilité est notée λ_i^*. Une situation de choses λ_i^* ne peut exister tant que l'image $\imath$ existe et est vraie. L'image $\imath$ détermine la réalité: *bestimmt die Wirklichkeit*[10]; «déterminer la réalité» signifie que l'image $\imath$ «éteint» un ou plusieurs points λ_i^* de la réalité. Le sens de l'image est l'ensemble des points qu'elle éteint tant qu'elle est vraie.

A la vérité, le faisceau F(c) englobe *zahllose* états de choses et la parcelle de la réalité *zahllose* situations de choses $\lambda(c)$; cependant, on peut concevoir qu'une image logique ne soit vraie que pour un nombre fini de situations de choses. Néanmoins, le *Tractatus* n'empêche pas de penser à des images auxquelles sont assignées *zahllose* raisons de vérité.

Finalement, on peut noter une image logique $\mathscr{i}$:

$$«\mathscr{i}\,[F(c)]»$$

ou, la parcelle de la réalité engendrée par c étant notée «Λ(c)»,

$$«\mathscr{i}\,[\Lambda(c)]».$$

Un fait peut être noté «f(c)» et l'image $\mathscr{i}$ peut être notée

$$«\mathscr{i}\,(f)» \text{ ou } «\mathscr{i}\,[f(c)]» \text{ ou } «\mathscr{i}(c)».$$

Définie sur la parcelle de la réalité engendrée par la chose c, l'image logique $\mathscr{i}$(c) sera localisée dans un lieu distinct des parcelles de la réalité et ce lieu sera une limite du monde.

L'image est «comme l'espace [libre] circonscrit par une substance solide, dans lequel un corps aurait de la place»[11]. Cette substance peut être considérée comme le sens de l'image, qui se comprend ainsi par l'ensemble des valeurs «F» inscrites dans le signe propositionnel. La tautologie dont le signe ne contient que des «V», laissant à une image toute la réalité à représenter[12], n'a pas de sens; la contradiction qui «remplit tout l'espace logique et ne laisse aucun point à la réalité»[13], devrait être pleine de sens; cependant, elle est qualifiée de non-sens[14], car, excluant toute image, elle ne peut être porteuse de sens. La tautologie et la contradiction ne spécifient aucune situation de choses, car l'une admet toute situation de choses et l'autre aucune[15]. Pour pouvoir définir un sens, un signe dit «propositionnel» doit comporter des «V» et des «F»:

> 4.462[2] – «Dans la tautologie les conditions [qui règlent] la concordance avec le monde [*die Bedingungen der Übereinstimmung mit der Welt*] – les relations représentantes – se suspendent les unes les autres de sorte que [la tautologie] ne se trouve en aucune relation représentative par rapport à la réalité.»

La tautologie représente non seulement un choix parmi les situations de choses λ, mais tous les choix possibles. Comme il n'y a plus de «V» spécifiés, la relation entre les signes «V» se disloque. Le cas de la contradiction, bien qu'elle aussi soit qualifiée de «dissolution» de la connexion de signes, diffère de la tautologie. La contradiction éteint toute la parcelle de la réalité sur laquelle elle est définie et veut que rien ne soit représenté; ainsi, niant l'existence de toutes les situations de choses de la parcelle, elle paraît arrêter l'existence de cette chose c dont le faisceau engendre la parcelle. Mais il n'y a pas de contradiction totale éteignant toute la parcelle, car la chose c est éternelle; ainsi la contradiction est-elle un cas limite[16], jamais réalisé.

10
La forme de la représentation: *die Form der Abbildung*

Soient maintenant un fait f(c) greffé sur la parcelle de la réalité engendrée par la chose c et une image logique $\imath(f)$ définie sur la même parcelle, $\imath = \imath(c)$:

> 2.15[1] – «Que les éléments de l'image soient en rapport les uns avec les autres d'une manière déterminée, met en évidence [*stellt vor*] que les choses sont en rapport les unes avec les autres de la même manière.»

Le verbe *vorstellen* est employé quand des traits ou des couleurs représentent un objet: des traits de crayons ombrés avec de l'encre de Chine représentent un paysage romain; et il dépendra de l'observateur d'y reconnaître ce que ces traits voudraient évoquer. Mais *vorstellen* peut même s'employer quand ces traits ou ces couleurs présentent une chimère. En verbe pronominal réfléchi: se représenter quelque chose, *sich etwas vorstellen*, signifie se faire une idée, une représentation: *Vorstellung* de quelque objet ou d'un événement. Toujours est-il que, virtuellement, un observateur est présent. Devant lui, un dessinateur, par exemple, pose une esquisse: *stellt vor ihn hin*, dans l'attente que l'observateur en décèle la signification. Il convient de rendre ce verbe par «placer sous le regard d'un observateur», et maintenant de proposer une traduction de la thèse 2.15[1]:

> 2.15[1] – «Que les éléments de l'image soient en rapport les uns avec les autres d'une manière déterminée, place sous le regard d'un observateur [le ‹fait›] que les choses sont en rapport les unes avec les autres de la même manière.»

La thèse 2.15[2] désigne les rapports des éléments de l'image les uns avec les autres par le terme «structure de l'image», ce qui peut être considéré comme leurs ordre et connexion. Cette structure s'adresse à un observateur qui compte tirer de l'image des informations sur les choses. Qu'il le puisse et qu'il y ait cette transmission de l'ordre et de la connexion des éléments de l'image aux choses, est la puissance de l'image. Elle est appelée «forme»:

> «2.151 – La forme de la représentation est la possibilité que les choses soient en rapport les unes avec les autres de la même manière que les éléments de l'image.»

Ainsi l'image extériorise-t-elle la possibilité de la connexion de ses éléments au profit du fait dont elle est l'image si bien que cette possibilité «rejaillit» sur les choses, *Dinge*, et fait qu'elles peuvent être en rapport les unes avec les autres de la même manière.

Pourtant, c'est un fait f qui s'oppose à l'image et non des choses en rapport les unes avec les autres; toutefois, le terme «choses» se justifie quand on conçoit le fait comme étant défini sur son faisceau F(c) et quand on se rappelle que c'est d'une chose qu'il tient sa nature. En effet, les «choses», *Sachen* ou *Dinge*, dans les thèses 2.15 [1] et 2.151, évoquent la nature du fait et les configurations de choses composant F(c). On songe plutôt à la nature surhumaine de l'observateur du fait qui, en contemplant l'image, la pénètre jusqu'à saisir l'ordre et la connexion des choses.

Que soit dévolue à l'image cette forme de la représentation est exprimé par le verbe *aufweisen*: *das Bild weist sie auf* [1]. Le verbe *aufweisen* se combine fréquemment avec *Merkmal*: *ein Merkmal aufweisen*, posséder une marque distinctive et ne pas la cacher. Ainsi, cette forme est le «signalement» de l'image: une instance dont n'émane pas cette forme n'est pas une image.

Mais quels sont les «éléments»[2] de l'image qui par leur ordre et leur connexion traduisent l'ordre et la connexion des choses?

11
Les éléments de l'image

Quels que soient les éléments de l'image, ils doivent être repérés *clare et distincte*, et si

$$E_1, E_2$$

sont deux éléments, il faut décider *clare et distincte* si

E_1 et E_2 sont en rapport,

ou si

E_1 et E_2 ne sont pas en rapport.

Les «éléments» sont «dans l'image», les choses lui sont extérieures. Que ces éléments relevés *clare et distincte* soient en rapport mutuel et déterminé, ne donne pas une notion exhaustive de la structure de l'image; il faut encore que ce rapport place sous le regard d'un observateur le tissu de rapports qu'ont les choses respectives entre elles:

> «2.13 – Aux choses [*den Gegenständen*] correspondent dans l'image les éléments de l'image.»

Il convient de retenir dans ces thèses 2.13, 2.131, 2.15 [1] et 2.151 les termes *Gegenstand*, *Sache* et *Ding*. La thèse 2.01 les a déjà introduits; le *Tractatus* doit être pris à la lettre; aussi ces trois termes désignent-ils dans les thèses 2.13, 2.131, 2.15 [1] et 2.151 la même instance «chose» que dans la thèse 2.01:

> «2.01 – L'état de choses est une liaison de choses [*von Gegenständen*]. (D'entités [*von Sachen*], d'objets [*von Dingen*]).»

Si l'on se rappelle les thèses 2.031 et 2.032, on peut affirmer que les «éléments» de l'image font bel et bien face aux choses substantielles:

> «2.031 – Dans l'état de choses, les choses se rapportent les unes aux autres dans un ordre et une connexion déterminés.
>
> 2.032 – L'ordre et la connexion des choses dans l'état de choses [sont] la structure de l'état de choses.»

Les «éléments» de l'image sont traités comme s'ils étaient les homologues des choses constituant l'état de choses. En effet, la thèse 2.14 précise, dans les mêmes termes que la thèse 2.031, que les «éléments de l'image» se rapportent les uns aux autres dans un ordre et une connexion déterminés. L'image est un fait; il se trouve par conséquent des images «spatiales»[1], «colorées»[2], etc. Elles sont greffées ou sur la parcelle spatiale de la réalité ou sur la parcelle colorée ou sur une autre; l'identification des éléments de ces images n'est pas difficile: ils sont des situations de choses quand ils répondent à une situation de choses, des états de choses quand ils répondent à des états de choses et des choses quand ils répondent à des choses. Cependant, la situation des images qui sont des pensées[3] et qui sont des faits[4] et dont on ne saurait dire qu'elles sont greffées sur une parcelle de la réalité «teintée» de spatialité ou de colorité, etc., demande une explication. Pour l'instant, on observe que la pensée a besoin d'une autre instance pour se faire voir, pour «s'exprimer», la proposition[5]; mais la proposition même n'existe pas comme un fait spatial, coloré, audible, etc.; le fait qui est tangible, visible, audible, etc., c'est le signe propositionnel:

> 4.0312 [1] – «La possibilité de la proposition repose sur le principe [qui permet] que des signes tiennent lieu de choses.»

Ainsi, il faut distinguer l'image logique de la proposition pourvue de sens et celle-ci du signe propositionnel. Aussi faut-il prendre en compte les composants du signe propositionnel, qui sont toujours des signes propositionnels, même ceux des noms (3.314 [2]). En fait, le signe propositionnel est entièrement construit à partir de variables: variables de noms, variables de propositions élémentaires, variables de propositions composées. Toutes les variables sont des faits. Les thèses 3.14 [1] et 3.21 règlent la composition du signe propositionnel:

> 3.14 [1] – «Le signe propositionnel consiste en cela que ses éléments, les mots [*die Wörter*], se rapportent à l'intérieur de lui-même les uns aux autres selon un ordre et une connexion déterminés.»

> «3.21 – A la configuration des signes simples dans le signe propositionnel correspond la configuration des choses dans la situation de choses.»

Dans la proposition, c'est le nom qui tient lieu de la chose[6]; dans le signe propositionnel, la variable du nom tient lieu et du nom[7] et de la chose; elle est une «expression», *Ausdruck*, qui n'a de signification que dans la proposition, et non dans le signe propositionnel. La proposition elle-même est le cas limite (3.313 [2]) du signe propositionnel:

> 3.313 [2] – «Dans le cas limite, la variable se transforme en constante, l'expression en proposition.»

La constante qu'on peut écrire sur le papier n'en est jamais une: elle sera toujours une variable. Ce «cas limite» est décisif: il faut que le signe propositionnel soit pensé pour que se constitue ce fait appelé «proposition pourvue de sens» ou «pensée». Dans le cas limite: *Grenzfall*[8], la variable devient une constante, et l'expression devient une proposition.

Il ne faut donc pas s'attendre à trouver «dans» la pensée des entités ressemblant aux choses ou aux états de choses ou aux faits. Si l'on décompose une pensée, on a seulement prise sur une proposition et encore faut-il se contenter du signe propositionnel. Lorsqu'on le décompose, c'est véritablement un fait qu'on décompose[9], et les composants sont des faits. Bien que Wittgenstein appelle «noms» les ultimes composants de la proposition[10], les ultimes composants du signe propositionnel seront toujours des variables de noms[11]. Puisque l'opération $[\bar{p}, \bar{\xi}, N(\bar{\xi})]$ produit des signes propositionnels, tous montés à l'aide de variables, et non des images, la distinction entre les éléments du signe propositionnel et ceux de l'image doit être soigneusement faite. Une fois relevés les éléments du signe propositionnel, l'attention se retournera vers les éléments de l'image.

Toujours est-il que l'opération $[\bar{p}, \bar{\xi}, N(\bar{\xi})]$ produit par intermittence les «signes» de la tautologie et de la contradiction qui ne sont pas comptés parmi les signes propositionnels.

12
La forme logique de la représentation

L'attribution d'une seule et unique nature à une chose c et la définition du fait sur la parcelle de la réalité engendrée par le faisceau F(c) rendent le fait susceptible d'avoir une nature telle que la spatialité, la colorité, etc. Toute image devrait donc être teintée d'une nature empruntée à une chose, car elle est un fait. Mais puisqu'une pensée, tout fait qu'elle est, ne saurait être spatiale, colorée, etc., il y a là, dans le *Tractatus*, un type de fait singulier. Il serait tentant d'introduire une «chose pensante»: *Denk-Ding* (comme il y a le *Raum-Ding*) et ainsi de donner aux pensées un aspect substantiel que les faits qui ne sont pas des pensées gardent. Cependant, rien n'en est dit dans le *Tractatus*. Ainsi,

1 presqu'à toutes les sortes d'images (faits) est coordonnée la nature d'une chose,

2 à une seule sorte d'image (fait) n'est coordonnée aucune nature d'une chose et cette image est la pensée.

Certaines images portent en effet comme épithète une de ces formes des choses mentionnées dans 2.0251: «l'image spatiale», *das räumliche Bild*, «l'image colorée», *das farbige Bild*, et les autres épithètes de ce type indiquées par l'abréviation «etc.»[1]; d'autres images portent l'épithète «logique», *das logische Bild*[2]. Ces deux types d'épithètes ont pour origine deux types de faits dont seuls les premiers sont pourvus d'une nature.

Si l'image est un fait spatial ou une image spatiale, elle peut représenter «tout ce qui est spatial», *alles Räumliche*[3]. La forme de la représentation qui, dans les thèses 2.15[2] et 2.151, était l'apanage de l'image, devient, dans la thèse 2.17, celui de la réalité:

> «Ce que l'image doit avoir en commun avec la réalité afin de pouvoir la représenter [en vertu de l'ordre et de la connexion de ses éléments] – avec justesse ou fausseté – c'est sa forme de la représentation» (2.17).

Puisqu'il faut prendre en compte «chaque [sorte de] réalité»: *jede Wirklichkeit*[4], il y a autant de formes de la représentation qu'il y a de sortes de réalités ou parcelles de la réalité. La forme de la représentation s'apparente ici à la «nature» d'une parcelle de la réalité, car on constate un glissement de la notion de «forme de la représentation» vers celle de «forme»: dans la thèse 2.17, c'est sa «forme de la représentation» que l'image doit avoir en commun avec la réalité; dans la suivante, c'est la «forme» de la réalité spécifique même que l'image doit avoir pour être capable de la représenter.

Mais, si la thèse 2.171 vise diverses sortes de réalités qui ont chacune leur forme consistant en l'oscillation des états de choses d'un faisceau F(c) entre exister et ne pas exister, la thèse 2.18 envisage la forme commune à toutes les sortes de réalités, à savoir «la» forme de «la» réalité. Cette dernière forme est l'oscillation des états de choses entre exister et ne pas exister, abstraction faite de leur appartenance à des faisceaux déterminés; elle est appelée «forme logique»[5]. L'image est elle-même «logique» en ce sens qu'on prend seulement en considération la concordance entre sa forme de la représentation et la forme logique de la réalité.

S'il y a ici deux types de formes, chaque image revêt-elle un type à l'exclusion de l'autre? La réponse de Wittgenstein ne laisse place à aucun doute: pour être une image, elle doit être «logique»: «ce que toute image, quelle que soit sa forme, doit avoir en commun avec la réalité, si tant est qu'elle puisse la représenter, c'est la forme logique [...]»[6]. La forme logique n'est pas une forme de la même espèce que les formes de la spatialité, de la colorité, etc.; si c'était le cas, elle devrait être mentionnée dans la thèse 2.0251. «Logique» n'indique donc pas une nature rétrocédée à l'image par les choses, par le biais de la réalité. L'image, si elle n'était pas «*de plus*» une image logique, ne serait pas une image[7]; c'est la forme spatiale, par exemple, qui s'ajoute à la forme logique.

Ensuite, il faut reconsidérer le graphe du début de ce chapitre:

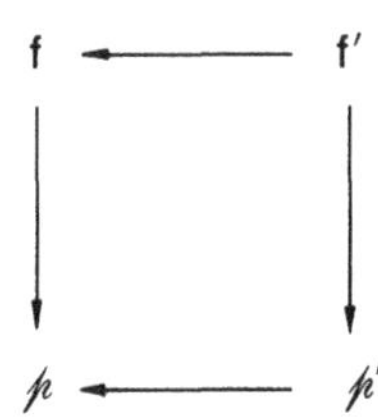

Les faits f' et f peuvent être, par exemple, spatiaux; ils ont pour doubles l'un p', l'autre p. Puisque «toute image est *de plus* une image logique», l'image spatiale f est «de plus» une image logique. Mais f, spatiale, n'est pas une pensée: la thèse 2.182[a] ne saurait être comprise en ce sens que l'image f ferait coexister en elle-même les deux types d'images, l'image spatiale et l'image logique. Il faut non seulement les dissocier, mais encore concevoir deux images réellement distinctes et unies, l'une f, l'autre $\mathscr{p}$: le double $\mathscr{p}$ de l'image spatiale f est considéré comme une seconde image du fait f', son image logique.

La forme logique est nécessaire à une image, mais est-elle suffisante? Y a-t-il des images où aucune forme telle que spatiale, colorée, etc., ne s'ajoute à la forme logique? Ou faut-il prolonger la thèse 2.182:

> *toute image est* de plus *une image logique, mais, par exemple, toute image n'est pas spatiale,*

par la clause:

> *n'étant pas spatiale, elle doit être colorée, sinon sonore, sinon ...?*

Mais une image logique est une pensée qui ne saurait être considérée comme une image spatiale ou colorée, etc. Pour cette raison, la pensée cherche un appui dans le monde pour s'exprimer «de façon perceptible aux sens», *sinnlich wahrnehmbar*[8], et fait appel aux «signes audibles ou graphiques, etc.», *Laut- oder Schriftzeichen, etc.*[9]. Ces signes sont la contrepartie de la pensée dans le monde; en tant qu'elle s'organise par le moyen de ces signes, elle devient «proposition»[10] et la question des éléments de l'image logique se pose sous un nouveau jour:

> «3.2 – Dans la proposition, la pensée peut être exprimée de telle sorte qu'aux choses de la pensée [*den Gegenständen des Gedankens*] correspondent des éléments du signe propositionnel.»

«Les choses de la pensée» font face aux éléments du signe propositionnel. Mais ces «choses», *Gegenstände*, ont-elles une nature qu'on pourrait subsumer sous la liste de la thèse 2.0251?

13
La forme de la figuration:
die Form der Darstellung

Si l'image logique $\mathscr{i}$ a en commun avec la parcelle de la réalité sur laquelle elle est définie la forme logique de la représentation, elle seule possède une seconde forme, la forme de la figuration, *die Form der Darstellung*[1]. Qu'est donc cette forme? Elle est le lieu fixe que l'image $\mathscr{i}$ occupe: *sein Standpunkt*[2]. A partir de ce lieu elle détermine ou «télécommande» un lieu dans l'espace des faits[3], non pour l'occuper elle-même, mais pour le réserver au fait dont elle sera l'image. Ce lieu-ci s'appelle «lieu logique», *logischer Ort*[4].

A côté des deux instances: l'image logique et le fait dont elle est l'image, il y a une troisième instance: le signe visible (ou audible) de l'image[5] auquel il faut recourir pour déterminer le lieu logique, d'où cette triple-alliance:

1 l'image logique $\imath$,

2 le signe propositionnel, noté «s»,

3 le fait, noté «f'».

Le signe propositionnel s, qui est un fait dans le monde, contient les signes «p_1», ..., «p_n» de certaines propositions élémentaires $p_1, \ldots, p_n$ situées hors du monde. Par ses conditions de vérité, il choisit certaines possibilités quant à l'existence ou à la non-existence des états de choses $P_1, \ldots, P_n$ gémellaires des propositions élémentaires $p_1, \ldots, p_n$; ces possibilités sont les conditions de l'existence du fait f' auxquelles il doit satisfaire pour que l'image $\imath$ soit son image quand il existera.

Où ce fait f' se trouve-t-il dans l'espace des faits? Comme le signe propositionnel ne suffit pas à répondre à cette question, il faut faire intervenir les propositions élémentaires. En effet, il n'y a pas de faits en soi: les faits sont toujours greffés sur des parcelles de la réalité dont chacune est unique de par sa nature. Une parcelle $\Lambda(c)$ est déterminée par le faisceau F(c) auquel correspond le «faisceau» des propositions élémentaires gémellaires des états de choses formant F(c). Parmi ces propositions élémentaires figurent les propositions élémentaires $p_1, \ldots, p_n$ désignées par le signe propositionnel s; ce sont les propres «coordonnées logiques[6]» du fait f' qui l'épinglent sur sa parcelle. Les *zahllose* autres propositions élémentaires de ce «faisceau» n'entrent pas en compte pour la définition du fait. Cependant, il y a des faits différents ayant les mêmes coordonnées logiques qui les épinglent sur une même parcelle. C'est au signe propositionnel s que reviendra de façonner l'unique fait f' qui a les mêmes coordonnées logiques que d'autres faits et dont l'image est l'image $\imath$. Ce ne sont donc ni le signe propositionnel seul, ni les coordonnées logiques seules qui déterminent le lieu logique, mais les deux ensemble.[7]

Après avoir précisé les rapports entre le signe s et le fait f', il faut en venir à ceux entre l'image $\imath$ et f'. L'image logique $\imath$ est un fait, mais aucune nature d'une chose ne lui est coordonnée, parce qu'il n'existe pas de parcelle de la réalité sur laquelle elle serait greffée; à la différence des faits dans le monde, elle n'a donc pas de rapport avec la substance. La singularité de l'image logique est due à la situation du «penser» que Wittgenstein considère comme une limite du monde dès la thèse 2.173 en établissant que l'image est pointée «à partir de l'extérieur» sur le fait f′. Il emploie l'adverbe local *von ausserhalb* de manière absolue ; on est alors autorisé à le compléter par *der Welt* et à comprendre que le point fixe où se situe l'image est sur la limite du monde.

14
Le schéma de l'image logique

D'une part, toute image spatiale f s'unit à une image logique $\mathscr{i}$[1]; d'autre part, toute image logique $\mathscr{i}$ a besoin d'avoir dans le monde un fait spatial f pour exprimer la forme du fait spatial f′ dont elle sera l'image. Il en est de même pour les images de toutes natures. Il est possible d'identifier le fait f à une image spatiale dans le graphe déjà proposé:

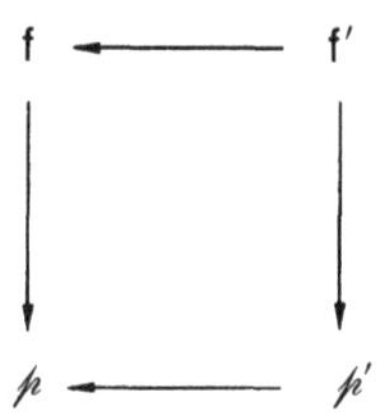

Le double $\mathscr{p}$ de f peut être considéré comme la pensée de f, à savoir le fait spatial f en tant qu'il est pensé.

Ce fait f est un signe propositionnel spatial s dont le double $\mathscr{p}$ est le signe s en tant qu'il est pensé[2].

Le fait f′ est également considéré comme spatial. Son double $\mathscr{p}'$ lui confère sa forme et l'ensemble $\{\mathscr{p}'\}$ de propositions élémentaires p′ épingle f′ sur la parcelle spatiale de la réalité.

$$f' \downarrow 𝓅'$$

Enfin, le signe propositionnel s est conçu comme l'image spatiale du fait spatial f′. Il semble que l'intention de Wittgenstein soit d'identifier le double 𝓅 d'un fait spatial f, image d'un fait spatial f′, à l'image logique 𝒾 du fait f′ de sorte que la pensée 𝒾 consiste en «savoir ce qui se produit là quand elle est vraie»[3]. Or, ce qui se produit là, c'est f′.[4]

$$s \longleftarrow f'$$

Le fait spatial f′ s'accorde avec son image logique 𝒾 à condition que:

1 à chaque proposition élémentaire $p' \in \{p'\}$ corresponde de façon biunivoque $p \in \{p\}$, où l'ensemble $\{p\}$ de propositions élémentaires p épingle s sur la parcelle spatiale,

2 à chaque raison de vérité de 𝓅′ corresponde une raison de vérité de 𝒾, et inversement.[5]

La situation de choses spatiale λ′, qui existe quand le fait f′ existe, contient un état de choses existant pour chaque proposition élémentaire vraie dans 𝒾. La chose spatiale existe autant de fois qu'existe un tel état de choses et elle est toujours coordonnée de façon biunivoque à son nom enserré dans une proposition élémentaire p.[6] Ainsi, la coordination de f′ et de 𝒾 s'étend jusqu'à celle des choses et des éléments de 𝒾 que sont les noms.[7]

Comment la pensée 𝒾 repère-t-elle un fait f′ venu à l'existence et qui cadre avec elle? La coordination de f′ et de 𝒾 est figurée par des antennes[8] sortant des éléments de l'image 𝒾 et palpant le double 𝓅′ de f′. Les antennes réceptrices repèrent les informations sur f′ et, en retour, un flux d'informations va de 𝓅′ à 𝒾:

$$𝒾 \longleftarrow 𝓅'$$

Quand ce flux d'informations confirme que f′ cadre avec la définition de 𝒾 établie par s, l'image 𝒾 a son antécédent et elle est vraie. Dans ce cas, entre 𝒾 et 𝓅′ existe cet isomorphisme dont la nécessité avait paru s'imposer au début du chapitre. Il faut admettre la possibilité d'une sorte d'entente entre les pensées 𝒾 et 𝓅′:

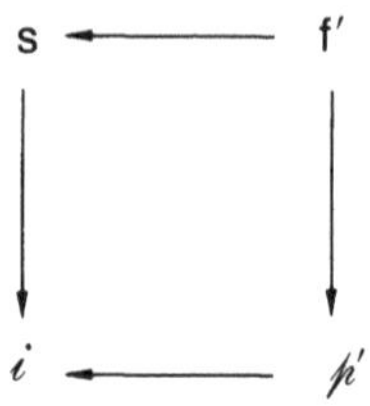

Dans ce graphe, le rapport entre le signe propositionnel s et l'image *i* doit être précisé; le signe s peut être écrit de cette façon:

« p_1	…	p_n	
V	…	V	F
F	…	V	V
.		.	.
.		.	.
.		.	. »

Ce signe écrit est véritablement un fait spatial; il place sous le regard d'un observateur la définition de *i*; pour la capter, il faut percevoir le signe s. Si tant est que je le perçoive, j'appréhende en lui le symbole *i*[9]; inversement, si tant est que je pense le symbole *i*, mes sens perçoivent le signe s[10]. L'image logique devenant le symbole *i* est la proposition pourvue de sens *i* figurée par le signe s.[11]

15
La pensée

Une image logique ou une pensée prend consistance par le moyen d'un fait dans le monde: elle est une image[1] d'un fait[2]. Un second fait[3], perceptible aux sens, pose devant un observateur la forme du premier fait[4]. Le second est un signe[5], et la perception[6] du signe, une proposition[7]. Si le signe montre la forme d'un fait, l'acte de la vue a un «sens»[8]. La proposition ayant un sens est la pensée[9]. Saisi, perçu, le signe est la pensée[10].

Tant qu'il n'est question que de propositions composées, le rapport des signes avec la pensée ne semble pas faire difficulté comme dans le cas des propositions élémentaires. Constitueraient-elles une pensée «fondamentale» (pour ne pas employer le terme «pensée élémentaire»)? La carence des signes de la proposition élémentaire entrave la propagation des pensées fondamentales dans le monde; cependant, ces pensées, bien qu'absentes du monde, cessent-elles pour autant d'agir sur le mécanisme de son imagerie? On peut s'étonner de voir un seul type d'éléments composer les pensées et de ne pas pouvoir trouver, dans la panoplie des signes propositionnels, des signes tenant lieu de propositions élémentaires, car les «signes» tels que «p», «q», «fx», «gx», etc. ne sauraient être comptés pour d'authentiques signes propositionnels. Aussi Wittgenstein consacrera-t-il le cycle: 5.55, 5.551, ..., 5.557, 5.55 à la recherche, toujours vaine, de ceux qui seraient réservés à la proposition élémentaire. Une pensée i, bien qu'étant un fait, a besoin de pensées fondamentales qui ne sauraient être reconnues comme faits.

16
La pensée sur la limite du monde

Que le sujet soit une limite du monde, invite à examiner si la pensée est un processus convergeant vers une limite. En effet, Wittgenstein parle d'un «cas limite»: *Grenzfall*[1] à l'occasion du passage de l'expression propositionnelle[2] à la proposition[3]. D'où la nécessité de prendre en compte trois notions:

1 «l'expression» ou «le symbole»[4],

2 une «classe de propositions»[5],

3 une «variable»[6].

Chaque proposition d'une classe de propositions porte une marque caractéristique; cette marque s'appelle «expression», elle est «tout [...] ce que des propositions peuvent avoir de commun entre elles»[7]. Par exemple, l'expression «$p \vee q$» est la marque caractéristique et constante[8] qui est commune à la classe de toutes les disjonctions. Cette marque est placée sous le regard d'un observateur par la variable[9] dont les valeurs sont réunies dans cette classe.

«Au cas limite, la variable devient une constante, l'expression devient une proposition»[10]. Par quel processus, ce passage de la variable à la constante s'effectue-t-il? Puisque la variable du nom est une variable propositionnelle[11], on pourrait concevoir un passage des variables de noms à des noms, car pour déterminer le sens d'une image et en faire une proposition, il faut des noms et non pas des variables de noms. Aussi l'expression «$p \vee q$» ne devient-elle une proposition qu'à condition de remplacer dans «p» et dans «q» les variables de noms par des noms. Ce passage est un processus limite et l'insertion des noms de la chose dans la proposition un «cas limite». Mais, le nom, où se trouve-t-il? La variable du nom a son signe écrit[12] et le nom lui-même est pensé: ce «cas limite» est une pensée. Le processus convergeant vers une limite se joue sur des variables propositionnelles, donc dans le domaine des images logiques; une pensée peut être comprise comme «point» limite d'un processus de convergence où la variable du nom se transforme en nom de chose. Les «choses de la pensée», *Gegenstände des Gedankens*[13], ne sont justement pas des choses, mais des noms de choses: la pensée, «à cheval» entre le monde et les propositions élémentaires, est le cas limite, le *Grenz-Fall*: la pensée «tombe» sur la frontière, *fällt auf die Grenze*. L'image logique ι, bien qu'appelée un fait, est étrangère à la substance, *substanzlos*, car elle n'incorpore pas des choses, mais des noms. Ainsi, le processus limite qui va de la variable du nom au nom, de l'expression à la pensée, converge à partir de l'intérieur du monde vers sa limite.

17
L'image spatiale, l'image colorée, etc.

On pourrait être amené à considérer les images spatiales, les images colorées, etc., comme revêtant une dignité moindre que l'image logique. Si tel était le cas, on se tromperait, car une image spatiale, colorée, etc., revêt, *ex officio*, la forme logique. Pour être dans le monde, une image doit être un fait; pour en être un, il faut qu'elle soit définie sur une parcelle de la réalité engendrée par l'unique chose spatiale ou par l'unique chose colorée, etc. Il faut donc que l'image soit «teintée» d'une nature substantielle – si tant est qu'elle soit un fait dans le monde. En ce qui concerne les pensées ou images logiques, méritent-elles pleinement le titre de faits?

Alors que l'on reconnaît aux images spatiales, aux images colorées, etc., la qualité d'images sans restriction, on ne saurait leur attribuer un signe propositionnel, celui-ci étant réservé à l'image logique. Comment les images spatiales, colorées, etc., pourraient-elles être des pensées sans signes propositionnels correspondants? La perception d'une carte postale de Naples, par exemple, ne serait pas une pensée; seule la description de Naples s'appuyant sur des fonctions de vérité serait une pensée authentique. Un plan de Naples, tracé à la règle et au compas, serait-il une image logique?

Wittgenstein, après avoir cité l'image spatiale et l'image colorée, laisse la suite implicite en employant l'expression *et caetera*[1]. Faut-il penser que parmi ces *caetera* se trouve l'image temporelle?

18
Le fait spatial et coloré

La thèse 2.0131 cite comme formes des choses ce qu'on appelle traditionnellement les «qualités secondes»: la colorité, la tonalité, les qualités tactiles, etc. Si l'on admet qu'une chose c engendre son faisceau F(c) d'états de choses, que ce faisceau détermine une parcelle de la réalité «teintée» de la nature de la chose c, qu'un fait f soit défini sur une telle parcelle et hérite de cette nature de c, on peut se demander si certains faits n'héritent pas de deux ou plusieurs natures. Il semble que l'on puisse répondre affirmativement à cette question: si deux faits f et g, l'un spatial et l'autre coloré, ont respectivement les doubles p et q, le fait h réunissant ces deux natures est celui dont le double est $p \wedge q$. On peut combiner les deux doubles p et q par exemple par la fonction de vérité (FVVF)(p, q) et obtenir un fait h qui ne peut avoir que la nature de l'un ou l'autre fait f ou g.

19
De la causalité

Le monde parcellisé où chaque parcelle de la réalité porte des faits de même nature, entrave le rapport de cause à effet entre les faits: l'avènement d'un fait à l'existence, de façon générale, n'a égard ni à l'avènement ni à la disparition d'autres faits et la disparition d'un fait n'a égard ni à la disparition ni à l'avènement d'autres faits[1]. Ce principe peut être justifié par référence aux situations de choses $\lambda(c)$ issues du faisceau F(c) des états de choses capables de contenir la chose c. A cette fin, Wittgenstein remonte jusqu'aux situations de choses:

> «5.135 – D'aucune manière, on ne peut conclure de l'existence de n'importe quelle situation de choses à l'existence d'une [autre] situation de choses différente de la première du tout au tout.»

En effet, une possibilité quant à l'existence ou à la non-existence des états de choses de F(c) est une situation de choses $\lambda(c)$ possible. Si une telle situation est donnée, il ne s'en trouve pas une deuxième identique, ni dans le faisceau F(c), ni dans un autre faisceau; et une situation de choses issue d'un faisceau F(c) diffère d'une autre issue d'un faisceau F(d) par au moins un état de choses. Si deux situations de choses $\lambda(c)$ et $\lambda(d)$ n'ont aucun état de choses en commun, elles sont différentes «du tout au tout»[2]. Ce sont de pareilles situations que la thèse 5.135 envisage.

A supposer maintenant qu'un fait f greffé sur la parcelle Λ(c) existe quand λ(c) existe et qu'un fait g greffé sur la parcelle Λ(d) existe quand λ(d) existe, si l'on pouvait conclure de l'existence de f à celle de g, on devrait conclure de l'existence de λ(c) à celle de λ(d). Pareille conclusion reviendrait à conclure d'une possibilité quant à l'existence ou à la non-existence des états de choses de F(c) à une possibilité quant à l'existence ou à la non-existence des états de choses de F(d), ce qui irait à l'encontre de la thèse 2.062 dans le cas où F(c) et F(d) sont différents «du tout au tout».

A l'opposé du cas précédent, il peut être possible de conclure de l'existence d'un fait f à celle d'un fait g quand ils sont greffés sur la même parcelle. Dans ce cas, il faut de plus non seulement que dans de tels faits soient impliqués les mêmes états de choses, mais encore que les raisons de vérité du double p de f soient des raisons de vérité du double q de g. On peut alors s'appuyer sur la thèse 5.12:

> *la vérité d'une proposition q suit de la vérité d'une proposition p, si toutes les raisons de vérité de p sont des raisons de vérité de q.*

Quand f existe, p est vraie, donc q est vraie, donc g existe.

Quant aux cas intermédiaires où des situations de choses possibles λ(c) et λ(d) ont certains états de choses en commun, ce n'est pas le lieu de les discuter. Toujours est-il que la règle générale est la suivante:

> «une contrainte selon laquelle un fait [*Eines*] a dû arriver [*geschehen müsste*], parce que quelqu'autre fait [*etwas anderes*] est arrivé, n'existe pas» (6.37 [a]).

On s'attend plutôt à ce que la causalité dans le monde du *Tractatus* demeure cantonnée dans une parcelle de la réalité. Cependant, qu'il n'y ait en général pas de connexion causale entre les faits du monde ne saurait exclure la présence d'une puissance chargée de les appeler à l'existence.

20
Les concepts formels et les relations formelles

Les images logiques situées sur les limites du monde provoquent la survenance des formes propositionnelles, distinctes des formes ou natures des choses et de la forme du monde. Ces formes présentent la particularité d'une double prérogative qui a trait aux choses, états de choses, situations de choses et faits: annoncer l'existence de ces entités et en faire paraître les propriétés formelles, de sorte que la théorie des formes propositionnelles prolonge celle des choses, états de choses, situations de choses et faits. Ainsi, deux propositions «fa» et «ga» montrent qu'il est question de la même chose dans chacune d'elles[1], et même la classe de formes défectueuses comme «(VVVV) (p, q)» annonce l'entité correspondant à la tautologie.

Wittgenstein développe la théorie des formes propositionnelles dans le cycle: 4.12, 4.121, ..., 4.128, 4.12 greffé sur la thèse 4.12:

> 4.12[1] – «La proposition peut poser devant un observateur la réalité totale, mais elle ne peut poser devant lui ce qu'elle doit avoir en commun avec la réalité pour pouvoir la poser devant lui – la forme logique.»

La réalité totale se construit à partir des choses, des faisceaux d'états de choses, des situations de choses et des parcelles de la réalité; ce plan de construction n'est autre que «la forme logique» de la réalité. En ordonnant les éléments de la réalité, il prend en compte les propriétés formelles[2]:

des choses[3], A

des états de choses[4], B

des situations de choses[5], C

et les «propriétés»

de la structure des faits[6]. D

Ce plan prend également en compte les «relations formelles»[7] établies entre des éléments de même type, entre

choses[8], A′

états de choses[9], B′

situations de choses[10], C′

et les relations établies entre

les structures de différents faits[11]. D′

Wittgenstein a repris ici des acquis de son ontologie substantielle, à savoir que pour connaître une chose, il faut connaître toutes ses propriétés internes[12], que dans l'état de choses, l'ordre et la connexion des choses sont déterminés[13] et que la structure du fait est constituée des structures des états de choses existants impliqués dans le fait et contenant tous la même chose c.

Par la parenthèse de la thèse 4.122[2], Wittgenstein réduit la notion de «propriété de la structure des faits» à celle de «propriété interne» et la notion de «relation établie entre les structures de différents faits» à celle de «relation interne»[14]. «Formel» et «interne» sont convertibles; il n'y a donc pas que les choses qui ont des propriétés formelles, mais aussi les états de choses, les situations de choses et les faits, de sorte que tout se réduit à ces deux notions de

propriétés formelles,

relations formelles.

«L'existence de pareilles propriétés et relations [formelles] ne peut [...] pas être affirmée par des propositions [...]», mais elle se montre dans les propositions qui posent devant un observateur des états de choses et traitent des choses.»[15] Ces propriétés et relations seraient à jamais dérobées à la vue sans le concours des images logiques qui les font paraître[16]. Mais par quel moyen? C'est là qu'entrent en jeu les signes propositionnels, puisque les formes propositionnelles, et elles seules, sont représentables par des signes. Ils se différencient par leur forme selon qu'ils signifient une chose, un état de choses, une situation de choses ou un fait. Quelles instances ont droit à cette «grâce» d'avoir des propriétés formelles dont l'existence paraît à travers des signes propositionnels? Y en a-t-il d'autres que les faits et les choses et peut-être les états de choses et les situations de choses?

Une classe de formes propositionnelles, à savoir «une» forme propositionnelle, définit une et une seule instance dont elle fait paraître les propriétés formelles. Une telle classe est un «concept formel»[17], si bien que la chose et le fait ont chacun la leur. Une relation entre les formes d'une seule classe définit une «relation formelle»[18]: si, par exemple, la vérité d'une proposition découle de la vérité d'autres propositions, les relations des formes de ces propositions sont formelles[19].

Toujours est-il que les concepts formels et les relations formelles ont pour raison d'être les images logiques; aussi faut-il passer maintenant à l'image. Une image est «articulée»[20]; elle comporte des «pièces détachées»: *Bestandteile*, symboles[21] ou expressions[22]; ces pièces sont liées entre elles par des relations internes[23]. Une expression appose une marque distinctive sur une forme et sur un contenu: *kennzeichnet eine Form und einen Inhalt*[24]; sur une forme, en tant que, parmi les modèles de formes propositionnelles, elle en sélectionne un; sur un contenu, en tant qu'elle désigne les faits aptes à prendre cette forme. Par exemple, l'expression «$p \vee q$» sélectionne la disjonction parmi les fonctions de vérité et désigne les faits dont l'image a cette forme.[25] Un symbole est une proposition[26] ou une partie d'une proposition[27]; il «n'a de signification que dans la proposition»[28] et «présuppose les formes de toutes les propositions dans lesquelles [il] peut se produire»[29]. Tout trait formel commun à une classe de propositions est le symbole d'un concept formel.

Le *Tractatus* veut que l'existence des entités: choses, états de choses, situations de choses et faits paraisse dans une classe de propositions, donc dans une variable préfigurant une image logique. C'est ainsi que se définit ce type de concept appelé «formel» dont Wittgenstein entend préserver la spécificité:

> «J'introduis [la] notion [de concept formel] afin de rendre évidente la raison de l'interversion des concepts formels avec les concepts au sens propre [...]» (4.126[2]).

Le symbole exprimant la forme d'une chose ou celle d'un fait est encore une variable propositionnelle[30] qui possède comme valeurs les propositions dans lesquelles le symbole se produit[31]; ainsi, chaque variable est une forme constante que possèdent toutes ses valeurs et elle peut être considérée comme leur propriété formelle[32]. Par exemple, «ce qui est commun à tous les symboles qui affirment ou p ou q, c'est la proposition ‹p ∨ q›».[33]

La ligne de démarcation qui sépare les concepts formels des concepts au sens propre sépare également la substance des faits du monde, les propriétés internes des propriétés externes ou matérielles[34] et les relations internes des relations externes[35]. Cette ligne sépare ce qui ne fait que se montrer de ce qu'on peut décrire, le nécessaire du contingent, la logique transcendantale du réel, le réseau de repères logiques du contenu du réseau.

Wittgenstein désigne nommément les entités suivantes comme susceptibles de concepts formels: «chose»[36], «complexe», «fait», «fonction», «nombre», «etc.»[37]. Dans tout le cycle: 4.12, 4.121, ..., 4.128, 4.12 traitant des concepts formels, il n'est fait mention ni de la proposition élémentaire, ni de la substance du monde, ni du monde, ni du sujet métaphysique, ni de Dieu, ni du vouloir. En ce qui concerne la proposition élémentaire, la recherche de sa forme restera sans réponse; la substance et le monde sont des totalités, le sujet est la limite d'une totalité: ni totalités ni limites ne sont exprimables par des concepts formels.

21
Les choses et les propositions élémentaires

Les propositions en tant qu'images doivent avoir un sens et, selon Wittgenstein, ce sens a son origine dans la substance même du monde:

> «2.0211 – A supposer que le monde n'ait pas de substance, qu'une proposition ait un sens dépendrait de ce qu'une autre proposition soit vraie.»

Tant que le monde a une substance, le sens d'une proposition ne dépend pas de la vérité d'une autre proposition, mais si la substance du monde était abolie, il faudrait, semble-t-il, recourir à un expédient pour garantir qu'une proposition ait un sens, en faisant appel à la vérité d'une proposition différente de la première.

Puisque c'est à la substance du monde qu'est dû le sens des propositions-images, on remonte aux choses:

> 2.021 [a] – «Les choses forment la substance du monde»,

pour retrouver leur simplicité:

> 2.021 [b] – «C'est pourquoi, elles ne peuvent être composées.»

En effet, la simplicité d'une chose réside dans l'impossibilité de pouvoir exister sans être en alliance avec ses homologues. On se doute que ce sera finalement de la simplicité des choses que sera tirée la garantie du sens d'une proposition-image. Il convient donc de modifier l'hypothèse de l'abolition de la substance en hypothèse de l'abolition de la simplicité des choses.

A la vérité, supposer que le monde n'ait pas de substance n'entraîne pas la disparition des choses: les choses constituent la substance en raison de leur obligation de s'allier les unes aux autres et d'établir cet ordre et cette connexion qu'est la substance même. Ainsi l'amas des choses existant isolément ne saurait-il former la substance. Cependant, si la simplicité des choses était abolie, les choses elles-mêmes ne seraient pas abolies, mais perdraient la jouissance de leur existence nécessaire: il resterait *zahllose* choses contingentes.

La question du sens de la proposition se confond avec celle de savoir si, à l'ordre et à la connexion des composants de la proposition, répondent nécessairement l'ordre et la connexion des antécédents de ces composants. En effet, l'ontologie du *Tractatus* exige non seulement que

> *la vérité de la proposition composée* p ∨ q *soit une fonction de la vérité des propositions élémentaires* p *et* q *composantes* (5[1]),

mais encore que

> *le sens de la proposition composée* p ∨ q *soit une fonction du sens des propositions élémentaires* p *et* q *composantes* (5.2341[1]).

Avant d'entrer dans le cycle: 2.02, 2.021, ..., 2.027, 2.02, il faut s'entendre sur le plan de construction d'une proposition composée représentant un fait ou «complexe»:

> «2.0201 – Tout énoncé [*Aussage*] sur des complexes est susceptible d'être décomposé en un énoncé sur les pièces constitutives [*Bestandteile*] de ces complexes et en ces propositions [*diejenigen Sätze*] qui décrivent intégralement les complexes.»

Tout énoncé sur un complexe quelconque peut donc être décomposé:

1 en un seul énoncé sur ses pièces constitutives,

et

2 en plusieurs propositions qui décrivent «intégralement» le fait en question.

Il convient de s'attaquer au terme «intégralement» en s'appuyant, par exemple, sur l'image nommée «disjonction», p ∨ q. Chacune des possibilités de vérité figurant dans le tableau:

« p	q
V	V
F	V
V	F »

la rend vraie. On ne saurait dire qu'une situation isolée, symbolisée par exemple par (F,V), est la disjonction; seul l'ensemble des trois situations de choses symbolisées par (V,V), (F,V), (V,F), donc la proposition intégrale, est l'image nommée disjonction. Le fait qui correspond à cette disjonction est tripartite, et trois expressions sont nécessaires pour le décrire intégralement. L'énoncé dont il est question vise le sous-ensemble des possibilités de vérité constitutif du fait.

Si les propositions élémentaires p et q ont un sens, il s'ensuit que la proposition composée p ∨ q a un sens. Mais que faut-il pour que p et q en aient un? Pour aboutir à une réponse, il convient de se rappeler que p (ou q) est une concaténation de noms, dont chacun vise une chose comme son antécédent; l'ordre et la connexion des noms distinguent une proposition élémentaire de toutes les autres. Elles existent nécessairement, même fausses. Pour qu'une proposition élémentaire p ait un sens, il faut

1 des choses qui sont les antécédents des noms dont p est composée

et de plus

2 une correspondance biunivoque de l'ordre et de la connexion des noms et de l'ordre et de la connexion des choses.

Les deux conditions étant remplies, la proposition élémentaire p a nécessairement un sens. Elles seront remplies quand sera satisfait le principe selon lequel la chose doit se connecter avec des homologues pour exister.

Pour mieux saisir l'exigence de ce principe de la simplicité des choses, il convient d'en détailler les composants:

1 Les choses, pour exister, doivent faire alliance avec certaines entités.

1′ Ces entités ne peuvent être autres que les choses mêmes.

2 Pour répondre au composant 1, il ne manque pas de choses.

2′ Le composant 2 est rempli non seulement en raison de l'abondance des choses, mais aussi en raison de leur inclination à s'allier aux choses qui désirent cette alliance[1].

Si donc les choses n'obéissent plus à ces composants, elles perdent la garantie de l'existence nécessaire. Quand les choses sont contingentes, il n'est plus sûr qu'aux noms d'une proposition élémentaire p correspondent des choses ni que les choses, même si elles existent, se rangent dans l'ordre et la connexion de leurs noms. Cependant, l'alliance des choses reste la condition de leur existence, même contingente, comme l'énoncent les composants 1 et 1′. Seulement, on ne peut plus affirmer que les composants 2 et 2′ sont remplis et que les choses trouvent un état de choses où persévérer dans l'existence. A ce point, pour garantir l'existence des choses visées par les noms de p ainsi que leur ordre et leur connexion, intervient comme expédient la vérité d'une proposition différente de p.

Comme le retrait de la garantie des composants 2 et 2′ n'abolit pas les choses, mais rend leur existence contingente, il n'enlève pas aux choses la possibilité de se connecter: il y a encore des états de choses, et l'état de choses dans lequel la chose peut s'intégrer reste préfiguré dans son essence; néanmoins, la chose, après dissolution d'un état de choses, n'a plus la garantie de persévérer dans l'existence en s'intégrant à un autre.

Demeurant sa préfiguration dans la chose, l'état de choses existe dans la chose, même s'il n'est pas réalisé; un état de choses non réalisé existe préfiguré dans chacune des choses dont la totalité aurait pu le constituer. Si donc un état de choses P correspond à une proposition élémentaire p, il est préfiguré dans chacune des choses dont p enchaîne les noms et chacune conserve le sens de p.

Cependant, pour que le sens de p soit ainsi conservé, il faut qu'une des choses dont p enchaîne les noms, existe; et pour que cette chose qui peut être désignée par «c» existe, il faut qu'un état de choses R comportant c, mais pouvant être différent de P, soit réalisé.

Quand R est réalisé, la proposition élémentaire r correspondante, éventuellement différente de p, est vraie.

Donc, pour que le sens d'une proposition élémentaire p soit conservé, même si l'existence des choses était contingente, il faudrait qu'une proposition élémentaire r enchaîne le nom d'une chose c dont p aussi enchaîne le nom, et que r soit vraie. Si tel n'était pas le cas, aucune chose conservant le sens de p n'existerait et le sens de p n'étant nulle part conservé, p n'aurait pas de sens.

22
L'irréductibilité de la proposition élémentaire

Comme le *Tractatus* joue sur deux types de propositions: les propositions élémentaires et les propositions composées de propositions élémentaires, il faut chercher à les distinguer. Les propositions composées sont des images de faits, et comme il semble bien que la représentation soit le propre de toute image, elles «représentent» les faits. Quant aux propositions élémentaires, à supposer qu'elles soient des images, elle ne sont pas des images de faits; et si elles sont des images d'états de choses, les «représentent»-elles?

L'image logique d'un fait est la pensée (3) qui est elle-même une proposition pourvue de sens (4), laquelle est une fonction de vérité de propositions élémentaires (5). L'image logique d'un fait est donc une fonction de vérité de propositions élémentaires. Serait-il possible d'assimiler le statut de la proposition élémentaire à celui de l'image logique d'un fait? Le paragraphe 5 du chapitre 3 a distingué la proposition élémentaire de l'état de choses; il convient de la distinguer ici de l'image logique.

Dans le système du *Tractatus*, six instances se rangent par paires des deux côtés d'un axe de symétrie:

- la chose (1) et son nom (I),
- l'état de choses (2) et sa proposition élémentaire (II),
- le fait (3) et son image (III).

Parce que l'image est un fait, l'instance III se subsume sous l'instance 3 et de six on réduit ces instances à cinq. En confondant la proposition élémentaire avec l'état de choses, on réduirait les instances à quatre. On pourrait aussi les réduire à quatre en assimilant la proposition élémentaire à l'image. Mais, ces deux réductions sont impossibles; la première impossibilité a été établie au paragraphe 5 du chapitre 3 et la seconde apparaît au terme du raisonnement suivant: la proposition élémentaire est distincte, d'une part, de l'image teintée d'une nature de choses et, d'autre part, de l'image logique; de la première, parce qu'elle n'est pas un fait; de la seconde pour des raisons de symétrie: puisque la thèse 2.141 n'accorde pas expressément le statut de fait à l'image logique et que l'image logique «tombe» sur la limite du monde tandis que l'image teintée de la nature d'une chose se situe dans le monde, l'image logique n'est pas un fait de plein droit. Mais elle est l'instance gémellaire d'un fait f, tandis que la proposition élémentaire n'est pas l'instance gémellaire d'un fait.

Si l'on exclut de ces considérations l'image logique et si l'on ne retient que l'image teintée d'une nature d'une chose, il reste cinq instances ontologiques dont l'arrangement peut se représenter ainsi:

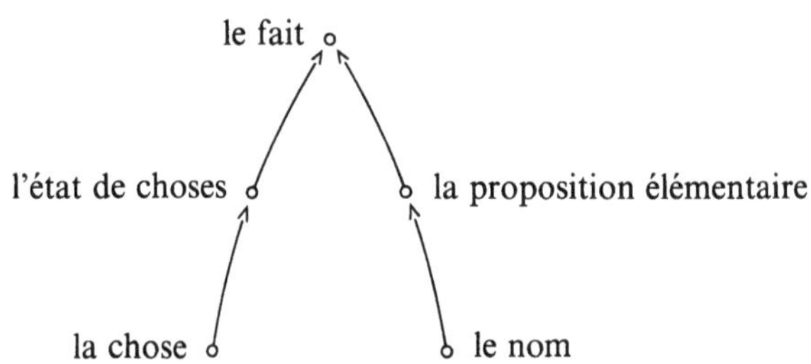

Vers le seul fait convergent deux lignées distinctes: la lignée partant du nom et passant par la proposition élémentaire, lignée d'où provient l'image si le fait est conçu comme image; et la lignée partant de la chose et passant par l'état de choses, d'où provient le fait si l'image est conçue comme fait. Or, dans la première, les propositions élémentaires qui sont des formes éternelles, sont en jeu; au contraire, dans la seconde, ce sont des états de choses périssables. Dans la première lignée, les propositions élémentaires ont l'apanage de la vérité qu'elles ne peuvent rétrocéder qu'aux propositions composées. Cette vérité est précaire comme les états de choses qu'elle appelle à l'existence et qui ne peuvent être ni vrais ni faux. La proposition élémentaire, ayant comme l'image d'un fait un sens, s'y apparente; mais elle s'en distingue, car elle n'est pas un fait.

23
Les formes des propositions élémentaires

Ce chapitre a traité jusqu'ici du procédé de «composition» des propositions élémentaires qui aboutit à cette nouvelle entité, l'image logique. Il semble admis que les propositions élémentaires aient une forme que Wittgenstein se résout à chercher à partir de la thèse 5.55:

> 5.55 [1] – «Il nous faut maintenant répondre *a priori* à la question relative à toutes les formes possibles des propositions élémentaires.»

Puisque proposition élémentaire et état de choses se font face par rapport à un certain «axe de symétrie»[1], la forme de la proposition élémentaire aurait-elle un vis-à-vis dans la forme de l'état de choses? Qu'est-ce que la forme de l'état de choses? Elle est distincte de sa «structure» constituée par l'ordre et la connexion des choses[2] et c'est la possibilité offerte aux choses de s'ordonner et de se connecter dans un état de choses qui est la forme[3] de l'état de choses. La même possibilité offerte aux noms serait-elle la forme de la proposition élémentaire? Selon la possibilité offerte aux noms de s'ordonner et de se connecter, il y aurait une diversité de «formes». Mais où les trouver? Du côté des choses fourmille la diversité des natures ou formes comme la spatialité, la colorité, la tonalité, la temporalité, etc. Chacune de ces natures s'étend sur un seul faisceau F(c), sur les situations de choses définies sur ce faisceau, sur la parcelle de la réalité qu'elles déterminent et, finalement, sur les faits définis sur la parcelle. Au faisceau F(c) fait face un «faisceau» de propositions élémentaires, comme à une situation de choses λ fait face la possibilité de vérité ε des propositions élémentaires symétriques. Ces «formes» des propositions élémentaires, qui sont encore *terra incognita*, auraient-elles quelque chose à voir avec ces natures ou formes des choses? Puisque le nom est la contrepartie de la chose, la proposition élémentaire celle de l'état de choses, et, finalement, le «faisceau» de propositions élémentaires celle du faisceau F(c), on pourrait se demander si, parmi les formes des propositions élémentaires, se trouverait la contrepartie de la nature des choses. En effet, suivant le paragraphe 16 du chapitre 2 les états de choses composant le faisceau F(c) ont non seulement en commun la chose c, mais aussi, au moins partiellement, l'ordre et la connexion des choses, de sorte qu'il est possible de coordonner une forme géométrique, distincte de toute autre, avec chacune des natures des choses. L'ordre et la connexion des choses dans un état de choses P ayant leurs antécédents dans l'ordre et dans la connexion de leurs noms dans la proposition élémentaire gémellaire p, le nom de la chose c possède-t-il une «nature» qui serait l'antécédent de la nature de la chose c?[4]

La question relative à toutes les formes possibles des propositions élémentaires occupe le vaste cycle: 5.55, 5.551, ..., 5.557, 5.55 lancé par la thèse 5.55:

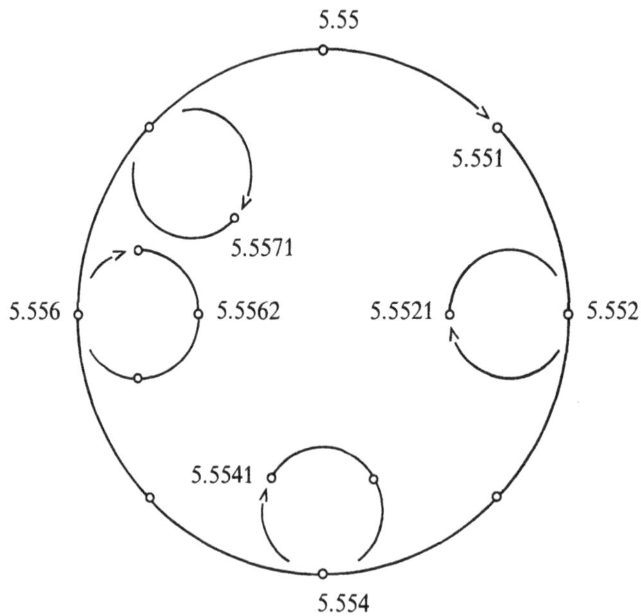

Il est pour l'instant incertain qu'il soit possible de répondre à cette question. Wittgenstein paraît persuadé qu'il peut faire appel à la logique pour la résoudre:

> 5.551 [1] – «Notre principe est que chaque question qui peut vraiment se décider par la logique, doit pouvoir se décider sans chercher plus loin.»

Avant de trancher la question de la situation systématique qu'occupent toutes ces formes possibles des propositions élémentaires, une mise en garde s'impose:

«([...] si nous sommes amenés à répondre à pareil problème en dirigeant le regard sur le monde [*durch Ansehen der Welt*], cela montre que nous nous sommes engagés dans une piste entièrement fausse.)» (5.551 [2]).

«Diriger le regard sur le monde» signifie ici: le diriger uniquement sur les faits du monde. Il faut le porter plus loin que les faits pour saisir la fonction de la logique dans le cas des formes des propositions élémentaires:

5.552 [1] – «L'‹expérience› dont nous avons besoin pour comprendre la logique n'est pas celle [qui nous apprend]

que quelque chose se comporte de telle et telle façon, A

mais celle [qui nous apprend]

que quelque chose *est*: B

mais ce *n*'est précisément *pas* une expérience.»

5.552 [2] – «La logique est *avant* toute expérience [qui nous apprend]:

que quelque chose est *ainsi*.» C

5.552 [3] – «Elle est avant

le Comment, D

pas avant

le Quoi.»[5] E

Pour faciliter l'intelligence de cette thèse, il a paru utile de mettre en évidence cinq fragments désignés par les lettres A, B, C, D et E.

Dans le fragment A, Wittgenstein utilise la formule: «quelque chose se comporte de telle et telle façon»: *etwas verhält sich so und so*. Les quatre premiers mots désignent un état de choses[6] et l'adjonction de l'expression *und so*, un second état de choses; la formule devrait se poursuivre par la répétition de l'expression *und so*; elle évoque finalement les *zahllose* états de choses d'un faisceau F(c) et par conséquent les situations de choses possibles λ(c). Si l'on substitue au pronom indéfini *etwas* le pronom neutre *es*, on obtient la forme générale de la proposition: *es verhält sich so und so*[7], forme de la proposition qui montre «comment cela se comporte»: *wie es sich verhält*[8]. L'adverbe substantivé *das Wie*, qui forme le fragment D, résume l'expression «de quelle façon quelque chose est», expression qui n'est autre que le fragment C. Puisque le fait f existe dans le seul cas où l'une des situations de choses λ(c) prévues dans sa définition existe, les fragments A, C et D concernent les états de choses, les situations de choses et les faits.

Le fragment B emploie la formule: *dass etwas ist* en mettant l'accent sur *ist*. *Etwas ist* est la réponse affirmative à la question: existe-t-il quelque chose? Ce «quelque chose qui est» ne saurait être confondu ni avec les états de choses, ni avec les situations de choses, ni avec les faits, tous périssables, mais doit être éternel. Il réapparaît sous la dénomination *das Was* dans le fragment E: *das, was ist*. La logique ne peut être sans que ce quelque chose n'existe d'ores et déjà. Pour l'identifier, il faut entrer dans le sous-cycle: 5.552, 5.5521, 5.552:

> 5.5521 [a] – «Et s'il n'en était pas ainsi, comment pourrions-nous appliquer la logique?»

«S'il n'en était pas ainsi», *wenn dies nicht so wäre*: le pronom démonstratif *dies* remplace habituellement l'expression la plus proche, ici: «la logique est avant le Comment, pas avant le Quoi» (5.552[3]). S'il n'en était donc pas ainsi, et si la logique était avant ce quelque chose désigné par *das Was*, on ne pourrait l'appliquer. «Appliquer la logique» consiste à se servir des symétries entre le nom et la chose, la proposition élémentaire et l'état de choses, pour donner à une image un symétrique, le fait:

> «[...] la logique qui englobe tout et reflète le monde [*die allumfassende, weltspiegelnde Logik*] [...]» (5.511 [a]).

Elle est le grand miroir dans lequel le monde renvoie son image réfléchie et qui est en même temps un réseau de mailles, *Netz-Werk*. Or, la logique est dénoncée comme employant des subterfuges: *spezielle Haken*[9], et des manipulations[10], ceux-ci pouvant être tolérés à condition que tous forment un réseau. De ces subterfuges et manipulations, la thèse 5.51 donne un exemple: si la variable propositionnelle ξ n'a qu'une seule valeur, l'opération $N(\bar{\xi})$ en est la négation: non ξ; si elle a deux valeurs, l'opération $N(\bar{\xi})$ entraine la négation de ces deux valeurs: ni ξ, ni η. Ces manipulations, qui sont toutes le résultat de l'application successive de l'opération $N(\bar{\xi})$, concourent à définir l'opération $[\bar{p}, \bar{\xi}, N(\bar{\xi})]$ et s'entrelacent comme les mailles d'un réseau dont l'affinement tend vers la perfection.[11] Ce réseau n'est pourtant jamais achevé; s'il pouvait l'être, le grand miroir serait parfait.[12]

De même qu'il est impossible de concevoir un miroir seul, sans quelque chose qui puisse s'y refléter, il est impossible d'envisager quelque chose seul, sans miroir dans lequel il puisse se refléter. S'il y avait donc un miroir sans qu'il y ait le monde pour y renvoyer son image réfléchie, il pourrait aussi bien y avoir le monde sans miroir:

> *s'il pouvait y avoir une logique-miroir sans qu'il n'y eût aucun monde, pourquoi surajouter au monde, une fois qu'il existe, une logique-miroir?* (5.5521 [b])[13].

La logique-miroir ne peut être sans que le monde n'existe d'ores et déjà, car le monde, totalité des faits qui copient les formes de leurs images logiques situées sur les limites du monde, rend possible les symétries dont l'ensemble constitue la logique. Par leur jeu même, ces symétries nous apprennent

> que quelque chose *est*, B

et ce quelque chose est appelé «monde» contenu dans ses «limites» constituées d'images logiques pointées sur lui.

Les questions qui sont résolues par la logique concernent les correspondances entre les instances du système du monde; à la proposition élémentaire p correspond son état de choses P; au fait f, son double ꝑ; etc. Les formes des propositions élémentaires pourraient être déduites de ces considérations de symétrie si la forme de l'état de choses était connue:

> 5.553 [1] – «Russell disait qu'il y aurait de simples relations entre différentes quantités [*Anzahlen*] de choses (individus [*Individuals*]). Mais entre quelles quantités? Et comment doit se trancher cette question? – Par l'expérience?»

L'état de choses semble être composé de sous-ensembles de choses ou *Anzahlen von Dingen* reliés entre eux de sorte que la thèse 5.553 [1] évoque la géométrie à l'intérieur d'un état de choses, déjà exposée dans le paragraphe 16 du chapitre 2, et où chaque chose, de par sa nature unique, produit dans son voisinage un ordre et une connexion qui lui sont propres. Il serait utile de pouvoir représenter chacun de ces ordres par une fonction numérique, mais:

> 5.553 [2] – «Il n'y a pas de nombre portant une marque distinctive.»

On ne connaît pas ces ordres et connexions distinctifs autour d'une chose:

> «5.554 – L'indication de toute forme spéciale serait complètement arbitraire.»

L'indication de la forme générale de l'état de choses n'est cependant pas arbitraire; elle est la possibilité offerte aux choses de s'ordonner et de se connecter dans un état de choses.

Quand on imagine les choses et les états de choses d'un côté d'un axe de symétrie, leurs contreparties de l'autre, on s'aperçoit que les thèses 5.553 et 5.554 ont pour objet l'état de choses, tandis que le sous-cycle: 5.554, 5.5541, 5.5542, 5.554 bascule vers sa contrepartie dont il cherche les signes:

> «5.5541 – Il doit être possible d'indiquer *a priori* si, par exemple, je puis être amené à désigner quelque chose par le signe d'une relation à 27 termes.»

Mais:

> «Pouvons-nous établir la forme d'un signe sans savoir si quelque chose pourrait correspondre à cette forme?» (5.5542[1 b]).

Quand nous établissons la forme d'un signe, nous faisons des images: tout signe est un signe propositionnel. Existe-t-il un «trésor» de signes propositionnels affectés à des propositions élémentaires? Ils nous permettraient de jouer à la providence et de prédéterminer, par l'intermédiaire de la forme d'un signe d'une proposition élémentaire, la forme éternelle d'un état de choses.

> 5.5542[2] – «Cette question a-t-elle un sens: qu'est-ce qui doit *être* pour que quelque chose puisse être ce qui se produit là?»

Qu'est-ce qui doit être pour qu'un fait puisse advenir? Wittgenstein met en doute la possibilité d'une réponse; pourtant, pour qu'un fait puisse advenir, il faut qu'une situation de choses existe, donc le faisceau F(c) d'une chose c. Il est bien établi que la forme du signe de la fonction de vérité «$[\bar{p}, \bar{\xi}, N(\bar{\xi})]$» renvoie à un fait, sauf au cas où il s'agit du «signe» de la tautologie ou de la contradiction; mais c'est la seule forme d'un signe auquel il est sûr que quelque chose puisse correspondre.

S'il est impossible de connaître la forme de l'état de choses, soit par les relations formelles entre les choses, soit par les signes qui la manifestent, et ainsi de connaître la forme de la proposition élémentaire, contrepartie logique de l'état de choses, on renonce à donner figure à sa forme logique particulière:

> 5.555[1] – «Il est clair que nous avons un concept de la proposition élémentaire, sans tenir compte [*abgesehen*] de sa forme logique particulière.»

Nous avons un concept de la proposition élémentaire: *einen Begriff*: est-ce un concept formel? Rien ne permet, au point 5.555 du cycle: 5.55, 5.551, ..., 5.557, 5.55, d'en douter. Si la proposition élémentaire désigne un concept formel, elle doit avoir un symbole dont le signe est une variable propositionnelle. Ses valeurs sont des propositions qui portent chacune une marque distinctive signalant la proposition élémentaire. Quelle est cette marque, où est cette variable?

Tout sens possible peut être exprimé par un symbole et tout symbole peut exprimer un sens. Un symbole est une proposition ou la partie d'une proposition; le symbole de la proposition élémentaire est donc une proposition ou une partie d'une proposition. Ce symbole, forme logique, se manifeste par un signe qui est une variable; il y a d'une part ce symbole: une forme constante à laquelle participent certaines propositions, et d'autre part le signe de ce symbole: une variable propositionnelle. Si la proposition élémentaire désigne un concept formel, son signe est donc une variable propositionnelle signifiée par

«fx» ou «$\Phi(x, y)$» ou «p», «q», «r»,

la forme des deux premiers signes symbolisant la proposition élémentaire comme une fonction de noms[14] et la forme des autres signes ne faisant qu'ébaucher la proposition élémentaire par des lettres[15]. Ces formes de signes, *Zeichenformen*[16], ne suffisent pas à mettre en évidence la forme de la proposition élémentaire, qui devrait être un prototype logique: *logisches Urbild*, de sorte que, ce prototype donné, la forme originelle de la proposition élémentaire serait donnée; peut-être alors toutes les propositions élémentaires possibles pourraient-elles s'en déduire[17]. Ce prototype fait défaut. Il semble que la proposition élémentaire n'ait pas le statut d'un concept formel; Wittgenstein est donc resté en retrait de son ambition d'enfermer la proposition élémentaire dans un concept formel:

> 5.555[2] – «Mais là où l'on peut former des symboles selon un système, ce système est ce qu'il y a de logiquement important, et non pas les symboles singuliers.»

Pourquoi les symboles singuliers ne sont-ils plus ce qu'il y a de «logiquement important»? C'est parce que Wittgenstein a renoncé à la «forme logique particulière» (5.555[1]) de la proposition élémentaire. Puisque tout symbole, dans le *Tractatus*, est une variable propositionnelle, le système selon lequel on forme des symboles, ne peut être autre que l'opération de vérité $[\bar{p}, \bar{\xi}, N(\bar{\xi})]$. Cette opération produit une classe de formes équivalentes; en effet, quelles que soient ces formes, elles peuvent être composées à l'aide de cette opération et constitueront une nouvelle forme équivalente aux autres. Quelle que soit l'instance: la chose, l'état de choses, le fait, sa contrepartie formelle est de cet unique type procédant de l'opération $[\bar{p}, \bar{\xi}, N(\bar{\xi})]$. Seulement, l'état de choses ne trouve comme contrepartie que ces «variables» grossières «p», «fx», etc., et on a beau dire que la proposition élémentaire est une fonction de vérité d'elle-même[18], sa forme fait défaut.

Il est possible de donner à cette opération $[\bar{p}, \bar{\xi}, N(\bar{\xi})]$ une interprétation extensive et de la voir à l'origine des symétries que la logique fait paraître. Ainsi, dans ce système, la proposition élémentaire occupe la place de la contrepartie de l'état de choses; les «effigies» de la proposition élémentaire (en prenant «effigie» dans le sens que ce mot possède quand il signifie la représentation grossière d'un personnage) telles que la lettre «p», le groupe de lettres «fx» et le groupe de lettres et de signes de ponctuation «$\Phi(x, y)$» se placent à l'intérieur des variables propositionnelles ou symboles construits selon l'opération $[\bar{p}, \bar{\xi}, N(\bar{\xi})]$. Former des symboles selon un système signifie donc former des variables propositionnelles telles que chaque instance: la chose, l'état de choses et le fait, trouve sa contrepartie dans la variable ou dans une de ses parties. Dans la suite, on devra même admettre qu'une instance comme la réalité: *Wirklichkeit*, trouve sa contrepartie dans une variable propositionnelle, à vrai dire quelque peu déformée.

> 5.555[3] – «Et comment d'ailleurs serait-il possible que j'eusse à traiter en logique des formes que je puis inventer; au contraire il faut que j'aie à traiter de ce qui me permet de les inventer.»

Wittgenstein ne cesse d'espérer en une possibilité d'inventer des formes propositionnelles et peut-être même les formes des propositions élémentaires. Cependant,

> «nous ne pouvons prévoir que ce que nous construisons nous-mêmes» (5.556[b]).

Il n'est pas étonnant que la forme de la chose, ou sa nature, ne soit pas constructible; pourquoi la forme de la proposition élémentaire le serait-elle? Qu'une «forme» soit «constructible» est l'apanage des images logiques; elle peut être construite à l'aide des signes propositionnels, *Zei-*

chenformen: ces signes, «perçus», pensés[19], sont des symboles. Toute la suite des variables propositionnelles dont chacune appartient à une classe de formes subsidiaires, signalée par un trait spécifique, est constructible.

Quand il s'agit d'un symbole de la chose à placer dans le signe propositionnel[20], il faut une forme propositionnelle adaptée à la chose, mais elle ne reflète en rien la nature de la chose représentée: «ainsi, le nom variable ‹x› est le signe proprement dit du pseudo-concept *chose*»[21]: ce nom variable «x» représente et les choses spatiales et les choses colorées, etc. Si donc on cherche les formes possibles des propositions élémentaires, sont-elles du côté des formes propositionnelles? Il n'est pas exclu qu'elles ne soient pas des formes propositionnelles, et que le refus d'une hiérarchie entre elles soit dû à ce fait:

> «il ne peut y avoir une hiérarchie des formes des propositions élémentaires» (5.556[a]).

Toujours est-il qu'au vouloir, à cette puissante instance du système déformant les limites du monde, n'est attribuée aucune forme. Ainsi faudrait-il revenir dans 5.555[1] au concept de la proposition élémentaire, mais «sans tenir compte de sa forme logique particulière», donc à un concept qui n'est pas formel. L'expression: *wir haben vom Elementarsatz einen Begriff* se comprend dans le sens le plus courant: «nous en avons une idée», à savoir: la proposition élémentaire ressort d'une symétrie (4.21, 4.22); elle est séparée de ses homologues (4.211, 5.134) et elle appelle les états de choses à l'existence (4.25)...

Le jeu des correspondances entre les instances à l'intérieur et à l'extérieur du monde s'attaque aux totalités des choses, au début du cycle: 5.556, 5.5561, ..., 5.5563, 5.556:

> 5.5561 [1 a] – «La réalité [*Realität*] empirique est limitée par la totalité des choses.»

Le terme *Realität* est précédé de l'épithète *empirische* qui renvoie à *Erfahrung*, terme introduit dans le cycle: 5.55, 5.551, ..., 5.557, 5.55 consacré à la forme de la proposition élémentaire. Puisque cette «réalité» empirique est limitée, il est possible qu'elle soit une totalité. Est-elle la réalité totale: *die gesamte Wirklichkeit*, ou est-elle la totalité des états de choses existants? Dans les deux cas, la réalité empirique signifierait le monde. Mais une des limites du monde est le sujet, alors que la réalité empirique est limitée par la totalité des choses qui n'est pas considérée comme une limite du monde. Pourtant, le terme «empirique» met en jeu les faits, seules entités accessibles à l'expérience. En effet, il faut considérer, en premier lieu, les *zahllose* faits définis sur une seule parcelle de la réalité engendrée par une chose c ; en second lieu, prendre en compte les existants. Tous ces différents faits existent parce qu'une et une seule des situations de choses λ définies sur le faisceau F(c) existe. A chaque chose c correspond une et une seule situation de choses λ(c). C'est donc la totalité de ces situations de choses qui est limitée par la totalité des choses et constitue la «réalité empirique». Ainsi se distingue la totalité des faits existants de la totalité des faits possibles: l'une est la réalité empirique, l'autre le monde conçu comme la «totalité des faits» (1.1), virtuels ou existants.

Le modèle de la situation de choses développé dans le paragraphe 6 de ce chapitre peut être appliqué à cette réalité empirique: la tige de la chose 1 porte les pédicelles représentant le même état de choses que les pédicelles de la tige de la chose 2:

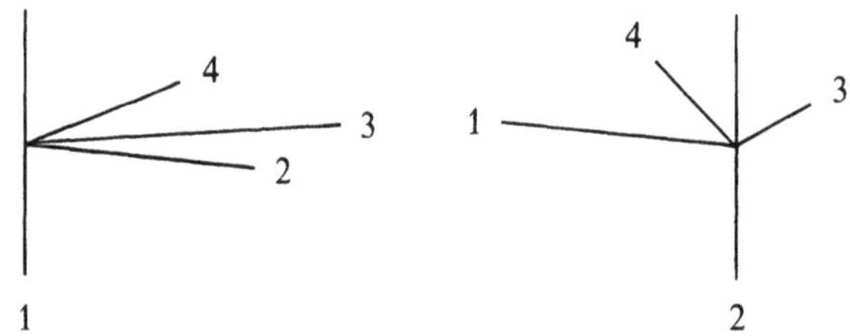

Il faut rapprocher les deux tiges de sorte que le pédicelle partant de la chose 1 vers la chose 2 touche la tige de la chose 2 et inversement:

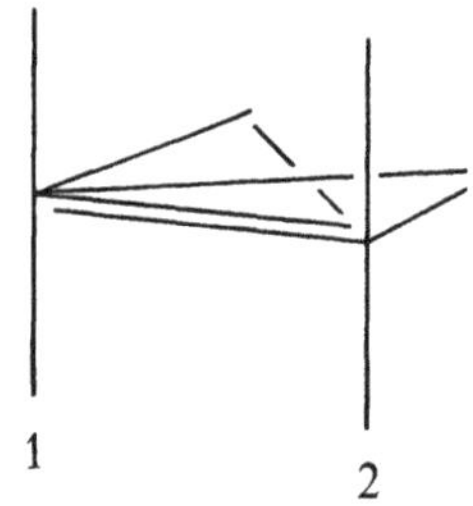

La réalité empirique est une «forêt» de tiges verticales et de pédicelles horizontaux: une seule tige pour la seule chose spatiale, une pour la seule chose colorée, etc., et sur chaque tige attachés, mais de façon distincte, les *zahllose* ensembles de pédicelles représentant chacun un seul état de choses. A chaque «étage» de la réalité, les pédicelles d'un seul état de choses vont d'une tige à l'autre et sont toujours doublés par un pédicelle allant dans la direction inverse. Il y a *zahllose* étages distincts les uns des autres. Toutes les tiges ne sont pas atteintes; cependant, sont atteintes *zahllose* tiges. Cette «forêt» est limitée par la totalité des choses.

Par une considération de symétrie, la limite qui clôt cette réalité empirique dessine une autre limite du côté des propositions élémentaires:

> 5.5561 [1 b] – «La limite se manifeste à nouveau à l'intérieur de la totalité des propositions élémentaires.»

L'explication de cette thèse demande de considérer un faisceau F(c) d'états de choses possibles. Au faisceau F(c) répond le «faisceau» des propositions élémentaires gémellaire de F(c) et à une situation de choses définie sur F(c) une possibilité quant à la vérité ou à la fausseté des propositions élémentaires du «faisceau» gémellaire de F(c). La situation de choses λ(c), qui existe, délimite à l'intérieur des propositions élémentaires les vraies et les fausses. Les vraies sont nécessaires et suffisantes pour prolonger l'existence des faits définis sur le seul faisceau F(c).

Quand on considère maintenant tous les faisceaux F(c) et dans chacun la situation de choses λ(c) qui existe, la limite entre les propositions élémentaires vraies et les fausses se manifeste à l'intérieur de la totalité des propositions élémentaires. Les vraies appellent à l'existence la réalité empirique qui est leur contrepartie. Or, la réalité empirique, pour sa part, fait face à une instance appelée «Moi du solipsisme»[22]; ainsi la totalité des propositions élémentaires vraies peut-elle être identifiée à ce Moi «rétréci jusqu'à un point sans extension»[23]. Puisqu'il n'est pas une partie du monde[24], les propositions élémentaires n'appartiennent pas au monde.

La réalité empirique, cette forêt de tiges où chaque chose a la sienne, ne connaît aucun ordre hiérarchique entre les choses; la chose spatiale, par exemple, ne se range ni avant ni après la chose temporelle. Aussi l'agencement des tiges dans la réalité empirique ne traduit-il aucun ordre hiérarchique. S'il y a des instances parmi lesquelles une hiérarchie s'établit (par exemple les fonctions de vérité qui s'ordonnent en suites), de telles hiérarchies doivent s'établir sans présumer une hiérarchie des choses; et puisque la réalité empirique est construite à partir des choses, d'éventuelles hiérarchies

> «sont et doivent être indépendantes de la réalité [empirique]» (5.5561 [2]).

Supposons maintenant une hiérarchie des formes des propositions élémentaires. Une hiérarchie des formes des états de choses lui correspondrait. D'après l'hypothèse du paragraphe 16 du chapitre 2, selon laquelle l'unique nature d'une chose c est exprimée par une forme spécifique des états de choses contenant c, une hiérarchie des formes des états de choses provoquerait une hiérarchie des natures des choses. Voilà pourquoi

> «il ne peut y avoir une hiérarchie des formes des propositions élémentaires» (5.556[a]).

Puisque nous ne pouvons prévoir que ce que nous construisons nous-mêmes (5.556[b]) et que nous ne pouvons construire autre chose que des termes rangés dans une hiérarchie, Wittgenstein abandonne la recherche des formes des propositions élémentaires et s'attaque à la question de leur existence:

> «5.5562 – Si nous savons en vertu de raisons purement logiques qu'il doit y avoir des propositions élémentaires, tous ceux qui comprennent les propositions dans leur forme non-analysée, doivent le savoir.»

«Les raisons logiques» sont des raisons de symétrie: si le fait, composé d'états de choses, a une contrepartie, il faudrait que l'état de choses en ait une. C'est pourquoi, «il appert», dit Wittgenstein, que lors de l'analyse de propositions composées, nous devons arriver à des propositions élémentaires[25]. Mais les propositions composées doivent également être comprises dans «leur forme non-analysée», à condition qu'on s'en tienne au langage quotidien, donc sans chercher des symétries. En ce cas, on aura l'intuition qu'il y a des propositions élémentaires et qu'elles sont les éléments à partir desquels

> «toutes les propositions de notre langage quotidien sont effectivement, telles quelles, logiquement parfaitement ordonnées» (5.5563[1 a]).

L'expression «logiquement parfaitement ordonnées» signifie que les propositions du langage quotidien sont composées d'expressions réellement distinctes les unes des autres et susceptibles d'être tansformées en fonctions de vérité[26] de sorte que le langage quotidien peut être considéré comme la totalité des images vraies; cela admis, on peut penser que le langage quotidien est en constante variation au gré de la réalité empirique, sa contrepartie, et il apparaît alors comme une entité complexe laissant présumer une entité *simplicissima* dont la vérité serait stable:

> 5.5563[1 b] – «Cette entité *simplicissima* [*jenes Einfachste*], que nous devons indiquer ici, n'est pas une parabole de la vérité, mais la pleine vérité elle-même [*die volle Wahrheit selbst*].»

L'adjectif *voll* dans l'expression *volle Wahrheit* prend sa signification dans la théorie de l'image logique qui se manifeste par un signe propositionnel; dans sa dernière colonne quelques «V» placés de-ci de-là signifient la vérité. Quand on arrive à «faire le plein» des «V», c'est alors la «pleine vérité»: *die volle Wahrheit*. Seulement, le signe propositionnel se dissout[27] pour laisser apparaître la tautologie elle-même: *die Wahrheit selbst*. Si la tautologie avait un signe, il serait la «parabole» de la tautologie; or, elle n'en a pas; elle doit donc être saisie immédiatement, intuitivement.

La tautologie a pour contrepartie la réalité totale qui consiste dans l'oscillation de toutes les situations de choses possibles entre l'existence et la non-existence. La réalité totale étant Une, donc *simplicissima*, la tautologie, son «image», est également Une ou *simplicissima*.

Puisque la réalité totale existe, la tautologie existe; par conséquent, la tautologie étant constituée de toutes les propositions élémentaires non connectées, les propositions élémentaires existent également.

Le problème, en apparence abstrait, de démontrer qu'il doit y avoir des propositions élémentaires, se révèle être le problème concret de concevoir la tautologie:

> «nos problèmes ne sont pas abstraits, mais sont peut-être les plus concrets qui soient» (5.5563[2]).

En conclusion, la question relative à toutes les formes possibles des propositions élémentaires reste ouverte. Wittgenstein a fait intervenir l'axe logique par rapport auquel les noms font face aux choses, les propositions élémentaires aux états de choses, etc. Si, de l'autre côté de l'axe, les formes des états de choses étaient connues, les formes de leurs contreparties se verraient (5.553), car chaque question qui peut se décider par la logique, doit pouvoir se décider sans chercher plus loin (5.551). Mais il n'en est rien (5.554) et Wittgenstein se détourne des états de choses vers leurs signes (5.5542[1 b]). Où se situent-ils par rapport à l'axe logique? Du côté des faits (3.14[2]). Quel est donc le symbole de la proposition élémentaire? Il n'y en a pas.

Wittgenstein se voit enfin contraint de dissiper les doutes concernant l'existence même des propositions élémentaires. Les raisons qui nous assurent de leur existence sont purement logiques: elles exigent que chaque état de choses ait un symétrique par rapport à l'axe logique. Les propositions élémentaires sont séparées des états de choses par cet axe (5.557[3]), elles ne doivent pas le dépasser (*übergreifen*) (5.557[5]), mais sont infiniment proches de lui (5.557[4]).

La présence de l'axe logique prouve l'existence des propositions élémentaires (5.557 [1]), mais n'en fait ressortir aucune (5.557 [2]); c'est pourquoi nous ne pouvons pas les indiquer *a priori* (5.5571).

SIXIÈME CHAPITRE

LES TOTALITÉS DANS LE SYSTÈME DU *TRACTATUS*

1
La totalité des choses

La totalité des choses: *Gesamtheit der Gegenstände* est annoncée dans la thèse 1.1 et apparaît dans la thèse 5.5561 [1]; elle se perpétue selon la clause dite de «simplicité» qui signifie que toute chose s'allie nécessairement à d'autres choses, et seulement à d'autres choses, et qu'une chose nécessaire à l'existence d'une autre chose à laquelle elle offre son alliance se trouve à l'intérieur de cette totalité. La totalité des choses subsiste éternellement. Après avoir développé la topologie de cette totalité dans le chapitre 2, il convient de tracer les rapports qu'elle entretient avec les autres instances du système.

La logique traite de toute possibilité d'alliance de choses et de leurs ordre et connexion; toutes ces possibilités sont ses «faits»: *ihre Tatsachen*[1]. Avant d'introduire les faits de la logique, Wittgenstein a déjà parlé d'un autre type de «faits», ceux qui ne cessent de naître de la fragmentation du monde. Pourquoi emploie-t-il le même mot pour ces deux genres d'instances? Leurs définitions auraient-elles quelque analogie? Pour qu'un fait issu de la fragmentation du monde puisse être défini, il faut considérer:

1 une chose déterminée c et le faisceau F(c) de tous les états de choses possibles contenant c,

2 les possibilités quant à l'existence ou à la non-existence des états de choses de ce faisceau: les situations de choses $\lambda(c)$ possibles et relatives à c,

3 la parcelle de la réalité relative à la chose c, notée $\Lambda(c)$, qui est la totalité des $\lambda(c)$.

Un fait f défini sur la parcelle $\Lambda(c)$ est un choix de situations de choses $\lambda(c)$ possibles: si l'une d'entre elles existe, le fait f existe. Quant à la définition du «fait» de la logique, elle exige de considérer également:

une chose déterminée c et le faisceau F(c) de tous les états de choses possibles contenant c.

La chose c est déterminée par son faisceau; elle se connecte avec les autres choses dans un ordre qui lui est spécifique et qui est invariablement le même dans tout état de choses du faisceau, et c'est cette chose c qui est un «fait» de la logique. Chaque état de choses du faisceau F(c) est une possibilité offerte à la chose c d'y exister; ainsi, un fait de la logique existe-t-il éternellement. Dans son existence, il n'est pas tributaire de la vérité ou de la fausseté de certaines propositions élémentaires, tandis que le fait f l'est.

Comment la logique, qui fait paraître comme dans un miroir les symétries du système, a-t-elle ses propres faits? Quand elle prédétermine un de ses faits c, elle fait subsister éternellement le faisceau F(c) et la parcelle Λ(c). La première fonction de la logique est d'engendrer ces parcelles sur lesquelles se définissent les autres faits f qui constituent le monde. La seconde est de refléter les faits.

Il ne peut être donné une «sous-totalité de choses» imperméable aux autres choses. Car il y aurait inévitablement une chose c qui aurait besoin, pour subsister, de s'allier avec une chose d extérieure à la sous-totalité contenant c. Les choses d'une quelconque sous-totalité ont donc pour condition d'existence toute la totalité, c'est le sens de la thèse 5.524[1]:

> «Si les choses sont données, alors par là-même *toutes* les choses nous sont également déjà données.»

Puisqu'à une sous-totalité de propositions élémentaires vraies répond une sous-totalité d'états de choses existants, et que cette dernière n'est autre qu'une sous-totalité de choses:

> «si les propositions élémentaires sont données, alors par là-même *toutes* les propositions élémentaires sont également données» (5.524[2]).

La totalité des choses est auto-suffisante en ce sens qu'en elle toute chose trouve assez de choses pour conclure des alliances qui lui assurent l'existence éternelle. Seulement, les choses et les états de choses sont doublés par des noms et des propositions élémentaires; ce n'est pas la totalité des choses qui appelle les états de choses à sortir de leur latence pour accéder à l'existence, mais la vérité d'une proposition élémentaire. Ainsi la totalité des choses n'est-elle pas suffisante à l'existence des choses, bien qu'elle lui soit nécessaire.

2
Les deux totalités des états de choses possibles et existants

D'après la thèse 2.0124, il suffit que soit donnée la totalité des choses pour que toutes les configurations possibles de choses soient données. Cela implique deux impératifs:

1 que soient indiquées pour chaque chose les différentes configurations de choses auxquelles elle peut participer,

2 que pour chaque configuration, l'ordre et la connexion des choses soient déterminés.

Les moyens de satisfaire à ces impératifs appartiennent à la totalité des choses; mais les moyens de faire exister une quelconque configuration possible appartiennent à une autre instance qui ne peut encore être identifiée. Cette dernière aurait pour fonction de faire exister une unique situation de choses λ parmi celles qui sont définies sur le faisceau F(c) propre à une chose c. Or, cette situation de choses existante assemble des états de choses existants, sinon c n'existerait pas. Ainsi, dans le faisceau de chaque chose, il existe une situation de choses; chaque situation de choses existante appelle à l'existence les faits dans la définition desquels elle figure.

3
Les deux totalités des situations de choses possibles et existantes

De toutes les situations de choses λ(c) définies sur un faisceau F(c), une seule existe, les autres demeurant possibles. La totalité des existantes, une par faisceau, est la «réalité empirique» expliquée dans le paragraphe 23 du chapitre précédent. Si l'on fait abstraction de l'existence des situations de choses, on peut considérer la totalité des possibles, à partir de laquelle se tissera la «nappe» de la réalité totale. La réalité empirique est en constante variation et demeure coordonnée au Moi du solipsisme après qu'il se soit contracté en un point sans extension (5.64[b]). Le terme «sans extension», *ausdehnungslos*, indique que ce Moi est étranger à la spatialité. Qu'à ce Moi soit coordonnée la réalité empirique, va permettre de préciser sa nature. Il faut se tourner vers la contrepartie de la réalité empirique par rapport à l'axe logique.

4
La totalité des propositions élémentaires vraies

La totalité des propositions élémentaires vraies maintient la réalité empirique dans l'existence et la soumet à une incessante variation, au gré de l'instance qui jette parmi les propositions élémentaires les mots d'ordre: «vrai» ou «faux». A une situation de choses λ possible correspond par rapport à l'axe logique une possibilité ε quant à la vérité ou à la fausseté de certaines propositions élémentaires; la contrepartie de la réalité apparaît donc comme étant la totalité des possibilités de vérité ε réalisées. Cette dernière totalité permet de préciser la nature du Moi du solipsisme. On pourrait avancer, à titre d'hypothèse, que ce Moi du solipsisme réunît les propositions ou «pensées» élémentaires ou «fondamentales». En effet, la fonction de vérité des propositions élémentaires est une pensée, elle-même fonction de la vérité ou de la fausseté des «pensées fondamentales» qui se distinguent des images logiques et de leurs signes propositionnels comme le tableau suivant le met en évidence:

la pensée fondamentale est	une pensée,
l'image logique est	un fait, une image, une pensée,
le signe propositionnel est	un fait, une image.

Les propositions élémentaires sont-elles de véritables pensées, bien qu'elles ne soient pas des pensées-images-de-faits? Comment existent-elles? La totalité des pensées fondamentales est-elle l'instance gémellaire de la substance du monde?

De ce Moi du solipsisme unique, transcendantal, semblent se distinguer des «sujets»[1]. En effet, ceux-ci regroupent des pensées composées qui sont des faits, alors que le Moi du solipsisme réunit des propositions élémentaires qui, elles, ne sont pas des faits.

5
La réalité totale

La thèse 2.06[1] définit la réalité comme le mouvement incessant d'avènements et de disparitions d'états de choses; la thèse 2.063 implique que ce mouvement se propage jusqu'aux plus lointaines parcelles de la réalité. D'une manière imagée l'on pourrait dire: partout où l'on regarde, on ne voit qu'éclore et périr des états de choses; toutes les choses, si différentes qu'elles soient les unes des autres par rapport à leur nature, s'allient toujours dans ce même type d'entité; la réalité totale est cette répétition d'alliances scellées et brisées que Wittgenstein appelle «monde» sans préjudice de sa précédente définition selon laquelle le monde est la totalité des états de choses existants.

6
Les propositions complètement généralisées

Wittgenstein envisage des totalités de choses[1], d'états de choses existants[2], d'états de choses possibles[3], de noms[4], de propositions élémentaires vraies[5], de propositions élémentaires vraies ou fausses[6], de propositions pourvues de sens[7], de tautologies et de contradictions[8], et de propositions de notre langage quotidien[9]. Amené à appréhender de telles totalités par un signe propositionnel, il utilise le concept «tous», «toutes»: *alle* et conçoit des propositions «complètement généralisées»[10] qui apparaissent à la fin de transformations par lesquelles certaines parties d'une proposition sont changées en variables[11].

Ainsi, d'une proposition élémentaire f peut être dérivée une proposition élémentaire complètement généralisée (x).fx.[12] Pour y arriver, il faut d'abord s'entendre sur le signe «f» et, pour cela, considérer le faisceau F(c) regroupant tous les états de choses e(c) possibles qui offrent une place à une chose déterminée c. «f» désigne une proposition élémentaire gémellaire d'un état de choses du faisceau F(c) et de ce faisceau seulement. Les propositions élémentaires f vraies sont les seules qui sont prises en compte de sorte qu'interviennent uniquement des états de choses e(c) existants. Il y a autant d'exemplaires de la chose c que d'états de choses e(c) existants et ces exemplaires sont indiscernables bien que distincts les uns des autres. Le signe «fc» indique le choix des propositions élémentaires f qui sont gémellaires chacune d'un état de choses e(c) existant; ce choix caractérise la situation de choses λ(c) existante. Il convient ensuite d'envisager toutes les choses pouvant advenir en alliance avec c dans un état de choses e(c). Une quelconque de ces choses, notée «x», existe en autant d'exemplaires qu'il y a d'états de choses e(c) existants la contenant et ces exemplaires sont indiscernables bien que distincts les uns des autres. Le signe «fx» indique alors le choix des propositions élémentaires f qui sont gémellaires chacune d'un état de choses e(c) existant dans lequel x est contenue; ce choix désigne les états de choses existants communs aux situations de choses λ(c) et λ(x) existantes et, lorsqu'il est effectué pour toute chose x pouvant advenir en alliance avec c dans un état de choses e(c), il se note «(x).fx».

Une proposition composée pouvant être, par exemple, l'image $p \vee q$, conduit à la proposition composée complètement généralisée $(x).p \vee q$. L'image $p \vee q$ est vraie s'il existe sur une certaine parcelle de la réalité le fait f dont elle est l'image. Le signe «$p \vee q$» attache l'image $p \vee q$ à une unique parcelle de la réalité engendrée par une chose c ; le signe «$(x).p \vee q$» évoque toutes les images ayant la forme de la disjonction, chacune d'elles étant greffée sur une parcelle, et il y a autant de parcelles que de choses x dans l'ensemble signifié par «(x)». Ainsi, ce signe peut se lire: «x étant une chose quelconque prélevée dans un certain ensemble de choses, la disjonction $p \vee q$ est définie sur la parcelle de la réalité $\Lambda(x)$ engendrée par x». L'image $p \vee q$ peut être vraie sur toutes les parcelles $\Lambda(x)$ engendrées par l'ensemble des choses x, mais ce serait «par hasard»[13]. Ainsi la formule «$(x).p \vee q$» ne désigne-t-elle pas une image, mais plutôt un recensement d'images de sorte qu'elle correspond à un «prototype logique» ou à une «forme logique»[14] différente de celle des images. Cette forme paraît lorsqu'il est question d'une totalité de choses.

Les propositions complètement généralisées ne sont pas réductibles aux fonctions de vérité:

> 5.521 [1] – «Je sépare le concept ‹*Tous*›, ‹*Toutes*› [*den Begriff* Alle] de la fonction de vérité.»

Il existe donc dans le système du *Tractatus* deux prototypes de propositions: l'un détermine les propositions fonctions de vérité, l'autre les propositions complètement généralisées[15]. Cependant, ces dernières ont pour effet d'appréhender les totalités de diverses instances du système alors que les propositions fonctions de vérité, excepté les propositions logiques, ont pour effet de représenter les faits.[16] Les propositions complètement généralisées sont-elles donc appelées «propositions» à juste titre? Selon la thèse 5.472, les propositions fonctions de vérité ont pour origine un seul prototype logique; puisque les propositions complètement généralisées ont pour origine un autre prototype, elles ne peuvent guère être appelées «propositions».

Une fonction de vérité qui n'est pas une proposition logique, $p \vee q$ par exemple, définit une image logique qui montre et son sens, à savoir le fait qui existera le jour où elle sera vraie[17], et sa forme, qui est celle de la réalité[18]; une proposition complètement généralisée, $(x).p \vee q$ par exemple, montre également le sens et la forme de l'image $p \vee q$, mais elle rappelle en plus les faisceaux de choses $F(x)$, les situations de choses $\lambda(x)$ qu'ils engendrent, les parcelles de la réalité $\Lambda(x)$ constituées par les situations de choses, enfin les faits greffés sur les parcelles et dont l'image est $p \vee q$. Puisque faisceaux, situations de choses et parcelles de la réalité prennent leur essor dans l'ordre et la connexion des choses, la proposition complètement généralisée $(x).p \vee q$ retrace la forme de la substance du monde.

7
La fragmentation du monde en faits

Un fait f a été défini comme un choix de situations de choses λ prélevées sur une seule parcelle de la réalité, puis cette définition a été élargie au cas où un fait «hybride» h est constitué à partir de deux faits f et g définis sur des parcelles distinctes. Il y a donc les faits définis sur une parcelle et les faits définis sur une autre, ensuite les faits «hybrides»... Ainsi, se construisent de plus en plus de faits; mais selon la thèse 1.2, les faits doivent se concevoir comme issus d'un processus inverse, la fragmentation du monde indivis ou *Ganzes*: dès qu'il y a des images logiques i, le monde se fragmente en faits.

8
Les deux totalités des images logiques soit existantes fausses, soit existantes vraies

La présence d'images purement logiques nécessite un modèle du monde où elles seront séparées des faits du monde. Elles tombent sur la frontière dont ces faits, teintés de spatialité, de colorité, etc., s'approchent sans jamais l'atteindre; le modèle proposé les situe sur la surface d'un cône qui fait barrage aux faits teintés, localisés à l'extérieur du cône.

Les deux totalités d'images logiques, les existantes fausses et les existantes vraies, sont elles-mêmes limitées, d'un côté par la contradiction, de l'autre côté par la tautologie. La première peut être assimilée à la ligne directrice du cône, la deuxième à son sommet.

9
L'ossature du monde: *das Gerüst der Welt*

Les tautologies et les contradictions ont un comportement formel identique: on reconnaît la vérité des premières ou la fausseté des secondes à leurs symboles respectifs[1]. Certaines connexions de symboles sont en effet des tautologies; on peut «composer» des images logiques i et obtenir un résultat qui n'est plus une image. Cette «composition» de symboles donne naissance à des «lois» qui règlent l'interdépendance de la vérité ou de la fausseté d'une image i avec la vérité ou la fausseté d'une ou plusieurs images j, k, ... et qui s'appellent «propositions logiques»[2] ou «tautologies»[3]. Elles permettent d'obtenir une sorte d'«image» de l'«ossature du monde», *Gerüst der Welt*[4].

L'ossature du monde est la totalité des parcelles de la réalité $\Lambda(c)$, une pour chaque chose c, une telle parcelle étant formée par la substitution continue et infinie, au sein d'un même faisceau d'états de choses $F(c)$, de situations de choses $\lambda(c)$ à d'autres situations de choses.

Il est maintenant possible de concevoir une tautologie réservant une place à chaque possibilité de vérité ε gémellaire d'une situation de choses $\lambda(c) \in \Lambda(c)$. Cette tautologie «étendue sur la parcelle $\Lambda(c)$» est formée par la substitution continue et infinie, au sein d'un même «faisceau» de propositions élémentaires, de possibilités de vérité ε à d'autres possibilités de vérité; éternellement vraie, elle peut être considérée comme l'«image» de $\Lambda(c)$. La totalité de telles tautologies, une pour chaque parcelle, est alors l'«image» de l'ossature du monde.

10
La contexture du monde: *der Bau der Welt*

On ne sait pas encore ce que soutient l'ossature du monde. Or, le *Tractatus* introduit la notion de *Bau der Welt* qui peut se traduire provisoirement par «édifice du monde», mais dont la traduction par «contexture du monde» sera justifiée par l'analyse de la thèse 5.5262. Cet édifice est sujet à des transformations:

> «en effet, quelque chose est changé dans l'édifice général du monde par la vérité ou la fausseté de toute proposition» (5.5262 [1 a]).

A laquelle des instances du système, l'édifice du monde répond-il? Si c'est la vérité ou la fausseté d'une seule proposition qui change tant soit peu cet édifice, il faut voir l'effet que provoque le changement d'une image vraie en image fausse. Pour être vraie ou fausse, une image doit exister; tant qu'elle est vraie, le fait f dont elle est l'image existe, car la parcelle de la réalité sur laquelle ce fait est défini est constituée de situations de choses: une et une seule d'entre elles existe. Si elle fait partie des situations de choses visées par la définition de f, le fait f existe. Quand i devient fausse, une situation de choses non visée par la définition de f advient à l'existence à la place de la précédente. C'est donc une des situations de choses $\lambda(c)$ engendrées par une chose c qui est échangée contre une autre, engendrée par la même chose c. Dans la «forêt» de tiges représentant la réalité empirique (comme il a été développé dans le paragraphe 23 du chapitre précédent), une tige est modifiée: à un certain étage, les pédicelles sont enlevés et d'autres peuvent y être attachés, à la hauteur d'un autre étage.

Puisqu'un seul état de choses existant est représenté par les pédicelles partant d'une seule tige et allant chacun vers une autre tige en s'étalant sur un seul étage, la fausseté d'une proposition élémentaire supprime un étage et enlève les pédicelles à autant de tiges qu'il y a de choses engagées dans l'état de choses:

> «si une proposition élémentaire est vraie, par cela même, en tout état de cause, une *de plus* au moins est vraie» (5.5262[2]).

La traduction de l'expression *Bau der Welt* doit maintenant être soumise à examen. Le mot *Bau* signifie une construction visible, un *aedificium*, le résultat d'un effort d'élaboration, serait-ce celui de construire une machine, un vaisseau ... *Bau* signifie encore structure et forme, le résultat d'un effort organisateur imposant ordre et connexion aux parties de la construction[1]. Seulement, l'«édifice» du monde est en perpétuelle modification, alors qu'un édifice est stable. Il vaut donc mieux chercher du côté des significations de ce mot dans la morphologie des végétaux: le mot *Bau*, dans l'expression *Bau der Pflanze*, a le sens le plus proche de celui qu'il a dans *Bau der Welt*. L'expression *Bau der Pflanze* peut se traduire par «contexture» de la plante; or, cette contexture se modifie sans cesse, sans trahir pour autant le principe d'organisation de son être. De façon analogue, la contexture du monde est susceptible d'être étirée et resserrée selon la marge de jeu que lui laissent les propositions élémentaires. C'est le mot *Spielraum*[2] qui est traduit par «marge de jeu» et qui habituellement signifie l'espace à l'intérieur duquel un corps peut se mouvoir de sa propre force et sans entrave,

> «la marge de jeu laissée à la contexture du monde par la totalité des propositions élémentaires» (5.5262[1 b])[3].

La contexture du monde profite de cette marge grâce à des variations dans les situations de choses et dans leurs connexions mutuelles.

Il convient de revenir à la partie du paragraphe 23 du chapitre précédent concernant la limite qui départage la totalité des propositions élémentaires en deux sous-ensembles: les vraies et les fausses, les vraies produisant la réalité empirique. Cette marge de jeu a donc quelque chose à faire avec les propositions élémentaires vraies: plus il y en a de vraies, plus il y a de liberté à exploiter; moins il y en a de vraies, plus il reste de liberté inemployée. Mais quelles que soient les velléités de profiter de cette liberté et d'accroître indéfiniment la réalité empirique, cette dernière atteindra son maximum quand toutes les propositions élémentaires seront vraies. On pourrait imaginer un usage négatif de cette liberté, qui tenterait d'amoindrir la réalité empirique jusqu'à la faire disparaître. Or, il existe également une limite inférieure assignée à cette liberté, car la forme du monde, corrélative de la totalité des propositions élémentaires, est stable: toutes les choses seront éternellement; et puisqu'elles n'existent pas seules, les états de choses ne manqueront pas à la contexture du monde.

Après avoir examiné quels changements s'introduisent dans la contexture du monde quand une proposition élémentaire vraie devient fausse ou inversement, il est possible de préciser ces changements quand une proposition composée vraie devient fausse ou inversement. Lorsqu'une image *ι* vraie devient fausse, le fait f dont elle est l'image, disparaît; une situation de choses $\lambda(c)$ incluse dans la définition de f est remplacée par une autre $\lambda'(c)$, non incluse. De la contexture du monde disparaissent donc les pédicelles ou états de choses qui étaient attachés à la tige de $\lambda(c)$ sans l'être à celle de $\lambda'(c)$; sont ajoutés les états de choses attachés à la tige de $\lambda'(c)$ sans l'être à celle de $\lambda(c)$.

Si la vérité ou la fausseté de toute image *ι* change quelque chose à la contexture du monde, quel impact ont, sur elle, la tautologie et la contradiction? Les images logiques, se situant sur cette surface-limite du monde qui, selon le paragraphe 8 de ce chapitre, leur a été assignée et qui est elle-même limitée par la contradiction et la tautologie, provoquent les changements qui viennent d'être expliqués. Quand une image approche d'une des deux limites:

quelles sont les conséquences pour la contexture du monde? La réponse se tire des considérations de Wittgenstein sur les transformations du signe d'une image à l'approche d'une de ces limites: «tautologie et contradiction sont les cas limites de la connexion des signes»[4]. En effet, le signe propositionnel

« p_1	...	p_n	
V	...	V	F
F	...	V	V
.		.	.
.		.	.
.		.	. »

prend naissance dans la coordination des marques «V» avec des possibilités de vérité ε des propositions élémentaires $p_1, p_2, \ldots$[5] Aux possibilités de vérité ε correspondent les situations de choses λ(c) d'une parcelle de la réalité Λ(c) engendrée par une chose c. La chose c est insérée dans plusieurs états de choses existants, distincts l'un de l'autre. Une situation de choses λ(c), à condition qu'elle existe, est la connexion de la chose c avec toutes les choses d, e, ... insérées dans ces états de choses existants. La situation de choses λ(c), à condition qu'elle existe, est donc la «connexion déterminée de choses» invoquée par la thèse 4.466[2]: *eine bestimmte Verbindung von Gegenständen.*

Le signe propositionnel détermine un choix dans la coordination des marques «V» avec des possibilités de vérité ε et par suite dans les situations de choses λ(c) pour lesquelles, si elles existent, l'image *ι* sera vraie: il est une «connexion logique déterminée de signes»[6]. Les signes dont il est question sont ceux des propositions élémentaires, «p_1», «p_2», ...

Il y a connexion de signes si, et seulement s'il y a des possibilités de vérité ε pourvues de «V» et d'autres, non pourvues. Si aucun choix n'est fait, «aucune connexion logique [des signes]»[7] ne s'établit et alors aucune situation de choses λ(c) pour laquelle, si elle existe, l'image *ι* est vraie, n'est spécifiée. C'est le choix dans la coordination des «V» avec des «ε» qui produit la connexion des signes des propositions élémentaires «p_1», «p_2», ... Si aucun choix n'est fait, la chose c cesse d'exister. La transformation de l'image *ι* en tautologie ou en contradiction enlève la chose ou la tige c de la contexture du monde.

11
La description du monde

A un faisceau F(c) d'états de choses P correspond le «faisceau» des propositions élémentaires p gémellaires des états de choses P; les propositions élémentaires de ce «faisceau», de par leur vérité ou leur fausseté, appellent à l'existence les situations de choses $\lambda(c)$, donc les faits greffés sur la parcelle de la réalité $\Lambda(c)$.

Une situation de choses $\lambda(c)$ résulte d'un certain partage des propositions élémentaires contenant le nom de la chose c en propositions élémentaires vraies et en propositions élémentaires fausses; ce partage peut être considéré comme le «code» de $\lambda(c)$; si l'on envisage tous les «faisceaux» de propositions élémentaires et le partage des propositions élémentaires de chacun d'eux en vraies et en fausses, en se rappelant en outre que l'ensemble des situations de choses $\lambda(c)$ existantes forme la contexture du monde, ce partage s'apparente à un «code» la déterminant:

> 4.26[b] – «[La contexture du monde] est intégralement [déterminée] quand on énonce toutes les propositions élémentaires et en plus [d'une part] celles d'entre elles qui sont vraies [d'autre part] celles d'entre elles qui sont fausses.»

La contexture du monde atteint sa limite inférieure quand toutes les propositions élémentaires sont fausses, hormis celles qui appellent à l'existence les états de choses nécessaires pour maintenir toutes les choses en existence; la limite supérieure est atteinte quand toutes les propositions élémentaires sont vraies. La signification de ces deux limites se déduit de la contexture du monde qui a été comparée à une forêt de tiges garnies d'assemblages de pédicelles, chaque assemblage s'étendant sur son propre étage.

Si, par hypothèse, il n'était donné que les tiges des quatre choses c, d, e, f, dont la nature est respectivement la spatialité, la colorité, la tonalité et la temporalité, et si un état de choses les réunissait toutes, la contexture du monde atteindrait sa limite inférieure quand cet état de choses serait seul à exister; elle consisterait alors en une forêt de tiges reliées par des pédicelles formant un seul étage.

Si, toujours par hypothèse, outre l'état de choses réunissant c, d, e, f, il existait quatre états de choses tels que le premier réunirait c, d, e, le deuxième c, d, f, le troisième c, e, f, et le quatrième d, e, f, et s'il n'y en avait aucun autre, la contexture du monde atteindrait sa limite supérieure lorsque ces cinq états de choses existeraient.

Il existe donc une «forêt minimale» et une «forêt maximale»; l'écart entre les deux forêts-limites est un «espace» et ce sont les différents partages des propositions élémentaires en vraies et en fausses qui font jouer la contexture du monde à l'intérieur de cet espace[1]. Pour le délimiter il faudrait déterminer toutes les choses de différentes natures, leur ordre et leur connexion[2], afin de connaître les contextures minimale et maximale du monde. Par exemple, la chose dont la nature est la spatialité pourrait être définie par la façon dont elle se connecte avec les autres choses; si elle pouvait être l'unique chose attachée seulement à deux autres choses, comme le paragraphe 16 du chapitre 2 l'a proposé, elle serait définie par la proposition complètement généralisée suivante:

> Il existe une chose x qui est liée à la chose y et à la chose z différente de y et seulement à ces deux choses; il existe une seule chose x ayant cette propriété.[3]

La chose spatiale serait ainsi définie sans avoir recours à son nom *Raum-Ding* et aux imaginations spatiales qu'il suscite, mais en se référant à sa connexion avec d'autres choses; il semble donc possible de connaître toutes les choses en utilisant leur ordre et leur connexion grâce aux propositions complètement généralisées dont le rôle n'est rien moins que de décrire la substance du monde comme la thèse 5.526[1] paraît le prétendre:

> «on peut décrire [la substance du monde] intégralement par des propositions complètement généralisées [...] sans attribuer *a priori* un nom à une chose déterminée[4]».

Il reviendrait finalement aux propositions complètement généralisées de préciser l'écart entre les contextures minimale et maximale du monde et de délimiter la marge de jeu[5] à l'intérieur de laquelle les propositions élémentaires font jouer la contexture du monde.

12
Les trois visages du monde

Dans le *Tractatus*, le monde est désigné deux fois comme une totalité:

> «la totalité des états de choses existants est le monde» (2.04),
>
> «le monde est la totalité des faits» (1.1).

Une fois, il est désigné par la réalité prise dans sa totalité:

> «la réalité totale est le monde» (2.063).

La thèse 2.04 appelle «monde» la totalité des états de choses existants et la thèse 2.05 lui attribue le pouvoir de déterminer ceux qui n'existent pas. Ce n'est pas à partir d'un seul état de choses existant ou non existant que se décide la non-existence d'un autre[1], mais c'est à partir de cette totalité consistant uniquement en états de choses existants que la non-existence d'un état de choses se décide. L'adverbe «également», *auch*, dans 2.05, implique que la totalité des états de choses existants n'est pas la seule instance à décider quels états de choses n'existent pas: la totalité des propositions élémentaires fausses les détermine aussi et si indiscutablement que leur détermination par la totalité des états de choses existants doit être comprise par le biais des propositions élémentaires. Déterminer, à partir de la totalité des états de choses existants les non existants, reviendrait à déterminer les propositions élémentaires fausses à partir de la totalité des propositions élémentaires vraies; c'est une tâche impossible pour l'homme. Le monde conçu comme totalité des états de choses existants laisse donc un «reliquat» de non existants à la merci de l'instance qui serait capable d'exécuter cette tâche.

Comme la thèse 2.04 est complétée par la thèse 2.05, la thèse 1, aux termes de laquelle le monde est la totalité des faits, est assortie de la thèse 1.12:

la totalité des faits existants détermine quels faits n'existent pas.

La totalité des propositions élémentaires vraies détermine les états de choses existants qui appellent à l'existence la totalité des faits. Dès lors la totalité des propositions élémentaires vraies détermine les faits qui n'existent pas; le monde, lui aussi, conçu comme totalité des faits laisse un «reliquat» de non existants à la merci de l'instance qui attribuera la vérité ou la fausseté aux propositions élémentaires.

En ce qui concerne finalement la réalité prise dans sa totalité et appelée «monde», elle peut être saisie à l'aide d'un atlas représentant divers pays avec leurs capitales:

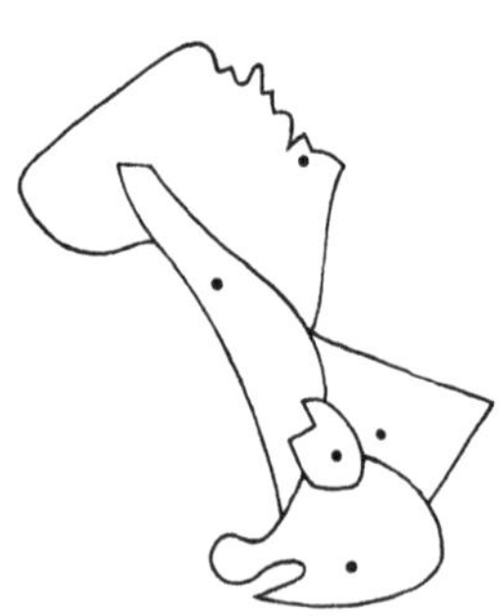

Chaque pays représente une parcelle de la réalité $\Lambda(c)$ propre à une chose c; les *zahllose* situations de choses $\lambda(c)$ possibles engendrées par le faisceau F(c) sont représentées par les points à l'intérieur du pays; la seule existante est la capitale. Parce qu'une situation de choses cesse inéluctablement d'exister et qu'une autre advient nécessairement à l'existence, les capitales changent incessamment. La réalité totale n'est ni la totalité des pays ni celle des capitales, mais ce changement de capitales.

Le concept du monde comme réalité totale s'intercale entre le concept du monde comme totalité des états de choses existants et celui du monde comme totalité des faits. En effet, pour qu'il y ait des faits, il faut et il suffit qu'il existe des situations de choses $\lambda(c)$, une par chose c déterminée; aussi la réalité totale est-elle cet incessant avènement à l'existence des situations de choses. Comme condition nécessaire et suffisante de la totalité des faits, la réalité totale est elle-même appelée «monde». Mais, pour qu'il existe une situation de choses $\lambda(c)$ relative à chaque chose c, il faut et il suffit qu'existent des états de choses relatifs à chaque chose c. Comme la totalité des états de choses existants est la condition nécessaire et suffisante de la réalité totale, qui est elle-même la condition nécessaire et suffisante du monde, elle reçoit également le nom «monde».

SEPTIÈME CHAPITRE

LE MONDE COMME UN TOUT LIMITÉ

1
Le monde comme un «Tout» distingué du monde comme une «totalité»

Il y a le monde comme totalité des faits existants, le monde comme totalité des états de choses existants, le monde comme réalité totale et le monde comme un Tout. Ce Tout n'est pas une quatrième possibilité s'ajoutant aux trois précédentes, mais la totalité des faits existants peut devenir un Tout, ainsi que la totalité des états de choses existants et la réalité totale, sous condition, cependant, que le Moi transcendantal les regarde.

Grâce aux propositions complètement généralisées, Wittgenstein recense les choses et les états de choses si bien qu'il pense pouvoir faire ressortir les états de choses existants de la masse des possibles, comme le paragraphe 11 du chapitre précédent l'a expliqué. Quant à la totalité des faits, elle est appréhendée par le signe propositionnel **s** auquel chaque fait se conforme et la réalité totale l'est par le signe propositionnel déchu **t** désignant la tautologie. Mais, quel que soit le procédé employé pour concevoir ces totalités, lorsqu'elles deviennent un Tout, ce Tout s'offre immédiatement à la vue *sub specie aeterni* et devient l'objet d'une sensation. Il apparaît comme ce qui est «Un», *Eines*, terme que Wittgenstein utilise volontiers quand il veut exprimer l'unicité et l'indivisibilité d'une instance.[1] Au contraire, la totalité des faits vient de la désintégration du monde[2]; le monde cesse d'être Un. Pourtant, dans un certain état originel, le monde doit avoir été un Tout et, au cours des dernières pages du *Tractatus*, Wittgenstein semble chercher à le retrouver.

2
L'appréhension du monde comme un Tout

Si d'autres instances pouvaient être appelées un Tout, il est probable qu'elles seraient en rapport avec le monde. C'est seulement pour la vue – une vue très particulière – que le monde paraît comme un Tout; la question de savoir s'il est réellement un Tout ou s'il apparaît seulement comme tel dans une certaine sensation, *Gefühl* (6.45[1, 2]), demeure sans réponse. Cette sensation qui appréhende le monde comme un Tout ne fait guère appel aux pensées, mais plutôt au toucher; on pourrait employer le verbe palper, *anfühlen*, qui fait penser à l'aveugle capable de capter une information au moyen de l'écriture Braille, ou plus encore à ces antennes dont sont dotés les éléments de l'image qui les utilisent pour palper la réalité.

Il est à remarquer que le qualificatif «limité»: *begrenzt*, est attribué au monde pris comme un Tout. Dès lors qu'il est question de limites, on peut espérer connaître la forme de ce Tout qui s'offre à la vue, *Anschauung*. On peut essayer le modèle selon lequel les faits du monde s'amassent à l'extérieur de la surface d'un cône régulier. L'observateur se placerait sur l'axe du cône et dirigerait son regard perpendiculairement à la surface qui, transparente, laisserait passer le regard jusqu'aux régions lointaines du monde.

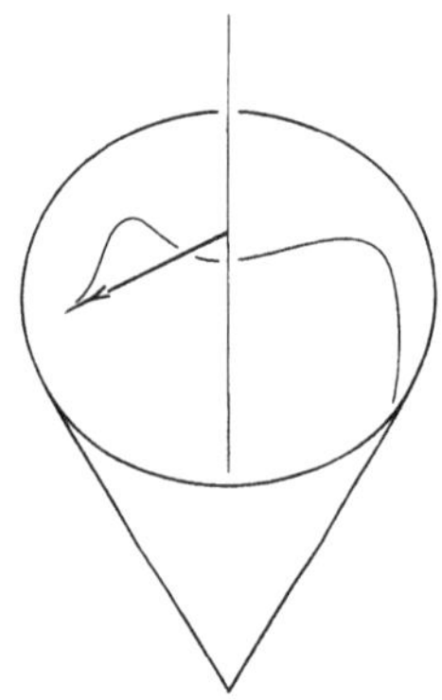

Le regard qui tourne autour de l'axe du cône trouve le monde illimité, *endlos*[1]. La vue du monde serait celle d'un Tout limité, comme le dit la thèse 6.45[1]. Le regard circulaire ne peut le capter d'un seul coup; cependant, Wittgenstein pense bien que ce Tout du monde pourrait être embrassé d'un seul regard dont il convient d'examiner la nature.

3
Le panorama du monde

Le regard qui embrasse le Tout du monde le considère *sub specie aeterni*. Il rencontrera la totalité des états de choses existants et la réalité totale, conditions nécessaires et suffisantes pour que le monde des faits subsiste. Il percevra tous les avènements à l'existence et toutes les disparitions des situations de choses, aussi englobera-t-il toutes les situations de choses possibles auxquelles répond la totalité des propositions élémentaires sous l'aspect de leur vérité ou de leur fausseté. De ce fait, le regard qui embrasse le Tout du monde procède des propositions élémentaires auxquelles il faudrait concéder quelque chose de la nature de la vue et qui, selon le paragraphe 4 du chapitre précédent, constituent le Moi transcendantal.

4
«Regard éternel» et réalité totale

Il convient d'étudier les rapports entre la totalité des propositions élémentaires et la réalité totale à l'aide d'un cercle C délimitant deux aires dont l'extérieure symbolisera la réalité totale.

On tire trois rayons partant du centre O du cercle C, on désigne leurs parties extérieures à C par «1», «2» et «3» et leurs parties intérieures à C, respectivement par «1′», «2′» et «3′». La transformation appelée inversion au cercle C fait correspondre à un cercle D, tracé à l'extérieur de C et ayant le même centre O, un autre cercle D′ situé à l'intérieur de C et ayant également le même centre O. Aux parties 1, 2 et 3 extérieures à C des trois rayons partant de O l'inversion au cercle fait correspondre respectivement les parties 1′, 2′ et 3′ intérieures à C.

Les cercles a′ et b′ correspondent aux droites a et b, le point d'intersection de a′ et b′: S′, correspond au point d'intersection de a et b: S. Les arcs de a′ et de b′ situés à l'extérieur du cercle D′ correspondent aux parties de a et de b qui sont intérieures au cercle D.

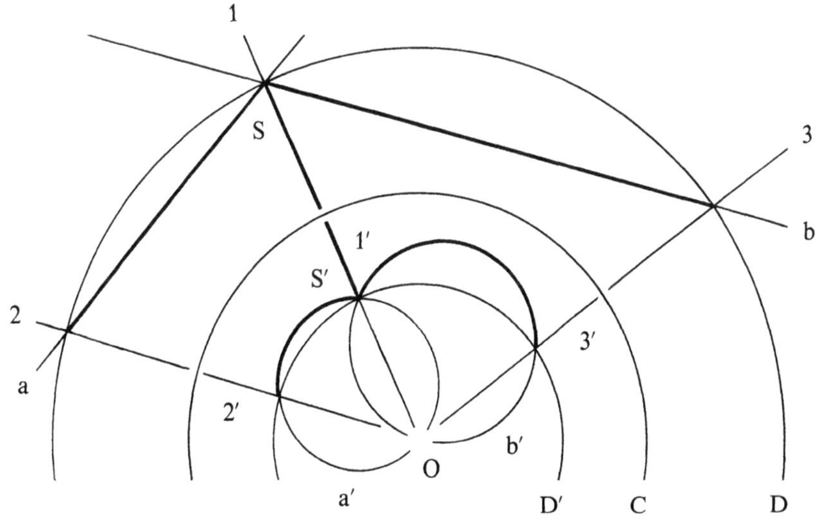

La figure formée par la partie de rayon 1 et les parties de a et de b, intérieures à D, qui joignent les parties de rayons 2 et 3, symbolise la situation de choses $\lambda(1)$; seul est tracé l'état de choses P(1, 2, 3) réunissant les choses 1, 2 et 3. La figure constituée par la partie de rayon 1′ et les arcs de a′ et de b′ situés à l'extérieur de D′ et joignant les parties de rayons 2′ et 3′ symbolise la possibilité de vérité $\varepsilon(1')$; seule est tracée la proposition élémentaire p(1′, 2′, 3′) réunissant les noms 1′, 2′ et 3′. La situation de choses $\lambda(1)$ est gémellaire de la possibilité de vérité $\varepsilon(1')$.

L'extérieur de C est couvert de parties de rayons partant de O garnis d'assemblages de parties de sécantes à une infinité de cercles D ayant pour centre O; l'intérieur de C, à l'exception du centre O, est couvert de parties de rayons partant de O garnis d'assemblages d'arcs dont chacun correspond à une sécante à un cercle D à l'extérieur de C.

L'extérieur du cercle C peut symboliser:

1 la substance du monde en tant que forme, conçue comme la totalité des états de choses, abstraction faite de leur existence ou de leur non-existence,

2 la contexture du monde, à savoir la totalité des situations de choses $\lambda(1)$, $\lambda(2)$, etc., existantes,

3 la réalité totale soit le mouvement incessant d'avènements et de disparitions de situations de choses.

Selon ces trois options, l'intérieur du cercle C symbolise

1 le Moi transcendantal conçu comme la totalité des propositions élémentaires, abstraction faite de leur vérité ou de leur fausseté,

2 la totalité des possibilités de vérité $\varepsilon(1')$, $\varepsilon(2')$, etc., réalisées,

3 le mouvement incessant d'attributions et de retraits de la vérité aux propositions élémentaires.

Aucune proposition élémentaire ne pouvant par elle-même se rendre vraie ou fausse, sa vérité ou sa fausseté doit être l'oeuvre d'une instance située en dehors du Moi transcendantal et de la substance du monde.

Le centre O de C présente une anomalie qu'il faudra examiner: ce centre, dont la contrepartie à l'extérieur de C est le cercle infini, n'appartient à aucune possibilité de vérité ε. Le cercle infini limite la substance du monde, la contexture du monde et la réalité totale; il sera étudié, avec le centre O, dans le prochain paragraphe.

La nature de la vue conférée aux propositions élémentaires s'actualise dans la coordination des propositions élémentaires vraies avec les tiges et leurs assemblages de pédicelles ainsi que dans la coordination du mouvement incessant d'attributions et de retraits de la vérité aux propositions élémentaires avec le mouvement incessant d'avènements et de disparitions des pédicelles.

5
Contradiction et tautologie

On ne saurait retracer fidèlement le système du *Tractatus* sans rencontrer continuellement les contradictions et les tautologies qui limitent déjà les images logiques; ne faut-il pas les prendre en compte pour dessiner les limites d'autres instances?

La contradiction et la tautologie désignent deux états limites de la forme générale de la proposition «$[\bar{p}, \bar{\xi}, N(\bar{\xi})]$», à savoir deux manières de dissolution de cette forme, aussi en sont-elles les limites. En fait, la seule interdépendance qui puisse être établie entre un certain nombre de propositions élémentaires est une image logique $\mathscr{i}$. Contradiction et tautologie suppriment cette interdépendance.

En ce qui concerne la contradiction, elle n'est l'antécédent d'aucune image logique $\mathscr{i}$; ainsi n'est-elle pas l'antécédent commun à deux images logiques $\mathscr{i}$ et $\mathscr{j}$[1]. On peut donc supposer qu'il y a différents «exemplaires» de la même contradiction $\mathfrak{c}$: un par image $\mathscr{i}$. Ces exemplaires semblent se situer au-delà du champ des images logiques de sorte qu'ils en forment la «limite extérieure»[2]. Il convient alors d'interpréter le cercle infini dans le modèle de l'inversion au cercle C comme étant l'entité gemellaire de la contradiction: au-delà de ce cercle aucune situation de choses $\lambda(c)$ ne peut exister.

Pour ce qui est de la tautologie, elle est appelée un «point»[3]. Si l'intérieur du cercle C, hormis le centre O, symbolise la totalité des possibilités de vérité ε réalisées et si le centre O est l'entité gémellaire de la tautologie, celle-ci marque la limite des propositions élémentaires connectées entre elles.

6
Le microcosme

Jusqu'ici, le monde a été conçu comme unique: quelque différents que soient les hommes, ils avaient affaire au même monde. Mais, de la thèse 5.63[a, b]:

> «je suis mon monde, (le microcosme)»,

il semble falloir conclure à une pluralité de mondes; pourtant, la thèse 2.022 distingue entre le seul monde réalisé: *die wirkliche Welt*, et un autre monde qui peut en être extrêmement différent mais qui est seulement pensé. Il faut donc interpréter la thèse 5.63 [a] de la manière suivante: il existe un seul monde; l'adjectif «mon» n'indique pas l'attribution d'un monde particulier à un microcosme, mais un intérêt spécifique du microcosme pour le seul monde, ce qui lui vaut des droits particuliers sur ce monde.

Pour appréhender un microcosme, il faut recourir au sujet constitué d'images logiques qui sont comme un regard pointé sur les faits. Il convient de concevoir un microcosme situé sur la surface-limite conique du monde et réunissant des images logiques pointées sur les faits correspondants, ce qui revient à concevoir la totalité des faits comme étant «regardée» à partir d'une multitude de microcosmes. Un fait est défini par le choix de certaines situations de choses $\lambda(c)$ d'une unique parcelle $\Lambda(c)$; si l'une d'entre elles existe, il existe lui-même. Le microcosme est un ensemble de pensées $\imath$, chacune déterminée par un fait f dont elle est l'image, donc par

> une parcelle de la réalité $\Lambda(c)$
>
> et
>
> un signe propositionnel s.

La parcelle de la réalité $\Lambda(c)$ indique la nature du fait f et, s'il est hybride, ce sont les différentes parcelles sur lesquelles il est greffé qui indiquent ses différentes natures. Aucune parcelle de la réalité ne doit échapper à un microcosme: quelle que soit la chose c, il doit y avoir dans le microcosme une pensée $\imath$ pointée sur la parcelle engendrée par c. Ces pensées $\imath$ sont autant de regards lancés à partir de la surface-limite du monde et se posant sur le monde; ainsi, un microcosme est une limite du monde; pour que la limite soit close, il faut que de toute chose c un fait soit pris en compte:

> un microcosme est un ensemble d'images logiques i où chaque parcelle de la réalité a droit à un représentant sous la forme de l'image d'un fait greffé sur la parcelle.

La formule: «je suis mon monde» ne saurait indiquer l'absorption du microcosme dans le monde. Le microcosme, bien qu'inséparable du monde, demeure autre que le monde ainsi que l'exprime le terme *Kosmos*, différent de *Welt*.

HUITIÈME CHAPITRE

LES LIMITES DU MONDE

1
Le discernement des limites du monde

L'usage des termes «limite», «délimiter», «déterminer»: *bestimmen, scharf abgrenzen*, est un trait spécifique du *Tractatus*: «la contradiction est la limite extérieure des propositions»[1], «les limites de mon langage signifient les limites de mon monde»[2], les limites du monde sont celles de la logique[3], le sujet est une limite du monde[4], la proposition «délimite» la liberté de mouvement des autres propositions[5], les propositions sont «limitées»[6].

Quand il s'agit de discerner les limites du monde, c'est le monde comme un Tout qu'il faut prendre en compte. Or, il peut être le Tout de la réalité totale, le Tout de la totalité des états de choses existants et, finalement, le Tout de la totalité des faits existants. Cette dernière devient un Tout parce que la surface portant les images logiques constitue sa limite, constructible à partir des propositions élémentaires:

> «4.51 – A supposer que *toutes* les propositions élémentaires me soient données, alors il y aurait simplement à poser la question: quelles propositions puis-je constituer avec elles? Et ce seront *toutes* les propositions et c'est *pour cette raison* qu'elles sont limitées.»

Si l'on se réfère à l'opération $[\bar{p}, \bar{\xi}, N(\bar{\xi})]$ définie sur les propositions élémentaires, sa production est limitée par le fonds de propositions élémentaires. La surface conique introduite par le paragraphe 8 du chapitre 6 permet de concevoir la limitation des propositions produites par l'opération $[\bar{p}, \bar{\xi}, N(\bar{\xi})]$ de façon qu'elle soit occupée par toutes les propositions pourvues de sens et les propositions logiques[7]; ces dernières se situeraient sur le cercle directeur et sur le sommet; sur la surface, exclusion faite du cercle et du sommet, se trouveraient les propositions pourvues de sens, les images logiques qui sont des pensées composées et donc distinctes des pensées fondamentales; ces dernières ne se localisent pas sur le cône.

Le discernement des limites du monde se fait à condition de le considérer comme un Tout; puisqu'il le devient seulement sous l'impact du Regard éternel, il faudra expliquer l'efficacité de ce regard selon qu'il est pointé sur la totalité des états de choses ou sur la réalité totale ou sur la totalité des faits.

2
La limite de la réalité totale

La forme générale de la proposition permet de capter, une par une, les situations de choses λ d'une parcelle de la réalité Λ, qui arrivent à l'existence, et d'attribuer «V» ou «F» à l'image selon la définition de sa vérité; elle est donc pointée sur la réalité totale dont chaque «point» doit être prédéterminé dans une proposition composée; la réalité totale ne peut s'étendre plus loin que ne le lui permet la forme générale de la proposition.

3
Les limites de la totalité des états de choses existants

Dans la totalité des états de choses existants, chaque état de choses «appartient» à toutes les choses qu'il connecte et chaque chose existe autant de fois qu'elle est enserrée dans un état de choses existant. Cette totalité varie entre sa limite supérieure, qui sera atteinte lorsque toutes les propositions élémentaires seront vraies, et sa limite inférieure, qui le sera quand sera imminent le danger de ne plus avoir assez d'états de choses existants pour garantir l'existence de toutes les choses. Si l'on admet que le Moi transcendantal s'identifie à la totalité des pensées fondamentales ou propositions élémentaires, celui-ci est constitué nécessairement de pensées vraies et, dans une certaine mesure, de pensées fausses.

4
La limite de la totalité des faits

La limite des faits peut être représentée par un cône creux à l'intérieur du monde, comparable à un sous-marin en plongée dans l'océan. Les contradictions constituent le cercle directeur du cône, les tautologies, le sommet; les images logiques forment la surface du cône, qui comprend la base, étendue à l'intérieur du cercle directeur. Sur cette surface se distinguent les microcosmes: des ensembles d'images logiques dans lesquels chaque parcelle de la réalité a droit à un représentant sous la forme de l'image $\imath$ d'un fait $\mathfrak{f}$ greffé sur cette parcelle.

Puisque tout microcosme regarde la parcelle spatiale de la réalité, la parcelle colorée, etc., les microcosmes regardent tous les mêmes parcelles sans exception et ne peuvent se distinguer entre eux que par les faits qu'ils ont regardés sur les parcelles. Il y a un unique monde réel: *eine einzige wirkliche Welt*[1], mais *zahllose* mondes différents du réel, tous «pensés»[2]: ils sont des microcosmes, des pensées pointées sur les parcelles de la réalité. Chacun retient seulement une partie des faits et est «un monde pensé comme différent du monde réel»[3]. Pourtant, dans un microcosme sont collectionnés des faits de toutes natures de sorte que toutes les choses, léguant leurs natures aux faits, sont représentées dans un microcosme qui doit avoir toutes les choses en commun avec le monde réel[4].

Parmi les limites du monde ainsi recensées, quelle est celle qui pourrait être le sujet? Ce sujet ne pense pas et n'imagine rien[5], on ne saurait même pas dire qu'il regarde, mais il est ce «Regard éternel» qui embrasse le monde comme un Tout, qu'il soit la totalité des faits existants, celle des états de choses existants ou la réalité totale.

5
Le sujet, limite de la totalité des faits

L'examen du système du *Tractatus* amène à la question de savoir s'il existe une zone intermédiaire entre le monde et l'extérieur du monde, ou si le monde et son extérieur sont contigus. Puisque le sujet métaphysique cerne le monde sans lui appartenir[1], s'il existe une zone intermédiaire, elle sera formée par ce sujet. L'objectif est donc d'éclaircir la notion de sujet métaphysique, ou «Moi philosophique»:

> 5.641 [3] – «Le Moi philosophique n'est pas l'homme, ni le corps humain, ni l'âme humaine [...], mais le sujet métaphysique, la limite – non pas une partie [–] du monde.»

Ce sujet métaphysique ou «Moi», *Ich*, que Wittgenstein distingue du Moi psychologique[2], peut dire: le monde est mon propre monde, *die Welt* [*ist*] *meine Welt*[3]. Le monde, à son tour, n'existe pas en soi, mais est «donné» à quelque chose, à ce sujet. Celui-ci se distingue également du Moi transcendantal réunissant les propositions élémentaires.

Le monde étant conçu comme un ensemble de faits continu, le sujet, qui est une «limite du monde» (5.632), s'il est considéré comme un «point» (5.64 [b]), doit se situer à l'intérieur du monde.

Considérer le sujet comme limite du monde entraîne cependant quelques difficultés: la surface-limite creuse et close, plongée dans le monde, porte les différents microcosmes dont il est dit que chacun «est» son monde[4]. Comment les distinguer les uns des autres? Comment expliquer leur nature de sujet? Il convient d'étudier cette «privatisation» de l'unique monde au profit de sujets-possesseurs de ce monde qui, à l'instar d'actionnaires d'une firme, détiennent des paquets d'images logiques leur donnant droit à une possession restreinte.

6
L'extension du monde d'un sujet

Pour distinguer les différents microcosmes les uns des autres, Wittgenstein introduit un *principium individuationis*:

> «Dass die Welt *meine* Welt ist, das zeigt sich darin, dass die Grenzen der Sprache (der Sprache, die allein ich verstehe) die Grenzen *meiner* Welt bedeuten» (5.62[3]).

Deux traductions de cette thèse sont possibles:

> «Le fait que le monde soit *mon* monde paraît en cela que les limites du langage (du langage que moi seul comprends) signifient les limites de *mon* monde.»

ou:

> «Le fait que le monde soit *mon* monde paraît en cela que les limites du langage (du seul langage que je comprenne) signifient les limites de *mon* monde.»

«Comprendre un langage», c'est «comprendre une proposition»[1], donc le sens d'un signe propositionnel[2]; c'est aussi «savoir ce qui se produit là quand la proposition est vraie»[3], ou savoir quelles possibilités, quant à l'existence ou à la non-existence des états de choses d'une parcelle de la réalité, doivent être réalisées, ce qui revient à discerner une situation de choses dans l'espace logique.

Un sujet comprenant seul son propre langage n'a aucune image en commun avec un autre sujet; selon la thèse 5.62[3] considérée avec la première interprétation de la parenthèse: *le langage que moi seul comprends*, son monde n'aurait aucun fait en commun avec celui d'un autre sujet. Il semble que cette option soit en désaccord avec le système du *Tractatus*; c'est vraisemblablement la raison pour laquelle Wittgenstein a rejeté cette première interprétation.[4]

Cependant, la même thèse lue avec la seconde interprétation de la parenthèse: *le seul langage que je comprenne*, rappelle que si un langage est compréhensible, il consiste en images de faits. Le monde d'un sujet peut donc s'étendre jusqu'aux extrèmes limites des images de faits et le sujet peut avoir des images en commun avec celles d'un autre sujet.

Comprendre un langage signifie non seulement comprendre les images des faits, mais encore les construire. Il faut en effet construire, à partir de termes premiers, les termes intermédiaires d'une série de formes propositionnelles. Ici, entre en jeu la thèse 2.1:

> «2.1 – Nous nous faisons des images des faits.»

La formule: *nous faisons* indique un auteur: «nous». Or, les images logiques, ou plus exactement leurs signes propositionnels, sont produits par l'opération $[\bar{p}, \bar{\xi}, N(\bar{\xi})]$. Où il y a opération, il y a action; si dans le système wittgensteinien l'instance à laquelle on accorde le plus aisément la capacité d'agir est le vouloir, il faut finalement songer au vouloir comme opérateur de l'opération $[\bar{p}, \bar{\xi}, N(\bar{\xi})]$. Le moment semble donc venu de répondre à la question soulevée au paragraphe 4 du chapitre 5, à savoir de chercher l'auteur ou, éventuellement, les auteurs des images.

7
Le vouloir, producteur des formes propositionnelles?

Qui dispose des signes propositionnels, dispose des images logiques. Un signe propositionnel **s** maintient en connexion des propositions élémentaires; cependant, il n'est pas donné, il est à construire. Tel processus de construction des signes propositionnels **s** choisi comme modèle permet d'examiner la question de leur auteur.

Toujours est-il que la construction des signes propositionnels se fait en présence de la substance du monde organisée en faisceaux F(c), F(d), etc., d'états de choses. Un faisceau quelconque F(c) contient *zahllose* états de choses P, Q,... associés aux propositions élémentaires p, q,... Le processus de construction d'un signe **s** peut être repris à son point de départ où sont choisies deux propositions élémentaires quelconques p et q. Ce choix peut être fait de sorte que les états de choses P et Q correspondants appartiennent au même faisceau F(c), sans que pour autant la validité de la construction ne puisse être mise en cause. Il y a donc une première étape à franchir:

1 le choix du faisceau F(c),

ensuite

2 le choix de deux propositions élémentaires p et q parmi celles dont les états de choses correspondants appartiennent à F(c).

Maintenant, un signe propositionnel s qui connecte les propositions élémentaires p et q peut être envisagé. En effet, «les fonctions de vérité des propositions élémentaires sont des résultats d'opérations qui ont pour bases les propositions élémentaires»[1]. De telles «opérations de vérité» sont l'addition logique, la multiplication logique, etc., et sont les procédures par lesquelles la fonction de vérité surgit des propositions élémentaires[2]. Mais puisque «toute fonction de vérité est un résultat de l'application successive de l'opération (-----V)(ξ, ...) à des propositions élémentaires»[3], on se limite à cette seule opération pour composer des propositions, en partant de propositions élémentaires ou composées. La troisième étape de la construction de s peut alors être conçue ainsi:

3 le signe propositionnel prend la forme «(FFFV)(p, q)»

et la première forme est p/q. A ce point du processus, s'offrent cinq options dont chacune pourrait constituer la quatrième étape:

a composer p et p/q,

il en résulterait la forme «(FVFF)(p, q)»,

b composer q et p/q,

il en résulterait la forme «(FFVF)(p, q)»,

c composer p/q et p/q,

il en résulterait la forme «(VVVF)(p, q)»,

d choisir une troisième proposition élémentaire r parmi celles dont les états de choses correspondants appartiennent à F(c),

e choisir un autre faisceau F(d), d ≠ c.

Si la troisième option est retenue, la quatrième étape consiste dans

4 la composition de p/q et p/q,

il en résulte la forme «(VVVF)(p, q)». La prochaine étape peut être:

5 le choix d'un autre faisceau F(d), d ≠ c,

puis, la sixième:

6 le choix de deux propositions élémentaires r et s parmi celles dont les états de choses correspondants appartiennent à F(d).

La septième étape ne peut être que:

7 la composition de r et s,

il en résulte r/s. Pour la huitième étape, on peut prendre la première option qui s'est offerte pour la quatrième étape:

8 la composition de r et r/s,

il en résulte la forme «(FVFF) (r, s)».

Les quatrième et huitième étapes ont fourni les formes propositionnelles $\mathscr{p}$ = (VVVF) (p, q) et $\mathscr{q}$ = (FVFF) (r, s) que l'on peut considérer respectivement comme forme d'un fait f défini sur F(c) et comme forme d'un fait g défini sur F(d). La neuvième étape consiste dans

9 la composition de $\mathscr{p}$ et $\mathscr{q}$,

il en résulte $\mathscr{p}/\mathscr{q}$. Cette forme est la forme d'un fait hybride h défini sur les deux faisceaux F(c) et F(d). Il ne convient pas d'ouvrir ici une parenthèse pour examiner si deux faits f(c) et g(d) ne peuvent former un fait hybride qu'à condition que les faisceaux respectifs F(c) et F(d) soient apparentés selon le sens défini dans le paragraphe 3 du chapitre 2.

Le processus de la construction des formes des images logiques s'étend donc progressivement sur toutes les parcelles de la réalité et produit des signes propositionnels de plus en plus complexes. L'opération de vérité $[\bar{p}, \bar{\xi}, N(\bar{\xi})]$ demande à celui qui l'applique de jouir d'un pouvoir plus vaste que de connecter des propositions élémentaires. Aux étapes 2 et 6 ont dû être choisies des propositions élémentaires et aux étapes 1 et 5 des faisceaux d'états de choses. L'acte qui consiste à faire un tel choix n'est pas une pensée, sinon il serait une image logique $\mathscr{i}$; il n'est pas non plus une pensée fondamentale, une proposition élémentaire, ni la vue du monde *sub specie aeterni* qui s'étend de manière panoramique sur le monde en tant que Tout. Ne peut-on pas songer au vouloir pour faire ce choix? Cependant, le *Tractatus* attribue au vouloir la seule charge de changer les limites du monde. Pour que l'on puisse songer au vouloir, il faudrait que la production des formes propositionnelles par l'opération $[\bar{p}, \bar{\xi}, N(\bar{\xi})]$ intervienne dans le changement des limites du monde. Or, comme l'a exposé le paragraphe 6 du chapitre 7, ces limites sont des «microcosmes», donc des ensembles d'images logiques. Puisqu'elle produit les formes des images logiques, l'opération $[\bar{p}, \bar{\xi}, N(\bar{\xi})]$ est indispensable à la formation des limites du monde et son auteur intervient dans cette formation. De plus, une image logique d'un microcosme est pointée sur un fait défini sur un faisceau F(c) et le choix du faisceau doit se faire au cours de l'opération [p̄, ξ̄, N(ξ̄)] comme par exemple ont été choisis les faisceaux F(c) et F(d) aux étapes 1 et 5. L'opérateur de l'opération [p̄, ξ̄, N(ξ̄)] intervient donc également ici dans la formation des limites du monde. Finalement il choisit, comme dans les étapes 2 et 6, les propositions élémentaires impliquées dans les images logiques d'un microcosme: il intervient donc encore une fois dans la formation des limites du monde. Il serait prématuré d'attribuer à cet opérateur le pouvoir de changer les limites du monde, mais il est indéniable qu'il intervient dans leur formation.

Quoi qu'il en soit, cet opérateur est doté d'une intuition considérable. Selon Wittgenstein, il ne doit y avoir aucune proposition «dont on n'aurait pas pu construire la forme»[4]. Mais «construire [...]», c'est «prévoir»[5], et «c'est seulement ce que nous construisons nous-mêmes que nous pouvons prévoir»[6]. «Construire», c'est l'opération de vérité, l'acte de choix, qui fait ressortir[7] les relations internes entre les structures des propositions[8] et qui se distingue de ces structures elles-mêmes. Le pronom «nous» dans la thèse 5.556[b] désigne l'auteur de ce choix. Quel est cet auteur? Une fois une forme prévue, il faut pour la construire cette suite de choix dont quelques-uns ont été indiqués dans le tableau précédent. Mais prévoir la forme, c'est la vouloir, par exemple celle-ci: p/q./.p/q et non une autre! Une fois proposée la forme, la construction est possible, mais qui donc propose? Quand on se place dans le monde, le choix le long des étapes est contingent; n'est-ce pas la thèse 6.41 qui laisse penser à une instance à l'extérieur du monde responsable d'un choix non contingent? Ne pourrait-on pas avancer l'hypothèse que cette instance pourrait être le vouloir? Puisqu'elle est appelée «le vouloir»: *das Wollen*, que veut-elle? Serait-ce promouvoir telle ou telle forme propositionnelle au statut d'image?

L'opérateur de l'opération [p̄, ξ̄, N(ξ̄)] n'a même pas besoin de parcourir la série des propositions pour arriver à une forme proposée, puisque «le résultat de toute opération de vérité sur les résultats d'opérations de vérité faites sur des propositions élémentaires est encore le résultat d'une seule opération de vérité sur des propositions élémentaires»[9]. L'opération de vérité engendre tout d'un coup la forme proposée à partir d'un choix approprié de propositions élémentaires. L'auteur de ce choix semble ainsi pourvu d'une capacité d'intuition totalisante dont l'homme n'est pas doté. Si l'on considère qu'il informe les limites du monde, son intuition surhumaine sert à former ces limites ou microcosmes qui ne sont autres choses que des sujets. Mais pour prouver que cet auteur est le vouloir, il faut montrer que le vouloir a besoin de l'opération [p̄, ξ̄, N(ξ̄)] – non pour informer les limites, mais pour les changer. Ce dernier pas de la preuve sera réservé aux paragraphes 17 à 21 de ce chapitre.

8
La totalité des limites du monde

L'instance désignée par le pronom personnel «nous» dans la thèse 2.1:

«wir machen uns Bilder der Tatsachen»,

ne saurait être identifiée au sujet métaphysique, qui est constitué limite du monde en vertu des images logiques dont il est formé sans être capable de les produire lui-même. Il est donc dépendant de l'instance productrice qui reste libre de lui fournir ou non les images logiques. En raison du datif *uns* du pronom personnel employé dans la thèse 2.1, il semble que les images soient produites pour les propres fins de l'instance productrice, cette instance préservant son droit de propriété même après la transmission des images au sujet métaphysique; cette circonstance accroît encore l'assujettissement du sujet au producteur des images.

On se rappelle ici que le sujet peut être heureux ou malheureux; la limite du monde peut donc être heureuse ou malheureuse[1]. S'il en est ainsi, il convient de distinguer deux limites différentes, la limite heureuse et la limite malheureuse. Chacune d'elles cerne son propre monde[2]; puisqu'un monde est susceptible de croissance ou de décroissance[3], sa limite est susceptible de gradations; il existe dès lors autant de limites que de mondes de dimensions différentes. Ainsi, une modification du modèle du sujet est possible; au lieu d'un seul cône creux et clos plongé dans le monde et représentant sa limite, il convient de concevoir autant de cônes qu'il y a de sujets ou de microcosmes.

Si l'on réduit le monde à une surface close, par exemple celle d'un tore, on pourrait y faire des incisions et les appeler des sujets. Le regard de pareils sujets ne peut que rester au ras de la surface du tore et s'avancer en rampant sur elle; il atteindra au cours de ses déplacements deux sortes d'«objets», des faits sur les parcelles de la réalité et d'autres incisions.

9
L'unique forme des différents sujets

Bien que le sujet unique soit remplacé par une multitude de sujets dont chacun prend possession du monde, ces sujets ont tous la même forme. Loin d'être la somme des images logiques, le sujet doit être interprété comme l'entité qui les réunit sous l'unique forme de fonction de vérité déterminée par la formule «$[\bar{p}, \bar{\xi}, N(\bar{\xi})]$»[1]. Le sujet informe l'image logique qui, à son tour, informe les fragments du monde. Le sujet est-il cette forme dont les images seraient le contenu? Puisque le vouloir confère à toutes les images qu'il fabrique la même forme et que le sujet limite le monde, cette forme peut être appelée une forme limite: $[\bar{p}, \bar{\xi}, N(\bar{\xi})]$. Le monde finit là où les entités n'ont plus cette forme.

10
Le sujet-forme-limite et le Moi transcendantal

L'opération $[\bar{p}, \bar{\xi}, N(\bar{\xi})]$ est définie sur l'ensemble des propositions élémentaires[1] et par celà même sur l'ensemble des pensées fondamentales ou sur le Moi qui a été qualifié de transcendantal. Sur lui s'effectue l'opération définie par la forme $[\bar{p}, \bar{\xi}, N(\bar{\xi})]$ qui fait fonction de sujet-limite. Il s'ensuit qu'il faut distinguer entre le sujet-forme-limite et le Moi transcendantal qui fournit au premier le matériel des propositions élémentaires.

Il convient d'attirer le regard sur une certaine analogie établie entre le comportement des choses et celui des propositions élémentaires. Pour exister, les choses souffrent de la servitude de connexion avec d'autres choses; leur connexion produit un état de choses. Les propositions élémentaires existent sans être connectées entre elles; leur connexion, si elle se fait, produit une image logique. Cette connexion apparaît comme le choix qu'opère le signe propositionnel **s** parmi leurs possibilités de vérité ε. Il est curieux que Wittgenstein établisse un rapport entre la simplicité des choses et ce choix de possibilités de vérité ε. Dans les thèses 4.466 et 4.4661, il explique ce qui arrive quand le signe propositionnel **s** ne pourvoit plus à un choix *stricto sensu* des possibilités de vérité et les choisit toutes ou n'en choisit aucune: les signes des propositions élémentaires se déconnectent comme se déconnectent ensuite les choses dans les états de choses. Il est donc d'un certain intérêt que les formes propositionnelles ί ne dégénèrent pas en tautologies et contradictions.

11
L'individu

Le *Tractatus* donne à chaque sujet-forme-limite un monde et l'en fait propriétaire. C'est cette intime liaison de ce sujet avec le monde qui est essentielle à la vie:

> «le monde et la vie sont Un [*Eins*]» (5.621).

Cependant, le monde et la vie sont loin d'être la même chose, mais ils sont, bien que réellement distincts, inextricablement liés l'un à l'autre; pour qu'il y ait vie, il faut un monde. Pourtant, la vie est liée à un monde particulier dont un sujet-limite est le seul propriétaire; il convient donc de chercher le principe d'individuation de ces sujets qui ont tous la même forme et qui sont des sujets à ce titre. On peut espérer le trouver en examinant les microcosmes, ces ensembles d'images logiques où chaque parcelle de la réalité a droit à un représentant sous la forme d'une image logique ι d'un fait f greffé sur cette parcelle. En effet, deux microcosmes se distinguent l'un de l'autre quand l'un comporte une image pointée sur une parcelle Λ alors que l'autre a une image différente pointée sur la même parcelle Λ. Ces images sont fournies par l'action réitérée du vouloir par le biais de l'opération $[\bar{p}, \bar{\xi}, N(\bar{\xi})]$; puisque cette distinction s'opère au gré du vouloir, c'est lui qui, en définitive, est le principe d'individuation des microcosmes.

Ensuite, le statut de l'existence des images ι devrait être examiné. L'image logique ι est vraie ou fausse selon la réalisation des possibilités de vérité ε incluses dans sa définition. Pour expliquer son existence, il faut se tourner vers sa forme propositionnelle, définie par le signe propositionnel **s**. Ce qui explique le statut de l'existence de ι est cette forme, de sorte que l'existence de ι est l'existence d'une forme, comme l'explicitera le paragraphe 17 de ce chapitre.

Un microcosme est un sujet-limite particulier, car il consiste en pensées composées et partage avec ses homologues la forme $[\bar{p}, \bar{\xi}, N(\bar{\xi})]$; il est un sujet individuel, parce que le monde qu'il limite lui est propre.

12
Dieu

Dieu est introduit dans le *Tractatus* comme une donnée de la tradition philosophique: «on a dit que Dieu pouvait tout créer»[1], mais à la fin du *Tractatus*, son rapport avec le monde est précisé dans la perspective du système wittgensteinien:

> «Dieu ne se révèle pas *à l'intérieur* du monde (6.432[b]).»[2]

Comme à l'intérieur du monde il n'y a que des faits, Dieu ne pourrait se révéler – à supposer qu'il le veuille – autrement qu'en se rendant dans le monde pour y produire les faits. Or, l'avènement d'un fait est la conséquence d'un mécanisme précis qui associe à une proposition composée, double d'un fait, le fait lui-même:

> un fait $\mathsf{f}(p)$ existe si $p(\mathsf{f})$ est vraie, et seulement si $p(\mathsf{f})$ est vraie.

Une autorité attribuant la vérité ou la fausseté aux propositions composées aurait donc pouvoir sur l'avènement des faits:

> un fait $\mathsf{f}(p)$ existerait si elle attribuait la vérité à la proposition $p(\mathsf{f})$, et seulement si elle l'attribuait.

Une telle attribution de la vérité aux propositions $p(\mathsf{f})$ rendrait l'avènement des faits nécessaire, alors que le *Tractatus* paraît le considérer comme aléatoire: tout ce qui se passe à l'intérieur du monde, «se passe tel qu'il se passe», et tout «est tel qu'il est»[3]:

> *alles Geschehen und So-Sein ist zufällig* (6.41 [2 b])[4],

car «il n'y a pas de contrainte qui ferait advenir un fait à l'existence parce qu'un autre fait y est advenu»[5].

La question de savoir si l'avènement des faits est contingent ou nécessaire se résout en distinguant deux lieux différents réservés chacun à un observateur: l'observateur se trouvant dans le premier lieu considère l'avènement des faits comme contingent, celui se trouvant dans le second lieu le considère comme nécessaire. Le premier lieu est une limite du monde, le second un lieu loin du monde et de ses limites.

La vue du monde *sub specie aeterni* permet de voir le monde «comme un Tout d'un seul tenant pourvu de toutes ses limites», *als begrenztes Ganzes*[6]. Le monde et les limites qu'il porte en son intérieur doivent donc être vus à partir d'un belvédère loin du monde. Ce belvédère est probablement *das Höhere*[7], pouvant être considéré comme un lieu plus élevé que le monde, situé à l'extérieur du monde[8]. Il doit être laissé à Dieu qui, de là, voit le monde avec justesse[9] et attribue la vérité ou la fausseté aux propositions composées p:

> le fait $\mathsf{f}(p)$ existe si Dieu attribue la vérité à la proposition $p(\mathsf{f})$, et seulement s'il l'attribue.

Un observateur se trouvant proche de Dieu et pouvant être témoin de l'attribution de la vérité ou de la fausseté aux propositions composées, considère l'avènement d'un fait comme le fruit d'une nécessité: Dieu est «[celui] qui rend non contingents [les faits]»[10]. Par contre, un observateur se situant sur une limite du monde et regardant vers l'intérieur du monde s'imagine que l'avènement d'un fait est contingent.

Dieu se tient loin du monde[11] et n'attribue, semble-t-il, la vérité ou la fausseté qu'aux propositions élémentaires, seules instances admises auprès de lui. En effet, la vérité ou la fausseté d'une proposition composée $\mathscr{p}$, calculée à l'aide de l'opération de vérité $[\bar{p}, \bar{\xi}, N(\bar{\xi})]$ en fonction de la vérité ou de la fausseté des propositions élémentaires impliquées dans $\mathscr{p}$[12], est attribuée non pas par Dieu directement, mais par la logique[13], interposée entre Dieu et le monde[14].

Pour que la corrélation entre la vérité ou la fausseté d'un ensemble de propositions élémentaires et l'existence d'un certain fait f soit possible, Dieu pourvoit la substance du monde de choses gémellaires des noms enchaînés dans les propositions élémentaires. Lorsqu'une proposition élémentaire p devient vraie, l'état de choses P gémellaire de p peut alors se constituer[15].

Ayant assuré l'existence de la contrepartie des propositions élémentaires vraies et délégué à la logique le pouvoir d'attribution de la vérité ou de la fausseté aux propositions composées, Dieu se doit de respecter lui-même les lois que la logique se donne aux fins de bien remplir son rôle. Ces lois ont la forme d'une tautologie[16], par exemple la loi qui demande que, si $\mathscr{p}$, $\mathscr{q}$ et $\mathscr{p} \supset \mathscr{q}$ existent et si $\mathscr{p}$ est vraie, alors $\mathscr{q}$ soit vraie[17]. Si, dans cet exemple, Dieu rendait $\mathscr{q}$ fausse, il enfreindrait les lois logiques. Or, Dieu est le créateur de «tout, sauf [de] quelque chose qui s'opposerait aux lois logiques»[18].

Finalement, Dieu ne réussit à télécommander l'avènement et la disparition des faits qu'en respectant les lois logiques.[19] S'il les enfreignait, il annulerait les résultats de l'opération de vérité $[\bar{p}, \bar{\xi}, N(\bar{\xi})]$ et rendrait la logique inopérante. Il devrait alors engendrer les faits sans le moyen des images logiques $\mathscr{i}(f) = \mathscr{p}(f)$, donc en introduisant comme cause de l'avènement d'un fait f un autre fait g[20] ou en étant lui-même la cause absolument proche d'un fait f; dans ce cas il engendrerait un fait par miracle, se révélant ainsi à l'intérieur du monde.

13
La conformation régulière de la logique

A l'intérieur de son système, Wittgenstein conçoit «un domaine de questions»[1] dont les réponses se disposent «symétriquement»[2] et sont réunies en une totalité close qui a une conformation régulière[3]. Étant donné que la logique se déploie dans des symétries, il est loisible d'identifier les «questions» à des instances se situant d'un côté d'un axe de symétrie et les «réponses» aux instances qui «répondent» symétriquement aux instances-questions. Une «question» peut donc être une proposition élémentaire et l'état de choses, sa «réponse»; une autre question peut être une possibilité de vérité ε et sa réponse, la situation de choses λ(c).

Une image logique $\imath$(f) est une question qui a pour réponse le fait f. Coordonner $\imath$(f) à f est un «problème logique»[4] dont la «solution»[5] est le couple ($\imath$(f), f). Le fait f ne peut exister sans que $\imath$(f) n'existe et ne soit vraie, et inversement $\imath$(f), tant qu'elle existe, doit appeler f à l'existence, sous peine d'être considérée comme inexistante: la question $\imath$(f) et la réponse f ne peuvent exister l'une sans l'autre, elles sont Un, *Eins*.[6]

L'unité formée par $\imath$(f) et f permet d'expliquer la position de Wittgenstein par rapport à «la vie dans l'espace et le temps»[7]. Espace et temps évoquent le monde teinté de toutes les natures substantielles; celui-ci est constitué par les faits f, alors que les pensées $\imath$(f) forment les surfaces-limites du monde closes plongées dans le monde. Puisque f et $\imath$(f) sont Un, que la totalité des faits f et la totalité des pensées $\imath$(f) sont Un, et que «le monde et la vie sont Un»[8], il paraît possible d'accorder aux pensées $\imath$ la prérogative d'être vivantes. Par conséquent, un sujet-limite plongé dans le monde devrait également être considéré comme un être vivant.

La présence des pensées $\imath$ vivantes et captives du monde constitue «l'énigme de la vie dans l'espace et le temps»[9] proposée à l'homme; néanmoins, «la solution de [cette] énigme [...] se trouve *à l'extérieur* de l'espace et du temps»[10]. Elle ne saurait revêtir la forme d'une pensée $\imath$, car toute pensée, bien que située à l'extérieur du monde, est tantôt vraie, tantôt fausse. La solution doit donc être trouvée par simple vue. Or, un observateur placé au «belvédère» voit toujours juste, *richtig*. Il voit Dieu attribuer la vérité ou la fausseté aux pensées $\imath$(f) pour qu'elles appellent à l'existence les faits f du monde, ou les éliminent. Il voit alors que la vie est le pouvoir des pensées d'appeler à l'existence, de par leur vérité, les faits, donc le monde.

14
Ce qui est étranger à la logique

Si l'on quitte le lieu de la logique agréablement agencé auquel les éléments géminés donnent une conformation régulière, simple et close, vers quoi peut-on aller?

La logique empêche que tout ce qui relève d'événements, *alles Geschehen*[1], et tout ce qui est tel et tel, *alles So-Sein*[2], ne soient laissés à la contingence. Les images $\imath$ des faits f peuvent être soumises, dans leurs rapports, à des contraintes logiques telles que le paragraphe 19 du chapitre 5 les a exposées et que les «propositions de la logique» les ont exprimées. Ces dernières propositions disent: «Néant»[3]; elles expriment la valeur zéro, mais n'expriment rien d'une valeur supérieure à zéro.

A la différence de la logique, l'éthique ne peut avoir de propositions[4], parce que, si elle en avait, à l'instar des «propositions de la logique», les «propositions de l'éthique» devraient exprimer des valeurs supérieures à zéro; or, «des propositions ne peuvent exprimer une valeur positive»[5]. De là on conclut que l'éthique ne concerne ni les faits ni les images des faits et on peut se douter qu'elle concerne les limites du monde, plus précisément les déformations de ces limites.

Les valeurs de l'éthique – les valeurs qui ont de la valeur[6] – se situent à l'extérieur des faits du monde, en particulier des «événements»[7]: elles ne peuvent être de même nature que des événements, car elles ne peuvent dépendre du hasard[8]. Wittgenstein distingue en effet entre, d'une part, ce qui relève des faits et des événements et, d'autre part, les valeurs éthiques. Les premiers sont laissés à la contingence, alors que les valeurs éthiques ne peuvent l'être.

15
L'éthique

Il semble que le terme désignant l'individu dans le *Tractatus* soit le «microcosme». Si c'est exact, le microcosme est appelé à répondre à des exigences éthiques. En effet, quelles que soient les relations du sujet et du monde, le problème de la conduite de la vie humaine se pose. Encore que la seule action connue jusqu'ici soit la fabrication d'images, le sujet est l'agent d'actions éthiques[1] qui entraîneraient même une «sorte de récompense éthique et de punition éthique»[2]. Comment la limite du monde peut-elle exécuter des actions éthiques?

L'action éthique ne se joue pas à l'intérieur du monde; le «mauvais vouloir» n'a d'impact que sur les limites du monde, et non sur son contenu.[3] Puisque Wittgenstein parle de «loi éthique»[4], il admet ce genre d'actions régies par la formule: «tu dois»[5], et envisage les conséquences qui suivraient la soumission ou l'insoumission à la loi[6]. Ce souci n'est pas fondé tant qu'il s'agit de la crainte des punitions et de l'espérance des récompenses, car l'éthique wittgensteinienne a bien quelque chose à voir avec la punition et la récompense, mais non «au sens ordinaire»[7] des mots qui impliquent tribunal, procès et jugement; mais, ce souci n'est pas vain dans l'éventualité où les conséquences, c'est-à-dire «la punition et la récompense»[8], sont autres. A la vérité, après cette restriction, Wittgenstein exclut que les conséquences, si elles ont quelque chose à voir avec la punition et la récompense, puissent être des «événements», à savoir des faits[9]. Elles «doivent être immanentes à l'action même»[10] du sujet. Or, un sujet est la limite d'un certain monde; puisque la punition est «quelque chose de désagréable»[11], que peut-il arriver de désagréable à une limite du monde?

Le sujet est conçu comme un ensemble d'images logiques où chaque parcelle de la réalité a droit à un représentant sous la forme de l'image d'un fait greffé sur elle et la totalité de ces images s'apparente à une surface close, plongée dans le monde pour le limiter de l'intérieur. S'il manque à une seule parcelle une image pointée sur un des faits greffés sur elle, la surface est trouée et le sujet lésé. La suppression de certaines images logiques peut donc être interprétée comme punition du sujet. Ainsi, l'action éthique porte sur l'avènement et la disparition des images logiques.[12]

Un sujet se distingue d'un autre sujet par ses actions éthiques. Quel commerce y aura-t-il entre eux? L'autre sujet n'est pas un fait, et encore moins un fait à l'intérieur de mon monde, mais la limite d'un autre monde; il n'est donc pas l'objet de ma pensée, car toute pensée est l'image logique d'un fait. Puisque l'autre sujet est un monde[13], que peut-on faire devant un monde sinon le contempler *sub specie aeterni* comme un Tout limité[14] pour le voir avec justesse[15]? En effet, en voyant *sub specie aeterni* un autre monde, je perçois le malheur ou le bonheur du sujet qui en est la limite, fruit des actions éthiques du sujet.

16
Le sens du monde

Le sens du monde fait partie de ces instances qui, se situant à l'extérieur du monde, sont susceptibles de l'attribution d'une valeur positive[1]. L'expression «sens du monde», *Sinn der Welt*, est à lire dans l'acception que donne le *Tractatus* au mot «sens»: ce qu'une image représente[2]; le monde lui-même doit être considéré comme une image qui représente son «sens», lequel se situe en dehors de lui. Le sens d'une image $\imath$ d'un fait f est défini par l'ensemble des valeurs «F» inscrites dans son signe propositionnel; l'image est comparable à un espace vide circonscrit par une substance solide et son sens est comparable à la substance.[3]

Si le monde est une image, il est l'image de quelque chose dont il copie la forme et la seule instance qui conviendrait est le sujet-limite-du-monde. On peut concevoir le monde à la façon d'un moule qui épouse rigoureusement la forme d'une sculpture:

1 le monde est l'image du sujet-limite-du-monde,

2 le sujet-limite-du-monde est l'image du monde,

ainsi, tantôt le sujet est le sens du monde, tantôt le monde est le sens du sujet. Non seulement l'image logique $\imath$(f) figure la forme du fait f, mais encore le Tout limité des images $\imath$ constitutif d'un sujet particulier figure la forme du Tout limité des faits f($\imath$).

Le sujet qui connaît la forme du monde, connaît la sienne. C'est la raison pour laquelle le *Tractatus* se voue à l'entreprise de voir le monde avec justesse[4]. La vue du monde est une «image» du monde qu'il faut tenter d'«ébaucher»[5] sans altération. Cette «image» du monde découle de cette «vue» qui est la traduction insuffisante du terme *Anschauung*. Le verbe *anschauen* exprime l'acte de voir de front un objet ou de regarder en face une personne; l'«image» du monde naît d'un regard lancé au monde. Ce regard décèle ce que le monde offre au regard d'un observateur: *was die Welt darstellt*. Or, le monde offre au regard son contour, ses limites: les sujets. Même si le monde ne portait qu'une seule de ces incisions qui, selon le modèle du paragraphe 8, figurent les sujets particuliers, le sujet aurait l'occasion de se rencontrer lui-même et de se percevoir par ses regards se glissant le long de la surface du monde.[6]

17
Le vouloir, bon ou mauvais

Dans la thèse 6.43, Wittgenstein, qui avait parlé du monde dès la première thèse, en arrive à lui opposer une instance qui, à la différence de la volonté, *der Wille*, impuissante à le changer, semble être habilitée à le faire: le vouloir, *das Wollen*. Cependant, après avoir envisagé que le vouloir pourrait changer le monde, selon qu'il serait bon ou mauvais, Wittgenstein se rétracte et ne laisse au vouloir que le pouvoir de s'attaquer aux limites du monde, en stipulant qu'il n'a pas le pouvoir de changer les faits. Or, cette restriction peut instruire sur la nature du vouloir par le biais de ce qu'il ne peut pas faire, à savoir changer les faits. Le verbe allemand *ändern*, «changer», peut signifier:

1 modifier le fait f,

2 mettre fin à son existence.

Au fait répond son double, la proposition composée $\not p$, définie par le signe propositionnel **s** qui réserve une place à chaque proposition élémentaire d'un ensemble {p} et détermine les possibilités de vérité ε relatives à {p} pour lesquelles $\not p$ est vraie.

En ce qui concerne maintenant la modification du fait f, elle peut être obtenue par celle de s, ce qui revient à définir un nouveau fait f*, car la modification de la définition d'un fait produit un autre fait. On pourrait aussi laisser intacte la définition s de f, mais remplacer l'ensemble {p} par un autre {p}* afin de greffer le fait f sur une autre parcelle de la réalité, tout en gardant sa forme s. Mais ce serait encore remplacer le fait f par un autre f*, car f*, tout en gardant la forme de f, prendrait la nature de sa parcelle. S'il est donc impossible de modifier un fait, «changer un fait» signifie mettre fin à son existence et pour cela, il faut que soit réalisée une possibilité de vérité ε pour laquelle $\not p$ est fausse.[1] L'instance qui peut mettre fin à son existence est donc celle qui dispose de la vérité et de la fausseté des propositions élémentaires; si elle était le vouloir, ce vouloir pourrait changer les faits.

Cependant, pour mettre fin à un fait, il faut qu'il existe, et pour qu'il existe, il faut qu'il puisse être défini. Mais peut-il toujours être défini? Si l'on trouvait moyen d'entraver la formation de son double, la proposition composée $\not p$, le fait ne pourrait pas être défini et donc ne pourrait plus advenir à l'existence. Comme il sera vu dans le paragraphe 20 de ce chapitre, le *Tractatus* prévoit la possibilité d'entraver la définition d'un fait.

Il semble maintenant possible de circonscrire les attributions du vouloir. Il possède, selon le paragraphe 7 de ce chapitre, les formes des propositions composées $\not p$, mais il ne dispose ni des ensembles respectifs {p} de propositions élémentaires qui entrent dans ces propositions, ni des vérité ou fausseté des propositions élémentaires. Ainsi, les faits sont soustraits à son pouvoir et il lui reste seulement les limites du monde comme point d'attaque. L'action exercée sur elles par le bon ou mauvais vouloir change le monde à tel point que

> «en conséquence, le monde [par cette action] doit devenir absolument un autre monde» (6.43[2a]).

Puisque le vouloir est apte à changer les limites du monde: *die Grenzen der Welt ändern*, le verbe *ändern* peut toujours signifier:

1 modifier une limite du monde,

2 mettre fin à l'existence d'une limite.

Il y a autant de limites que de microcosmes et la pluralité des limites s'explique par la pluralité des sujets qui sont chacun une incision limitative dans le monde. Si toutes les limites étaient abolies, il n'existerait plus d'images logiques vraies de faits, ni par conséquent de faits. Même lors de la mort il subsiste suffisamment de limites pour que le monde ne cesse pas d'être. La thèse 6.431:

> «wie auch beim Tod die Welt sich nicht ändert, sondern aufhört»,

ne signifie donc pas que le monde avec ses parcelles de la réalité construites sur les choses éternelles cesse d'être; c'est seulement une limite qui est abolie de-ci de-là. La thèse 6.431 peut se lire de cette façon:

> *maintenant, par opposition à la modification du monde traitée dans 6.43 [1], quant à ce qui se passe à la mort du sujet, il ne s'agit pas du changement du monde, mais de tout autre chose: le monde cesse d'être limité par ce sujet.*

Le rôle du vouloir est de changer le monde et il le fait, selon 6.43[1], en changeant les limites du monde. Si changer une limite du monde signifiait mettre fin à l'existence de cette limite, la fin de l'existence d'une limite devrait changer le monde. Puisque ce n'est pas le cas, changer une limite ne signifie pas mettre fin à son existence.

La fin de l'existence d'une limite ne changeant pas le monde, le vouloir ne met pas fin à l'existence des limites du monde; il ne peut que les modifier et il reste à voir par quel procédé il y arrive. La réponse se trouvera en examinant ces limites mêmes. Elles sont le lieu des images logiques, mais il faut remarquer que ces images ne sont pas disposées sur les limites du monde qui seraient préparées à les recevoir; au contraire, chaque limite est constituée d'une certaine totalité d'images logiques appelée «microcosme». Si une telle limite répond à la définition d'un microcosme parfait donnée au paragraphe 6 du chapitre 7, il n'y a pas de chose c de nature déterminée à laquelle ne corresponde pas une image logique $\imath$(c) qui ne soit l'image d'un fait f(c) greffé sur la parcelle Λ(c). Le vouloir s'attaque donc à des microcosmes-limites pour les modifier de manière que le monde lui-même en tant que Tout décroisse ou croisse (6.43[2a]).

Les microcosmes-limites ont été conçus comme des surfaces coniques plongées dans le monde, sur lequel se répercutent leurs modifications. Quand la surface-limite du monde s'élargit, le monde est repoussé; quand elle se rétrécit, le monde s'étend et devient «absolument un autre». Peut-on assigner la croissance au bon vouloir et la décroissance au mauvais vouloir? Rien n'en est dit dans le *Tractatus*; il est seulement dit que le monde, sous l'impulsion du bon et du mauvais vouloir, doit croître ou décroître dans toute son ampleur. Il ne s'impose donc pas de mettre en parallèle la croissance du monde et le bon vouloir ou sa décroissance et le mauvais vouloir. Il faut plutôt aborder la question de façon générale:

> quelles peuvent être les formes «géométriques» des limites du monde?

Puisqu'une limite du monde recueille le reflet du monde projeté par la logique dans sa fonction de grand miroir du monde, cette question conduit à examiner les rapports entre la logique et les limites du monde.

18
La logique et les limites du monde

La thèse 5.61 apporte quelques renseignements sur les formes «géométriques» des limites du monde:

> «5.61 – La logique remplit le monde: les limites du monde sont également les propres limites de la logique.
>
> Nous ne pouvons donc pas dire en logique: il y a ceci et ceci dans le monde, il n'y a pas cela.
>
> Cela [,si nous le pouvions,] donnerait en effet l'apparence de supposer que nous excluons certaines possibilités, et ce ne peut être le cas puisque, si nous devions exclure certaines possibilités, la logique devrait passer par-dessus les limites du monde: à cette condition près qu'elle puisse observer ces limites aussi bien depuis l'autre côté.
>
> Ce que nous ne pouvons penser, nous ne pouvons le penser: donc nous ne pouvons pas non plus *dire* ce que nous ne pouvons penser.»

Selon la troisième sous-thèse, toute limite du monde peut laisser présager un au-delà; puisque la première sous-thèse envisage des limites de la logique, qui ne sont autres que celles du monde, la question est de savoir si la logique se trouve du même côté des limites que le monde; si elle se trouvait du côté du monde, il faudrait admettre sa cohabitation avec les faits, alors que ce sont exclusivement les faits qui remplissent le monde. Dans le modèle des cônes plongés dans le monde, le monde doit être conçu comme la surface à trois dimensions de la sphère pleine à quatre dimensions. Il n'a donc pas d'autres limites que les cônes et un cône ne peut émerger. Dans ce modèle, c'est l'intérieur des cônes qui doit être assigné à la logique; celle-ci est donc séparée du monde par la surface et la base du cône. Ainsi, elle «remplit» le monde en ce sens que le cône dans lequel elle est enfermée distend le volume du monde et, en occupant l'intérieur de tous les cônes plongés dans le monde, elle est le complément du monde qui les entoure.

Passant à la surface de la sphère pleine à trois dimensions, si l'on considère sur cette surface une ligne close ne se coupant pas et si l'on choisit sur cette ligne un sens de parcours, on peut distinguer à gauche de la ligne une région que l'on nommera «gauche» et à droite une région que l'on appellera «droite»; l'une sera attribuée à la logique, l'autre au monde. D'un point situé sur la ligne, il est donc possible de gagner soit le monde, soit la logique, mais en plus une région qui n'est ni l'un ni l'autre et qui correspond à l'espace extérieur à la sphère. En effet, la thèse 4.12[2] prévoit un lieu situé tant «à l'extérieur de la logique» qu'«à l'extérieur du monde»; ce lieu est susceptible d'être celui réservé à l'éthique.

Dans la deuxième sous-thèse, il est question d'un éventuel appui de la logique pour savoir ce qu'il y a dans le monde et, avant tout, ce qu'il n'y a pas. Les pronoms démonstratifs *das* et *jenes* désignent tous deux des instances dans le monde, donc des faits.

La troisième sous-thèse envisage que la logique quitte son lieu opposé au monde et se rende dans le monde pour repérer les faits dont l'existence doit être exclue. Avant d'évaluer le résultat de ce déplacement de la logique, il convient d'examiner son rôle dans la représentation des faits existants. La logique reflète le monde, envoyant les images des faits aux limites du monde. Une telle limite doit être comparée à cet unique nombre α qui, dans une «coupure de Dedekind», tranche entre les nombres plus petits que α et ceux plus grands que α. Jusqu'à α, tout est monde, α n'est pas monde, de l'autre côté de α, il n'y a ni monde ni α, mais il y a le grand miroir, la logique. L'image ι se situe sur le sujet-limite α, elle est pointée sur le fait f qu'elle «voit» dans le miroir de la logique se situant du côté opposé au monde à distance positive de α:

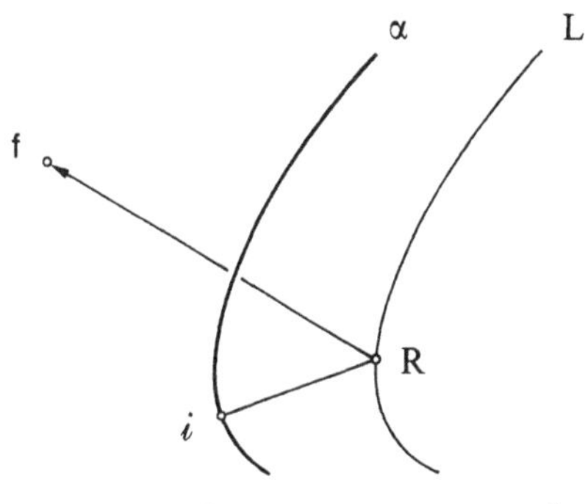

La totalité des points R peut être conçue comme le miroir L dans lequel le sujet-limite α capte les faits du monde; ce miroir est un réseau infiniment fin de définitions qui s'entrelacent pour déterminer le déroulement de l'opération de vérité $[\bar{p}, \bar{\xi}, N(\bar{\xi})]$. La logique met ainsi en place ce mécanisme $[\bar{p}, \bar{\xi}, N(\bar{\xi})]$ et le vouloir le met en marche pour produire les formes propositionnelles nécessaires aux images logiques $\imath$. La réflexion du rayon venant de $\imath$ met en évidence la symétrie entre la forme du fait f et celle de son image $\imath$, toutes deux issues de l'opération $[\bar{p}, \bar{\xi}, N(\bar{\xi})]$, de sorte que la totalité des points R symbolise la mise en place de cette opération.

Une image logique $\imath$ peut être fausse, mais seulement si le fait f dont elle est l'image n'existe pas. Par contre, si le fait f existe, son image projetée par la logique est vraie; la logique ne produit pas d'anamorphoses.[1]

Ayant ainsi examiné le rôle de la logique dans la représentation des faits existants, il est utile de s'arrêter aux limites α. Elles sont des microcosmes constitués d'images $\imath$ concevables comme des vecteurs s'élançant de la surface-limite α vers l'intérieur du monde. En effet, les images logiques ressemblent à des flèches dirigées vers le monde; elles ont un sens[2]. Wittgenstein conçoit les limites-surfaces du monde comme orientables de sorte que les images $\imath$ constituent l'endroit regardant le monde, l'envers restant «blanc».

Un microcosme est à juste titre «micro»: le terme «cosme»[3] signifie la totalité des microcosmes ou la totalité des limites introduites dans le monde; un microcosme est donc une partie infiniment petite de cette totalité, bien qu'aucune parcelle de la réalité n'échappe à son regard et qu'aucun microcosme ne prédomine sur un autre puisqu'aucune image n'est préférable à une autre[4]. Pourquoi cette instance appelée «microcosme», qui vient d'être exposée, est-elle une limite du monde? Il faut se tourner vers la nature d'un microcosme qui n'est pas tant celle d'une image, mais plutôt celle d'un regard: un microcosme limite le monde parce qu'il le regarde; le monde a donc sa limite là où il rencontre le regard pointé sur lui.

Le microcosme voudrait bien savoir ce qui n'existe pas. S'il possède lui-même une image logique $\imath$ fausse, il connaît le fait f($\imath$) inexistant; s'il disposait des images fausses des autres microcosmes, il connaîtrait alors tous les faits inexistants. Pour repérer toutes ces images fausses, il devrait se rendre dans le monde d'où il verrait, en faisant le tour d'horizon, l'endroit des limites avec leurs images-flèches pointées sur lui. Il remarquerait alors les images fausses de tous les autres microcosmes et, puisque l'image fausse a un sens et qu'elle montre quel serait le fait f si elle était vraie[5], il connaîtrait tous les faits inexistants.

Cependant, en tant que limite du monde, le microcosme est inamovible. Seule la logique est censée pouvoir se rendre dans le monde, suivant la thèse 5.61 [3]; elle pourrait dès lors communiquer au microcosme les images fausses des autres microcosmes; mais, devant «pourvoir à ses propres intérêts»[6], elle ne peut se livrer à cette tâche, en sus de celle d'attribuer la vérité ou la fausseté aux images des faits dont le microcosme est formé. Elle refuse donc de «passer par-dessus les limites du monde» et d'observer les images fausses des autres microcosmes. Ainsi, un microcosme ne peut connaître tous les faits inexistants et c'est cette impuissance que reflète la quatrième sous-thèse de la thèse 5.61.

Le monde et ses microcosmes-limites ayant été examinés dans leurs rapports avec la logique, il convient maintenant de les placer dans l'espace logique.

19
L'espace logique

Le monde en tant que Tout est bordé de limites auxquelles il a semblé utile de donner la forme de surfaces coniques plongées dans le monde qui peut ainsi être considéré comme antérieur aux cônes. Cependant, on peut aussi considérer les cônes comme antérieurs au monde si bien que leur forme et leurs positions mutuelles déterminent le monde qui vient les entourer.

La dépendance du monde à l'égard de ses limites se représente plus simplement quand on conçoit le monde comme une surface dans l'espace euclidien à trois dimensions et ses limites comme des courbes closes. Dans le calcul des variations, deux courbes closes dont les positions mutuelles sont soumises à certaines conditions permettent de définir des surfaces bordées par les deux courbes. Un exemple en est fourni par une membrane d'eau savonneuse tendue entre deux anneaux. Le monde wittgensteinien semble se comporter comme une telle surface déterminée par ses limites. Cette interprétation est plausible si elle tient compte de l'espace logique qui entre en jeu quand il s'agit de concevoir le monde:

> «les faits dans l'espace logique sont le monde».

Il faut donc définir cet espace de sorte que les faits y trouvent leur place et soient confinés entre des limites déterminant le monde par leurs formes et leurs positions mutuelles.

Pour définir l'espace des faits, il faut considérer, d'une part, les parcelles de la réalité Λ, d'autre part, les microcosmes ou limites du monde. Un microcosme «parfait» doit être pointé sur toutes les parcelles Λ, ce qui signifie que, étant donnée une parcelle quelconque, il doit contenir le double $\mathscr{p}$ d'un fait f greffé sur cette parcelle. Inversement, une parcelle Λ(c) doit avoir sur tous les microcosmes un double $\mathscr{p}$(c) d'un fait f(c) greffé sur elle.

Si l'on rassemble, en passant par toutes les parcelles, les faits qui ont leur double sur la même limite, on détermine une sous-totalité de faits limitée par cette seule limite; on peut dire que les doubles $\mathscr{p}$ limitent cette totalité en ce sens qu'ils sont des images logiques $\mathscr{i}$, donc non teintés de la nature d'une chose, et qu'ils sont par suite «autres» que ces faits, comme le paragraphe 16 du chapitre 5 l'a établi. Un microcosme-limite définit ainsi une sous-totalité de faits possibles: ceux qui ont leur double sur ce microcosme-limite. Il semble possible de considérer un microcosme comme une «dimension» d'un «espace» dans lequel chaque parcelle de la réalité Λ est un «point». Chaque dimension peut être assimilée à un «axe» sur lequel sont répartis les doubles $\mathscr{p} = \mathscr{i}$ constituant le microcosme correspondant. Ces axes devant être distincts l'un de l'autre, leur origine commune est exclue, c'est-à-dire qu'elle est considérée comme ne contenant pas d'image $\mathscr{i}$. D'autre part, ces axes sont supposés étrangers aux parcelles. Un point de cet espace est donc toute une parcelle de la réalité hérissée des faits possibles greffés sur elle; un fait est «dans» cet espace en tant que greffé sur une parcelle le portant et cet espace pourrait être une première approche de l'espace «logique» de la thèse 1.13.

Des limites prises une par une, il faut en venir à leur totalité, qui est la contrepartie de toutes les parcelles de la réalité et des faits possibles greffés sur elles. La totalité des faits est l'unique monde[1]. Elle ne perd ni ne gagne un fait lorsque la forme et la position des limites varient; mais, considérée comme un Tout limité, elle subit des variations en fonction de la forme et de la position de ses diverses limites, qui deviennent comparables aux courbes closes bordant des surfaces et les assujettissant à des variations en fonction de leurs formes et de leurs positions mutuelles.

Les limites du monde ont été choisies comme dimensions de l'espace dans lequel les faits sont suspendus. Pour qu'il y ait un espace des faits, il faut que des limites soient attribuées à la totalité des faits et pour passer de cette totalité à ses limites, il faut mettre en marche l'opération qui produit une image logique de chaque fait. Ce n'est donc qu'après avoir donné lieu à la formation d'images que les faits se trouvent dans leur espace. Ces images constituent des limites du monde ou des sujets; l'espace logique des faits est finalement bâti sur une base formée par les différents sujets.

20
La déconnexion des signes propositionnels

L'espace logique a pour dimensions les limites du monde et la question se pose de savoir à quelles modifications elles peuvent être soumises. Or, elles sont des microcosmes constitués d'images logiques; pour déceler leurs modifications, il faut donc revenir à la construction des images logiques. Elle se fait en deux temps: *primo*, parmi la totalité des propositions élémentaires, un certain ensemble $\{p\}$ est choisi; *secundo*, un signe propositionnel s est construit avec autant de places qu'il en faut pour recevoir toutes les propositions élémentaires de $\{p\}$ et seulement celles-ci. Quand le signe s est pourvu des propositions élémentaires, l'image logique $\mathscr{i}$ est constituée. Elle peut être vraie, mais continue à durer, même fausse. Dans le premier temps, les propositions élémentaires choisies restent non connectées: *unverbunden*[1], leur connexion étant le fruit du second temps. A la connexion répond le signe s, à la non-connexion répondent les signes déchus $\mathfrak{t}$ et $\mathfrak{c}$ de la tautologie et de la contradiction[2]:

> La tautologie $\mathfrak{t}$ est vraie, qu'une proposition élémentaire $p \in \{p\}$ soit vraie ou fausse.

Les signes propositionnels qui devraient correspondre à la tautologie et à la contradiction sont inexistants; au premier temps de la construction des images logiques, aucun signe n'est utilisé et tautologie et contradiction sont partout. Au deuxième temps, les propositions élémentaires se connectent à l'aide de l'opération $[\bar{p}, \bar{\xi}, N(\bar{\xi})]$ que le vouloir met en marche. Cette opération produit pourtant, par intermittence, les formes dégénérées de la tautologie et de la contradiction de sorte que les propositions élémentaires retombent dans leur état de non-connexion du premier temps. Eu égard à l'importance de l'opération $[\bar{p}, \bar{\xi}, N(\bar{\xi})]$ dans la formation des images $\mathscr{i}$, l'avènement de telles formes dégénérées fait penser à la malignité du vouloir qui, en les produisant, pourrait influer sur le sujet-limite. Il est donc nécessaire d'examiner la tautologie et la contradiction relatives à la déconnexion des signes propositionnels. Selon la thèse 4.466 [1]:

> «à une connexion [...] déterminée de signes correspond une connexion [...] déterminée de leurs significations».

A une connexion $\mathsf{s}(p_1, \ldots, p_n)$ de signes de propositions élémentaires correspond donc une connexion des propositions élémentaires $p_1, \ldots, p_n$ elles-mêmes. Le signe $\mathsf{s}(p_1, \ldots, p_n)$ symbolise une proposition $\mathscr{p}$ et indique pour quelles possibilités ε quant à la vérité ou à la fausseté des propositions élémentaires $\not p$ est vraie. Aux possibilités ε répondent les possibilités gémellaires λ quant à l'existence ou à la non-existence des états de choses $P_1, \ldots, P_n$ gémellaires des propositions élémentaires $p_1, \ldots, p_n$. Ces états de choses appartiennent tous au faisceau F(c) d'une chose c déterminée.

Si l'on se réfère au concept de la réalité empirique développé dans le paragraphe 23 du chapitre 5, la tige c avec ses pédicelles représente une situation de choses possible λ(c) qui est une possibilité quant à l'existence ou à la non-existence des états de choses $P_1, \ldots P_n$. Quand une situation de choses λ(c) indiquée par le signe $\mathsf{s}(p_1, \ldots, p_n)$ est réalisée, la chose c est connectée avec les choses contenues dans ceux des états de choses $P_1, \ldots P_n$ qui existent. Dans le cas d'un signe s authentique:

> *à une connexion déterminée de signes correspond une connexion déterminée de choses*[3].

En ce qui concerne maintenant la tautologie $\mathfrak{t}(p_1, \ldots, p_n)$, elle est une «proposition» qui est vraie pour n'importe quelle situation de choses λ(c)[4]. La thèse 4.466 prend alors sa pleine signification: il faut

> *une connexion logique de signes*[5]

pour qu'il y ait

> *une connexion déterminée de choses*[6]

et, s'il n'y a pas de connexion logique entre les signes, il ne peut y avoir de connexion entre la chose c et les choses contenues dans les états de choses $P_1, \ldots P_n$:

> «à l'absence d'une connexion logique [de signes] correspond l'absence d'une connexion des choses»[7].

Le «signe» de la tautologie, en admettant n'importe quelle connexion logique des propositions élémentaires $p_1, \ldots, p_n$, ne détermine aucune connexion de sorte qu'il déconnecte ces propositions. Wittgenstein paraît concevoir cette déconnexion comme un mal majeur qui se propage jusque dans l'espace des choses. Aussi le cycle: 4.46, 4.461, ..., 4.466, 4.46 semble-t-il exprimer une crainte de Wittgenstein concernant une éventuelle désagrégation de l'espace des choses.

Quand une tautologie ou une contradiction entre en vigueur et déconnecte un signe $\mathsf{s}(p_1, \ldots, p_n)$, elle supprime l'image logique $\imath$(c) symbolisée par s. Le microcosme auquel l'image $\imath$(c) a été adjugée, la perd et c'est cette perte qui le modifie. Or, si le vouloir pouvait produire par intermittence les formes dégénérées de la tautologie et de la contradiction, il aurait alors un moyen efficace de modifier les microcosmes-limites du monde.

La modification d'un microcosme par perte d'une image $\mathscr{i}$(c) se répercute sur la parcelle de la réalité Λ(c), car il ne sera plus possible de définir un fait f(c) dont le double $\mathscr{p}$(c) = $\mathscr{i}$(c) connecterait les propositions élémentaires $p_1, \ldots, p_n$. En effet, la suppression de $\mathscr{i}$(c) = $\mathscr{p}$(c) revient à la suppression de la définition de f(c). Ce n'est pas qu'un fait f disparaisse, comme c'est le cas quand son double devient faux, selon la thèse 5.5262, mais il ne peut même plus être défini. Il est donc trouvé ici une réponse à la question posée au paragraphe 17 de ce chapitre, qui était de savoir par quel moyen la formation du double $\mathscr{p} = \mathscr{i}$ d'un fait f pourrait être entravée. Ainsi, si l'on donne toute sa portée à la thèse 4.466, la tautologie et la contradiction peuvent ruiner les parcelles de la réalité.

Le vouloir ne peut ni changer les faits, ni mettre fin à leur existence; mais, finalement, une certaine influence sur le monde semble lui être réservée, lui permettant de le modifier par le biais d'une modification de ses limites.

21
Le monde de l'homme malheureux

Une limite du monde est constituée d'images logiques; le vouloir, qui supprime l'une ou l'autre image, modifie la limite. Cette modification conduit-elle au malheur ou au bonheur?

Selon la thèse 6.43[2a], le monde doit, sous l'impulsion du vouloir, devenir, de part en part, un autre monde. Cependant, le monde en soi doit demeurer le même et ce qui doit changer, c'est une de ses limites, à condition que la suppression de la définition d'un fait f par la suppression de son image logique $\mathscr{i}$(f) ne soit pas considérée comme une modification du monde lui-même. Selon la thèse 6.43[2b], le monde décroît ou croît en tant que Tout: *als Ganzes*, à savoir en tant qu'il est limité. Si donc

> «le monde de l'homme heureux est un autre monde que celui de l'homme malheureux»[1],

c'est qu'une certaine limite du monde est différente d'une autre limite. Quand il s'agit du bonheur et du malheur, il est question de la totalité des images logiques constituant une limite du monde, donc de la totalité des pensées constituant un sujet. Cette totalité n'est pas une pensée, d'où l'emploi du terme *Gefühl*, «sensation», «toucher».[2] Une vue du monde en tant que Tout limité attribue la valeur zéro aux pensées[3]; pour exprimer quelque chose de valeur supérieure à zéro comme le bonheur ou le malheur, il faut autre chose que des pensées[4]. Ainsi faut-il parler du monde de l'homme heureux ou de celui de l'homme malheureux en des termes topologiques de cohésion, de simplicité, etc. Le monde de l'homme heureux devrait avoir pour limite une surface «régulière», sans lésion, qui serait un Tout d'un seul tenant et qui cernerait le monde de sorte qu'aucune parcelle de la réalité, donc aucune nature d'une chose, n'échapperait à l'observation. Le monde de l'homme malheureux serait un monde limité par une surface chargée de singularités, à savoir de trous et de limites internes qui la sectionneraient. Il manquerait à la vue de ce monde des parcelles entières de la réalité. Un tel sujet-limite ne serait plus simple en ce sens que, privé d'au moins un «point» ou image $\imath$, il n'aurait plus une connexion simple; en effet, la suppression d'une image logique $\imath(c)$ par une tautologie $\mathfrak{t}(p_1, \ldots, p_n)$ ou une contradiction $\mathfrak{c}(p_1, \ldots, p_n)$, en dissolvant[5] le signe $s(p_1, \ldots, p_n)$ de $\imath(c)$, priverait ce sujet de la vue sur la parcelle de la réalité $\Lambda(c)$.

La vue du monde émane de chacune de ses limites; quand elle est panoramique, c'est qu'elle émane d'une limite complète; cette vue doit se faire d'un seul coup d'oeil:

> 6.45[1] – «La vue du monde *sub specie aeterni* est sa vue comme [un] Tout [d'un seul tenant], [mais comme un Tout] limité.»

La vue du monde comme un Tout d'un seul tenant en tant qu'il est limité par un sujet est donc une vue sous l'aspect d'éternité; cet aspect d'éternité appartient à la vue du monde et non au monde lui-même; c'est une vue à laquelle rien n'échappe et qui voit toutes les parcelles de la réalité ou toute la substance du monde. Il convient d'attribuer une telle vue à l'homme heureux et celui-ci, conçu comme surface-limite du monde, doit être Un. En fait, selon la thèse 5.5421, le sujet ou l'âme ne doit pas être composé; il ne doit donc pas avoir de limites internes causées par la perte d'images logiques. La lésion d'une surface-limite par des perturbations de sa topologie, introduites par le mauvais vouloir, conduit à une limite malheureuse.

NEUVIÈME CHAPITRE

L'ORDRE DU MONDE DU *TRACTATUS*

Du deuxième au huitième chapitre, les concepts majeurs du système du *Tractatus* ont été étudiés: la chose, l'état de choses, la réalité, le fait, la proposition élémentaire, l'image, etc. Ils apparaissent comme des «pièces détachées» avec lesquelles il faudra construire le système du monde.

Le monde est fondé sur les «choses». Chaque chose possède une forme où sont inscrites les choses avec lesquelles elle peut être en alliance. Le terme «alliance», *Verbindung*[1], renvoie à une ordonnance en «configurations» ou «constellations»[2] qui sont appelées «états de choses». La chose n'existe pas *in se*; la condition de son existence est justement cette alliance avec d'autres choses. La chose est donc une entité qui, pour exister, a besoin d'entités du même type qu'elle; sa «simplicité»[3] réside en ce qu'elle n'a besoin que de telles entités. La totalité des choses constitue la «substance du monde» à l'intérieur de laquelle les choses s'ordonnent en configurations. Elle est l'unique substance du système du *Tractatus.*

Tout état de choses est indépendant de tout autre état de choses, en ce sens qu'un état de choses ne peut ni être causé par un autre état de choses, ni même en modifier un autre.

La chose ne peut être appréhendée que par son «nom» qui en tient lieu[4] et fait figure de «double»[5]. Si dans un état de choses la chose c est en alliance avec une chose a, le nom «c» l'est aussi avec le nom «a».[6] Une «configuration» de noms est une «proposition élémentaire» qui est le double de l'état de choses. Elle peut être vraie ou fausse. Si elle est vraie, l'état de choses existe, *besteht*; si elle est fausse, l'état de choses n'existe pas, *besteht nicht*. La proposition élémentaire déclenche le passage à l'existence de l'état de choses dont elle est le double.

A partir des propositions élémentaires se construisent des «propositions composées». De même que la proposition élémentaire est le double d'un certain état de choses, la proposition composée est le double d'une certaine entité qui s'appelle un «fait». Pour construire le fait, il faut d'abord construire son double. La construction des propositions composées commence par celle des propositions composées «minimales» construites à partir de deux propositions élémentaires distinctes et se poursuit par celle des faits qui impliquent un nombre quelconque *n* ($n > 2$) d'états de choses dont chacun existe ou n'existe pas, selon la vérité ou la fausseté de la proposition élémentaire qui est son double. A partir de *n* propositions élémentaires se composent les propositions qui seront les doubles des faits impliquant *n* états de choses et, finalement, ces faits eux-mêmes. Ainsi, un fait doit son existence à un certain ensemble de propositions élémentaires, les unes vraies, les autres fausses.[7]

Les propositions composées sont les «images» des faits; tous les faits, et eux seuls, ont droit à des images. Afin de rendre les faits accessibles à l'homme qui en reçoit les images, Wittgenstein introduit une instance qu'il appelle «le vouloir» et dont le rôle est de produire les propositions composées. Ces propositions sont des «fonctions de vérité» des propositions élémentaires[8]; et l'image d'un fait surgit de cette forme de la fonction de vérité résumée dans le symbole «$[\bar{p}, \bar{\xi}, N(\bar{\xi})]$»[9].

La forme $[\bar{p}, \bar{\xi}, N(\bar{\xi})]$ est nécessaire pour qu'une proposition composée soit l'image d'un fait; elle n'est cependant pas suffisante, car elle détermine également des «tautologies» et des «contradictions».[10]

La totalité des faits est le «monde».[11] Les propositions composées qui ne sont ni des tautologies ni des contradictions forment les limites du monde et lui sont dès lors à un tel point proches qu'elles revêtent elles-mêmes le statut de faits. Elles ne sont autres que les «pensées».[12] Une pensée s'exprime d'une manière perceptible aux sens par le moyen d'un «signe propositionnel»[13] qui est un fait[14] et qui établit la jonction entre le fait et la pensée. Une pensée est indépendante des autres pensées, en ce sens qu'elle ne peut être la cause ni de l'existence ni même d'une modification d'une autre pensée. Mais une certaine connexion peut exister entre deux pensées: que la seconde soit la conséquence logique de la première[15]; ainsi, si la première est vraie, la seconde l'est également[16].

L'image, au sens commun du terme, une vue de Naples par exemple, est étendue dans l'espace et, en tant que telle, elle n'est pas une pensée, bien qu'elle figure un fait, à savoir Naples. La perception de cette image est une sorte de pensée, mais non une pensée exprimable par une fonction de vérité: les perceptions visuelles ne sont pas admises comme des pensées authentiques. Ainsi, à un fait f correspond une image sous forme d'une proposition composée $\mathscr{p}$ qui n'est ni une tautologie ni une contradiction et, en plus, une image sous forme d'un fait g. Les images du premier type sont les images «logiques»[17], celles du second type les images «spatiales», «colorées», etc.[18].

Les propositions élémentaires et les états de choses sont séparés du monde; les premières se tiennent à l'écart de la substance du monde, les seconds «s'immergent» en elle. Il y a donc deux espèces de transcendance, l'une est celle de la substance, l'autre celle des propositions élémentaires. Le système du monde peut se présenter par le graphique suivant:

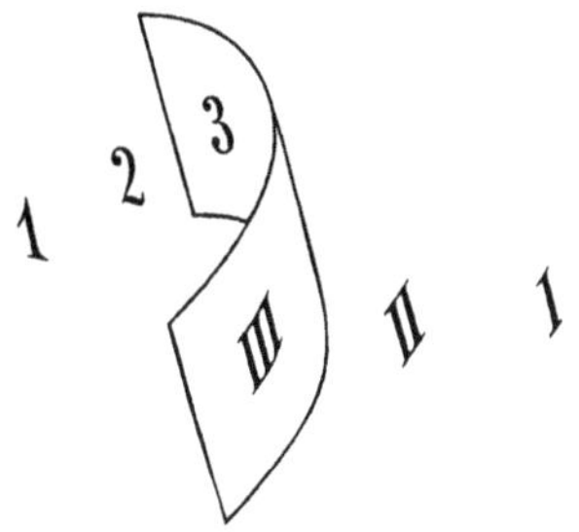

«1» est la chose, «I» le nom, «2» l'état de choses, «II» la proposition élémentaire, «3» le fait, «III» l'image logique du fait.

Chaque entité: chose, état de choses et fait, a donc son double, à savoir le nom, la proposition élémentaire et la proposition composée. A la chose, l'entité la plus transcendantale en tant qu'elle constitue la substance du monde, correspond le nom, entité également transcendantale. Il y a une paire d'entités dont l'une, «3», est située entièrement dans le monde, l'autre, «III», infiniment proche du monde, et deux paires d'entités, «1» et «I», «2» et «II», situées entièrement dans la transcendance.

D'une part, les choses mènent aux états de choses et ceux-ci aux faits, d'autre part, les noms mènent aux propositions élémentaires et celles-ci aux images logiques des faits. Le monde apparaît comme une surface séparant deux domaines: la substance du monde et les propositions élémentaires. Son endroit, «tapissé» de toutes les images logiques des faits, représente l'envers, «tapissé» de tous les faits[19]. Si la surface du monde se referme sur elle-même et devient, par exemple, la surface d'une sphère, elle renferme dans son intérieur l'espace des états de choses, et à l'extérieur s'étend le «contre-espace» des propositions élémentaires.

A l'intérieur de la substance du monde, les choses s'ordonnent en configurations; à chaque chose c correspond le faisceau F(c) de tous les états de choses qui contiennent c. Les choses sont toutes engagées dans des états de choses, sinon elles n'existeraient pas, mais elles sont en disponibilité, prêtes à pouvoir s'engager dans d'autres états de choses. Les états de choses existent ou n'existent pas; à un observateur qui serait dans le monde, il n'est donné aucun moyen de prévoir quelles possibilités de configurations de choses vont se réaliser. Personne ne sait donc si un certain fait va exister ou non. Mais si un fait existe, il se désintégrera. Dans le monde wittgensteinien, un certain ordre, déterminé par les possibilités des états de choses inscrites dans leurs essences, règne à l'intérieur de la substance; à cet ordre s'oppose une certaine carence d'ordre, une instabilité, dans le monde des faits.

Un fait est un «fragment»[20] du monde[21]. Le monde est fragmenté à l'infini, et puisque tout fragment peut avoir une image, les images sont si nombreuses qu'elles occupent la place prépondérante dans le système du monde. Il y a même des images de faits inexistants. Comment une image peut-elle être celle d'un fait inexistant? La question intéresse, au premier chef, les images logiques. Il faut contrôler si telle proposition composée est une fonction de vérité de propositions élémentaires sans être ni une tautologie ni une contradiction. Si tel est le cas, elle préfigure un fragment du monde.[22]

La forme $[\bar{p}, \bar{\xi}, N(\bar{\xi})]$ de l'image logique se projette sur le monde en déterminant la forme de ses fragments[23]; images et fragments, les unes constituant les limites du monde, les autres le monde, possèdent donc la même forme et tout se passe comme s'il existait quelque part un miroir projetant les images sur les fragments. Cette situation traduit la présence de la logique, qui est la symétrie entre images logiques $\imath$ et faits f. Les images logiques sont en quelque sorte des «questions» susceptibles de «réponses», les faits.[24] En effet, un fait ne pouvant exister sans être défini par son double $\not{p} = \imath$, il en est la réponse et puisqu'il est préétabli par son image $\imath$, il existe «*a priori*»[25]. Les faits-réponses sont réunis dans une «conformation», *Gebilde*, qui est limitée, *abgeschlossen*, et qui s'identifie au monde contenu dans ses limites; les images-questions forment le domaine, *Gebiet*, qui limite le monde.[26] Le monde et ses limites sont «symétriques»[27].

Cependant, le *Tractatus* introduit des instances qui ne connaissent pas de contre-instances symétriques; l'une d'entre elles est le vouloir et, pour en saisir la portée, il faut le distinguer de la volonté individuelle. Selon la thèse 6.423[1], il n'y a pas lieu de parler d'une volonté individuelle qui serait à l'origine des actions éthiques, mais il faut plutôt chercher cette origine du côté du vouloir auquel est donné le pouvoir de déformer les limites du monde; ainsi, les actions éthiques portent sur les limites du monde ou «sujets»[28]. Le vouloir n'étant pas l'apanage d'un sujet, les actions éthiques n'ont pas les sujets pour auteurs.

Il n'est pas de la compétence du vouloir de changer les faits; elle doit être laissée à Dieu qui dispose de la vérité des propositions élémentaires.

Puisque le sujet ne peut être défini sans le monde[29], qu'il tourne le dos à ce qui est non-monde et que Dieu ne se révèle pas à l'intérieur du monde[30], le sujet rencontre la révélation de Dieu sur son propre terrain, par exemple dans son abolition en tant que limite du monde.

Reste la question des choses! Sont-elles indépendantes de Dieu? Elles sont constitutives du monde, éternelles comme le monde, et Dieu semble être contraint d'appeler à l'existence suffisamment d'états de choses pour qu'elles puissent toutes se maintenir en existence.

DEUXIÈME PARTIE

LA NATURE NATURÉE CONSTRUITE PAR L'*ÉTHIQUE*

CHAPITRE PREMIER

L'ÉTENDUE

1
La *facies totius universi*

La substance du monde wittgensteinien est constituée de choses qui doivent s'allier pour former des états de choses; ceux-ci sont réunis en faisceaux relatifs à une chose; à partir de ces faisceaux se définissent les situations de choses possibles; ensuite chaque faisceau engendre sa parcelle de la réalité sur laquelle sont greffés les faits et, finalement, la totalité des faits, en tant que contenue dans des limites, est le monde. Ce monde trouvera un répondant dans le système de l'*Éthique* quand on le regardera sous l'aspect de l'Étendue, à savoir la *facies totius universi*.

Cette *facies* ou *forma* est tributaire de l'unique substance du système spinoziste constituée par une infinité d'«attributs» dont chacun produit[1] des «modes» qui existent dans chaque attribut comme ses «affections»[2]. Ces modes ne sont rien en eux-mêmes, mais existent *in alio*, à savoir dans l'unique substance, et ils sont comparables à des variations locales dans la courbure d'une surface. Mais ces modes font paraître la nature éternelle et infinie des attributs; ceux d'un attribut déterminé font tous paraître la même nature; tous les corps, par exemple, font paraître la nature de l'Étendue.[3] Certains de ces modes sont finis, d'autres sont infinis. Un attribut produit une infinité de modes finis, mais seulement deux modes infinis, l'un appelé mode «immédiat», l'autre mode «médiat». Certains modes finis n'existent que pendant une durée limitée, tandis que les deux modes infinis existent éternellement[4]. Pourtant, il y a également des modes finis qui sont éternels[5], ce sont les «essences»[6] des modes finis périssables. L'unique substance et son infinité d'attributs constituent la «Nature naturante»; les attributs produisent leurs affections ou modes; la totalité des modes finis du seul attribut de l'Étendue, par exemple, est cette *facies totius universi*; quand on conçoit la totalité des modes de chaque attribut et que l'on considère la totalité de ces totalités, on obtient la «Nature naturée». Les modes finis produits par n'importe quel attribut sont des choses physiquement réelles et forment un «univers» qui correspond à cet attribut.

Si l'attribut est, par exemple, celui de l'Étendue, l'univers est ce «seul Individu dont les parties [...] varient d'une infinité de manières, sans aucun changement de l'Individu total»[7]. En ce cas, le mode fini ou la «chose singulière» existant dans la durée est un «corps», soumis à contracter avec d'autres corps certaines sortes d'«alliances»; en effet, plusieurs corps peuvent, sous certaines conditions, constituer un nouveau corps qui est un «corps composé». Le premier genre de corps composés est constitué de *corpora simplicissima*[8].

Spinoza appelle tout corps composé «individu»; parmi ces individus il y a donc d'abord ceux du premier genre, à savoir ceux qui sont constitués de *corpora simplicissima*. Plusieurs individus du premier genre peuvent être «composés» pour former un individu du «deuxième genre». Des individus d'un troisième genre sont composés d'individus du deuxième[9]; un individu du n-ième genre, $n > 1$, est composé d'individus du $(n - 1)$-ième genre et uniquement d'individus du $(n - 1)$-ième genre; un individu du m-ième genre, $1 \leq m \leq n - 2$, est contenu dans l'individu du n-ième genre seulement en tant que composant d'un individu du $(m + 1)$-ième genre. Il convient d'attribuer à un individu du n-ième genre, $n \geq 1$, le «degré de composition n» parce qu'il est le fruit de n actes de composition. L'ordre des choses, en tant qu'ordre hiérarchique de composition, et la connexion des choses s'étendent progressivement jusqu'à l'infini: «continuant ainsi à l'Infini, nous concevrons que la Nature entière est un [...] Individu». Cet «individu-limite» aura englobé tous les corps de degrés de composition inférieurs au sien de sorte que la totalité infinie de ces corps forme un corps et un seul.

Si, à un certain degré fini n, il n'y avait qu'un nombre fini d'individus de degré n, le processus de composition s'arrêterait à un certain degré n^*, $n^* > n$; ainsi, pour tout n fini, le nombre d'individus de degré n est infini. Spinoza conçoit que les individus, pour n convergeant vers l'infini, «convergent», en ce qui concerne leur forme, vers la *facies totius universi*. De tels individus sont mortels, tandis que la limite de leur forme, cette *facies*, est considérée comme éternelle.

La construction des corps composés possibles se prête à être représentée par un graphe. On commence par les corps possibles de degré n, $n \geq 1$, alignés sur une droite horizontale:

$$\circ \quad \circ \quad \circ \quad \circ \qquad\qquad\qquad\qquad n$$

Il y a un continuum de corps possibles de degré, $n \geq 1$; cependant, on se limite à un nombre fini. Les corps possibles de degré $n + 1$ se rangent sur une droite horizontale en dessous de celle des corps de degré n. Si un corps possible de degré n peut entrer dans la composition d'un corps de degré $n + 1$, une flèche le relie à ce corps:

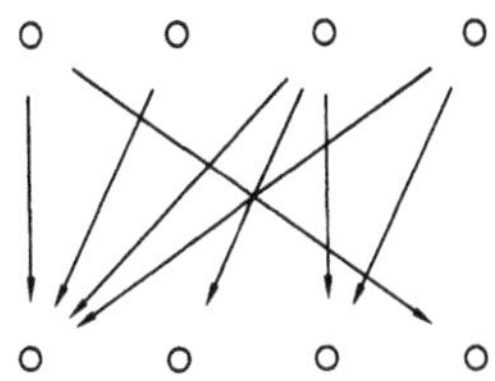

n

$n + 1$

On aura donc un réseau en paliers où chaque noeud sera le point de départ et l'aboutissement de plusieurs flèches, en fait d'un continuum de flèches. Il convient de désigner le palier des corps de degré n, $n \geq 1$, par «palier n». Un «palier 0» sera ajouté à ces paliers n, $n \geq 1$, et réservé aux *corpora simplicissima*, qui pourront être considérés comme des «points sources» d'où jaillisent des flèches en direction des corps de degré 1,

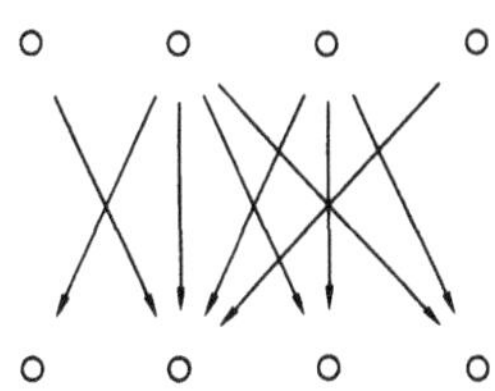

0

1

mais aucune flèche ne pourra sauter un palier. Entre les corps c du palier n et les corps d du palier $n + 1$ est ainsi définie la relation R(c, d): «le corps c entre dans la composition du corps d».

Cependant, une mise au point est nécessaire. Les corps composés de degré n, séparés des *corpora simplicissima* par un nombre fini de paliers, ne sauraient être identifiés à des corps existant en acte dans la durée, lesquels demeurent séparés du palier des *corpora simplicissima* par un nombre infini de paliers de sorte qu'il convient de désigner le palier 0 des *corpora simplicissima* par le signe « $-\infty$ ».

Si l'on avançait maintenant vers des corps de degré n, avec n de plus en plus grand, on devrait arriver, selon Spinoza, à un unique corps U, la *facies totius universi.* Cependant, quelque soit le degré n, $n \to +\infty$, il y aura toujours un continuum de corps de degré n d'où partira un continuum de flèches vers le continuum des corps de degré $n + 1$ et on peut dès lors se demander comment ces flèches pourront, pour $n \to +\infty$, «converger» vers un seul noeud U.

Peut-être peut-on déceler une insuffisance dans la construction du corps infini U en cela que, sur chaque palier n, abstraction a été faite de l'espace dans lequel les corps devraient s'insérer. En effet, l'espace, qui doit recueillir les corps de degré *n*, pourrait influer sur la forme qu'empruntera leur totalité. Les corps de plus en plus composés pourraient, en formant à chaque palier une totalité, augmenter la courbure de l'espace à tel point que s'annoncerait une situation singulière dans laquelle l'espace tendrait vers sa clôture. La *facies totius universi* U se confondrait finalement avec cet espace.[10]

Pourtant, la distinction entre l'espace dans lequel les corps se meuvent et les corps eux-mêmes doit être faite dans le système de l'*Éthique*, car certains corps composant un autre corps peuvent

> «être contraints à infléchir le mouvement qu'ils ont vers une certaine région [de l'Étendue], vers une autre région»[11].

L'ensemble des corps existant dans la durée paraît comporter deux «franges», constituées l'une par une infinité de «corps» appelés *simplicissima*, l'autre par un unique «corps» dénommé *facies.* Une interprétation de ces «franges» pourra être donnée lors de l'étude de la composition et de la destruction des corps au paragraphe 9 de ce chapitre.

Il existe parmi les modes finis de l'attribut de l'Étendue

> *ordo et connexio rerum* en tant qu'ordre hiérarchique de la composition des corps;

mais il existe un second ordre:

> *ordo et connexio rerum* en tant qu'ordre des rapports de causalité entre les corps.

Ces rapports sont à examiner en eux-mêmes.

2
L'ordre causal à l'intérieur de la *facies totius universi*

Un corps doit son existence à une ou plusieurs instances du même type, donc à des corps qui peuvent être considérés comme étant les causes de son existence. De plus, un corps produit un effet soit seul soit avec le concours d'un ou plusieurs autres corps, ce qu'énonce la *Proposition I, 28*:

> «Quodcunque singulare, sive quaevis res, quae finita est, et determinatam habet existentiam,

non potest existere, A

nec ad operandum determinari, B

nisi

ad existendum, A

et operandum determinetur B

ab aliâ causâ, quae etiam finita est, et determinatam habet existentiam:

et rursùs haec causa

non potest etiam existere, A

neque ad operandum determinari, B

nisi ab aliâ, quae etiam finita est, et determinatam habet existentiam,

determinetur ad existendum, A

et operandum, B

et sic in infinitum.»[1]

Cette proposition évoque une «chose singulière quelconque finie»; une telle chose est un mode fini et particulièrement un corps quand son attribut est celui de l'Étendue.

Pour expliciter cette proposition, il est utile de considérer que cette «causa quae finita est et determinatam habet existentiam» détermine le corps en question soit

1 *ad existendum,*

soit

2 *ad operandum.*

Si l'on vise l'existence d'un corps, on doit se référer à la construction des corps par paliers exposée au paragraphe précédent. En effet, un corps c de degré n qui est dans la relation R(c, d) avec un corps d de degré $n + 1$, est une cause de l'existence du corps d. L'existence de d est ainsi due à l'existence de plusieurs corps c de sorte qu'en l'absence d'un de ces corps c le corps d n'advient pas à l'existence.

Le rapport de cause à effet sera exprimé par une flèche de sorte que des corps c qui contribuent à causer un corps d partent des flèches en direction de d. En considérant les paliers de la composition des corps, on dessine les faisceaux de flèches partant de diverses choses c et aboutissant à une seule chose d. La flèche qui va d'un corps c à un corps d signifie donc que

le corps c peut entrer dans la composition du corps d,

ce qui équivaut à dire que

le corps c est une des causes possibles de l'existence du corps d.

Une seule cause peut avoir plusieurs effets, ainsi qu'il ressort de la *Démonstration* de la *Proposition I, 16*: «de la Définition [...] d'une chose quelconque, l'entendement conclut plusieurs propriétés qui sont réellement les suites nécessaires [de cette définition]»[2]. On dessine donc également les faisceaux de flèches partant d'une unique chose c et aboutissant chacune à une autre chose d. Ainsi, le réseau causal représentant la dépendance causale entre l'existence d'un corps d et certains corps c prend l'aspect du réseau du graphe précédent.

Si l'on considère maintenant la cause finie en tant qu'elle détermine un corps

ad operandum,

il faut approfondir la théorie de la construction des corps.

3
Les *corpora simplicissima*

La composition des individus semblait avoir un commencement et tendre vers une fin: «Individuum concepimus [...] quod ex corporibus simplicissimis componitur»[1] et «continuant [...] à l'infini, nous concevrons que la Nature entière est un seul Individu»[2], la *facies totius universi*. Le «commencement» du processus de composition des corps peut soulever la question de savoir si, en décomposant un individu et ensuite ses composants et les composants des composants, etc., on en arrive finalement aux *corpora simplicissima* ou «corps très simples». La *Définition de l'Individu* et le *Scolie* du *Lemme 7* paraissent permettre une réponse affirmative.

Pourtant, en considérant que la démarche inverse de la composition d'individus toujours plus complexes ne permet pas d'arriver à cette *facies*, on pourrait se douter que la décomposition des individus n'atteindra pas les corps très simples. En effet, si la décomposition des corps est mise en rapport avec la *Proposition I, 28*, il apparaît qu'elle n'aboutira pas aux corps très simples.

L'individu d'où part le processus de décomposition occupe dans le réseau causal un noeud N auquel aboutissent autant de flèches que l'existence de cet individu compte de causes possibles. Ces causes sont les composants possibles de l'individu qui doit son existence à l'alliance de quelques-uns d'entre eux; ainsi, à l'origine de chacune de ces flèches se situe un des corps habilités à composer l'individu. En réitérant cette pose des composants possibles sur les noeuds du réseau causal, on délimite un secteur qui s'étend «en amont» du noeud occupé par l'individu:

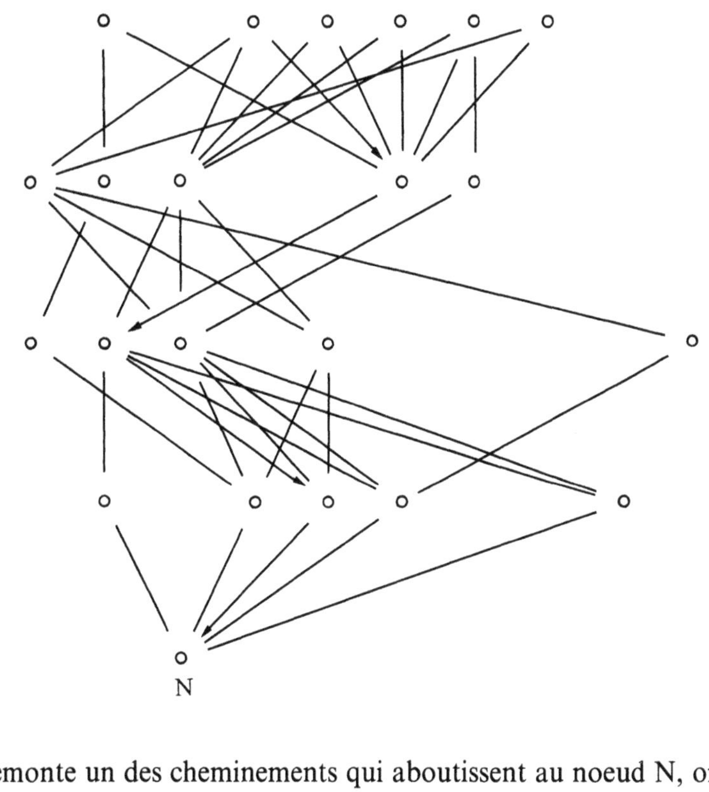

Si l'on remonte un des cheminements qui aboutissent au noeud N, on ne peut que s'éloigner de N à l'infini, puisque tout cheminement cyclique est exclu. On nommera dorénavant la totalité de ces cheminements le «secteur du réseau causal en amont du noeud N». Mais ce secteur va à l'infini où il touchera les corps très simples comme points-sources des individus. Or, le réseau causal ne permet pas de s'informer sur les corps très simples, mais leur concept peut être saisi par la *Définition de l'Individu*, car les corps qui doivent composer un individu sont des *simplicissima.* En fait, dans le *Scolie* du *Lemme 7*, postérieur à cette *Définition*, Spinoza remarque qu'il a jusqu'à présent conçu un individu qui n'est composé que de corps très simples[3].

La *Définition de l'Individu* se fragmente en deux parties A et B:

A	B
	vel
«Cùm corpora [simplicissima] aliquot ejusdem, aut diversae magnitudinis,	[cùm corpora [simplicissima] aliquot ejusdem, aut diversae magnitudinis,]
	si eodem, aut diversis celeritatis gradibus moventur,
à reliquis ità coërcentur,	[à reliquis ità coërcentur,]
ut invicem incumbant,	ut motûs suos invicem certâ quâdam ratione communicent,
[illa corpora [simplicissima] invicem unita dicemus [...]]	illa corpora [simplicissima] invicem unita dicemus [...]»[4]

Les *corpora simplicissima* partagent avec tous les corps la contrainte de n'exister jamais isolés, mais toujours alliés à d'autres pour composer un individu. En effet, selon le *Scolie* du *Lemme 7*, «la Nature entière est un seul Individu», il n'y a donc pas de corps qui ne soient pas intégrés dans cet individu. De plus, selon le même *Scolie*, la composition des individus se fait par paliers. Les corps très simples, de degré de composition 0, ne peuvent s'intégrer que dans des individus de degré 1 qui doivent les absorber tous. En remontant le réseau causal en sens inverse des flèches, on s'approche donc de sa «limite» semée d'individus de degré 1. Intégrés dans ces individus, les corps très simples s'unissent nécessairement, mais ne sont pas composés eux-mêmes et sont indivisibles.

La première et la deuxième parties de la *Définition de l'Individu* précisent que des corps très simples s'unissent sous l'action d'autres corps très simples pour former des corps de degré 1.

La première partie envisage que ces corps de degré 1 sont des *compacta* et qu'ils jouissent d'une certaine «figure», car les *corpora simplicissima* revêtent un aspect géométrique exprimé par le terme «superficie»:

> «Quò partes Individui, vel corporis compositi secundùm majores, vel minores superficies sibi invicem incumbunt, eò difficiliùs, vel faciliùs cogi possunt, ut situm suum mutent [...]»[5]

Les corps très simples sont susceptibles de «grandeurs» variables[6]; ces «grandeurs» peuvent inciter à leur attribuer des figures géométriques déterminant des superficies communes. Or, la «grandeur» appelle à la division; elle semble donc convenir plutôt aux corps composés qu'aux corps très simples; pourtant, elle est attribuée, dans la *Définition de l'Individu*, aux corps très simples, bien qu'il soit dit qu'ils «ne se distinguent les uns des autres que par le mouvement et le repos, la vitesse et la lenteur»[7].

Les corps de degré 1 se situent, comme les corps très simples, à la limite du réseau causal; finalement, tous les corps de degré de composition *n*, degré compté à partir des corps très simples sont encore à la limite du réseau causal.

Toutefois, il ne faut pas s'arrêter aux *compacta* de la première partie de la *Définition de l'Individu*, mais envisager que tous les corps très simples se meuvent tantôt plus lentement, tantôt plus vite, et se tourner vers la seconde partie de cette définition. En effet, certains corps très simples dont chacun a son propre mouvement, se communiquent mutuellement leurs mouvements *certâ quâdam ratione*, sous la contrainte d'autres corps très simples. Leurs mouvements ont en commun quelque chose[8] qu'il convient de préciser grâce à un modèle.

Ne pourrait-on pas penser à un système planétaire pour concevoir l'individu formé de corps très simples? Les planètes se meuvent sur leur orbite et chaque orbite est déterminée de sorte qu'aucune planète ne puisse quitter le système. Le principe unificateur des mouvements des parties du système est la force de gravitation qui meut les planètes «avec le même degré ou des degrés différents de vitesse de sorte qu'ils se communiquent mutuellement leurs mouvements selon un certain rapport déterminé».

Le modèle proposé pour la compréhension d'un corps composé, calqué sur un système dynamique de corps, se trouve réalisé dans le système dont la terre fait partie, à savoir dans le système solaire.

A un degré inférieur de composition du système solaire, existent quelques planètes possédant des lunes avec lesquelles elles forment également un système dynamique; mais il n'a encore jamais été observé que des lunes aient elles-mêmes des corps satellites célestes.

A un degré supérieur, le soleil et les astres qui lui sont les plus proches ne forment pas un système dynamique. Cependant, il est recherché ici non de concilier le système spinoziste avec la réalité telle que la physique la conçoit actuellement, mais de proposer un modèle qui permette de concevoir ce système autant que possible. Ce modèle considère un système idéal où les corps célestes ont une forme parfaitement sphérique et sont composés d'une matière permettant une réflexion mutuelle parfaite, système d'où les météorites et les comètes sont absentes.

Dans ce système, le corps très simple possède une «masse» qui répond au terme de «grandeur» utilisé par Spinoza et il se meut périodiquement sur une trajectoire elliptique. Cette trajectoire est susceptible d'un transfert dans l'espace. Deux corps très simples peuvent avoir des masses identiques et même des trajectoires de même forme, pourvu qu'elles ne coïncident pas dans l'espace.

Cependant, aucun corps ne peut se mouvoir sur une trajectoire elliptique si un second corps n'exerce pas une attraction sur le premier. Un corps très simple ne peut donc exister sans s'associer à un second corps très simple pour former avec celui-ci un système planétaire. Si la terre et sa trajectoire constituaient un corps très simple, il leur faudrait, pour exister, l'autre corps très simple constitué par le soleil et sa trajectoire. Ensemble ils formeraient un système dynamique de degré 1 et «motûs suos invicem certâ quâdam ratione [communicarent]».

Un corps de degré 1 est encore un système planétaire; quand on le décompose, seules subsistent des masses affectées de trajectoires isolées et non des systèmes de trajectoires; en cela réside la simplicité des corps très simples. Un tel corps n'est donc pas infiniment petit et la trajectoire qui le définit n'est pas immuable, mais variable dans la mesure où elle a besoin d'une certaine variabilité pour former avec un autre corps très simple un système planétaire.

Bien que Spinoza attribue une «grandeur»[9] aux corps très simples, il les distingue les uns des autres seulement «par rapport au mouvement et au repos, à la vitesse et à la lenteur»[10]. Cependant, si le mouvement se manifeste par le moyen d'une trajectoire, on ne saurait oublier que la fonction vectorielle définissant une telle trajectoire contient comme paramètre la masse du corps ainsi que celle du corps avec lequel il forme un système dynamique. Quelle que soit la signification de la «grandeur» d'un corps très simple, il semble que Spinoza ait songé à la nécessité d'un paramètre supplémentaire pour définir le mouvement d'un tel corps. Ainsi, pour définir un corps très simple, on lui attribue une masse m_1 et à un second une masse m_2 ; une fonction vectorielle définissant la trajectoire du premier corps autour du second peut alors être établie de sorte qu'un corps très simple de masse m_1 n'existe que lorsqu'un second corps très simple de masse m_2 existe et s'unit à lui dans le système dynamique défini par la fonction vectorielle.

En effet, un corps très simple ne peut être conçu sans supposer qu'il s'allie avec un ou plusieurs corps très simples en un système planétaire. Cependant, pour s'allier et pour rester en alliance, il ne doit pas être en repos; tant qu'il n'est pas en repos, sa trajectoire suffit à le déterminer dans la mesure où elle dépend de sa masse. Il paraît donc possible d'identifier à une trajectoire la «nature» attribuée aux corps très simples par l'*Axiome 1* après le *Lemme 3*, et cet *Axiome* peut être lu de la façon suivante: *toutes les manières dont un corps est affecté par un autre corps suivent de la trajectoire du corps affecté et en même temps de la trajectoire du corps qui affecte le premier corps*[11].[12]

4
Les variations des corps composés de degré 1

Les *corpora simplicissima* étant tous intégrés dans l'un ou l'autre individu du premier degré, il convient d'examiner la fiabilité de la construction de ces individus. Bien que situés tout à proximité de la limite inférieure du réseau causal représentant la détermination *ad existendum* des corps, ces individus sont des modes finis de l'attribut de l'Étendue; or, «toutes les choses particulières sont contingentes et corruptibles»[1]. Si leur construction les veut stables, les modes finis ne le sont toutefois pas de façon inconditionnée; aussi Spinoza formule-t-il quatre «lois de tolérance» relatives aux variations auxquelles un corps de degré 1 peut être soumis sans être détruit. La première en est la suivante:

> «Si [jamais] d'un corps composé de plusieurs corps, donc d'un Individu, certains corps se séparent et qu'en même temps autant d'autres de même nature occupent leur place, l'Individu conservera sa nature telle qu'elle était auparavant sans aucun changement dans sa forme» (*Lemme 4*).[2]

La construction de l'individu repose sur une «forme»:

> «id [. . .], quod formam Individui constituit, in corporum [simplicissimorum] unione [. . .] consistit»[3].

Certains corps très simples, après avoir subi les contraintes d'autres corps très simples, entrent en interaction, donc s'unissent entre eux: ainsi se constitue une «forme» de laquelle naîtra un corps de degré 1; cette forme est l'ordre et la connexion des corps très simples unis entre eux.

Fonction de l'ordre et de la connexion de ces corps unis entre eux, la résultante de leurs trajectoires doit être la trajectoire du corps de degré 1 naissant et elle le détermine à un point tel qu'elle peut en être considérée comme la nature.

Cette loi concerne un corps de degré 1 perdant certains des corps très simples dont l'union lui avait donné naissance; elle admet leur remplacement par des corps très simples de rechange, mais exige, d'une part, qu'un tel corps ait la même nature, donc la même trajectoire, que le corps très simple qu'il remplace, d'autre part, qu'il ne s'écoule aucun intervalle de temps, aussi petit soit-il, entre le départ d'un corps très simple et l'arrivée de son remplaçant[4]. Au cas de non-respect de cette loi, l'union des corps très simples de laquelle est né le corps de degré 1 se défait.

Cependant, le *Lemme 4* concerne moins les changements tolérables d'un corps de degré 1 qu'il n'informe sur la disponibilité illimitée des corps très simples[5] et sur l'existence de tels corps ayant tous la même trajectoire.

La deuxième loi prévoit que les corps très simples qui composent un corps de degré 1

> peuvent devenir «plus [grands] ou plus [petits], toutefois dans une telle proportion que [tous], à l'égard du mouvement et du repos, continuent de soutenir entre [eux] réciproquement le même rapport qu'auparavant»[6].

Dans le modèle planétaire, toute la masse d'un corps peut être fixée au seul point de gravitation; le fonctionnement du système n'est donc pas entravé tant que les corps très simples composant un corps de degré 1 ne se gonflent pas au point de se heurter et de déformer leurs trajectoires, ce qui entraînerait la dislocation de leur union.

La troisième loi envisage que certains corps composant un corps de degré 1

> peuvent «être contraints à infléchir le mouvement qu'ils ont vers une certaine région [de l'Étendue], vers une autre région, de telle façon, toutefois, qu'ils puissent continuer leurs mouvements et se les communiquer les uns aux autres selon le même rapport qu'auparavant»[7].

Cette loi s'applique au cas où toutes les trajectoires définissant chacune un corps très simple à l'intérieur d'un corps de degré 1 sont modifiées simultanément.

La quatrième loi concerne les variations auxquelles un corps de degré 1 peut s'exposer sans que la cohésion des corps très simples ne soit mise en question; elle tolère que ce corps

> «se meuve comme un Tout ou soit en repos, qu'il se meuve [comme un Tout] vers cette région-ci ou cette région-là [de l'Étendue], pourvu que chaque partie conserve son mouvement et le communique aux autres comme auparavant.»[8]

Cette dernière loi rappelle à l'attention la trajectoire sur laquelle se meut un corps de degré 1. Étant la résultante des trajectoires des corps très simples dont l'union donne naissance au corps de degré 1, elle peut inversement influer sur la cohésion de ces corps très simples. Il existe donc des trajectoires qu'un corps de degré 1 ne peut suivre puisqu'elles amèneraient l'union des corps de laquelle il est né à la dislocation.

Le terme «individu» évoque l'indivisibilité ou la stabilité d'un corps de degré 1: un tel corps ne saurait être divisé sans être détruit, autrement dit l'union des corps très simples de laquelle ce corps est né n'est susceptible que d'exister ou de ne pas exister. La forme d'un corps de degré 1 doit donc être maintenue telle quelle, sinon elle est anéantie.

Par contre, la nature d'un corps de degré 1 est susceptible de variations en fonction soit des trajectoires des corps très simples le composant[9], soit des affections subies par d'autres corps de degré 1[10]. Elle varie entre deux limites: l'une est déterminée par l'état originel du corps de degré 1, l'autre par la dislocation de l'union des corps très simples le composant.

Finalement, un corps de degré 1 ou individu semble posséder quelque part un «plan de construction», préfigurant sa forme d'où découlent son état originel, sa nature et les variations que celle-ci peut subir. Ce plan recevra son nom dans le paragraphe 1 du chapitre 2.

A première vue, il semble que les variations des corps composés de degré $n > 1$ se fassent de la même façon que celles des corps de degré 1. Cependant, il convient d'examiner ce que signifie en fait une «variation d'un corps composé de degré $n > 1$» et de considérer ces variations dans le cadre des rapports d'ordre causal.[11]

5
Détermination *ad existendum* et détermination *ad operandum*

La composition des corps à partir des corps très simples se fait dans l'ordre des paliers que le premier paragraphe de ce chapitre a explicité et que le troisième paragraphe a approfondi en se servant du modèle planétaire. La composition de corps de plus en plus composés est telle que l'alliance des corps composants de degré $n - 1$ peut être considérée comme la cause de l'existence d'un corps de degré n. C'est ainsi que l'on retrouve dans cette composition la détermination *ad existendum* de la *Proposition I, 28*.

Cependant, un corps, une fois formé, «est affecté par les corps extérieurs d'un très grand nombre de manières et est disposé de façon à affecter les corps extérieurs d'un très grand nombre de manières»[1]. Un corps a une seule possibilité d'affecter un autre corps, qui est de le déterminer au mouvement ou au repos. L'affection produite par un premier corps peut être considérée comme la cause du mouvement ou du repos du second corps; ainsi apparaît une dépendance causale qui concerne seulement les actions des corps les uns sur les autres et qui n'est autre que la détermination *ad operandum* introduite par la *Proposition I, 28*.

Lorsque les rapports d'ordre causal entre les corps sont à représenter, il faut donc envisager un graphe représentant la détermination *ad operandum* séparément du graphe représentant la détermination *ad existendum.*

6
Le réseau causal de détermination *ad operandum*

Seul, le *Lemme 5* ne fait pas allusion à la possibilité que possède un corps de degré $n-1$, $-\infty < n < +\infty$, de quitter le système de degré n, alors qu'aux termes du *Lemme 6* un corps de degré $n-1$ peut changer sa trajectoire jusqu'à sortir du système et que, selon le *Lemme 7*, tous les corps d'un système peuvent être contraints de changer de trajectoire au point de mettre fin à leur alliance. Suivant le *Lemme 4*, le dommage envisagé par le *Lemme 6* est réparable à condition que le corps qui a quitté le système soit remplacé, alors que dans le cas du *Lemme 7* la situation est irrémédiable. Lorsque certains corps b de degré $n-1$ se séparent d'un corps c de degré n ou que de tels corps b pénètrent dans un corps c, il se produit entre les corps b et le corps c une action réciproque qui, aux termes du *Lemme 3*, ne peut être qu'une détermination au mouvement ou au repos. Au lieu de dire: un corps b agit sur un corps c, Spinoza dit: le corps b «affecte», *afficit*, le corps c. Le corps b est la cause de l'affection de c.

Il faudra examiner de quelle façon un corps de degré m peut agir sur un corps de degré n, $n \neq m$ ou $n = m$. On étudiera d'abord les actions échangées entre des corps de même degré de composition n.

Puisqu'il ne peut être exclu qu'existent des rapports de causalité entre deux corps quelconques de degré n, le réseau qui les représente est un graphe complet du type

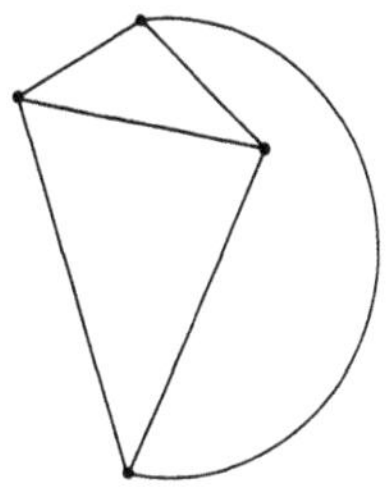

où chaque arête tient lieu d'une paire de flèches:

$$\rightleftarrows$$

La réalisation d'une affection entre plusieurs corps de degré n se représentera par un certain sous-graphe de ce graphe complet, par exemple

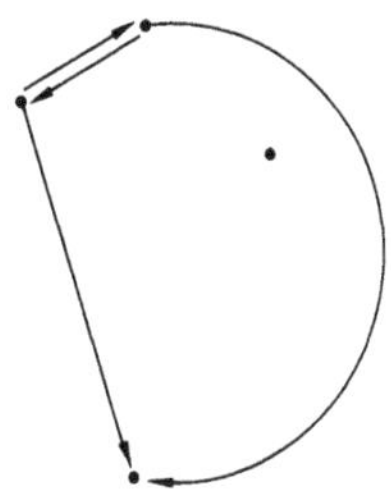

En ce qui concerne l'action qu'exerce un corps c de degré n sur un autre corps c′ de degré n, il est possible de concevoir que tout un système c

> «se meuve comme un Tout ou soit en repos, qu'il se meuve [comme un Tout] vers cette région-ci ou cette région-là [de l'Étendue]»,

et qu'il entre en collision avec un corps c′. Il se peut que c se disloque sous le choc; il se peut aussi «que chaque partie conserve son mouvement et le communique aux autres comme auparavant». Puisque c et c′ sont des systèmes de corps b et b′ de degré $n-1$, leur collision est en fait une collision entre un ou plusieurs corps b et un ou plusieurs corps b′. Ainsi, dans son action sur c′, le corps c n'affecte qu'une partie du corps c′, de sorte que

> «certains corps composant [le corps c′], sont contraints à infléchir le mouvement qu'ils ont vers une certaine région [de l'Étendue], vers une autre région».

Il est donc possible d'imaginer que dans un système planétaire c′ un corps de degré $n-1$ reçoive un choc qui lui fasse quitter soit sa trajectoire sans qu'il sorte pour autant du système c′ – dans ce cas, il décrit une nouvelle trajectoire à l'intérieur du système – soit le système c′ même.

Pour donner une idée du jeu des affections des systèmes de corps entre eux, il convient de s'entendre sur les représentations graphiques de ces systèmes et de leurs affections.

Sans réduire la portée générale du raisonnement, il est possible de concevoir un corps de degré *n* composé de deux corps de degré $n-1$ seulement. Ce corps est un «système» de deux corps; par exemple, le «système planétaire» que forment la terre et sa lune est conçu comme un corps de degré *n*. Ni la terre ni la lune ne pourraient exister seules, chacune sur sa trajectoire; aussi n'est-il pas admis de concevoir la terre et la lune pour elles-mêmes; elles ne peuvent être conçues que dans le système «terre et lune interconnectées».

Un corps ou système planétaire c de degré *n* intégrant, par exemple, quatre corps de degré $n-1$ représentés par les chiffres 1, 2, 3 et 4 est en changement continuel puisque les corps 1, 2, 3 et 4 avancent sur leurs trajectoires et modifient leurs positions mutuelles; cependant, le corps c est en équilibre stable, ses modifications sont préétablies et périodiques: les corps 1, 2, 3 et 4 «diversis celeritatis gradibus moventur, ut motûs suos invicem certâ quâdam ratione communicent». Le système c se représente par un graphe du type:

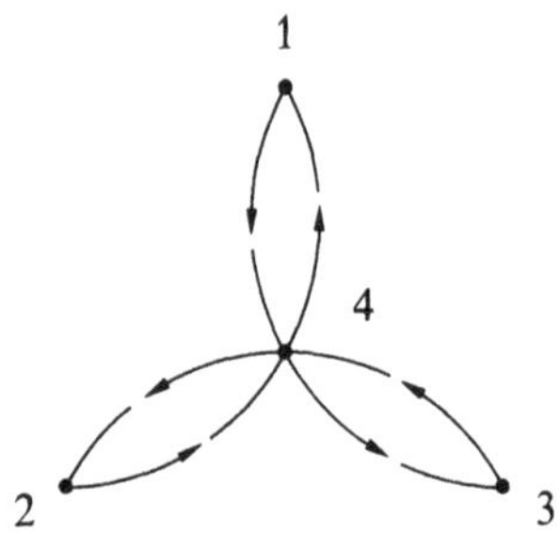

La flèche allant de 1 à 4 signifie: *corpus motum [4] ad motum determinari debuit ab alio corpore [1]*; la flèche inverse signifie: *corpus [1] etiam ad motum determinatum fuit ab alio [4]*.[1] La relation dynamique entre les corps 1 et 4 est considérée comme indépendante des relations dynamiques entre les corps 2 et 4 d'une part, les corps 3 et 4 d'autre part; les deux corps 2 et 3 n'exercent donc pas d'influence majeure sur la relation entre les corps 1 et 4. Ainsi, la détermination subie par le corps 4 de la part du corps 1 est égale à la détermination subie par le corps 1 de la part du corps 4. La même remarque vaut, *mutatis mutandis*, pour les corps 2 et 3. Les corps 1, 2, 3 et 4 perpétuent leurs mouvements, sans dérangement venant de l'extérieur, éternellement. Le graphe complet exprime donc le parfait équilibre du système c qui tourne en lui-même éternellement. Le graphe précédent peut être simplifié:

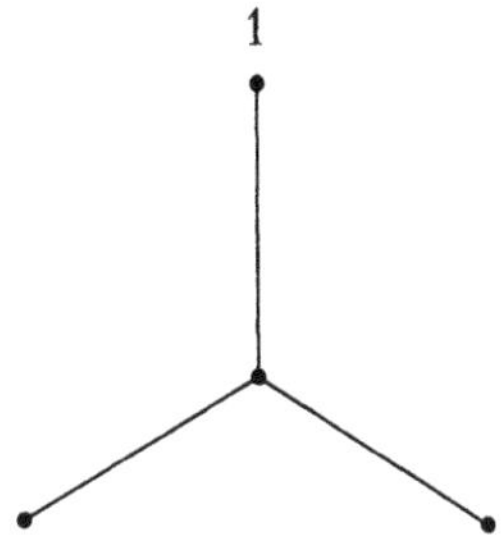

les deux flèches reliant deux corps sont remplacées par une arête, les deux directions opposées se neutralisant dans une droite non orientée.

On peut s'imaginer un autre graphe

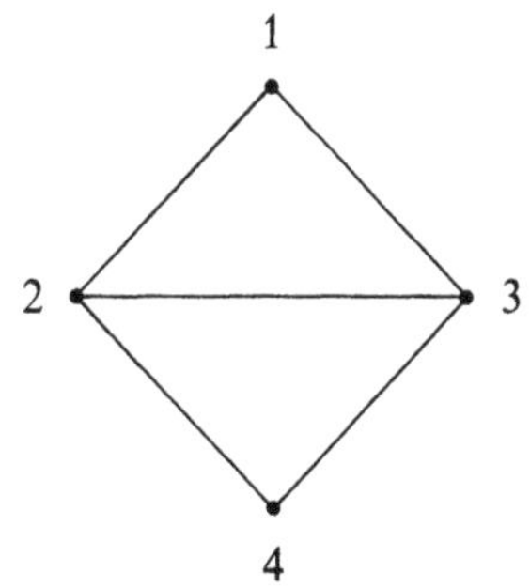

qui signifie un système planétaire où entre les deux corps 2 et 3 se meuvent les deux autres 1 et 4, la trajectoire de chacun étant déterminée par 2 et 3, sans que 1 et 4 ne s'influencent mutuellement, pour autant que les données déterminant le système des corps 1, 2, 3 et 4 le permettent:

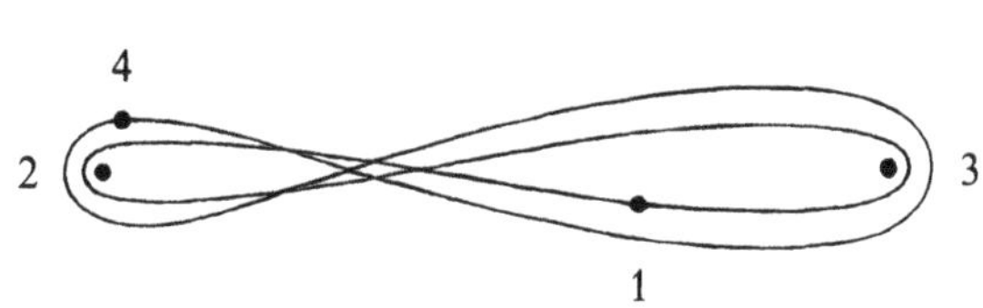

Puis l'on peut concevoir un troisième système c′ de degré *n*

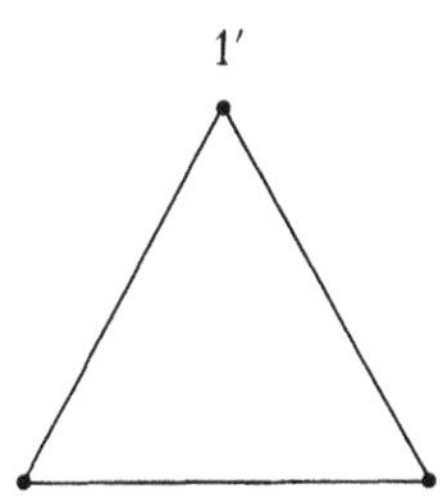

et supposer que le corps ou système planétaire 1′ de degré $n - 1$ entre en collision avec le corps 1 de degré $n - 1$ du premier système c:

$$1' \longrightarrow 1$$

La flèche signifie que le corps 1 est déterminé *ad operandum* par un autre corps 1′: «toutes les manières dont un corps est affecté par un autre corps suivent de la nature du corps affecté et en même temps de la nature du corps qui affecte [le premier corps]»[2]. Si le choc n'est pas tel que le seuil de tolérance établi par le *Lemme 7* soit franchi, chaque partie du corps 1 et du corps 1′ conserve son mouvement et le communique aux autres comme auparavant.

Si, comme le prévoit le *Lemme 6*, le corps 1 est contraint du fait du choc reçu de la part du corps 1′ à infléchir le mouvement qu'il a dans le système c vers une autre région de l'Étendue, et si le système c réussit à influer sur la trajectoire du corps 1 de sorte que celui-ci continue à se mouvoir périodiquement dans c, dans ce cas le corps 1 respecte le seuil imposé par le *Lemme 6* et le système c est de nouveau en état stable de sorte que son graphe est inaltéré, sauf que l'arête rectiligne reliant les corps 1 et 4 devient courbe pour indiquer le nouveau rapport qui s'est établi entre ces deux corps.

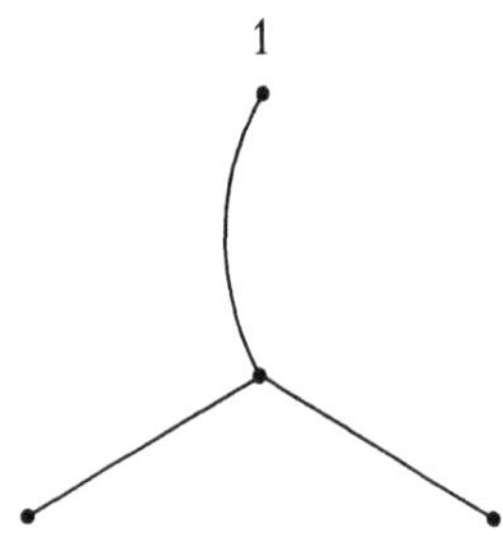

Cependant, le corps 1, pour être retenu dans le système c, a dû malencontreusement infléchir sa trajectoire jusqu'à ce qu'elle intersecte celle du corps 3 de sorte que le corps 1, après un certain nombre de révolutions, finit par heurter le corps 3:

$$1 \longrightarrow 3$$

La flèche indique encore que le corps 3 est affecté par le corps 1, et qu'ainsi il est mû non seulement par le corps 4, mais aussi par le corps 1: «un seul et même corps est mû de diverses manières en fonction de la diversité de la nature des corps qui le meuvent»[3]. Le corps 3 se lancera sur une nouvelle trajectoire qui dépassera le seuil de tolérance imposé par le *Lemme 6* et quittera le système c. Puisqu'aucun corps ne peut subsister seul, si un système c″ perd un corps 1″ de même nature que le corps 3, ce dernier s'intégrera dans c″ qui, selon le *Lemme 4*, subsistera:

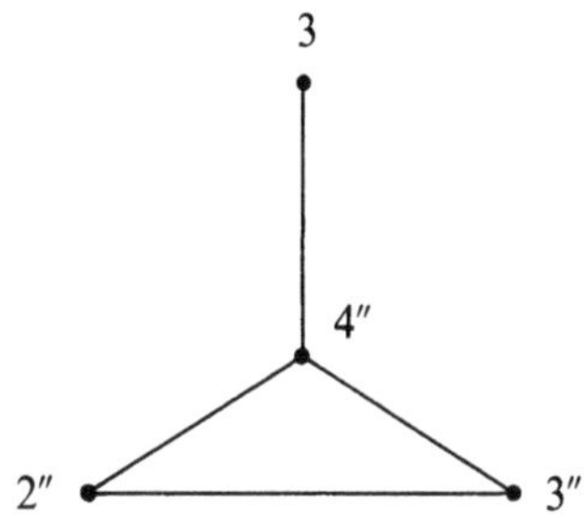

Si le système c ne peut remplacer le corps 3 il se disloque. La succession des étapes d'existence, de transformation et de destruction des corps c, c′ et c″ se présente comme suit. Il convient de se rappeler qu'une flèche symbolise un rapport d'ordre causal entre deux corps et que ce rapport ne peut être que l'incitation au mouvement ou au repos d'un corps par l'autre.

A Le système c tourne de lui-même de façon stable, sans dérangement venant de l'extérieur.

B Le système c′ vient déranger le système c: le corps 1′ entre en collision avec le corps 1 de c.

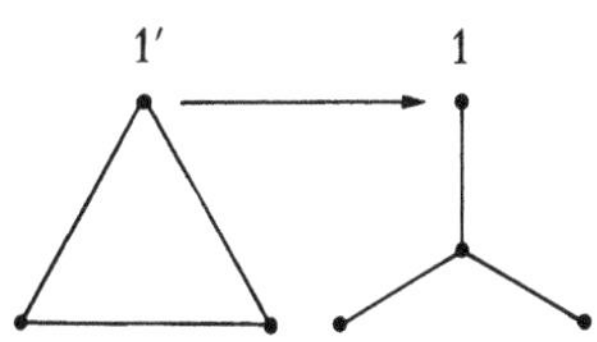

C Le système c, ébranlé, réussit à se restabiliser, tout en retenant le corps 1. Seulement, ce corps suit maintenant une autre trajectoire de sorte que *corpora [1] et [4]* «diversis [novis] celeritatis gradibus [moveantur]» et, finalement, «motûs suos invicem certâ [novâ] quâdam ratione communicent».

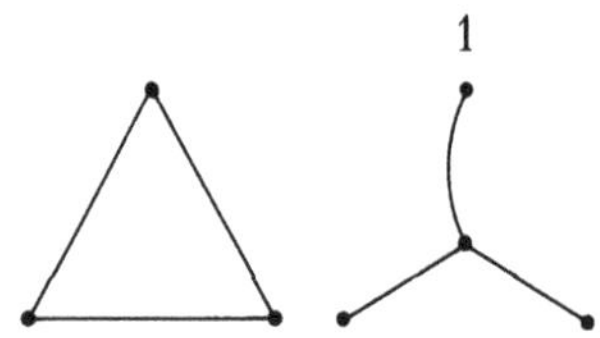

D Le corps 1 catapulte le corps 3 hors du système c:

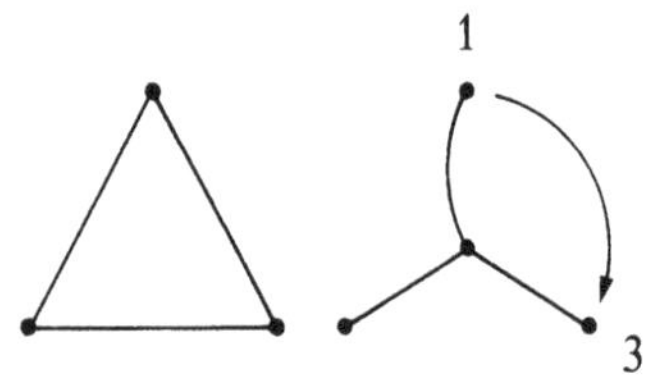

E et l'arête entre les corps 3 et 4 disparaît:

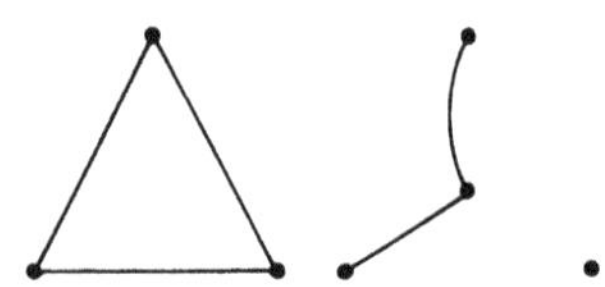

F Le corps 3 s'intègre au système c″ apte à le récupérer.

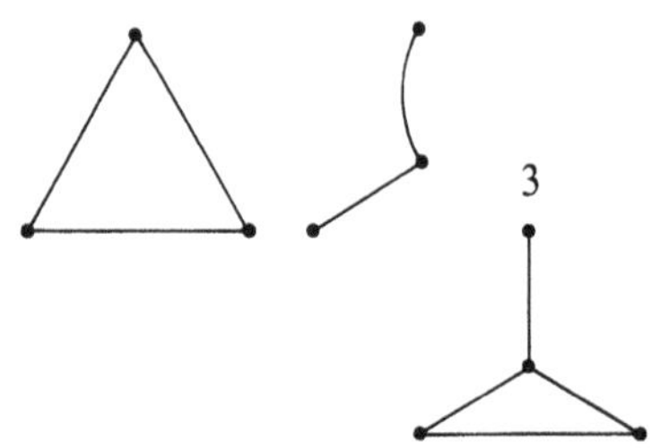

G c est disloqué: les arêtes entre les corps 1, 2 et 4 disparaissent. Ainsi, le système c a été détruit par l'intervention du système c′: «si une chose quelconque est donnée, une autre plus puissante, par laquelle la première peut être détruite, est donnée»[4].

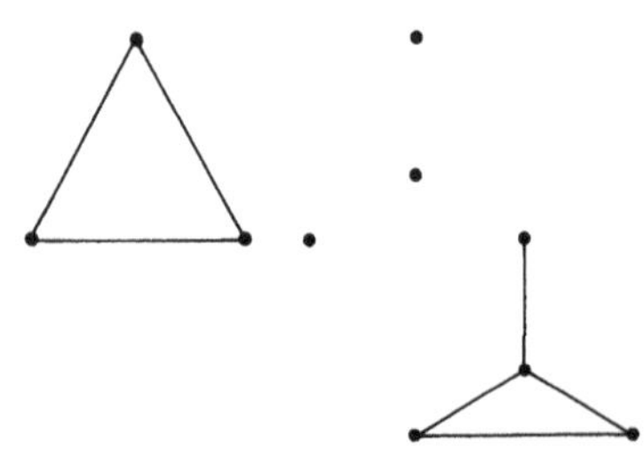

Ce jeu de vie et de mort ne pourrait se prolonger si un individu perdant un seul corps composant était déjà voué à la mort; effectivement, l'individu dispose d'une infinité de corps qui, virtuellement, peuvent remplacer des corps composants défaillants. Cependant, ce jeu prend fin lorsqu'au moment de la mort d'un corps composant, aucun corps susceptible de le remplacer n'est disponible.

7
Les variations des corps composés de degré $n > 1$

Quand dans le réseau de détermination *ad operandum* un individu arrive au terme de son existence, le graphe d'un système planétaire s'éteint, comme dans la septième étape les arêtes entre les corps 1, 2 et 4 disparaissent, car le système planétaire c qui les a unis est disloqué. Ce système c a été de degré n, $-\infty < n < +\infty$; le graphe

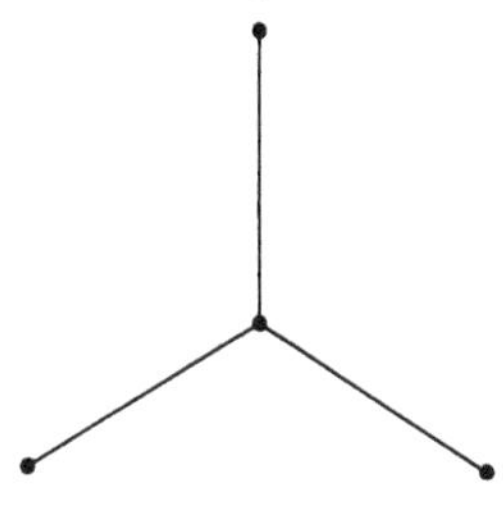

a relié les systèmes 1, 2, 3 et 4 de degré $n-1$. Si donc un graphe reliant des systèmes d'ordre $n-1$ disparaît, un noeud N de degré n du réseau de détermination *ad existendum* s'éteint à son tour. Quand on considère maintenant un système b de degré $n-1$, il est représenté, d'une part, par un noeud N sur le palier $n-1$ du réseau de détermination *ad existendum* et, d'autre part, par un graphe reliant des corps de degré $n-2$ en un système planétaire de degré $n-1$, graphe du réseau de détermination *ad operandum*. Il y a un seul réseau de détermination *ad existendum*, mais autant de réseaux de détermination *ad operandum* qu'il y a de paliers.

Quand un système planétaire c′ touche un autre système c de même degré n, avec ou sans la force de le mouvoir[1], le système c n'est pas touché par le système c′ en tant que Tout, ce sont en réalité les sous-systèmes de c′ et de c de degré $n-1$ qui se touchent, et encore, lorsque deux sous-systèmes se heurtent, ce sont en réalité leurs sous-systèmes, de degré $n-2$ par rapport aux systèmes c′ et c, qui se heurtent, etc. Finalement, la collision entre deux corps de degré n se réduit à des collisions entre corps très simples.

Un système a′ de degré m peut-il agir sur un système c de degré n, $m < n$? Une telle action doit se concevoir comme l'action du système a′ sur un certain sous-système a de degré m du système c.

C'est ici que s'impose une reprise de l'interprétation de la détermination *ad existendum* proposée par le paragraphe 5. En effet, les corps de degré $n - 1$ composant un corps de degré n peuvent bien être considérés comme les causes de son existence: sans ces corps-là, il n'existerait pas. Cependant, puisque ce corps de degré n est inéluctablement anéanti par la dislocation des corps de degré $n - 1$ qui le composent, ne peut-il, inversement, être amené à l'existence par l'union de certains corps de degré $n - 1$? On se souvient de ce passage de la *Définition de l'Individu*: «à reliquisità coërcentur, ut motûs suos invicem certâ quâdam ratione communicent». Pour que quelques corps s'unissent en un système planétaire, il faut qu'ils y soient forcés par d'autres: *à reliquis ità coërcentur*, et les corps qui exercent la contrainte restent en dehors du système qui leur doit son existence. Il est concevable que certains corps, poussés par d'autres, se rapprochent les uns des autres sur des trajectoires telles qu'ils finissent par former ensemble un système dynamique planétaire.

Une fois unis, ces corps sont et demeurent les causes de l'existence de leur système; mais pour qu'ils parviennent à s'unir, il faut qu'ils soient affectés par d'autres corps. Ces affections ou transferts de mouvements sont les premières causes de l'existence d'un corps de degré n. Dans le réseau de détermination *ad operandum* reliant des corps b′ et b de degré $n - 1$ se trouvent donc des flèches désignant des affections causées par un corps b′ et portant sur un corps b qui ne sont autres que des incitations à la formation d'un système c de degré n dont b sera un composant.

8
Le réseau causal de détermination *ad existendum*

Pour mieux saisir la connexion des réseaux de détermination *ad operandum* et du réseau de détermination *ad existendum*, il est nécessaire de repenser ce dernier. La découpe ci-dessous d'un secteur de ce réseau touchant les paliers $n - 2$, $n - 1$ et n et quelques corps seulement sur chaque palier indique une possibilité de construction d'un certain corps 2 de degré de composition n:

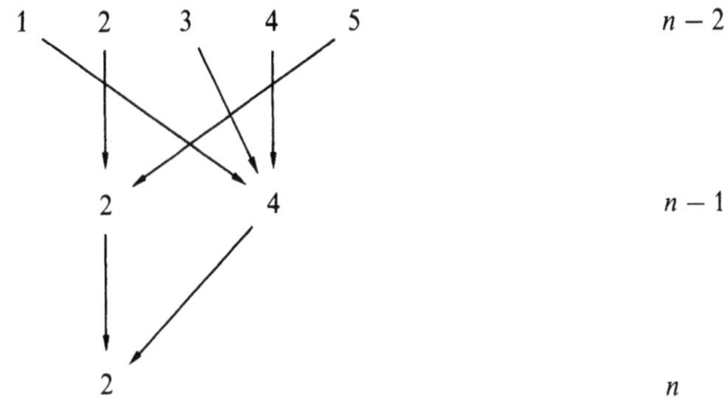

Les corps de degré $n-2$: 1, 3 et 4 d'une part, 2 et 5 d'autre part, composent respectivement les corps 4 et 2 de degré n − 1, ces deux derniers composant le corps 2 de degré n. Spinoza admettant, en ce qui concerne le corps 2, une certaine liberté d'entrée et de sortie, la composition de ce corps n'est pas parfaitement déterminée. Ainsi, le graphe ci-dessus peut être modifié:

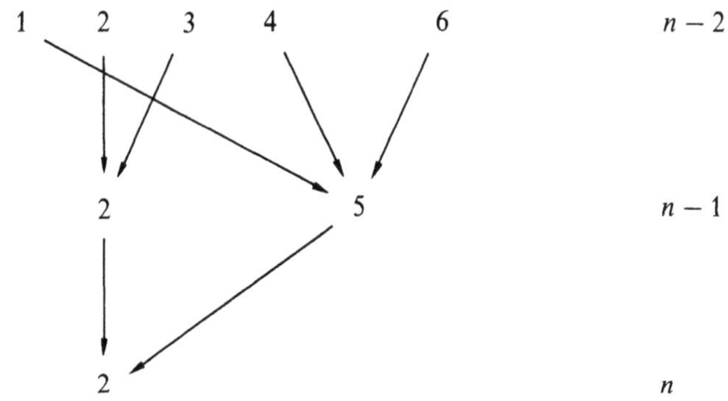

Le corps 5 de degré $n-2$ étant disloqué, le corps 2 de degré $n-1$ réussit à le remplacer par le corps 3 de degré $n-2$ de sorte qu'il prolonge sa propre existence et pourra continuer à être partie composante du corps 2 de degré n, à condition que le corps 3 de degré $n-2$ ait la même nature que le corps 5 du même degré, à savoir décrive la même trajectoire. Seulement, le corps 3 fait maintenant défaut au corps 4 de degré $n-1$; celui-ci, ne réussissant pas à capter un corps qui remplacerait le corps 3 perdu, se disloque. Le corps 5 de degré $n-1$ prend alors sa place dans le corps 2 de degré n en intégrant les corps 1, 4 et 6 de degré $n-2$.

La destruction d'un corps de degré n peut relever de la perte de quelques-uns de ses composants de degré $n-1$ que le corps n'a pu remplacer. Quand le corps est détruit, les composants intacts doivent trouver un corps de degré n auquel ils s'intégreront, sinon ils seront détruits à leur tour. Puisque tout corps est voué à la mort, les composants intacts qui cherchent un corps où s'intégrer, n'y réussiront pas indéfiniment. La destruction d'un corps de degré n finira par entraîner celle d'un ou de plusieurs corps de degré $n - 1$. Finalement, la destruction d'un corps de degré n se répercute jusqu'aux corps composés de corps très simples. A partir d'un corps de degré n, la destruction des corps se propage donc en amont du réseau causal de détermination *ad existendum* et conduit à l'effacement des noeuds et des flèches qui y aboutissent et qui en partent.

Puisque la destruction d'un corps de degré n peut causer la dislocation d'un corps de degré $n + 1$, la destruction des corps se propage également en aval du réseau de détermination *ad existendum.*

9
La connexion des réseaux de détermination *ad existendum* et *ad operandum*

On peut enfin envisager la façon dont le réseau de détermination *ad operandum* se connecte au réseau de détermination *ad existendum.*

Un corps c de degré n est préfiguré par l'ensemble des corps b de degré $n - 1$ qui sont nécessaires à sa composition à l'instant de sa naissance, par leurs ordre et connexion régissant leur union, et par la liste des corps de rechange $\bar{\mathrm{b}}$ de degré $n - 1$ susceptibles chacun de remplacer un corps b. Un corps $\bar{\mathrm{b}}$ possède la même nature que le corps b dont il peut prendre la place; il décrit donc la même trajectoire que b. Un corps b est préfiguré à son tour par l'ensemble des corps a de degré $n - 2$ qui sont nécessaires à sa composition à l'instant de sa naissance, et ainsi de suite.

Si l'ordre et la connexion des corps b de degré $n - 1$ devant composer le corps c sont réalisés, et seulement s'ils le sont, le corps c existe. Certaines connexions c de corps b peuvent donc disparaître du réseau de détermination *ad operandum* qui représente les affections des corps de degré $n - 1$ et quelques corps b provenant d'une telle connexion c disloquée peuvent se joindre pour former une nouvelle connexion donnant naissance à un corps c′ de degré n dont n'existait jusqu'alors que le plan.

Il est possible de concrétiser ce réseau par une bande de papier qui porterait sur son recto les graphes figurant les corps c de degré n avec les noeuds représentant les corps b de degré $n - 1$. A chaque graphe correspondrait sur le verso de la bande un point désignant le corps c figuré par le graphe. La bande est pliée en forme hémicylindrique de sorte que son début est attaché au palier $n-1$ et la fin au palier n. Au niveau du palier n apparaissent les points c qui, sur une deuxième bande pliée en forme hémicylindrique, peuvent être reliés pour figurer les corps d de degré $n+1$, etc.

Les corps sont de plus en plus complexes et approchent finalement du «corps-limite» qu'est la *facies*. Cependant, la construction d'un corps ne peut se faire sans la destruction de certains autres corps et une interprétation de la *facies* semble être possible en prenant en considération et la construction et la destruction des corps.

La destruction d'un corps c de degré de composition n peut avoir deux causes:

1 le corps c perd un ou plusieurs corps composants de degré $n-1$ sans pouvoir les remplacer par des corps de même degré et possédant la même nature, décrivant donc la même trajectoire,

2 le corps c ne trouve plus d'autres corps c′ de degré n avec lesquels il pourrait s'allier pour former un corps d de degré $n+1$.

Les *Lemmes 4, 5* et *6* envisagent la cause 1 comme cause de destruction d'un corps c, le *Lemme 5* concernant le cas limite où un corps c perd simultanément tous ses corps composants. Ces *Lemmes* considèrent un corps c comme un système de degré n perdant un, plusieurs ou tous les sous-systèmes de degré $n-1$. Le *Lemme 7* vise la cause 2 et s'applique à un corps c qui, n'accordant plus son mouvement avec les mouvements d'autres corps c′ avec lesquels il formerait un corps d de degré $n+1$, se trouve en «vol libre».

Il doit cependant être admis que le système des corps ne peut jamais être saisi de façon globale et que, partant des corps situés sur le palier n, on atteint seulement des corps situés sur un palier m séparé du précédent par un nombre fini de paliers.[1] Les deux «franges» de ce système doivent donc être définies comme des «corps» échappant aux causes de destruction.

Si l'on imagine maintenant tous les corps de degré n existant dans un instant t, il apparaît qu'aucun d'eux n'a perdu de corps de degré $n-1$ le composant et que tous ont trouvé d'autres corps de degré n avec lesquels ils ont pu s'allier. Ainsi, la *facies* existe d'ores et déjà, car tous les corps très simples, indélébiles, sont engagés dans les corps de degré n existants; elle n'est autre que la totalité des corps très simples pris sous l'aspect de leur connexion qui existe à tout degré m, $-\infty < m \leq n$.[2]

10
L'effort par lequel un corps s'évertue à persévérer dans son être

L'avènement à l'existence d'un corps c de degré n est préfiguré dans le réseau de détermination *ad operandum* représentant les affections des corps b de degré $n-1$ et l'avènement à l'existence d'un corps composant de degré m, $-\infty < m < n$, l'est aussi dans le réseau de détermination *ad operandum* relié au palier m du secteur du réseau causal de détermination *ad existendum* en amont du palier n: «dans la nature des choses, il n'y a rien de contingent, mais toutes les choses sont déterminées par la nécessité divine à exister»[1].

«Nulle chose ne peut être détruite, sinon par une cause extérieure»[2]; par conséquent, la persévérance dans l'être a plutôt sa source dans le corps lui-même:

> «L'effort par lequel chaque chose s'efforce de persévérer dans son être n'est rien en dehors de l'essence actuelle de cette chose.»[3]

DEUXIÈME CHAPITRE

L'ESSENCE D'UNE CHOSE ÉTENDUE

1
L'essence d'une chose quelconque

Tout changement intervenant dans un corps c de degré *n* est préfiguré dans les réseaux de détermination *ad operandum* qui représentent chacun les affections des corps de degré m, $-\infty \leq m < +\infty$, et sont attachés respectivement aux paliers *m* du réseau de détermination *ad existendum*; ce dernier réseau et la multitude des réseaux de détermination *ad operandum* conservent les données qui conditionnent la vie de c.

Parmi ces données, certaines résident dans des corps étrangers à c[1], mais il en est aussi qui sont en lui et qui, définissant sa forme ou *fabrica*[2], affirment seulement ce qu'il «est et peut»[3]; ces dernières peuvent être appelées son «essence»:

> «Ad essentiam alicujus rei id pertinere dico, quo dato res necessariò ponitur, et quo sublato res necessariò tollitur; vel id, sine quo res, et vice versa quod sine re nec esse, nec concipi potest.»[4] (*Définition II, 2*).

Il paraît utile, avant d'aller plus loin, d'étudier dans le détail cette définition. Spinoza définit l'essence abstraction faite du type de chose auquel elle se rapporte, la chose pouvant être soit un corps, soit un des modes infinis médiat ou immédiat de l'attribut de l'Étendue, soit un mode périssable ou un des modes infinis médiat ou immédiat d'un autre attribut, soit une substance, et il énonce sa définition deux fois, d'abord

A sous l'aspect de l'*esse*,

ensuite

B sous l'aspect du *concipi.*

En tant qu'elle s'appuie sur l'existence de la chose, elle énonce deux formules,

la première:

A 1 *ad essentiam alicujus rei id pertinere dico, quo dato res necessariò ponitur, et quo sublato res necessariò tollitur,* laquelle se divise en deux sous-formules:

A 11 *ad essentiam alicujus rei id pertinere dico, quo dato res necessariò ponitur,*

A 12 *ad essentiam alicujus rei id pertinere dico, quo sublato res necessariò tollitur,*

la seconde:

A 2 *ad essentiam alicujus rei id pertinere dico, sine quo res, et vice versa quod sine re esse non potest,*

laquelle se divise également en deux sous-formules:

A 21 *ad essentiam alicujus rei id pertinere dico, sine quo res esse non potest,*

A 22 *ad essentiam alicujus rei id pertinere dico, quod sine re esse non potest,*

précisions étant données ici d'une part que les sous-formules A 21 et A 12 ont le même sens, d'autre part que la sous-formule A 22, découlant de la sous-formule A 11, établit explicitement la dépendance de l'essence à l'égard de la chose.

En tant que la définition de l'essence s'appuie sur la connaissance de la chose, elle s'énonce dans une seule formule:

B *ad essentiam alicujus rei id pertinere dico, sine quo res, et vice versa quod sine re concipi non potest,*

laquelle se divise encore en deux sous-formules:

B 1 *ad essentiam alicujus rei id pertinere dico, sine quo res concipi non potest,*

B 2 *ad essentiam alicujus rei id pertinere dico, quod sine re concipi non potest,*

précision étant donnée ici que la sous-formule B 2 établit la dépendance du concept de l'essence d'une chose à l'égard de la chose elle-même.

D'après la sous-formule B 1, si la chose ne peut être conçue que par son essence, sa définition dérive de son essence, ce qui rapproche l'essence de ce «plan de construction» dont il a été question à propos des corps.

Si l'essence de la chose a quelque rapport avec son plan de construction, celui-ci sera la condition de l'existence de la chose et de sa persévérance dans l'être, selon A 12 et A 21. Si donc une chose existe, elle est exécutée suivant un plan.

Puisque rien de contingent n'est donné dans la nature, mais que tout y est déterminé à exister[5], il ne peut y avoir de plan qui ne soit exécuté: quand il y a plan de la chose, il y a la chose, selon A 11. Si la chose ne se produit pas, le plan est vain ou inexistant de sorte que le plan ou l'essence de la chose ne peut être sans la chose:

A 22 *ad essentiam alicujus rei id pertinere dico, quod sine re esse non potest.*[6]

2
L'essence d'un corps

Un corps est susceptible d'être déterminé au mouvement par d'autres corps, d'en déterminer d'autres au mouvement et de s'allier à d'autres corps pour contribuer à former un nouveau corps; ce nouveau corps semble se constituer suivant un plan de construction ayant pour objet de régler les rapports entre les corps composants et de fixer la marge de manoeuvre dont chacun peut disposer librement. Puisque, selon l'*Axiome* de la «Quatrième Partie» de l'*Éthique*, l'alliance entre les corps composants doit être inéluctablement rompue[1], un corps existe «avec une relation à un temps et à un lieu déterminés»[2] et peut donc à un instant *t* exister ou ne pas exister ou ne plus exister. Pour identifier ce plan à l'essence du corps, il faut qu'il satisfasse aux formules A 11, A 12 et A 22 du paragraphe précédent caractérisant l'essence d'une chose. Il faut donc montrer que la suppression du plan entrave l'avènement à l'existence du corps:

> *ad essentiam alicujus corporis pertinet id, quo sublato corpus necessariò tollitur* (A 12),

puis, qu'il n'y a pas d'essence d'un corps qui ne soit d'un corps devant exister, existant ou ayant existé:

> *ad essentiam alicujus corporis pertinet id, quod sine corpore esse non potest* (A 22),

autrement dit, que l'achèvement du plan entraîne nécessairement l'existence du corps:

> *ad essentiam alicujus corporis pertinet id, quo dato corpus necessariò ponitur* (A 11).

Il sera expliqué au paragraphe suivant quel sens peut être donné au plan d'un corps au regard de ces trois formules.

3
Le plan ou l'essence d'un corps

L'ordre et la connexion des choses sont de nature causale[1]; c'est pourquoi il est nécessaire de poursuivre l'éclaircissement de l'expression: «un corps est la cause d'un autre corps».

La cause qui détermine un corps le détermine *ad existendum* ou *ad operandum*. Lorsqu'il est déterminé *ad operandum*, il est affecté par d'autres corps et de ce fait «se meut tantôt plus lentement, tantôt plus vite»[2]; il est dès lors en constante modification. Il convient donc de symboliser le corps c par «m(c)», signe qui se lit: le corps c modifié par son mouvement ou, de façon impropre, le mouvement de c.

L'avènement à l'existence de c se fait par les mouvements concourants de corps b* de degré $n - 1$ contraignant des corps b du même degré à s'unir. Puisque «toutes les manières dont un corps est affecté par un autre corps suivent de la nature du corps affecté et en même temps de la nature du corps qui affecte [le premier corps]»[3], la modification de b due à sa collision avec b* résulte tant de lui-même que de b*. De plus, un corps b affecté par un corps b* modifie du fait de son affection le corps b*; les corps b* et b ainsi modifiés sont exprimés par «m(b*)» et «m(b)». Or, si plusieurs corps «concourent à une même action pour que tous soient cause à la fois d'un même effet», ils sont considérés «comme [un seul corps singulier]»[4]; les corps m(b*) et m(b) se conçoivent donc comme unis et constituant une seule cause ayant pour effet le mouvement de b après sa collision avec b*. L'union des deux causes m(b*) et m(b) peut être désignée par «m(b*, b)» qui se lit: les corps m(b*) et m(b) concourent simultanément à une seule et même action ayant pour effet d'envoyer le corps b sur une trajectoire telle que les autres corps b et lui-même se communiquent mutuellement leurs mouvements selon un certain rapport déterminé.

Tous les corps b* concourent à contraindre les corps b à former c et affectent les corps b de telle façon qu'il existe autant de mouvements-causes m(b*, b) qu'il existe de paires {b*, b} de corps b* et b s'affectant mutuellement. L'union des mouvements-causes m(b*, b) peut encore être désignée par «Σ m(b*, b)» qui se lit: les causes m(b*, b) concourent, pour chaque paire {b*, b} de corps b* et b s'affectant mutuellement, à une seule et même action ayant pour effet de donner naissance au corps c parce que les corps b se communiquent mutuellement leurs mouvements selon un certain rapport déterminé.

Puisque tout corps possède son plan, la question est de savoir quel est le plan du corps b en tant que b est modifié par son mouvement. Ce plan peut prendre la forme d'une trajectoire précisée en termes d'une équation différentielle; cependant, une telle forme est l'expression du plan du mouvement du corps b par le moyen d'un mode de l'attribut de la Pensée. Lorsque ce plan est un mode de l'attribut de l'Étendue, à l'équation différentielle correspond la trajectoire elle-même ou le mouvement de b; le plan du corps b en tant que b est modifié par son mouvement est donc son mouvement même. Puisqu'un corps c de degré *n* peut être conçu comme le système de mouvements exécutés par des corps b, son plan est le système de ces mouvements. Si, par exemple, un corps b est contraint du fait du choc reçu de la part d'un corps extérieur à infléchir le mouvement qu'il a dans c vers une autre région de l'Étendue et s'il persiste à se mouvoir dans c, il agit sous la contrainte du plan de c; ce plan unit les mouvements des corps b et de ce plan «quaedam necessariò sequuntur»[5], à savoir la contrainte exercée sur un corps b constitutif de c de se plier au système.

Pourtant, ni les mouvements de corps b* qui ont causé l'avènement à l'existence d'un corps c ni les mouvements de corps c′ qui viendront le détruire ne sont inscrits dans son plan de sorte que sa durée est inconnue de son plan.[6]

Il convient de montrer ici que le plan de construction d'un corps satisfait aux formules A 11, A 12 et A 22 du paragraphe 1.

Puisque le mouvement m(b) d'un corps b est le plan de b en tant que b est modifié par son mouvement, l'union des mouvements m(b) est le mouvement m(c) du corps c formé par les corps b ou le plan de c en tant que c est modifié par son mouvement. A défaut d'union possible de mouvements des corps b il n'y a pas de plan de c et il n'y aura donc pas de corps c, ainsi que l'exprime la formule A 12:

> *ad essentiam alicujus corporis pertinet id, quo sublato corpus necessariò tollitur.*

Si le corps c n'advient jamais à l'existence, c'est qu'il n'y a pas eu et n'y aura jamais d'union de mouvements de corps b et donc pas de plan de c, selon la formule A 22:

> *ad essentiam alicujus corporis pertinet id, quod sine corpore esse non potest,*

autrement dit, l'union des mouvements m(b) ou l'achèvement du plan du corps c qui «est au pouvoir de Dieu»[7] donnera nécessairement naissance à c, suivant la formule A 11:

> *ad essentiam alicujus corporis pertinet id, quo dato corpus necessariò ponitur.*

Spinoza postule l'existence nécessaire et infinie de l'essence de chaque corps c:

> «Les choses sont conçues par nous comme actuelles de deux manières: ou bien en tant que nous concevons qu'elles existent avec une relation à un temps et à un lieu déterminés, ou bien en tant que nous concevons qu'elles sont contenues en Dieu et qu'elles suivent de la nécessité de la nature divine. Celles, cependant, qui sont conçues comme vraies ou bien réelles [*seu reales*] de cette seconde manière, nous les concevons sous le signe de l'éternité [*sub aeternitatis specie*].»[8]

L'essence d'un corps est, comme le corps lui-même, un mode de l'attribut de l'Étendue[9], une «courbure» imprimée à jamais dans l'Étendue, à l'instar d'un moule que copiera le corps périssable, et dont la courbure est le plan du corps.

4
La naissance et la mort d'un corps

Il convient d'examiner d'abord les corps b qui à l'instant t composent le corps c et les corps $\bar{b}$ incorporés dans d'autres corps c′, mais habilités à remplacer les corps b. Le plan du corps c implique en premier lieu un certain graphe d'un système planétaire, par exemple un de ceux tracés dans le paragraphe 6 du chapitre 1:

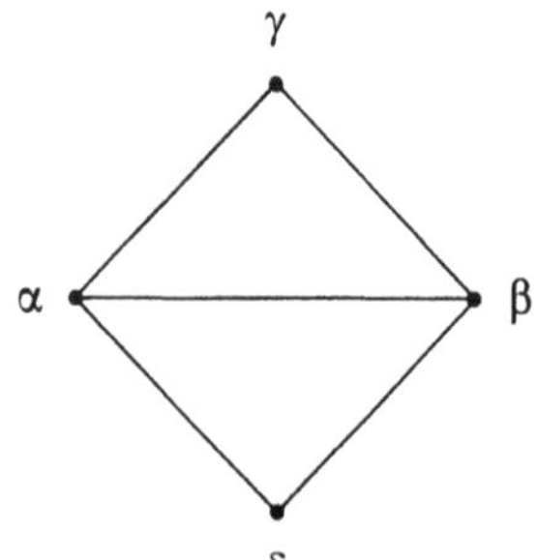

Le plan de c doit faire état des «possibilités d'échanges» en prévoyant les «réparations possibles»; pour un ensemble de onze corps par exemple, il peut prendre la forme suivante:

1 Les places α et β peuvent être occupées par les couples de corps (3, 6) ou (11, 8),

2 pour $(\alpha, \beta) = (3, 6)$, les places γ et δ peuvent être occupées par les couples de corps (1, 4) ou (1, 5),

3 pour $(\alpha, \beta) = (11, 8)$, les places γ et δ peuvent être occupées par les couples de corps (7, 10) ou (9, 2).

Le corps c naît de l'assemblage de quatre corps «initiaux», mais quels que soient les corps placés en α, β, γ et δ, il demeure le même.

Outre les corps b et $\bar{b}$ il existe des corps b* de degré $n-1$ qui, sans s'unir à eux, contraignent par leurs mouvements les corps initiaux b à s'allier pour former c et décrivent leurs propres trajectoires; les équations des trajectoires de ces différents corps permettent de calculer leurs points d'intersection et de préciser les changements de trajectoires survenant lorsque les corps b* et b s'entrechoquent. La question est de savoir si les plans des corps b, $\bar{b}$ et b* figurent dans le plan de c.

Il serait plus facile de répondre à cette question si la distinction entre les corps b* et les corps $\bar{b}$, habilités à remplacer les corps b, était possible. En fait, un corps $\bar{b}$, avant de remplacer un corps b, peut avoir contribué à contraindre des corps b à former c; il a été alors désigné par «b*». Dans ce cas, le rôle joué par $\bar{b}$ lors de l'avènement de c est préfiguré dans le plan de c si le plan de $\bar{b}$ figure dans le plan de c.

Le plan de $\bar{b}$ définit la marge de manoeuvre dont ce corps peut user pour suivre ses trajectoires sans s'exposer au risque de dislocation exprimé par le *Lemme 7*; les trajectoires suivies effectivement par $\bar{b}$ seront déterminées par les corps b′ avec lesquels il échangera des mouvements, b′ étant soit un corps b soit un corps $\bar{b}$ soit un corps b* soit un autre corps de degré $n-1$.[1] Chacun des différents types de corps b′ est susceptible d'un «mouvement spontané»[2]; en tant que ces corps b′ sont «une partie de la Nature [étendue]», leurs mouvements ne peuvent être conçus «adéquatement par [eux-mêmes] sans les autres [corps b′]»[3]. Le plan de $\bar{b}$ ne saurait donc préfigurer les trajectoires effectivement suivies par $\bar{b}$; *a fortiori*, le plan de c ne saurait le faire et ne préfigure pas non plus les mouvements des corps b* contraignant les corps «initiaux» b à s'allier pour former c.

Cette conclusion est en accord avec la doctrine de l'*Éthique* selon laquelle la «cause en vertu de laquelle une chose existe doit ou bien être contenue dans la nature de la chose existante [...] ou bien être donnée en dehors [de la nature]»[4]. Si la cause de l'existence du corps c était contenue dans son plan, «il [appartiendrait] à sa nature d'exister»[5] et il serait une substance.

Comme l'avènement à l'existence n'est pas préétabli dans l'essence d'un corps, sa destruction ne l'est pas non plus: «aussi longtemps [...] que nous avons égard seulement [au corps lui-même] et non à des causes extérieures, nous ne pourrons rien trouver en [lui] qui puisse [le] détruire»[6]; «aucune chose n'a rien en elle [...] qui ôte son existence»[7]. S'il n'en était pas ainsi, le plan du corps c préétablirait la destruction de c.

En ce qui concerne un corps b intégré dans c il est sous l'impact de corps b′ de sorte que l'essence de c ne saurait préfigurer tous les mouvements d'un corps b.[8] Il existe donc des causes provoquant l'avènement à l'existence ou la destruction de c, ou même des affections de c qui ne sont pas préfigurées dans le plan de c et sont qualifiées par Spinoza d'«extérieures» par rapport à l'essence de c[9]. Elles proviennent des essences de corps b′. Le corps c peut alors être affecté par des causes qui sont extérieures à son essence et agissent par l'intermédiaire des corps le composant; ces causes sont les mouvements de corps b′ et ne produisent leurs effets qu'en coopération de sorte qu'on ne peut en appréhender aucune isolément.[10]

Lorsqu'un corps b′ affecte le corps c, les conséquences découlent de cette affection «aussi nécessairement qu'il suit de la nature du triangle que ses trois angles égalent deux droits»[11], car «les lois de la Nature [...] concernent l'ordre commun de la Nature, [dont les corps c et b′ sont] une partie»[12]; seulement, ni l'affection provoquée par b′ ni ses conséquences ne sont préfigurées dans l'essence de c.

5
Le mode infini immédiat de l'attribut de l'Étendue

Le plan d'un corps c de degré *n* existant dans la durée devrait occuper un secteur du réseau causal de détermination *ad existendum* en amont du noeud N(c) et participer aux réseaux de détermination *ad operandum* reliés respectivement aux paliers m, $-\infty \leq m < n$, du réseau de détermination *ad existendum*. Ce réseau semble former à tout degré *n* avec les réseaux de détermination *ad operandum* afférents un être d'un seul tenant, ayant le statut d'un mode de l'attribut de l'Étendue et devant son existence au fait que l'attribut est modifié «une première fois», comme l'annonce la *Proposition I, 21*:

> *Si la nature absolue de l'attribut de l'Étendue produit un mode immédiatement, c'est-à-dire en tant que nature considérée en elle-même et non encore modifiée, alors ce mode existe de manière nécessaire et infinie par la vertu de cet attribut.*[1]

Pour montrer que le réseau de détermination *ad existendum* forme avec les réseaux de détermination *ad operandum* un être d'un seul tenant, il faut repenser les corps singuliers, à savoir les corps réels et les corps virtuels. Les corps réels sont ceux qui, à l'instant t dans la durée, naissent, existent ou périssent. Les corps virtuels sont ceux qui, à l'instant t, n'ont pas encore commencé à exister ou ont déjà péri. Les corps singuliers sont éphémères; ceux qui existent à l'instant t_1 peuvent ne pas exister à l'instant t_2; pourtant, à chaque corps singulier paraît être réservé, d'éternité en éternité, un plan de construction indiquant et le degré de composition et la forme du corps ainsi que les corps qui le composeront à l'instant de sa naissance, donc la trajectoire sur laquelle il se mouvrait si d'autres corps ne l'affectaient pas, et les corps de rechange.

A l'instant t, un corps c décrit sa trajectoire; ses mouvements sont secondés ou entravés par les mouvements qu'opèrent d'autres corps c′ décrivant leurs propres trajectoires, mouvements eux-mêmes secondés ou entravés par les mouvements d'autres corps c″, ... Puisque le *Lemme 7* exclut qu'un corps puisse subsister en «vol libre», un corps b de degré $n-1$ qui quitte un corps c de degré n parvient à intégrer un autre corps c′ ou bien se disloque, les deux éventualités se produisant sans délai. A l'instant t:

- certains corps c se maintiennent dans l'existence; ce sont ceux qui respectent les seuils de tolérance imposés par les *Lemmes 4* à *7*;
- certains corps c périssent; ce sont ceux qui ont violé les seuils de tolérance prescrits par les *Lemmes 4* à *7*;
- certains corps c* lancent d'autres corps c sur des trajectoires telles que ces corps finissent par former un système dynamique stable ou un nouveau corps d.

Non seulement un corps singulier composé peut être pensé sous forme d'un système planétaire, mais la *facies* à l'instant t peut l'être également. Pour ce faire, deux corps c et c′ de degré n, $-\infty < n < +\infty$, seront dits «disjoints» si, parmi les corps très simples pouvant être incorporés dans l'un d'eux, il n'en existe aucun qui puisse être incorporé dans l'autre. Pour que la *facies* à l'instant t puisse être pensée comme système planétaire, il faut postuler que, pour tout degré n, $-\infty < n < +\infty$, et pour toute paire $\{c, c'\}$ de corps de degré n disjoints, il existe un corps u de degré m, $m > n$, comptant parmi les corps qui le composent et le corps c et le corps c′. Ce postulat étant rempli, la *facies* s'exprime par le modèle d'un ultime système planétaire englobant tous les corps de degré n, $-\infty \leq n < +\infty$, indélébile, mais variable par rapport à la totalité des corps qu'il unit ainsi que par rapport à leurs trajectoires.

La *Proposition I, 28* exprime le déterminisme qui veut que cette union dépende uniquement des corps et de leurs mouvements à l'instant t^* précédant l'instant t et infiniment proche de t. Il y a donc la variation d'instant à instant de l'union des corps existants ainsi que la variation d'instant à instant de leurs mouvements respectifs. Si l'on symbolise par «$f(t)$» l'«état» de la *facies* à l'instant t, $-\infty < t < +\infty$, il y a le continuum des variations $f(t)$.

Il est maintenant possible d'expliciter cet être ayant la nature de l'Étendue que forme le réseau de détermination *ad existendum* avec les réseaux de détermination *ad operandum* afférents. Pour cela, il faut considérer le continuum des variations $f(t)$, à savoir la *facies* sous l'aspect de tous ses états $f(t)$, $-\infty < t < +\infty$. Ce continuum, selon l'*Éthique*, est soumis à un principe d'ordre qui est la connexion de cause à effet liant la naissance, l'existence et la mort d'un corps c aux mouvements d'autres corps; ainsi, les variations $f(t)$ de la *facies* se succèdent les unes aux autres suivant «l'ordre de toute la Nature ou la connexion des causes»[2]

Cet ordre de toute la Nature se compose «d'ordres particuliers régissant chacun un corps c de degré n, $-\infty < n < +\infty$», et un tel ordre particulier peut être conçu comme suit:

- le plan de construction de c présente le graphe de la forme de c dans lequel sont indiqués les corps b de degré $n-1$ composant c à l'instant de sa naissance et marque les corps $\bar{b}$ de rechange, ...,
- des bandes dessinées préfigurant les rencontres du graphe de c avec les graphes d'autres corps, à savoir les événements de la vie de c et la mort de c.

La naissance de c, quant à elle, se trouve préfigurée sur les bandes dessinées consacrées aux vies des corps b* contraignant par leurs mouvements certains corps b à former c.

L'ordre particulier régissant c est déterminé par le plan de c, mais non par lui seul; en effet, il faut considérer les bandes dessinées préfigurant les événements de la vie de c et la mort de c ainsi que toutes les bandes préfigurant la naissance de c. Afin que l'ordre de toute la Nature étendue puisse être conçu comme étant composé d'ordres particuliers régissant chacun un corps c de degré n, $-\infty < n < +\infty$, il faut, semble-t-il, poser encore le postulat suivant: un ordre particulier régissant un corps c étant choisi au hasard, il existe un corps v de degré l, $l > n$, tel que cet ordre soit inscrit dans le plan de v. Ce postulat étant rempli, tout événement concernant la naissance, la vie et la mort de c est inscrit dans le plan de v, ce qui ne veut pas dire que ces événements se produiront conformément aux bandes dessinées les préfigurant, car naissance, vie et mort de c dépendront des vicissitudes que subira le corps v. Néanmoins, la naissance, la vie et la mort de c peuvent être considérées, dans une certaine mesure, comme les effets produits par l'«essence actuelle»[3] du corps v.[4]

Dans le paragraphe 1 du chapitre 1 ont été distingués deux ordres agençant les modes finis et fugitifs de l'attribut de l'Étendue:

> *ordo et connexio rerum* en tant qu'ordre hiérarchique de la composition des corps;

et

> *ordo et connexio rerum* en tant qu'ordre des rapports de causalité entre les corps.

Tout événement concernant la naissance, la vie et la mort d'un corps c pouvant être inscrit dans le plan d'un corps v de degré l, $l > n$, ces deux ordres, finalement, sont Un. L'ordre de la nature étendue est l'ordre des plans de tous les corps c de degré n, $-\infty < n < +\infty$.

Cet ordre est le plan de construction de la *facies*; celle-ci étant Une, son plan est Un. Il est un mode de l'attribut de l'Étendue et en est la «première» modification, car aucune autre ne peut être produite sans que l'ordre de la Nature étendue ne soit établi. Cet ordre existe donc de manière nécessaire et infinie par la vertu de l'attribut de l'Étendue et il en est le «mode infini immédiat» annoncé par la *Proposition I, 21.*

Cependant, l'ordre de la Nature étendue, exprimé au moyen d'un système de graphes, est en fait exprimé au moyen d'une idée, donc d'un mode de l'attribut de la Pensée. N'existerait-il pas un mode de l'attribut de l'Étendue susceptible de «matérialiser» cet ordre? Ne pourrait on pas recourir aux corps très simples? Déterminés par leurs trajectoires, contraints à s'allier avec un ou plusieurs autres corps très simples en un système planétaire, ils semblent préfigurer, par les possibilités d'alliances qui leurs sont immanentes, tous les corps possibles et fugitifs et ils demeurent eux-mêmes indélébiles. Ils se distinguent entre eux *ratione motûs et quietis, celeritatis et tarditatis*; ne sont-ils pas eux-mêmes «le mouvement et le repos» que Spinoza, dans sa lettre du 29 juillet 1675 à Schuller[5], confère au mode infini immédiat de l'attribut de l'Étendue?[6]

6
Le mode infini médiat de l'attribut de l'Étendue

L'ordre de toute la Nature étendue se compose d'ordres particuliers régissant chacun un corps c. Un tel ordre particulier peut être imaginé comme un ensemble de graphes. Le graphe de la forme d'un corps c de degré *n* naissant, existant ou mourant à l'instant *t* peut être colorié en rouge; alors les corps b ou b̄ qui, en réalité, le composent, seront colorés en rouge; il en sera de même pour les corps existant à l'instant *t* représentés sur la bande dessinée déterminant les événements de la vie de c, et pour les mouvements qu'ils sont en train d'exécuter à l'instant *t*. Une telle coloration marque les causes de détermination *ad existendum* et celles de détermination *ad operandum* à l'instant *t* qu'envisage la *Proposition I, 28*, ou l'état f(*t*) de la *facies* à l'instant *t*:

> *Si l'attribut de l'Étendue a produit une première modification qui, par la vertu de l'attribut même, existe de manière nécessaire et infinie, et s'il produit une deuxième modification, celle-ci existe également de manière nécessaire et infinie – non pas par la vertu de l'attribut, mais seulement par la vertu de la première modification.*[1]

Cette deuxième modification est le «mode infini médiat» de l'attribut de l'Étendue; il est la réalisation dans la durée de l'ordre de la Nature étendue que l'attribut, par sa première modification, a mis au monde[2]; Spinoza l'identifie, dans sa lettre à Schuller du 29 juillet 1675, à la *facies*.[3]

7
L'essence du mode infini immédiat de l'attribut de l'Étendue

Le mode infini immédiat de l'attribut de l'Étendue est l'union infinie des essences des corps; elles incitent les corps à persévérer dans le jeu au cours duquel un corps en détermine d'autres *ad operandum* et se laisse déterminer *ad operandum*. L'essence du mode infini immédiat est l'instance sans laquelle ce mode infini lui-même ne pourrait exister, et cette essence est l'attribut de l'Étendue.[1] Inversement, l'attribut a besoin de ce mode pour être. En effet, si les essences des corps, dans leur union, ne propageaient pas le principe du mouvement et du repos, l'attribut de l'Étendue ne contribuerait pas à constituer la substance.

8
L'essence de la *facies totius universi*

La *facies totius universi* est constituée d'individus, eux-mêmes composés d'autres individus dont les degrés de composition s'ordonnent en ordre hiérarchique. Si l'on décomposait un corps existant dans la durée et si, à chaque degré, on dissociait les composants des composants jusqu'à arriver aux corps de degré n, on passerait par $\infty - n$ degrés; ainsi, un tel corps possède un degré de composition infini, symbolisé soit par «$- \infty + n$» soit par «$+ \infty - n$», et il se situe sur un noeud N du réseau causal éloigné, tant en amont qu'en aval, des limites infinies du réseau. Son essence éternelle est «finie», car elle est inscrite dans l'essence d'un corps de degré $- \infty + m, m > n$.[1] En avançant de corps en corps vers la limite du réseau, on ne rencontre que des essences finies; mais la *facies*, «corps» infini, doit posséder une essence éternelle et infinie. La *facies* se distingue des corps finis par le fait qu'ils varient seulement dans les limites définies par les *Lemmes 4* à *7*, tandis qu'elle varie d'une infinité de manières sans la moindre contrainte. Un corps fini se disloque s'il ne peut parer à la perte d'un corps composant par l'adjonction d'un autre; puisque les corps finis se disloquent inéluctablement, la *facies* subit des pertes infinies et irréparables en corps, mais elle ne se disloque pas pour autant.

Quelles que soient les variations des corps finis, chacun d'eux est enchâssé dans un corps dont le degré de composition est supérieur de 1 au sien; aucun ne restera seul et isolé; tous seront intégrés dans l'un ou l'autre d'entre eux et l'individu-limite les absorbera tous[2]. Cet individu subsiste éternellement[3]; ainsi, la *facies* est en repos; le repos doit être inscrit dans son essence.

La *facies* est appelée «individu»[4]; en un sens, elle répond à la *Définition de l'Individu*, parce que composée, mais elle n'a pas d'homologue pour se différencier de lui. Les corps très simples, par contre, bien qu'ayant des homologues, ne sont pas des individus, parce qu'ils ne sont pas composés. Les authentiques individus se tiennent dans la zone intermédiaire entre les corps très simples et la *facies*. Celle-ci est un «corps», mais se distingue des corps finis par les spécificités suivantes:

1 elle n'a pas besoin de se composer avec d'autres corps pour exister,

2 elle n'est pas susceptible d'être placée sur une trajectoire[5],

3 elle n'est pas affectée par les mouvements de ses composants[6],

4 elle ne peut être abandonnée par aucun de ses composants[7],

5 elle n'est pas affectée par la distension ou la contraction de ses composants[8],

6 elle conserve sa forme lorsqu'un composant périt,

7 elle conserve encore sa forme lorsqu'un composant naît.

Bien qu'elle soit en repos en tant que Tout, son intérieur est agité d'éternels mouvements ayant leur source dans les corps très simples de sorte que la limite inférieure du réseau causal de détermination *ad existendum* engendre le mouvement que la limite supérieure, la *facies*, neutralise; les corps finis participent à la fois du mouvement et du repos. L'essence de la *facies* doit donc également envelopper le mouvement.

Le mouvement et le repos sont le propre du mode infini immédiat de l'attribut de l'Étendue; ce mode constitue donc l'essence de la *facies* ou du mode infini médiat du même attribut.

9
L'infinité et la divisibilité du mode infini médiat de l'attribut de l'Étendue

Il est tentant de songer à un corps $\tilde{c}$ de degré *n* qui ne subirait aucune affection non inscrite au préalable dans son essence. Un tel corps $\tilde{c}$ ne s'exposerait pas aux effets de causes extérieures à son essence. Non seulement l'existence d'un tel corps $\tilde{c}$ n'est pas suggérée par Spinoza, mais elle est exclue, car tout corps c de degré fini est susceptible d'être affecté par des causes extérieures[1]. Cependant, le postulat de l'unicité de la *facies totius universi*[2] apparaît comme l'aboutissement de la recherche d'un tel corps, car elle est le «corps» qui ne subit plus de causes extérieures.

Du postulat de l'unicité de la *facies* dérive l'infinité de la *facies*. En fait, un corps c de degré *n* subissant une affection ayant une cause extérieure à son essence peut être considéré comme «limité» par le corps c′ d'où émane cette affection. Or, «cette chose est dite finie en son genre qui peut être limitée par une autre de même nature»[3]; ainsi, le corps c est «fini». Au contraire, le «corps» nommé *facies* ne peut être fini, car il n'existe pas de causes extérieures à son essence qui n'est autre que le mode infini immédiat de l'attribut de l'Étendue ou l'ordre des causes agissant sur les corps.

La *facies* est divisible à l'infini; en effet, la destruction d'un corps c, qui intervient par exemple lorsqu'un des corps composants b dépasse la marge de variations concédée à sa trajectoire par le *Lemme 6*, revient à une fissure située à l'intérieur de la *facies*.

TROISIÈME CHAPITRE

LE CORPS DE DIEU

1
Les rapports entre les modes de l'attribut de l'Étendue

Après avoir retracé la construction d'un corps et déterminé son essence, les corps ont été réunis en l'unique mode infini médiat qui possède lui-même son essence, à savoir l'unique ordre de toute la Nature étendue ou mode infini immédiat de l'attribut de l'Étendue. Il y a quatre types de modes auxquels on affectera des symboles:

1 le corps existant dans la durée: «c»,

2 l'essence d'un corps existant dans la durée: «e(c)»,

3 l'union des corps existant dans la durée: «MIM(E)»,

4 l'ordre de toute la Nature étendue: «MII(E)»,

où la lettre «E» signifie l'attribut de l'Étendue. Une flèche horizontale symbolise le passage de l'essence d'un mode au mode lui-même, une flèche verticale le passage de l'union ordonnée des modes d'un même type à un seul de ces modes:

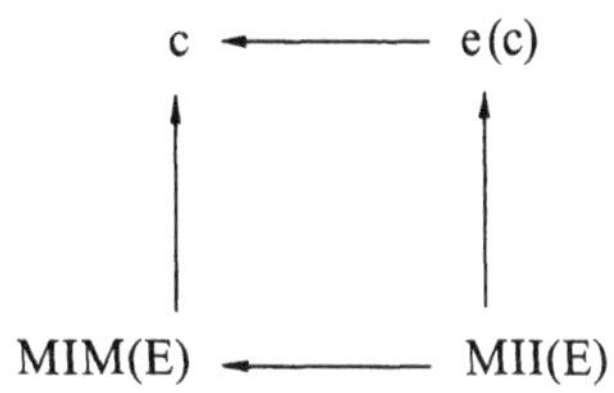

2
La conservation d'un corps

Dieu donne à toute chose le pouvoir d'être la cause soit d'une autre chose soit d'une modification d'une autre chose[1]; aussi dispose-t-il *ad operandum* non seulement un corps c, mais également le plan de c, car dans la Nature «toutes choses sont déterminées par la nécessité de la nature divine [...] à produire quelqu'effet d'une certaine manière»[2]. Le plan e(c) est alors nécessairement[3] suivi d'un effet qui ne peut porter ni sur e(c) lui-même, ni sur le plan e(c′) d'un autre corps c′, puisqu'un plan demeure éternellement le même. L'effet doit donc porter sur des corps existant dans la durée, mais non extérieurs à c, sinon e(c) serait un corps en mouvement ou en repos agissant sur un autre corps[4]. L'effet ne peut finalement être relatif qu'au corps c lui-même; le plan e(c) ne pouvant ni détruire[5] ni produire[6] c, l'effet de e(c), qui n'est cependant pas nul[7], doit être la conservation de c dans la durée. En fait, selon la formule A11:

> *ad essentiam alicujus corporis pertinet id, quo dato corpus necessariò ponitur,*

s'il y a un plan e(c), il y aura un corps c. Mais, une fois c advenu à l'existence, le plan e(c) constitue l'effort nécessaire à la conservation de c: «conatus sese conservandi est ipsa [corporis] essentia»[8] de sorte que le corps c, de par son plan e(c) ou *conatus*, désire «être, agir et vivre, à savoir exister en acte»[9].

L'ordre de toute la Nature est une géométrie dont les configurations sont des graphes reliant des noeuds par des arêtes; un noeud représente un corps b de degré $n-1$ et deux corps b et b′ reliés par une arête se communiquent mutuellement leurs mouvements selon un certain rapport déterminé; un graphe est associé à un corps c de degré n ou à un système planétaire c. Une flèche partant d'un corps b vers un autre corps b″ indique que b″ en mouvement ou en repos a dû être déterminé au mouvement ou au repos par b. La «puissance de Dieu par laquelle [...] toutes choses [...] agissent»[10] s'exerce simultanément sur tous les noeuds du réseau de détermination *ad operandum* affecté à un palier n du réseau de détermination *ad existendum*. Ainsi, «toutes choses suivent de la nécessité de la nature divine et arrivent selon les lois et les règles éternelles de la Nature»[11], de sorte que le «mérite» de la conservation de c ne revient finalement pas à l'essence de c, mais à Dieu: l'essence de c «ne peut être cause [de la] durée [de c], mais Dieu seul [le peut]»[12]. A la vérité, Dieu, «cause extérieure»[13] à l'essence e(c), confère à celle-ci la vertu d'agir aux fins de la conservation de c: e(c) «ex solo Dei nutu [agit]»[14].

Selon la *Proposition I, 28*, l'état $f(t)$ de la *facies* à l'instant t dépend uniquement de l'état $f(t^*)$, avec $t^* < t$ et infiniment proche de t. Pour tout corps c de degré n, il existe un corps v de degré l, $l > n$, dans l'essence duquel sont inscrites toutes les causes finies extérieures à c. Le *conatus* ou essence e(v) englobe donc toutes les causes finies agissant sur c et extérieures à c; il est ainsi possible de considérer que ces causes proviennent de e(v)[15]. «L'effort [...] pour agir»[16] par lequel c tend à «persévérer dans son être pour une certaine durée indéfinie»[17] est confiné dans le *conatus* e(v) avant de former «une partie de la puissance infinie de Dieu ou de la Nature»[18].

3
De Dieu aux corps périssables

Bien que l'avènement à l'existence d'un corps se fasse par les mouvements conjoints de plusieurs autres corps, un corps n'a-t-il pour cause de son avènement à l'existence que d'autres corps? La *Démonstration* de la *Proposition I, 28* élimine successivement Dieu, l'attribut de l'Étendue ou une modification infinie de cet attribut comme causes immédiates des corps existant dans la durée pour laisser la place, comme causes «prochaines»[1], à des corps existant dans la durée. Comment donc arriver de Dieu aux corps représentés par les noeuds du réseau causal de détermination *ad operandum*?

La question a été posée le 5 janvier 1675 par Tschirnhaus qui demande: «En quelle manière pouvons-nous déduire *a priori* qu'il puisse naître une si grande variété de choses, alors que l'Étendue en tant qu'elle est conçue par soi est indivisible, immuable?»[2] Le 2 mai 1676 Tschirnhaus retourne à la charge: «Il m'est [...] extrêmement difficile de concevoir comment on peut démontrer *a priori* l'existence de corps qui ont des mouvements et des figures alors que rien de tel ne se rencontre dans l'Étendue quand on la considère absolument.»[3] Dans sa lettre du 23 juin 1676, Tschirnhaus insiste: «Vous m'obligeriez en me faisant connaître comment peut être montré *a priori* la variété des choses à partir du concept de l'Étendue conforme à vos méditations [...]»[4] Enfin, Tschirnhaus s'exclame: «Je ne puis voir en quelle manière, d'un attribut considéré seul, par exemple de l'Étendue infinie, la variété des corps peut sortir.»[5]

Dans sa réponse du 15 juillet 1676, Spinoza avoue: «Pour ce que vous demandez, à savoir si la variété des choses peut être établie *a priori* à partir du seul concept de l'Étendue, je crois avoir déjà assez clairement montré que c'est impossible.»[6] Il semble en effet qu'il n'est pas possible de développer à partir des concepts du mouvement et du repos la variété des corps sans échafauder en plus leur construction et sans déterminer les limites de leur existence. Cependant, cette construction est restée inachevée[7] et Spinoza y fait, semble-t-il, allusion lorsqu'il poursuit sa réponse en reconnaissant: «Jusqu'ici il m'a été impossible de rien disposer avec ordre sur ce sujet.»[8]

4
Les quatre translations du pouvoir divin

La translation du pouvoir divin jusque dans les périssables modes finis de l'attribut de l'Étendue passe par les relais des modes infinis immédiat et médiat.

Le mode infini médiat est produit par son essence; celle-ci est l'ordre de la Nature étendue lequel est l'ordre des corps très simples. Déterminés chacun par sa propre trajectoire, contraints à s'allier avec un ou plusieurs d'entre eux, ces corps, pris sous l'aspect de leur connexion, qui existe à tout degré n, $-\infty < n < +\infty$, sont les éléments indélébiles de la *facies*. Ce sont eux qui causent un état $f(t)$ de la *facies*; ainsi, le mode infini immédiat produit le mode infini médiat.

Quant à la translation du pouvoir divin du mode infini médiat aux corps périssables, elle s'explique par la notion d'union. A la vérité, l'essence particulière d'un corps c ne saurait produire c; elle n'en a pas le pouvoir. Il n'existe donc pas de translation du pouvoir divin allant de l'essence du corps c au corps lui-même. Pour produire le seul corps particulier c, il faut l'union de tous les corps finis qui est l'état $f(t^*)$ de la *facies* à l'instant t^* précédant l'instant t de la naissance de c et infiniment proche de t.[1]

Il y a translation du pouvoir divin du mode infini immédiat aux essences particulières des corps périssables: pour toute essence d'un corps c de degré n, $-\infty < n < +\infty$, existe l'essence d'un corps v de degré l, $l > n$, dans laquelle sont inscrits l'essence de c et tous les événements concernant la naissance, la vie et la mort de c. Cependant, l'essence d'un corps w jouant par rapport au corps v le rôle que joue celui-ci par rapport au corps c existe ...; finalement, l'essence de c est produite de façon concomitante avec l'ordre de la Nature étendue.

En ce qui concerne la translation du pouvoir divin de l'attribut de l'Étendue à son mode infini immédiat, elle est la seule qui soit directe. Dieu en tant que cause est très proche de ce mode[2]; ainsi, l'ordre auquel sont soumis le mode infini médiat et les modes finis tant éternels que fugitifs est plus proche encore de Dieu que ne le sont ceux-ci mêmes.

En conclusion, les translations qui sont au total de quatre se disposent en relations les unes avec les autres selon le graphisme suivant:

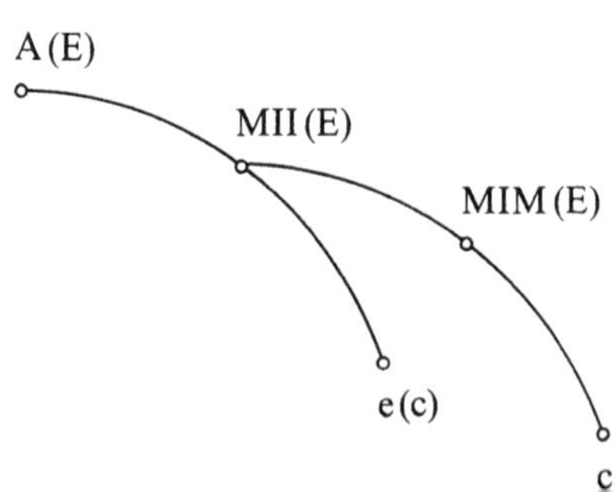

QUATRIÈME CHAPITRE

L'ATTRIBUT DE LA PENSÉE

1
L'idée d'un corps

Comme Spinoza pose l'axiome selon lequel l'homme pense[1], il se voit obligé d'affirmer l'existence d'un attribut de la Pensée pour assurer que la pensée de l'homme peut être considérée comme un mode de cet attribut: «Cogitatio attributum Dei est, sive Deus est res cogitans.»[2]

Les modes finis de la Pensée sont les «idées». Une idée a la particularité d'avoir un «objet»[3] qui est le corps dont elle est l'idée. Cependant, l'accord de l'idée avec son objet se fait, selon l'*Éthique*, sans regard sur l'objet[4], l'idée n'étant pas une nature morte peinte d'après le corps[5]; ainsi, la vérité de l'idée d'un corps ne peut être établie en comparant l'idée avec le corps[6]; elle est acquise par la déduction[7] de cette idée soit d'une autre idée du même corps soit de l'idée d'un autre corps[8]:

> «les yeux de l'Ame, par lesquels elle voit et observe les [corps], sont les démonstrations elles-mêmes»[9].

Suivant le paragraphe 1 du chapitre 2, les modes finis que produit un attribut se divisent en deux classes:

> les choses singulières existant dans la durée

et

> les essences finies, éternelles des choses singulières existant dans la durée.

Les modes finis de l'attribut de la Pensée sont donc

> les idées singulières existant dans la durée

et

> les essences finies, éternelles des idées singulières existant dans la durée.

Si l'on considère le rapport des idées finies avec les corps, elles sont

> les idées des corps, idées existant dans la durée,

et

> les idées qui sont les essences des idées des corps et qui sont éternelles.

L'idée sera considérée comme le fruit d'une connexion entre un mode de l'attribut de la Pensée et un mode de celui de l'Étendue. Si la connexion s'établit entre deux modes finis, l'un relevant de l'attribut de la Pensée, l'autre de celui de l'Étendue, l'idée sera notée «i(c)».

2
L'essence de l'idée d'un corps

Pour illustrer ce qu'est l'essence e(i) le conte suivant pourrait être utilisé: dans la gare de Chalon-sur-Saône était une fois en fonction un agent de la S.N.C.F. qui, n'ayant pas été instruit par ses supérieurs du tracé des lignes traversant sa ville, interrogeait les conducteurs de tous les trains en provenance du sud sur les stations qu'ils avaient desservies. Il apprenait ainsi les cheminements Marseille–Avignon–Lyon–Mâcon, puis Hendaye–Bordeaux–Limoges–Moulins–Paray-le-Monial–Villefranche-sur-Saône–Mâcon, et ainsi de suite. Au fur et à mesure de l'avancement de son enquête, il découvrait tout le réseau ferroviaire existant en amont de Chalon-sur-Saône et l'inscrivait sur un grand tableau qu'il afficha, une fois complet, dans la salle des pas perdus de sa gare avec l'intitulé: «Raison d'Être de la Gare de Chalon». Ce titre, dans le langage de Spinoza, pourrait paraître équivaloir à «essence de l'idée de la gare de Chalon»; cependant, le réseau ferroviaire obtenu par l'agent de la S. N. C. F. semble susceptible de précisions. Quand on considère, par exemple, la maille formée par les lignes principales:

1 Lyon(L)–Villefranche-sur-Saône(VS)–Mâcon(M)–Chalon-sur-Saône(CS),

2 Lyon–Ambérieu(A)–Bourg-en-Bresse(B)–Chalon,

3 Lyon–Paray-le-Monial(P)–Le Creusot(C)–Chalon,

ainsi que les maillons:

4 Lyon–Villars-les-Dombes(VD)–Bourg-en-Bresse,

5 Bourg-en-Bresse–Mâcon,

6 Mâcon–Cluny(CL)–Chalon,

7 Lyon–Roanne(R)–Paray-le-Monial,

la maille se présente ainsi:

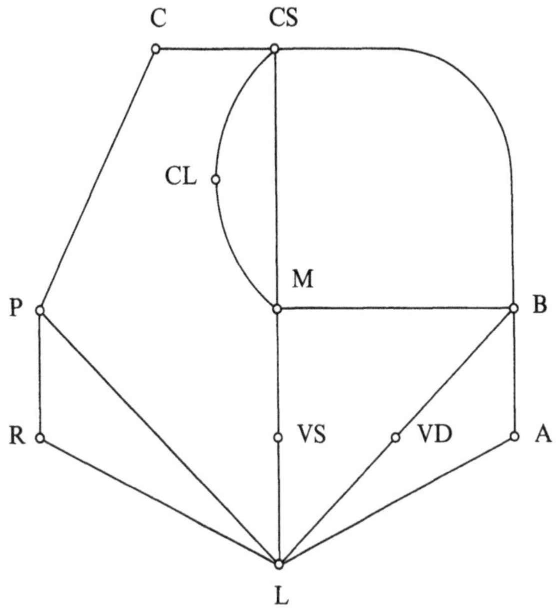

Il est possible de dessiner cette maille sous forme d'un réseau à paliers:

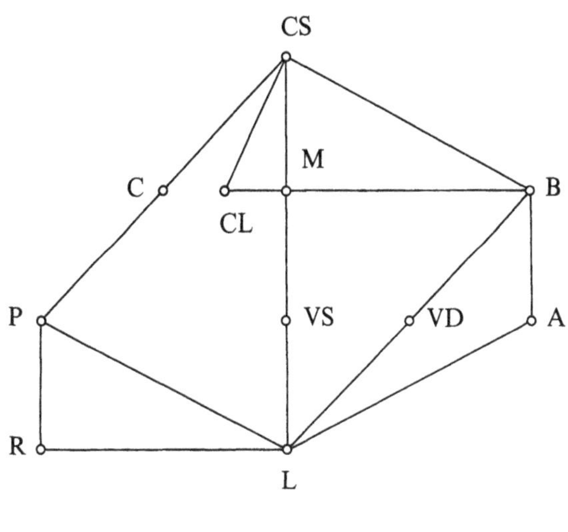

Dans le cas où les gares du Creusot et de Mâcon deviendraient inaccessibles, mais où celle de Bourg resterait ouverte, le trajet de Lyon à Chalon serait encore possible; si la gare de Bourg se fermait également, la gare de Chalon ne remplirait plus son rôle de station ferroviaire par rapport à son secteur sud. Cette situation ne serait pas sans évoquer un certain parallélisme avec les vues de Spinoza sur la dislocation d'un corps, car on peut considérer que les gares du Creusot, de Mâcon et de Bourg sont, à l'égard de celle de Chalon, ce que sont les corps composants à l'égard du corps composé.

Si l'on regardait le réseau ferroviaire d'un oeil spinoziste, on essayerait de déceler les gares donnant accès à Chalon, ensuite les gares qui donnent accès à celles-ci et ainsi de suite et l'on obtiendrait un réseau qui s'apparenterait au réseau causal de détermination *ad existendum* des corps.

On observe, dans la maille dessinée sous forme d'un réseau à paliers, des arêtes horizontales, par exemple celle qui relie Mâcon à Bourg. Quand on prend en compte, entre Chalon et Bourg, la station de Cuiseaux (CU), il apparaît

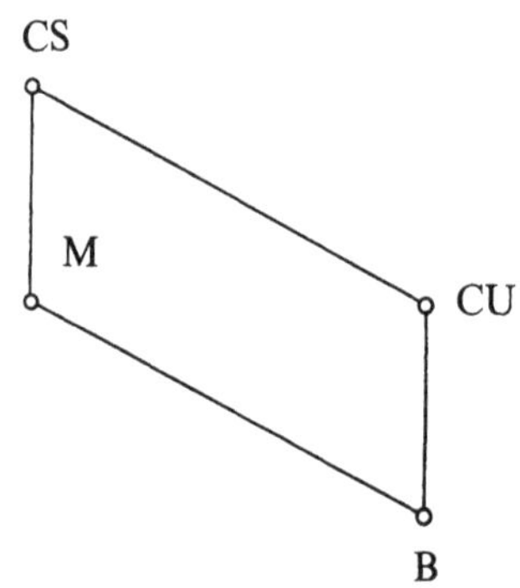

que Bourg est une gare donnant accès à la fois à Mâcon et à Cuiseaux de sorte que la ligne principale 2 peut être reliée, à Bourg, à la ligne principale 1.

La transformation du réseau ferroviaire attaché à Chalon en un réseau à paliers est quelque peu arbitraire, comme l'est son adaptation au réseau spinoziste de détermination *ad existendum.* Aussi incombe-t-il à l'obervateur d'apprécier l'ordre d'importance des différentes lignes formant un certain maillon, en commençant par celles qui sont essentielles pour aboutir à Chalon. L'observateur finira par déterminer un réseau à paliers où Chalon occupe le seul noeud du palier n et où certaines gares se trouvent au palier $n-1$, etc.

Il suffit qu'à chaque palier une gare reliée à une gare du palier supérieur soit accessible pour que la gare de Chalon puisse être atteinte. Cependant, tout au moins avant 1914, l'État major français aurait sans doute exigé qu'à chaque palier deux gares au moins reliées à une même gare du palier supérieur soient accessibles afin que, au cas de destruction de l'une d'elles, la gare de Chalon puisse toujours être atteinte par un convoi militaire. Du moment où il est nécessaire que, parmi les gares d'un même palier reliées à une même gare du palier supérieur, deux de ces gares au moins soient accessibles, on peut admettre que ces deux gares sont à l'égard de la gare du palier supérieur ce que sont les corps composants à l'égard du corps composé. Ces deux gares peuvent donc être considérées, *mutatis mutandis*, comme un système planétaire représenté dans le réseau spinoziste de détermination *ad operandum*.

La recherche de la «raison d'être de la gare de Chalon» ou de l'essence de l'idée de cette gare consiste en une analyse géométrique du réseau ferroviaire au sud de Chalon.

3
La causalité à l'intérieur de l'attribut de la Pensée

L'attribut de la Pensée ne doit rien à celui de l'Étendue, et réciproquement, car chacun de ces attributs est seul la cause de ses modes:

> *Proposition II, 6*: «Les modes d'un attribut quelconque ont pour cause Dieu en tant seulement qu'il est considéré sous l'attribut dont ils sont des modes et non en tant qu'il est considéré sous un autre attribut.»[1]

Si donc le réseau causal de détermination *ad existendum* appartient à l'attribut de l'Étendue, chaque corps se situe sur un noeud de ce réseau et aucun corps c ne se situe sur un noeud du réseau de l'attribut de la Pensée; inversement, aucune idée i(c) ne se situe sur un noeud du réseau de l'attribut de l'Étendue.

A ce point, l'univers spinoziste apparaît cloisonné en deux secteurs, dont chacun est dominé par un attribut, d'où la conséquence que les causes des choses d'un secteur se situent toutes dans ce secteur même. Ce cloisonnement, dû au rôle de l'attribut dans le système spinoziste, demande à être examiné.

Les attributs sont à la fois les causes de leurs modes et les clefs de l'intelligibilité de la substance, car l'entendement ne perçoit pas la substance en elle-même, mais l'essence de la substance qui est répartie sur les «attributs de la substance».[2] Puisque «chacun des attributs d'une même substance doit être conçu par soi»[3], on ne peut rien déduire de l'attribut de la Pensée à partir de celui de l'Étendue, comme s'il existait des cloisons entre les attributs par rapport à leur intelligibilité.

La *Démonstration* de la *Proposition II, 6* repose sur l'indépendance des concepts des modes des différents attributs:

A «uniuscujusque attributi modi conceptum sui attributi, non autem alterius involvunt»[4].

L'*Axiome I, 4* permet de passer de l'indépendance des concepts de ces modes à l'indépendance des causes de ces modes:

B «effectûs cognitio à cognitione causae dependet, et eandem involvit»[5],

Pour que cet axiome soit applicable à la formule A, il faut substituer à la notion de *cognitio* celle de *conceptus*:

C *effectûs conceptus à conceptu causae dependet, et eundem involvit*[6],

d'où:

D une certaine cause donnée, une chose dont le concept n'enveloppe pas celui de cette cause n'en est pas l'effet,

donc la *Proposition II, 6*.

Elle permet d'envisager la construction causale de l'univers sous l'aspect de l'Étendue sans avoir recours à l'attribut de la Pensée. En effet, un corps c se forme selon son plan qui est son essence corporelle, sans l'intervention de l'idée i(c):

> *Corollaire* de la *Proposition II, 6*: «[...] l'être formel des choses qui ne sont pas des modes du penser ne suit pas de la nature divine par la raison qu'elle a d'abord connu les choses; mais les choses qui sont les objets des idées [*res ideatae*] suivent et sont conclues de leurs attributs propres de la même manière et avec la même nécessité que nous avons montré que les idées suivent de l'attribut de la Pensée.»[7]

Le corps c est produit sans l'intervention de i(c) et, inversement, i(c) l'est sans l'intervention de c. Si un corps c existe, son idée i(c) existe; inversement, il n'y a pas d'idée i(c) existant dans la durée s'il n'existe pas un corps correspondant; comme le paragraphe 2 du chapitre 8 le montrera, les idées des choses qui n'existent plus ou n'existent pas encore ne sont pas des idées existant dans la durée, mais des essences éternelles qui n'en sont pas moins des idées.

4
Les deux modes infinis de l'attribut de la Pensée

Comme tout attribut, celui de la Pensée produit:

- son mode infini immédiat,
- son mode infini médiat,

selon les *Propositions I, 21* à *23*.

Le mode infini médiat de l'attribut de l'Étendue est la *facies*; l'étude de la contrepartie de la *facies* dans la Pensée permet une approche du mode infini médiat de l'attribut de la Pensée.

Le mode infini immédiat de l'attribut de l'Étendue est l'ordre de la Nature étendue «matérialisé» au moyen des corps très simples qui produisent, par leurs alliances variables, les variations f(t) de la *facies* ou, de façon impropre, la *facies* elle-même. Celle-ci est une union de corps c, unique, un mode de l'attribut de l'Étendue. Un tel mode a comme correspondant un mode, également unique, de l'attribut de la Pensée[1], donc une idée. Puisque la *facies* n'est pas un corps c limité dans la durée, mais l'unique «corps» indélébile englobant tous les corps c, cette idée doit être l'«idée» indélébile, mais variable, par laquelle Dieu se renseigne sur chaque variation f(t).

L'«idée» de la *facies* unit les idées i(c) de tous les corps composés c existant à l'instant t: tout corps c existant est associé à une seule idée i(c), et chaque idée est l'idée i(c) d'un corps c existant, et d'un seul.[2] Les correspondants des corps très simples devraient être des «*ideae simplicissimae*». La formule: *individua, quae omnia, quamvis diversis gradibus, animata sunt*[3] indique qu'au degré de composition des corps correspond un degré de composition des idées. La relation de cause à effet liant deux corps a comme correspondant une relation liant les idées de ces corps[4], et cette relation est de type causal[5]. La modification d'un corps c provoquée par les mouvements d'autres corps et par son propre mouvement a pour correspondant la «fluctuation» de son idée i(c)[6]. Enfin, les *Lemmes 4* à *7* régissant la survie des corps devraient avoir des correspondants précisant les règles de survie des idées. L'«idée» de la *facies* est le système d'idées finies i(c) soumis à des fluctuations qui se succèdent en fonction du temps t.

A une idée i(c) existant dans la durée correspond une essence éternelle; il s'agit de connaître le «lieu» où se trouvent les essences des idées fugitives. L'«idée» de la *facies* est Une; elle est un mode de l'attribut de la Pensée et une essence qui doit être également Une lui correspond. Cette essence est une idée, à savoir l'idée de l'essence de la *facies*; elle est construite de façon isomorphe à l'essence même de la *facies*, donc sous forme d'un ordre.

Spinoza trace cet ordre dans le *Scolie* du *Corollaire* de la *Proposition V, 40* en partant du Corps humain C tout en considérant l'essence de l'idée de C:

> *Mens*, «quatenus sine relatione ad Corporis existentiam consideratur»[7].

Cette essence de l'idée i(C) du Corps humain C

> *aeternus cogitandi modus est*[8];

sa contrepartie dans l'Étendue est le plan du Corps C.

En ce qui concerne le Corps C lui-même, il est régi par un ordre particulier inclus dans l'ordre de la Nature étendue; cet ordre particulier est déterminé, selon le paragraphe 5 du chapitre 2, par:

- le plan de C,
- des bandes dessinées préfigurant les événements de la vie de C et la mort de C,

alors que la naissance de C est préfigurée sur les bandes dessinées consacrées aux vies des corps b* qui contraignent certains corps b à s'unir pour former C.

Au plan de C correspond le plan de i(C), aux bandes dessinées préfigurant les événements de la vie de C et la mort de C correspondent celles préfigurant les événements de la vie de i(C) et la mort de i(C). Lorsque quelques corps b* modifient certains autres corps b de telle façon que ceux-ci s'unissent pour former C, les idées i(b*) modifient les idées i(b) de telle manière que celles-ci s'unissent pour former i(C).

Il existe un corps v, de degré supérieur au degré de C, dans l'essence duquel sont inscrits l'essence de C et tous les événements concernant la naissance, la vie et la mort de C. Dans l'essence de l'idée i(v) sont donc inscrits l'essence de i(C) et tous les événements concernant la naissance, la vie et la mort de i(C). Ainsi, l'essence de i(C) est «limitée» par l'essence de i(v):

> *Mens nostra aeternus cogitandi modus est, qui alio aeterno cogitandi modo determinatur*[9].

Ce qui vaut pour l'essence de l'idée i(C), vaut pour l'essence de l'idée de tout corps c de degré n, $-\infty < n < +\infty$, et également pour les idées des corps très simples: l'essence de l'idée i(c) *alio aeterno cogitandi modo determinatur*,

> *hic iterum ab alio aeterno cogitandi modo determinatur, et sic in infinitum*[10].

Finalement se forme l'ordre de toutes les essences d'idées i(c) qui est uniquement la contrepartie, dans la Pensée, de l'ordre de la Nature étendue; néanmoins, il est une approche du mode infini immédiat de l'attribut de la Pensée, à savoir de l'«entendement éternel et infini de Dieu»[11] ou «idée de Dieu»[12].[13]

5
L'idée de l'idée d'un corps

Puisqu'une idée finie est définie comme idée d'un corps, il n'existe pas d'idée «vide de contenu»; l'attribut de la Pensée produit en premier lieu des idées se rapportant à des corps; en second lieu, il produit, à partir de l'idée d'un corps, l'idée de cette idée.[1] Ainsi se constituent les modes finis de l'attribut de la Pensée qui ont pour objet l'idée d'un corps. Un tel mode sera noté «j[i(c)]», i(c) étant l'objet de l'idée j, et sera considéré comme le fruit d'une connexion entre deux modes finis du même attribut de la Pensée.

L'idée d'une idée i(c) naît suivant le procédé introduit par la *Proposition I, 28*[2] de manière qu'existe le système d'idées finies j[i(c)] soumis à des fluctuations qui se succèdent en fonction du temps t[3]. L'idée j[i(c)] est produite sans l'intervention de i(c) et, inversement, i(c) l'est sans l'intervention de j[i(c)].[4]

L'idée i(c) conserve, par le moyen de sa connexion avec son objet, le «souvenir» de l'attribut de l'Étendue. Cet attribut est un des cloisonnements à l'intérieur de l'essence de la substance; pour le distinguer de l'attribut de la Pensée, il pourrait être imaginé que le premier soit coloré en rouge et le second en bleu. Le corps c même porterait donc la couleur rouge, tandis que l'idée i(c) serait en bleu. Mais l'idée i(c), conservant le souvenir de l'attribut de l'Étendue, conserverait aussi l'imprégnation de sa couleur et virerait à la couleur violette, tandis que le corps c resterait en rouge. Dans le cas maintenant où l'objet de l'idée est l'idée d'un corps, l'idée j[i(c)] semble conserver le souvenir de l'attribut de la Pensée; ainsi, l'idée j[i(c)], participant de la nature de la Pensée, pourrait être supposée colorée en bleu et, ayant un objet participant également de la Pensée, à savoir l'idée i(c), elle marierait sa couleur bleue à du bleu. Cependant, bien que l'idée i(c) soit un mode de l'attribut de la Pensée et qu'elle doive être colorée en bleu, elle est colorée en violet, car l'objet de l'idée i(c) est un corps c dont la couleur est le rouge. Finalement, j [i(c)] doit être colorée en bleu-violet.

Au lieu d'être considérée comme le fruit de la connexion établie entre elle et le corps c, l'idée i(c) peut être conçue «sans relation à l'objet [c]»[5], à savoir en soi, «comme un [pur] mode du penser»[6]. La concevoir ainsi, c'est concevoir l'idée elle-même et non le corps c, donc saisir la forme de i(c). Concevoir i(c), c'est avoir l'idée de l'idée i(c) ou posséder la forme de i(c):

> «idea ideae nihil aliud est, quàm forma ideae, quatenus haec [...] absque relatione ad objectum consideratur»[7].

La forme de l'idée j [i(c)] est celle de l'idée i(c).[8] La forme d'une idée étant l'essence de l'idée[9], les deux idées j [i(c)] et i(c) existant dans la durée ont la même essence constituée du réseau de détermination *ad existendum* de l'idée i(c) de degré *n* et de tous les réseaux de détermination *ad operandum* afférents. L'*Éthique* affirme l'isomorphisme de ces réseaux et de ceux relatifs au corps c.[10]

La production des idées des idées augmente la quantité des modes finis existant dans la durée de l'attribut de la Pensée au-delà de celle des modes finis existant dans la durée de l'attribut de l'Étendue. Seulement, les formes des idées des idées sont copiées sur celles des idées dont elles sont les idées; ainsi, la quantité des formes d'idées ne dépasse pas celle des formes de corps. Néanmoins, le mode infini médiat de l'attribut de la Pensée doit prévoir plus de places pour les modes finis que ne doit en prévoir le mode infini médiat de l'attribut de l'Étendue pour les siens, car il doit exister l'«idée» de l'idée de la *facies*: le système d'idées finies j [i(c)] soumis à des fluctuations qui se succèdent en fonction du temps *t*. La relation «cause de» joue soit entre deux idées i soit entre deux idées j, mais non entre une idée i et une idée j de sorte qu'à l'intérieur du mode infini médiat de l'attribut de la Pensée se trouvent deux secteurs divisés par une cloison, comprenant l'un les idées des corps, l'autre les idées de ces idées.

CINQUIÈME CHAPITRE

L'ATTRIBUT X

1
L'essence infinie de la substance

Deux attributs au moins, l'Étendue et la Pensée, constituent l'essence de la substance; la Pensée connaît l'Étendue et se connaît elle-même. Puisque, «à proportion de la réalité ou de l'être que possède chaque chose, un plus grand nombre d'attributs lui appartiennent»[1], l'essence de la substance doit être infinie[2] et il faut s'attendre à une infinité d'attributs autres que l'Étendue et la Pensée; ils seront notés «X», «Y», ...

2
La connexion des attributs

La destination de l'attribut de la Pensée est de faire paraître l'essence des autres attributs et sa propre essence. La diversité des essences composant celle de la substance est si importante que Spinoza prend en considération les $\infty - 2$ attributs inconnus. En plus de ses propres natures, et afin de connaître celles-ci, Dieu a institué une nature nouvelle, la Pensée, à laquelle il a donné, pour qu'elle ne soit pas une autre inconnue, le pouvoir de se connaître elle-même.

L'homme participe de la Pensée et de l'Étendue; il existe donc une connexion entre ces deux attributs grâce à l'attribut de la Pensée de sorte que d'un corps c existant dans la durée, il existe l'idée i(c). L'*Éthique* ne connait que cette seule connexion entre des modes finis de deux attributs différents. Cette connexion s'étend aux modes finis de tout attribut X; sont donc concevables des connexions entre des idées et des modes finis x qui ne seraient ni ceux de l'attribut de l'Étendue ni ceux de la Pensée. Il pourrait exister des êtres qui participeraient de l'attribut de la Pensée et de l'attribut X, et seulement de ces deux attributs; de tels êtres connaîtraient l'attribut X. Puisque l'homme n'est pas construit comme ces êtres hypothétiques, il ignore l'attribut X de même que ces êtres hypothétiques ignorent l'attribut de l'Étendue.

3
La causalité d'un attribut X

Selon le *Scolie* de la *Proposition II, 7*, «que nous concevions la Nature sous l'attribut de l'Étendue ou sous l'attribut de la Pensée ou sous un autre quelconque, nous trouverons un seul et même ordre ou une seule et même connexion de causes, à savoir les mêmes choses se suivant de part et d'autre»[1]. Ainsi, les modes finis existant dans la durée d'un attribut X occupent les noeuds d'un réseau causal de détermination *ad existendum* isomorphe à celui qu'occupent les corps.

4
L'idée i(x) d'un mode fini x d'un attribut X

L'essence d'un mode fini x de degré de composition n d'un attribut X est constituée de son réseau de détermination *ad existendum* et de tous les réseaux de détermination *ad operandum* dont chacun correspond à un degré m, $0 \leq m < n$. L'*Éthique* affirme l'isomorphisme de ces réseaux et de ceux constituant l'essence des corps et des idées des corps. L'unicité de la nature de cet attribut X est symbolisée par une seule couleur, par exemple la couleur jaune. L'idée i(x) de ce mode fini x a donc la même forme que l'idée i(c) du corps c dont le noeud N(c) occupe dans le réseau la même position que le noeud N(x) du mode fini x; seulement, la forme de i(x) est colorée en vert, et non en violet.

La pensée d'un corps, par le seul fait qu'elle l'ait pensé, reçoit l'empreinte de la couleur rouge du corps et sa couleur bleue vire au violet, tandis que le corps ne garde aucune marque du fait qu'il ait été l'objet d'une pensée. Ainsi, un mode fini de l'attribut de la Pensée a ce trait particulier que, seul, le mode de la Pensée hérite de la couleur du mode de l'Étendue. Peut-être pourrait-on imaginer qu'un attribut X ait un autre trait particulier, à savoir que ses modes finis existant dans la durée établissent avec les modes finis d'un quelconque autre attribut une connexion qui laisserait des traces dans les modes des deux attributs; ainsi, la couleur rouge du corps connecté à un mode fini x virerait à l'orange et la couleur jaune du mode fini x virerait également à l'orange.

5
Les différents «exemplaires» du mode infini médiat de la Pensée

Les idées i(x) et j[i(x)] s'ajoutant aux idées i(c) et j[i(c)], le mode infini médiat de l'attribut de la Pensée existe en autant d'«exemplaires» qu'il y a d'attributs autres que la Pensée; un tel «exemplaire» réunit deux parties dont l'une comprend les idées des modes finis relatifs à un attribut déterminé, l'autre les idées de ces idées.

SIXIÈME CHAPITRE

LA SUBSTANCE

1
Les substances constituées d'un seul attribut

L'idée i(x), qui met en rapport les modes finis de l'attribut de la Pensée avec les modes finis de n'importe quel attribut X, établit une certaine connexion entre l'attribut de la Pensée et l'attribut X. Cependant, cette connexion n'explique pas comment l'infinité des attributs forme une substance une et indivisible; l'explication se tire de la construction de la substance constituée d'une infinité d'attributs à partir d'une multitude de substances constituées chacune par un seul attribut. Selon les *Propositions I, 1* à *I, 8*, ces substances sont

1 incommensurables entre elles[1],

2 réellement distinctes[2],

3 uniques en leur genre[3],

4 incapables d'être produites par une autre substance[4],

5 la cause de soi et éternelles[5],

6 infinies[6],

7 immuables[7].

L'*Éthique*, dans les *Propositions I, 9* et *I, 10* et dans le *Scolie* de la *Proposition I, 10* rassemble ces substances en une seule «substance constituée d'une infinité d'attributs»[8], lesquels sont les substances constituées d'un seul attribut. Cette unique substance possède une infinité d'essences qui sont ses propres attributs, à savoir des instances telles que la substance ne pourrait être si l'une d'elles faisait défaut et qu'inversement elles ne pourraient être à défaut de substance. Cette unique substance délègue à l'une de ses essences, la Pensée, la tâche de lui rendre compte des autres.

2
Un attribut est éternel

L'éternité appartenant à la nature de la substance constituée d'une infinité d'attributs[1] «dont chacun exprime une essence infinie en son genre»[2], elle devrait être immanente aux attributs eux-mêmes si bien que leur existence serait l'éternité:

> *Proposition I, 19*: «Dieu est éternel, autrement dit tous les attributs de Dieu sont éternels.»[3]

La *Démonstration* fait valoir que Dieu revêt la forme de la substance constituée d'une infinité d'attributs[4]. Cette substance est une chose qui, de par sa nature, doit exister[5]; elle est donc cause de soi[6]: la définition de la substance a le pouvoir de causer la substance[7] qui, ainsi, est éternelle:

> «per aeternitatem intelligo ipsam existentiam, quatenus ex solâ rei aeternae definitione necessariò sequi concipitur»[8].

L'existence de la substance constituée d'une infinité d'attributs est réduite à la seule définition ou idée vraie[9] de l'existence, donc à une vérité éternelle[10]: *la vérité d'une substance, hors de l'entendement, ne réside qu'en elle-même, parce qu'elle est conçue par elle-même*[11]. En conclusion, une chose causée par le seul pouvoir de sa définition n'attend pas d'advenir à l'existence[12]: elle existe depuis toute éternité[13].

Puisque «il faut entendre par attributs de Dieu ce qui [...] exprime l'essence de la substance divine, à savoir ce qui appartient à la substance»[14], et que chacun des attributs doit être conçu par soi[15] et peut exister sans le concours d'un autre attribut[16], l'éternité revient distinctement à chacun des attributs de la substance constituée d'une infinité d'attributs.

3
La substance constituée d'une infinité d'attributs

Une substance constituée d'un seul attribut devient elle-même un des attributs de l'unique substance constituée d'une infinité d'attributs[1]. Chacun de ces attributs est une «essence»[2] de l'unique substance de sorte que celle-ci a autant d'essences différentes qu'il existe de substances constituées d'un attribut. Pour expliquer le rapport entre les essences de la substance et la substance elle-même, ne peut-on pas les comparer à des «plans de construction partiels» de la substance? Puisque chaque être, *ens*, «doit être conçu sous un certain attribut»[3], la substance doit être conçue soit sous celui de l'Étendue, soit sous un autre. L'attribut de l'Étendue, par exemple, semble pouvoir être considéré comme un «plan de construction partiel de la substance», infini seulement «en son genre»[4], dont la réalisation produit la réalité substantielle étendue:

> «plus [un être, *ens*,] possède de réalité [...], plus il possède d'attributs»[5].

Ainsi, il paraît possible de concevoir la substance constituée d'une infinité d'attributs, le *ens realissimum*, comme l'être réunissant différents plans de construction de la même chose, à savoir la substance elle-même; ces plans sont les seules «réalités» et leur union forme l'unique «être», *ens*[6], ou Nature naturante[7].

Un plan de construction partiel de la substance cause lui-même son existence, mais ne cause ni celle d'un autre plan[8], ni un second «exemplaire», copie de lui-même. En effet, la définition dont découle l'existence d'un attribut étant cet attribut lui-même[9], elle ne peut appeler à l'existence un autre attribut; d'autre part, de la définition d'un attribut «ne peut suivre l'existence de plusieurs [attributs de même nature]»[10]; il ne peut donc exister un second «exemplaire» d'un attribut, copie de lui-même: «plus une chose possède de réalité ou d'être, plus d'attributs [différents les uns des autres] lui appartiennent»[11].

Un attribut considéré comme un plan de construction partiel de la substance constituée d'une infinité d'attributs ne peut produire toute la nature de celle-ci[12], et s'il produit la réalité substantielle dont il est le plan, sans que les autres plans produisent la leur, son effort est vain. Il faut donc que les attributs soient contraints à unir leurs efforts productifs, ce que traduit la *Proposition I, 13*:

> *La substance constituée d'une infinité d'attributs est indivisible*[13].

Lorsqu'un attribut de cette substance ne produit pas la réalité substantielle dont il est le plan, il est «faux»[14] ou «inexistant»[15], selon la formule:

> *ad essentiam alicujus rei pertinet id, quod sine re esse non potest* (A 22).

Il n'est pas alors un «attribut» contribuant à constituer la substance.[16]

4
L'existence de Dieu est l'essence de Dieu

La totalité des attributs constitue l'essence de Dieu; cette essence est l'existence de Dieu:

> *Proposition I, 20*: «Dei existentia, ejus'que essentia unum et idem sunt.»[1]

Selon la *Démonstration* de cette *Proposition* l'existence de Dieu se conçoit au moyen des attributs constituant son essence. Il faut d'abord examiner un attribut pour lui seul:

1 Un attribut est ce que l'entendement perçoit de la substance, à savoir une chose que l'entendement perçoit être constitutive de la substance.[2] L'entendement perçoit, par exemple, l'Étendue.

2 Un attribut de la substance est donc une définition partielle de la chose éternelle appelée «substance».

3 La substance existe «de plusieurs façons», en tant qu'Étendue éternelle, en tant que Pensée éternelle, etc.; une définition partielle de la substance exprime alors une façon d'exister de la substance et une seule.

4 Une définition partielle ou un attribut exprime non seulement une façon d'exister de la substance, mais l'existence elle-même de celle-ci[3].

5 Chacun des attributs exprime pour sa part que la substance existe nécessairement, car chacun d'entre eux exprime une façon éternelle d'exister de la substance.

6 Une définition partielle de la substance est elle-même éternelle[4]; elle existe donc elle-même nécessairement[5].

La *Démonstration* de la *Proposition I, 20* amène ensuite à considérer la totalité des attributs particuliers, ou des définitions partielles de la substance:

1 La totalité des attributs explique ce qu'est l'essence «totale» de la substance, à savoir la totalité des définitions partielles de la substance.

2 Cette dernière totalité explique ce qu'est l'existence de la substance, à savoir son existence sous des formes «particulières»

comme l'Étendue, la Pensée, etc.: «eadem [substantiae] attributa, quae [substantiae] aeternam essentiam explicant, ejus simul aeternam existentiam explicant»[6].

3 Les définitions partielles de la substance sont éternelles, autrement dit, elles existent nécessairement, de sorte qu'elles constituent l'existence de la substance: «illud ipsum, quod essentiam [substantiae] constituit, constituit simul ipsius existentiam [aeternam]»[7].

Finalement, l'existence de l'essence de la substance suit de l'essence même de la substance.

5
Dieu, cause éternelle

Puisque les attributs existent en eux-mêmes, ils sont capables d'être le «support» d'entités qui leur doivent l'existence, les «modes». En effet, le mode «est *in alio*»[1], ce qui signifie justement qu'il a besoin d'un «support» pour exister. L'idée de «support» se précise dans le système de l'*Éthique* par la notion de «cause»; l'attribut est appelé la cause de ses modes, des modes infinis immédiat et médiat, des modes finis existant dans la durée et de leurs essences, qui tous sont *in alio*, à savoir dans leur attribut.

Les modes sont des «modifications» de l'attribut, comparées dans le paragraphe 1 du chapitre 1 à des courbures dans une surface. En fait, une «modification» peut être considérée comme une infime variation de l'attribut. Une telle variation introduite dans un attribut de Dieu ne peut entamer l'attribut en tant qu'il est essence, il peut tout au plus le faire paraître à Dieu et c'est là, semble-t-il, la fonction de ces infimes variations de l'attribut, qui sont des êtres, les uns éternels, les autres périssables, et dont l'existence est la seule trace de l'attribut que Dieu puisse capter.

Les remarques précédentes permettent d'analyser la *Proposition I, 16*:

> «Ex necessitate divinae naturae, infinita infinitis modis (hoc est, omnia, quae sub intellectum infinitum cadere possunt) sequi debent.»[2]

Les *infinita* désignent les modes infinis, tant immédiat que médiat, et non l'infinité des modes finis. De la nature divine suivent pour chacun de ses attributs ces deux modes. Cependant, les modes infinis immédiat et médiat suivent de la nature divine *infinitis modis*: en une infinité de modes finis. L'ablatif *infinitis modis* signifie l'aspect sous lequel se présentent les deux modes infinis, à savoir, pour le premier, sous l'aspect de l'ordre des essences de tous les modes périssables, pour le second, sous l'aspect de l'union de tous les modes périssables. Les *infinita* d'un certain attribut, ses modes infinis, diffèrent par leur essence, qui est celle de l'attribut, des *infinita* d'un autre.[3] Spinoza appelle l'ensemble des modes «Nature naturée» pour le distinguer de la «Nature naturante»[4].

La nécessité de la nature divine de laquelle «doivent suivre en une infinité de modes une infinité de choses» signifie Dieu en tant qu'il est cause. En effet, il est cause par soi et non par accident[5], donc cause éternelle[6] de lui-même, ensuite de l'essence et de l'existence des choses[7]; puisqu'il est absolument cause première[8], il est seul cause libre[9]. Il est la cause des modes par la vertu de son essence, car il ne les cause pas lui-même directement, mais par les attributs qui constituent son essence. Un attribut cause ses modes finis de degré de composition n suivant le modèle de l'unique réseau causal de détermination *ad existendum* assorti des réseaux de détermination *ad operandum* reliés respectivement aux paliers m, $-\infty \leq m < n$, du réseau de détermination *ad existendum*. Le réseau de détermination *ad existendum* arborant ses réseaux d'ordre causal de détermination *ad operandum* affirme la nécessaire présence divine dans la Nature naturée.

Dans cette Nature se trouve, parmi l'infinité des modes finis de l'attribut de l'Étendue, un type de corps qui attire l'attention, le Corps humain, et parmi les modes de l'attribut de la Pensée l'idée greffée sur ce Corps, l'Ame humaine. Les «affections» de ce Corps et de cette idée font l'objet de l'*Éthique*; elles demandent, pour être comprises, la connaissance de l'ordre de l'univers. Mais on peut s'interroger sur la fiabilité de la construction de cet univers telle qu'elle a été conçue par Spinoza: la production des modes est-elle déterminée ou soumise à la contingence, se fait-elle de façon continue ou seulement par intermittence? En effet, il semble que lorsque Spinoza a conçu la production de la Nature naturée, il ait redouté que la contingence ne s'infiltre dans l'action productrice et, pour y faire barrage, ait conféré l'existence nécessaire à toute chose: «l'existence d'une chose suit nécessairement ou bien de son essence [...] ou bien d'une cause efficiente donnée»[10]. Dans la Nature naturante, l'existence d'une chose est nécessaire en raison de son essence, dans la Nature naturée en raison d'une cause extérieure à la chose. Une chose est impossible si son essence est contradictoire, ou si elle est sans cause[11]. Il «n'existe absolument rien dans les choses, à cause de quoi elles puissent être dites contingentes [ou possibles]»[12]; par conséquent: «pour nulle autre cause [...] une chose n'est dite contingente, sinon eu égard à un manque de connaissance en nous; car une chose dont nous ignorons que l'essence enveloppe une contradiction, ou de laquelle nous savons bien qu'elle n'enveloppe aucune contradiction, sans pouvoir rien affirmer avec certitude de son existence, parce que nous ignorons l'ordre des causes, une telle chose, dis-je, ne peut jamais nous apparaître ni comme nécessaire ni comme impossible et, par suite, nous l'appelons contingente ou possible.»[13].

Pour qu'une chose puisse être contingente, non seulement pour un observateur mal informé, mais encore en soi, il faudrait qu'elle puisse revêtir un état intermédiaire entre l'existence nécessaire et l'existence impossible: l'existence possible. Pour appeler à l'existence une chose possible, il devrait y avoir une volonté créatrice, car l'existence d'une telle chose n'est rendue nécessaire ni par la chose elle-même ni par une autre chose. Un Dieu pourvu d'un entendement réservoir de toutes les choses possibles et doué d'une libre volonté, appelant à l'existence certaines choses possibles, mais pas toutes, ne produirait que des choses contingentes.[14]

Outre qu'aucune chose ne doit faillir à son avènement à l'existence[15], il existe un ordre et une connexion entre les choses. Lorsque Spinoza a conçu son système, il a instauré cet ordre causal entre les modes finis de chaque attribut: «[...] tout est déterminé, par la nécessité de la nature divine, non seulement à exister, mais aussi à exister et à produire quelque effet d'une certaine manière [...]»[16].

L'ordre causal est établi entre les choses, tant éternelles que fugitives, et il en dépend qu'une chose b est causée par une chose a et cause une chose c; mais est-il l'unique ordre concevable, ou bien les choses pourraient-elles, par exemple, obéir à un ordre final dont il dépendrait qu'une chose existe afin d'être utile à une autre chose?[17] Spinoza répond par la négative: «Les choses n'ont pu être produites par Dieu d'aucune manière autre et dans aucun ordre autre, que de la manière et dans l'ordre où elles ont été produites.»[18]

SEPTIÈME CHAPITRE

CAUSE, IDÉE ET ESSENCE

1
La forme de l'univers

Dans le chapitre 1 a été décrit l'ordre causal entre les modes finis, existant dans la durée, de l'attribut de l'Étendue; ensuite a été examiné, dans le chapitre 4, l'ordre causal entre les modes finis, existant dans la durée, de l'attribut de la Pensée. Il a été établi qu'une idée i′ a comme cause une idée i, mais jamais un corps c, et qu'un corps c′ a comme cause un autre corps c, mais jamais une idée i. La relation causale impose aux modes finis de chaque attribut existant dans la durée de se connecter entre eux suivant le mouvement de cause à effet de sorte que la Nature naturée subit de la part de la Nature naturante cette détermination causale qui peut surprendre l'observateur du système de l'*Éthique*. Cependant, ce système connaît une autre sorte de connexion entre deux modes finis existant dans la durée: l'idée, à l'opposé de la cause, peut connecter deux modes relevant de deux attributs différents. En outre, en prenant en compte les essences des modes finis d'un seul attribut, une troisième sorte de connexion entre les modes finis est concevable, celle qui relie à un mode fini existant dans la durée son essence. Il convient donc de considérer un corps c et son idée i(c) et de comparer, d'une part, l'idée du corps causé par c avec l'idée causée par i(c), d'autre part, l'idée de l'essence de c avec l'essence de i(c).

2
L'idée du corps causé par un corps c et l'idée causée par l'idée de c

Il est possible de passer du corps c à son effet, le corps c′, ainsi qu'à son idée i(c), tout autant que de l'idée i(c) à son effet i′ et du corps c′ à son idée i(c′). On peut donc concevoir:

1 deux modes finis c et c′ de l'attribut de l'Étendue, dont l'un est la cause de l'autre,

2 deux modes finis i(c) et i′ de l'attribut de la Pensée, dont l'un est la cause de l'autre,

3 un mode fini c de l'attribut de l'Étendue et un mode fini i(c) de celui de la Pensée, le second étant l'idée du premier,

4 un mode fini c′ de l'attribut de l'Étendue et un mode fini i(c′) de celui de la Pensée, le second étant l'idée du premier.

A considérer ces divers modes finis, on constate qu'il existe deux chemins fléchés: l'un, partant du corps c conçu comme cause, conduit au corps c′ conçu comme son effet, puis du corps c′ à l'idée i(c′) du corps c′; l'autre va du corps c à l'idée i(c) du corps c, cette idée i(c) en tant que cause produisant nécessairement une autre idée i′ conçue comme son effet.

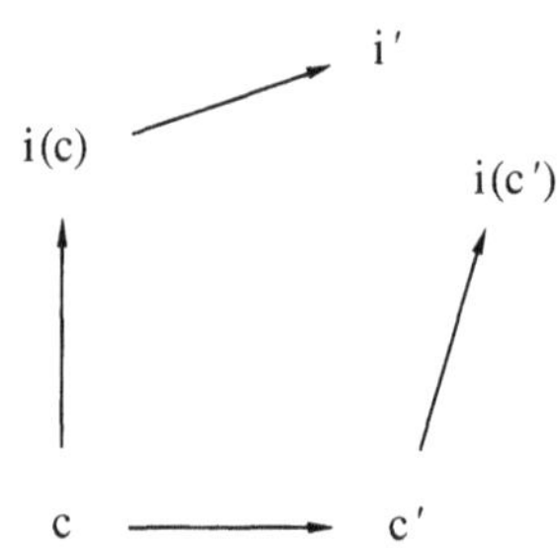

Si un corps c est la cause de l'existence d'un autre corps c′, la question est de savoir si l'idée i(c) est la cause de l'existence de l'idée i(c′). La réponse est affirmative: l'idée i′ est identique à l'idée i(c′), car, selon la *Proposition II, 7*, l'ordre causal des modes finis de l'attribut de la Pensée est le même que celui des modes finis de l'attribut de l'Étendue:

A «ordo, et connexio idearum idem est, ac ordo, et connexio rerum»[1].

Pour démontrer cette proposition, Spinoza fait appel au seul *Axiome I, 4*:

B «effectûs cognitio à cognitione causae dependet, et eandem involvit»[2]

et en tire la leçon suivante:

C «cujuscunque causati idea à cognitione causae, cujus est effectus, dependet»[3];

cette formule C est toute sa démonstration. Elle demande cependant à être précisée.

Les *res* de cette proposition peuvent être identifiées à des modes de l'attribut de l'Étendue; par conséquent, la «cause» et son «effet» dont fait état l'*Axiome I, 4* doivent être identifiés à des corps c et c′, ces corps que l'on retrouve dans la «cause» et dans la «chose causée» de la formule C. La *Proposition II, 7* prend alors la forme:

A′ «l'ordre et la connexion des idées [i(c)] et [i(c′)] sont les mêmes que l'ordre et la connexion des corps [c] et [c′]».

L'idée i(c′) qui est l'idée de la «chose causée» de la formule C possède, selon la *Proposition I, 28*, une cause finie de son existence; cette cause est, selon la *Proposition II, 6*, l'idée d'un corps. Si ce corps est le corps c, il est possible de passer

de c à son effet c′ et de c′ à son idée i(c′)

ou

de c à son idée i(c) et de i(c) à son effet i(c′).

C'est cette double possibilité qu'exprime la *Proposition II, 7*. Il faut donc établir que l'idée qui cause l'idée i(c′) est l'idée du corps c qui cause le corps c′. Pour y parvenir, il convient de préciser le terme «causa» dans l'*Axiome I, 4*:

B′ «effectûs cognitio à cognitione causae [, cujus corpus c′ est effectus,] dependet».

L'effet étant la chose causée: *causatum*, le terme *effectûs cognitio* peut être remplacé par *causati cognitio* et le terme *cognitio* par *idea*; on obtient ainsi la formule:

C′ *causati idea* i(c′) *à cognitione causae, cujus corpus* c′ *est effectus, dependet*;

et on en arrive à la formule C de Spinoza selon laquelle l'idée i(c′) «dépend» de la connaissance du corps c et, si cette dépendance s'instaure, c'est que la cause de l'idée i(c′) est l'idée i(c).

Les attributs de l'Étendue et de la Pensée sont cloisonnés en ce qui concerne l'ordre causal des corps et l'ordre causal des idées. Il est dès lors possible de parler de l'«identité» des deux ordres, car, puisque l'attribut de la Pensée est capable de produire des idées des corps et que celles-ci sont produites dans un ordre causal «identique» à celui des corps, il existe dans les deux attributs une certaine «unicité d'ordre» fondée sur la commutativité des connexions «idée de» et «cause de». L'unicité de l'ordre causal dans toute la Nature naturée a pour conséquence qu'une seule et même essence, à savoir un unique réseau causal de détermination *ad existendum* affecté à un noeud N de degré *n* et assorti des réseaux de détermination *ad operandum* reliés respectivement aux paliers m, $-\infty \leq m < n$, du réseau de détermination *ad existendum*, suffit à une infinité de modes finis existant dans la durée. La répétition, à travers l'infinité des attributs, de la même essence pour chaque mode fini existant dans la durée fragmenterait la Nature naturée en une infinité de secteurs sans rapports mutuels si l'attribut de la Pensée n'établissait pas un lien avec les autres attributs en formant l'idée d'un mode fini d'un attribut quelconque.

3
L'idée de l'essence d'un corps c et l'essence de l'idée de c

A supposer un corps c, peuvent être conçues et son essence et son idée. L'essence de c, contenue dans le mode infini immédiat de l'attribut de l'Étendue, est notée « e[E, c] », qui se lit: «l'essence du corps c exprimée par le moyen de l'attribut de l'Étendue». A cette essence correspond, dans le mode infini immédiat de l'attribut de la Pensée, l'essence « e[P, c] » qui se lit: «l'essence du corps c exprimée par le moyen de l'attribut de la Pensée». L'idée de c possède elle-même une essence, notée « e[P, i(c)] » et qui se lit: «l'essence de l'idée i(c) exprimée par le moyen de l'attribut de la Pensée». La question est de savoir si les deux entités e[P, c] et e[P, i(c)] sont identiques.

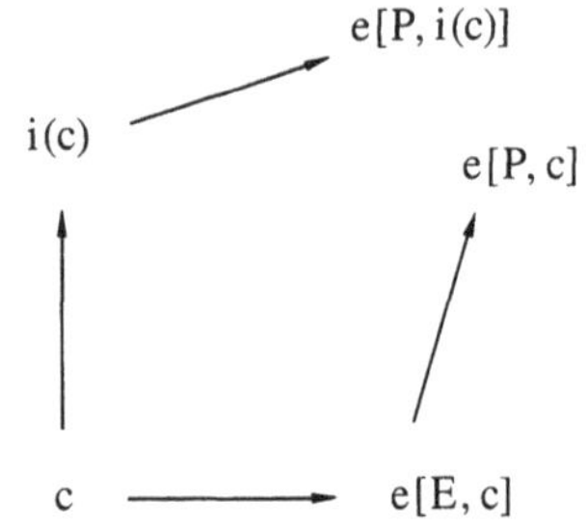

Pour comparer les deux symboles, il convient de rappeler que l'essence de c se déploie suivant un graphe dans lequel les corps initiaux b de degré $n-1$ sont disposés de manière à pouvoir se communiquer mutuellement leurs mouvements selon un certain rapport déterminé. Les noeuds de ce graphe sont eux-mêmes des graphes dans lesquels des corps a de degré $n-2$ sont disposés de manière à pouvoir également se communiquer mutuellement leurs mouvements selon un certain rapport déterminé, etc. Chaque graphe est accompagné d'une «charte» faisant état des possibilités d'échanges de corps et de l'éventail des trajectoires que peuvent emprunter les corps b, a, etc. L'essence de c ne contient ni indice relatif à la cause de l'avènement à l'existence de c ni signe révélateur de celle de sa destruction; son unique fin est la conservation de c.

Le signe e[E, c] symbolise cette essence défensive, donc les modifications m(c) admises par les *Lemmes 4* à *7*. Mais ces modifications demeurent latentes tant qu'un mode de l'attribut de la Pensée ne les fait pas paraître, par exemple par le moyen d'équations différentielles des trajectoires des corps b. Dès que ces modifications s'expriment par le moyen de l'attribut de la Pensée, leur totalité est symbolisée par e[P, c] qui est une idée, à savoir l'idée de la forme de c. Quant au symbole e[P, i(c)], il signifie l'essence de l'idée du corps c, donc encore une idée, car c'est par le moyen d'un mode de l'attribut de la Pensée que cette essence s'exprime. L'idée e[P, i(c)] est l'idée «j[i(c)]», donc la forme de l'idée i(c). Le réseau de détermination *ad existendum* du corps c assorti de tous les réseaux de détermination *ad operandum* étant isomorphe à celui de l'idée i(c) assorti également de tous les réseaux de détermination *ad operandum*[1], les idées e[P, c] et e[P, i(c)] sont identiques.

HUITIÈME CHAPITRE

LA PENSÉE DE DIEU

1
L'entendement infini de Dieu

«Il y a nécessairement en Dieu une idée tant de son essence que de tout ce qui suit nécessairement de son essence»[1]; cette idée est l'«entendement éternel et infini de Dieu»[2] ou «idée de Dieu»[3]. L'ordre des essences d'idées i(c), qui est la contrepartie, dans la Pensée, de l'ordre de la Nature étendue, a été exposé au paragraphe 4 du chapitre 4. Les essences d'idées i(x) d'un attribut X autre que celui de l'Étendue ou de la Pensée forment un ordre isomorphe à l'ordre des essences d'idées i(c) et il existe autant d'ordres regroupant les essences d'idées qu'il existe d'attributs autres que la Pensée. Ces ordres, tous isomorphes entre eux, constituent l'idée de Dieu.

Spinoza confie à l'entendement de Dieu la mission d'exprimer l'ordre de toute la Nature de sorte que toute chose préfigurée par cet ordre est produite nécessairement ou, dans la négative, n'est pas produite.[4] Cette prise de position l'oppose à la doctrine traditionnelle de l'entendement créateur qui se résume dans les deux formules suivantes:

A 1 l'entendement de Dieu conçoit les choses en vue d'une éventuelle production,

B 1 Dieu décide par un acte de libre volonté des choses à produire.

Selon cette doctrine, l'entendement de Dieu doit être attribué à la nature même de Dieu; il est désigné par *summus intellectus*[5], ce qui se traduit par *entendement suprême*. La volonté libre de Dieu doit également être attribuée à la nature de Dieu, de sorte que la doctrine de l'entendement créateur peut aussi s'exprimer dans les termes suivants:

A 2 l'entendement de Dieu est un *entendement suprême* et appartient à la nature de Dieu,

B 2 une libre volonté appartient à la nature de Dieu.

Spinoza combat cette doctrine dans le *Scolie* de la *Proposition I, 17* en démontrant qu'un entendement suprême ne peut appartenir à la nature de

Dieu, tout en laissant à ses adeptes le soin de prouver que Dieu ne jouit pas d'une libre volonté.

Sa démonstration est une démonstration par l'absurde; en supposant vraie la formule A 2, il en déduit une autre formule qu'il juge impossible.

Supposant donc que l'entendement de Dieu est un entendement suprême et que cet entendement, loin d'être un mode de Dieu, appartient à la nature de Dieu même[6], Spinoza engage son propre *Corollaire 1* de la *Proposition I, 16*:

> «Dieu est cause efficiente de toutes les choses qui peuvent tomber sous un entendement infini»[7],

et suppose que cet entendement suprême, appartenant à la nature de Dieu, est lui-même cause efficiente de toutes les choses dont il contient les idées, donc *antérieur à toutes choses par sa causalité*[8], antérieur, par exemple, à l'entendement humain. L'entendement suprême ne pourra donc «être de sa nature postérieur [...] aux choses qu'il connaît ou exister en même temps qu'elles»[9].

Puisqu'il est antérieur à toutes choses, cet entendement suprême peut être élevé par Spinoza au rang d'un attribut de Dieu de sorte qu'il *constitue l'essence de Dieu*[10]. En tant que tel, il est «réellement la cause des choses, aussi bien de leur essence que de leur existence»[11], donc l'«unique cause des choses»[12]. Ainsi, un seul attribut de la substance divine, l'entendement suprême, est la cause de toutes les choses, ce qui est à l'opposé de la doctrine de l'*Éthique*, bien que Spinoza ne nie pas qu'un attribut puisse être la cause de l'essence et de l'existence de ses propres modes.

Si cet entendement est à même de produire les choses dont il contient les idées, il est Dieu sous forme de son entendement ou plus simplement l'*entendement de Dieu*, de sorte que la formule A 2 se transforme en:

> A 3 l'entendement de Dieu est l'unique cause des choses.

Cependant, il faut considérer et l'essence et l'existence d'une chose, ce qui conduit à préciser la formule A 3:

> A 4 l'entendement de Dieu est réellement la cause des choses, aussi bien de leur essence que de leur existence[13].

Pour montrer l'impossibilité de cette formule, Spinoza engage sa propre conception de la causalité qui se résume en la formule à figure d'axiome:

> «causatum differt à suâ causâ praecisè in eo, quod à causâ habet»[14],

et qui s'explique de la façon suivante:

- une cause peut causer soit l'essence, soit l'existence d'une chose,
- lorsqu'une chose a cause l'essence d'une chose b, l'essence de a est différente de celle de b,
- lorsqu'une chose a cause l'existence d'une chose b, l'existence de a est indépendante de celle de b,

finalement:

> «une chose qui est cause à la fois de l'essence et de l'existence d'un certain effet, doit différer de cet effet aussi bien à l'égard de l'essence qu'à l'égard de l'existence»[15].

Pour être cause de l'essence et de l'existence d'une quelconque chose b, une chose a doit être un attribut de Dieu. Or, Spinoza vient d'élever au rang d'attribut l'entendement de Dieu qui, selon A 4, est réellement la cause des choses et diffère ainsi de toutes les choses qu'il produit, en particulier de notre entendement, aussi bien à l'égard de l'essence qu'à l'égard de l'existence. Il en résulte que l'entendement de Dieu et notre propre entendement *ne peuvent se convenir en rien*[16]. C'est cela qui rend impossible la formule A 4, vu que l'entendement de Dieu est apparenté au nôtre, partageant avec lui le même statut, celui d'un mode: «intellectus actu, sive is finitus sit, sive infinitus, [...] ad Naturam naturatam, non verò ad naturantem referri [debet]»[17].

2
Dieu connaît les choses qui n'existent pas

Puisque l'entendement de Dieu n'est pas un attribut, mais seulement un mode, peut-il posséder des idées autres que celles de choses singulières existant en acte? Quel est le statut d'idées de choses singulières n'existant pas encore ou ayant cessé d'exister?[1] La *Proposition II, 8* y répond:

> «Les idées des choses singulières, ou modes, n'existant pas, doivent être comprises dans l'idée infinie de Dieu de la même façon que les essences formelles des choses singulières, ou modes, sont contenues dans les attributs de Dieu.»[2]

Pour interpréter cette *Proposition*, il convient de prendre les corps pour exemples des «choses singulières» dont elle traite. Ainsi faut-il distinguer:

1 un corps c,

2 l'essence formelle de c, à savoir e[E, c]: l'essence du corps c exprimée par le moyen de l'attribut de l'Étendue,

3 l'«idée» d'un corps c inexistant[3].

Selon cette *Proposition* l'«idée» d'un corps c inexistant doit être comprise dans l'idée infinie de Dieu «de la même façon» que l'essence formelle dc c, e[E, c], est «contenue dans [l'attribut de l'Étendue]». L'expression: «l'essence formelle de c est contenue dans l'attribut de l'Étendue» est susceptible d'induire en erreur, car l'essence du corps c est comprise dans le mode infini immédiat de cet attribut et n'est pas contenue dans l'attribut lui-même. Le statut de cette «idée» d'un corps c inexistant doit donc être défini comme celui d'une entité comprise dans le mode infini immédiat de l'attribut de la Pensée. Or, une telle entité est une essence, éternelle et finie. Ayant trait au corps c, elle s'identifie à son essence objective e[P, c]: l'essence du corps c exprimée par le moyen de l'attribut de la Pensée. Selon le paragraphe 3 du chapitre 7, e[P, c] est égale à e[P, i(c)], l'essence formelle de l'idée i(c) du corps c exprimée par le moyen de l'attribut de la Pensée. L'«idée» d'un corps c inexistant est donc une véritable idée.

Si un homme a, par exemple, l'idée d'un édifice disparu, cette idée est-elle déjà une essence éternelle de l'attribut de la Pensée ou seulement une idée singulière existant dans la durée? La théorie de la mémoire spinoziste, qui n'est pas à exposer en ce lieu, privilégie la seconde partie de l'alternative.[4]

3
Corps, essences de corps, idées de corps, essences d'idées de corps

Le *Corollaire* de la *Proposition II, 8* différencie les rapports existant entre:

1 le corps c existant dans la durée et son essence e[E, c],

2 le corps c et son idée i(c) existant dans la durée,

3 l'idée i(c) existant dans la durée et son essence e[P, i(c)],

4 l'essence e[E, c] et l'essence e[P, i(c)].

D'une idée i(c) non encore existante ou déjà disparue existe son essence éternelle; de même existe l'essence éternelle du corps c dont i(c), si c existait, serait l'idée:

> «aussi longtemps que des choses singulières n'existent pas, si ce n'est en tant que comprises dans les attributs de Dieu, leur être objectif [n'existe pas non plus], à savoir leurs idées n'existent pas, si ce n'est en tant qu'existe l'idée infinie de Dieu»[1].

Mais,

> «sitôt que des choses singulières sont dites exister non seulement en tant que comprises dans les attributs de Dieu, mais encore en tant qu'elles sont dites durer, leurs idées aussi envelopperont une existence par où elles sont dites durer»[2].

Si une chose singulière existant dans la durée est, par exemple, un corps, l'existence de ce corps est concomitante de l'existence de son idée; ainsi, tous deux apparaissent chacun dans son mode infini médiat tout en demeurant, chacun sous forme d'essence, dans son mode infini immédiat. A la *facies totius universi* correspond donc l'union des idées i(c) des corps c existant à l'instant *t* de la durée mesurée par le temps.

Le *Corollaire* se poursuit par un *Scolie* qui essaie d'illustrer, par une certaine propriété du cercle, les rapports existant entre c et e[E, c], c et i(c), i(c) et e[P, i(c)], e[E, c] et e[P, i(c)]. Spinoza s'appuie en fait sur le théorème: si deux droites se coupent à l'intérieur d'un cercle, par exemple au point P, chacune d'elles est fractionnée en deux segments, l'une en a_1 et a_2, l'autre en b_1 et b_2, et $a_1 a_2$ égale $b_1 b_2$.

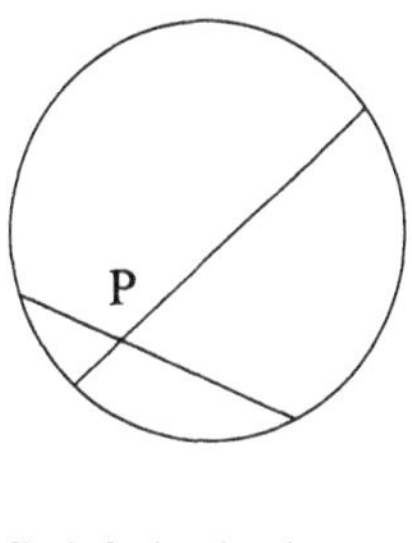

Spinoza remarque qu'une infinité de droites passant par P existent virtuellement; elles ne sont déterminées, avec leurs segments, que si le cercle existe[3]. En convenant de confondre les deux droites passant par P qui ont les mêmes segments (hormis le diamètre passant par P et sa perpendiculaire passant par P), et puisque le produit $a_1 a_2$ est constant, une droite passant par P est caractérisée par le couple (a_1, a_2) de ses deux segments[4]. Le cercle est alors susceptible de symboliser l'attribut dans lequel existent les essences des choses singulières. Les droites caractérisées par le couple (a_1, a_2) de leurs segments rappellent les choses singulières du *Corollaire*

qui existent «en tant que comprises dans les attributs de Dieu»[5]. Si l'attribut est, par exemple, celui de l'Étendue dont le mode en tant que chose singulière existant dans la durée est un corps, une droite caractérisée par le couple (a_1, a_2) de ses segments symbolise l'essence e[E, c] d'un corps c déterminé. Dès avant qu'un corps existe dans la durée, son essence existe, car l'attribut de l'Étendue existe nécessairement.

Des droites caractérisées par le couple (a_1, a_2) de leurs segments, Spinoza en arrive maintenant à leurs idées et énonce qu'aucune idée d'une telle droite ne peut être dite exister «nisi quatenus in circuli ideâ comprehenditur»[6]. Autant une droite ne peut exister que dans la mesure où le cercle existe, autant l'idée d'une droite ne peut exister que dans la mesure où l'idée du cercle existe. Donc, comme le cercle symbolise l'attribut de l'Étendue, l'idée du cercle symbolise l'attribut de la Pensée; et, puisqu'une droite caractérisée par le couple (a_1, a_2) de ses segments symbolise l'essence e[E, c] d'un corps c, l'idée de cette droite doit symboliser également une essence, celle de l'idée fugitive i(c) du corps c, à savoir e[P, i(c)]. Dès lors l'exemple géométrique choisi par Spinoza illustre la première moitié du *Corollaire*: «aussi longtemps que des choses singulières n'existent pas, si ce n'est en tant que comprises dans les attributs de Dieu, leur être objectif, à savoir leurs idées n'existent pas, si ce n'est en tant qu'existe l'idée infinie de Dieu»[7].

Des essences des idées inexistantes Spinoza en vient enfin à des idées existantes; il envisage que deux droites passant par le point P existent dans la durée et les identifie à leurs figures tracées sur le papier. Ces figures tracées diffèrent des droites purement virtuelles précisément en ce qu'elles sont tracées; si donc les droites virtuelles symbolisent les essences des corps, les figures tracées symbolisent deux corps f et g existant dans la durée (la présence d'un deuxième corps rappelle qu'un corps seul ne peut exister, mais doit son existence à celle de la *facies* même). Les idées des figures tracées doivent différer des idées des droites virtuelles de la même façon que les figures tracées diffèrent des droites virtuelles. Par conséquent, les idées des figures tracées ne sont pas les essences éternelles e[P, i(f)] et e[P, i(g)] des idées des corps f et g, mais les idées i(f) et i(g) existant dans la durée. L'exemple géométrique du *Scolie* illustre donc également la deuxième moitié du *Corollaire*.

4
La puissance de penser de Dieu

Dès lors qu'un corps c advient à l'existence, son idée i(c) advient à l'existence, et inversement; et lorsqu'un corps c périt, son idée i(c) périt, et inversement. Si l'on conçoit plusieurs corps et leurs idées, et si les corps sont connectés les uns aux autres selon un certain ordre, leurs idées le sont selon le même ordre; ainsi la substance confère-t-elle aux corps autant de plénitude d'être qu'aux idées, car, par exemple, «un cercle existant dans la Nature et l'idée du cercle existant» sont Un[1] et «la puissance de Dieu par laquelle [...] toutes choses sont et agissent»[2], s'exerce équitablement sur les corps et sur les idées.

La production des idées des idées augmente la quantité des modes finis existant dans la durée de l'attribut de la Pensée au delà de celle des modes finis existant dans la durée de l'attribut de l'Étendue, mais la quantité des formes d'idées ne dépasse pas celle des formes de corps; la «puissance actuelle d'agir»[3] de Dieu, qui est sa puissance de production d'essences, est la même, qu'il s'exprime par le moyen de l'attribut de l'Étendue ou de l'attribut de la Pensée. Or, sa puissance actuelle de produire des essences d'idées est sa «puissance de penser»[4].

5
L'idée de l'affection d'un corps

Dans la *Proposition II, 16* est évoqué

> *modus, quo Corpus humanum à corporibus externis afficitur*[1].

Selon l'*Axiome 1* après le *Lemme 3* de la théorie des corps, «toutes les manières dont un corps est affecté par un autre corps suivent de la nature du corps affecté et en même temps de la nature du corps qui affecte [le premier corps]». «Affecter»[2] est dit d'un corps qui transmet son mouvement à un autre corps et «être affecté»[3] d'un corps qui reçoit un mouvement d'un autre corps: *modus, quo corpus à corpore externo afficitur.*

Le mouvement d'un corps c peut donc être appelé une «affection» de c; elle a été considérée, dans le paragraphe 3 du chapitre 2, comme une «modification» de c. Une telle modification est un mode de l'attribut de l'Étendue et un mode correspondant de l'attribut de la Pensée existe nécessairement. Il faut alors prendre en compte non seulement l'idée i(c) du corps c, mais en plus les idées des affections de c et il est permis d'appeler ces dernières, pour les distinguer des idées i(c), des «modes du penser». Un tel mode représente un état de mouvement du corps c à l'instant *t*, état déterminé par une fonction

$$\omega_c(t) = \omega_c[x(t), y(t), z(t)]$$

de sorte que le corps c affecté à l'instant *t* du mouvement $\omega_c(t)$ s'écrit

$$c \times \omega_c(t).$$

Ce symbole semble suggérer que l'on pourrait concevoir, d'une part, le corps c et, d'autre part, son mouvement ou affection $\omega_c(t)$; une telle séparation serait un artifice; aussi le signe « × » exprime-t-il que le corps et son mouvement sont Un.

L'idée ayant pour objet le corps c affecté à l'instant *t* du mouvement $\omega_c(t)$ s'écrit:

$$i[c \times \omega_c(t)],$$

et s'appelle «idée du corps c affecté à l'instant *t* du mouvement $\omega_c(t)$»; on la notera «$i_c(t)$» ou simplement «i_c». On peut se demander quelle modification apporte le mouvement du corps c à l'idée i(c) du corps c. L'idée i(c) d'un corps c est-elle la même, que le corps c se meuve «tantôt plus lentement, tantôt plus vite»[4]? L'idée i(c) du corps c animé d'un certain mouvement $m_1(c)$ diffère-t-elle donc de l'idée i(c) du même corps animé d'un autre mouvement $m_2(c)$? Les réponses apparaissent clairement du fait que l'idée singulière qui est celle du Corps humain est soumise à des «fluctuations»[5] ou variations alternatives successives:

«affectûs, animique fluctuationes»[6],

de sorte qu'aux modifications de corps répondent des fluctuations d'idées.

Il convient maintenant de donner au symbole de l'idée i_c la forme du symbole de l'objet $c \times \omega_c(t)$ de cette idée en l'écrivant:

$$i(c) \times \rho.$$

Lorsqu'il s'agit du Corps humain, Spinoza confirme que de tout ce qui arrive dans ce corps «une idée en est nécessairement donnée [dans l'idée de ce corps]»[7]; ainsi, l'on peut accorder à ρ le statut d'une sorte d'idée: ρ = i, idée dont il faut préciser l'objet. Puisque ce qui affecte l'idée i(c) doit être quelque chose qui corresponde à ce qui affecte c, l'objet de ρ doit être $\omega_c(t)$ de sorte que ρ s'écrit «$i[\omega_c(t)]$». Enfin, i_c s'écrit:

$$i(c) \times i[\omega_c(t)]$$

et ce symbole se lit: l'idée i(c) affectée de l'idée $i[\omega_c(t)]$, idée du mouvement ou de l'affection de c. La séparation de l'idée i(c) de son affection $i[\omega_c(t)]$ est un artifice du symbolisme; aussi le signe « × » exprime-t-il que l'idée et son affection sont Un.

L'idée i_c a pour objet une modification particulière du corps c, à savoir le mouvement dont c est affecté par l'intervention de corps extérieurs en tant qu'il se meut comme un Tout. Mais d'autres affections sont possibles: par exemple l'affection causée par l'intervention de corps extérieurs à c, de degré m, $-\infty \leq m < n < +\infty$, et qui provoque un changement de trajectoire d'un corps b de degré $n-1$, composant de c, sans pour autant le catapulter en dehors du corps c, ou encore l'affection infligée à un corps c chassant hors de lui un de ses corps composants b qu'il doit alors remplacer tout en restant le même. En réalité, le corps c est susceptible d'autant d'affections que le prévoient les *Lemmes 4* à *7* de la théorie des corps:

> une affection d'un corps c est une modification de c qui se tient dans les limites définies par les *Lemmes 4* à *7*, de sorte que c «conservera [...] sa nature sans aucun changement dans [sa] forme»[8].

L'affection $m(c) = c \times \omega_c(t)$ symbolise en particulier le corps c en tant qu'il se meut comme un Tout. Quant aux autres types m(c) d'affections de c, il n'est pas le lieu ici de les spécifier par un symbolisme approprié; il suffit de remarquer que leur idée i[m(c)] existe et toute idée de ce type sera désormais notée « i_c ».

Le mode infini médiat de l'attribut de la Pensée, considéré comme l'«idée» de la *facies*, est le système d'idées finies i(c) soumis à des fluctuations qui se succèdent en fonction du temps t. Cependant, il y a le réseau causal de détermination *ad operandum* qui enregistre les affections des corps et il y a alors non seulement l'idée i(c) d'un corps c, mais également les idées i_c des affections de c. L'«idée» de la *facies* est donc encore constituée, à l'instant t, des idées i_c des affections d'un corps c qui existent à cet instant même. Doit-il être précisé ici que les idées i_x des affections des modes x d'un attribut X doivent être également prises en considération?

6
Le Corps humain

Jusqu'ici ont été examinés tous les corps c, quelque soit leur degré de composition *n*; chacun est pourvu de son idée i(c) et des idées i_c de ses affections. La connexion entre deux modes finis, l'un relevant de l'attribut de la Pensée, l'autre de celui de l'Étendue, s'établit quels que soient leurs degrés de composition, pourvu qu'ils soient les mêmes: les hommes et les autres individus «sont tous animés, bien qu'à des degrés divers»[1]. Or, Spinoza a donné dans l'*Éthique* une grande importance au Corps humain en raison de ce que l'idée de ce Corps en acte, à savoir l'Ame humaine, occupe la place prépondérante dans son système. «Un [Corps humain] existant dans la Nature et l'idée du [Corps] existant, laquelle est aussi en Dieu, sont une seule et même chose qui s'explique par le moyen d'attributs différents»[2]; le Corps C et l'Ame i(C) sont donc considérés comme «unis»[3]. Leur union est appelée «homme»[4].

Il ne saurait y avoir d'affections du Corps humain sans idées i_C de ces affections; aussi la *Douleur*[5], la *Gaieté*[6], par exemple, prennent-elles la forme d'une idée i_C.

NEUVIÈME CHAPITRE

L'HOMME

1
La coordination du Corps et de l'Ame

Pour élaborer le concept de l'homme, Spinoza, après avoir énoncé dans l'*Axiome II, 2* que l'homme pense[1], attribue à l'homme une «Ame» qu'il range parmi les modes finis de l'attribut de la Pensée:

> *Proposition II, 11*: «Ce qui constitue, en premier lieu, l'être actuel de l'Ame humaine n'est rien d'autre que l'idée d'une chose singulière existant en acte.»[2]

L'Ame est «l'idée d'une chose singulière existant en acte», mais Spinoza ne dit pas que cette «chose» est un corps, car il manifeste l'intention d'établir en premier lieu que l'Ame est une idée.

La *Démonstration* s'appuie sur le fait que c'est de l'Ame de l'homme dont il s'agit. Or, l'essence de l'homme est formée «par des modifications déterminées des attributs de Dieu»[3] et non par des attributs mêmes[4]. Puisque l'homme pense[5], quelques-unes de ces modifications relèvent de l'attribut de la Pensée. Les modifications de cet attribut sont, quand elles représentent les modes finis des autres attributs, d'une part, les idées de modes finis et elles représentent alors un noeud dans le réseau causal de détermination *ad existendum*, d'autre part, les idées des affections de ces modes et représentent en ce cas une opération dans le réseau causal de détermination *ad operandum*. Lequel de ces deux types d'idées est le plus apte à constituer l'Ame de cette «chose singulière existant en acte»? Cette chose garde les traces de ses affections et les idées de ces traces sont les affections de l'idée de la chose. Plutôt que d'être constituée par les affections d'une idée, l'Ame l'est par cette idée elle-même.[6]

L'objet de l'Ame ne saurait être un attribut, mais il pourrait en être un mode infini, jouissant ainsi d'une existence nécessaire héritée de son attribut. Puisque l'essence de l'homme n'enveloppe pas l'existence nécessaire, selon l'*Axiome II, 1*[7], aucun des modes qui concourent à former l'essence de l'homme ne peut jouir d'une telle existence; l'objet de l'Ame est donc fini; cependant, il n'est pas une essence, sinon l'Ame ne pourrait exister autrement que sous forme d'essence. En conclusion, l'objet dont l'idée constitue l'être actuel de l'Ame humaine, est une chose singulière existant en acte.

Ces précisions étant apportées, la *Proposition II, 12* prend tout son sens:

> «Tout ce qui arrive dans l'objet de l'idée constituant l'Ame humaine doit être perçu par l'Ame humaine; en d'autres termes, une idée en est nécessairement donnée en elle [...]»[8]

Une idée qui est «donnée en l'Ame» revêt la forme i_c, l'indice «c» signifiant la chose singulière affectée; ainsi, l'idée i_c représente l'affection ou déformation de cette chose, comme le paragraphe 5 du chapitre 8 l'a expliqué. Cette idée i_c est en premier lieu «donnée en Dieu»:

> «de tout ce [...] qui arrive dans l'objet de l'idée constituant l'Ame humaine, la connaissance est donnée en Dieu»[9].

Dieu, qui possède le plan de construction de l'Ame, décèle la déformation de l'Ame par rapport à ce plan. L'idée i_c représente cette déformation et puisque Dieu la décèle, on peut dire que l'idée i_c est «donnée en Dieu». L'idée i_c est l'écart entre l'Ame déformée par une affection et l'Ame «intacte»; elle est «donnée en l'Ame» en ce sens que l'Ame reçoit le choc de la perte de son intégrité.

Puisque de tout ce qui arrive dans l'objet de l'idée constituant l'Ame humaine une idée est donnée en elle et que l'homme a les idées des affections de son corps, cet objet peut être identifié au Corps humain:

> *Proposition II, 13*: «L'objet de l'idée constituant l'Ame humaine est le Corps, à savoir un mode déterminé de l'Étendue existant en acte, et n'est rien d'autre.»[10]

Le plan de construction de l'Ame est la réplique du plan de construction du Corps humain. Celui-ci est composé d'une infinité de corps c et l'Ame doit être également composée de toutes les idées i(c) représentant chacune un tel corps c; le Corps humain ayant un certain degré de composition μ, l'Ame doit également être susceptible d'un degré de composition μ.[11] Les affections d'un seul Corps humain figurent dans les réseaux d'ordre causal de détermination *ad operandum* de degré m, $-\infty \leq m < \mu$, reliés respectivement au palier m du secteur du réseau causal de détermination *ad existendum* en amont du palier μ; ce Corps prend dans le réseau de degré $\mu - 1$ la forme d'un graphe composé d'une multitude de points dont chacun symbolise un des composants de degré $\mu - 1$. Tous les Corps humains existant en acte reposent sur un tel graphe; les affections que les Corps font subir aux autres Corps et celles qu'ils subissent de la part des autres Corps sont représentées par des flèches d'un point à l'autre.

La déformation de l'Ame étant la réplique de la déformation de la chose dont elle est l'idée, les affections que les Ames font subir aux autres Ames et celles qu'elles subissent de la part des autres Ames sont représentées dans le réseau causal de détermination *ad operandum* des Ames qui est la réplique du réseau causal de détermination *ad operandum* des Corps.[12]

Quelque soit le degré de composition d'un corps ou d'un individu et de son idée, cette idée est son «âme»: «bien que chaque individu vive dans le contentement et l'épanouissement de sa nature telle qu'elle est formée, cette vie dont chacun est content et cet épanouissement ne sont rien d'autre que l'idée ou l'âme de cet individu»[13]; et la différence entre la nature de l'épanouissement d'un certain individu et la nature de l'épanouissement d'un autre est conforme à la différence entre le plan de l'un et le plan de l'autre[14].

2
L'effort par lequel l'Ame s'évertue à persévérer dans son être

Un Corps humain C contrebalance une modification

$$C \times \omega_C(t),$$

produite par une cause située à l'extérieur de lui-même et menaçant de violer une des lois de tolérance relatives aux modifications auxquelles il peut être soumis sans être détruit, par une autre modification

$$C \times \omega_C(t')$$

issue de son plan de construction e[E, C].[1] Ce plan est déterminé à réparer, par le moyen de modifications $C \times \omega_C(t')$ préfigurées en lui, les lésions provoquées par des causes extérieures à C. Ainsi, e[E, C] est la force[2] produisant continûment des modifications $C \times \omega_C(t')$ contrebalançant celles qui proviennent de causes extérieures à C.[3]

Une modification $C \times \omega_C(t)$ produite par une cause située à l'extérieur de C pouvant freiner ou éventuellement appuyer cette force, celle-ci peut être modifiée; dès lors le plan e[E, C] est modifiable. Il convient alors de considérer les modifications $C \times \omega_C(t)$ sous l'aspect de l'impact qu'elles peuvent avoir sur e[E, C] et de les prendre en compte dans la mesure où, par leur intervention, «la puissance d'agir [du] Corps est accrue ou diminuée». Une modification qui atteint un Corps humain C et l'atteint jusque dans son essence e[E, C] est appelée non pas *Corporis affectio*, mais *Corporis affectus*: «affect» du Corps.[4] Il existe donc des modifications, non seulement de C, mais aussi de l'essence même de C, de sorte que la force défensive par laquelle C persévère dans son être varie en fonction des modifications $C \times \omega_C(t)$ provenant de causes extérieures à C.[5]

En ce qui concerne maintenant les modifications $C \times \omega_C(t')$ produites par e[E, C] et contrebalançant celles qui proviennent de causes extérieures à C, elles aussi modifient e[E, C]. Le plan e[E, C] doit donc être conçu comme continûment modifié, tantôt par des «affects» provenant de causes extérieures à C, tantôt par des «affects» issus de e[E, C]. Par conséquent, dire: le plan e[E, C] préfigure les modifications de C tolérées par les *Lemmes 4* à 7, équivaut à dire: le plan préfigure la forme $C \times \omega_C(t)$ de ces modifications. Il revêt donc lui-même la forme

$$C \times \omega_C(t)$$

d'une modification de C. L'essence e[E, C] continûment modifiée n'étant autre, selon le paragraphe 4 du chapitre 1, que la nature variable du Corps C, et celle-ci s'identifiant à une trajectoire, la formule $C \times \omega_C(t)$ exprime finalement la trajectoire suivie par un Corps humain.

Au *conatus* d'un Corps humain correspond le *conatus* de son idée i(C); aussi y a-t-il le *conatus* de l'Ame. L'Ame contrebalance une modification

$$i(C) \times i[\omega_C(t)],$$

produite par une cause située à l'extérieur d'elle-même et menaçant de violer une des lois de tolérance relatives aux modifications auxquelles elle peut être soumise sans être détruite, par une autre modification

$$i(C) \times i[\omega_C(t')]$$

issue de son plan e[P, i(C)]. Continûment modifié[6], tantôt par des «affects» provenant de causes extérieures à i(C), tantôt par des «affects» issus de lui-même[7], ce plan revêt la forme

$$i(C) \times i[\omega_C(t)]$$

d'une modification de i(C). Spinoza appelle ce plan «Volonté».[8]

Le plan e[E, C] et le plan e[P, i(C)] considérés comme une seule et même chose qui s'explique par le moyen d'attributs différents forment la force par laquelle l'homme persévère dans son être; Spinoza la nomme «Appétit»[9].

3
L'Ame réduite aux affections

Lorsque le Corps est affecté par un corps le composant ou par un corps extérieur, une empreinte est gravée dans l'Ame. La *Proposition II, 19* exprime que l'Ame ne reçoit que ces empreintes i_c et non les idées i(c):

> «L'Ame humaine ne connaît le Corps humain lui-même et ne sait qu'il existe que par les idées des affections dont le Corps est affecté.»[1]

La *Démonstration* permet, par une mise au point des expressions qu'elle emploie, de préciser le statut de l'Ame par rapport à sa propre essence et par rapport à Dieu. La *Démonstration* débute par le constat:

> «L'Ame humaine [...] est l'idée même [...] du Corps humain [...], qui [...] est en Dieu en tant qu'on le considère comme affecté d'une autre idée de chose singulière.»[2]

L'Ame ne peut «être en Dieu» que si Dieu est «affecté», car elle est une modification existant *in alio*, à savoir en Dieu. Elle n'est pas une essence, car elle est définie comme idée d'une chose singulière existant en acte[3]; elle est donc causée par une autre chose qui a le même statut qu'elle; toutes ces choses sont des «âmes», car les modes dont elles sont les idées sont des corps. Un Corps C advient à l'existence parce que des corps b en mouvement ou en repos ont été déterminés au mouvement ou au repos par d'autres b*. L'idée d'un corps b déterminé au mouvement $\omega_b(t)$, à l'instant t, par des corps b* est l'idée $i_b(t)$; puisque les corps b se communiquent mutuellement leurs mouvements selon un certain rapport déterminé, les idées $i_b(t)$ ont entre elles des rapports mutuels déterminés, c'est-à-dire l'idée i(C) advient à l'existence.

Pour déceler ce qui se produit dans l'Ame, il faut considérer le Corps. Spinoza fait appel, dans sa *Démonstration*, au *Postulat 4* pour évoquer le *conatus* du Corps qui lutte pour sa conservation:

> «puisque [...] le Corps humain a besoin d'un très grand nombre de corps, par lesquels il est continûment comme régénéré, et que l'ordre et la connexion des idées sont les mêmes [...] que l'ordre et la connexion des causes, [l'idée i(C)] sera en Dieu en tant qu'on le considère comme affecté des idées d'un très grand nombre de choses singulières»[4].

Ce sont les corps qui sortent du Corps humain et ceux qui y entrent, et non le Corps humain lui-même, qui sont pris en considération. Le jeu de survie du Corps se répercute jusqu'au réseau d'ordre causal de détermination *ad operandum* des *corpora simplicissima.* Ainsi Dieu est-il «affecté des idées d'un très grand nombre de choses singulières»; cependant, ces «choses singulières» ne sont pas les corps régénérant le Corps humain, mais leurs mouvements, déplacements et remplacements. Puisque le Corps humain est continûment réorganisé par ses affections, il n'existe pas de Corps en soi, mais seulement un Corps affecté; le Corps importe donc moins que ses variations:

> «Dieu a l'idée du Corps humain ou connaît le Corps humain, en tant qu'il est affecté d'un très grand nombre d'autres idées, et non en tant qu'il constitue la nature de l'Ame humaine, à savoir [...] l'Ame humaine ne connaît pas le Corps humain.»[5]

Parce que «toutes les manières dont un corps est affecté par un autre corps suivent de la nature du corps affecté et en même temps de la nature du corps qui affecte [le premier corps]»[6], la cause d'une affection du Corps humain remonte et au plan du Corps humain C et à celui du corps c qui l'affecte. La cause d'une affection de l'idée du Corps remonte donc et au plan de i(C) et à celui de i(c). L'idée du Corps *est en Dieu en tant qu'il est affecté de l'idée* i(c)[7]; Dieu a donc l'idée du Corps *en tant qu'il a, conjointement avec elle, l'idée d'un autre corps* c *affectant le Corps* C[8]. Si tel est le cas, par définition, l'Ame perçoit le Corps[9], et elle le perçoit «partiellement»[10]. Le terme «partiellement» signifie que l'Ame ne perçoit ni le Corps humain lui-même ni le corps c l'affectant, mais l'affection de C, notée «m(C)»:

> «l'Ame perçoit [les affections du Corps]»[11].

Selon le paragraphe 5 du chapitre précédent il existe les affections des corps et celles des âmes. L'idée de l'affection d'un corps c est désignée par «i[m(c)]», l'affection ou modification d'une âme par «m[i(c)]». Puisque «l'ordre et la connexion des idées sont les mêmes que l'ordre et la connexion des choses»[12], une affection de l'Ame doit être la réplique d'une certaine affection du Corps. Une affection m(C) du Corps humain provoquée par le déplacement de certains corps et leur remplacement par des corps le régénérant doit donc avoir comme réplique une affection m[i(C)] de son Ame. Etant une idée, cette affection doit être notée i[m(C)]; elle est en Dieu en tant qu'il est «affecté»[13] d'un grand nombre d'idées de mouvements de corps singuliers, idées qui sont les répliques des mouvements des corps provoquant la modification m(C) du Corps humain. On s'attend à l'égalité:

$$m[i(C)] = i[m(C)] = i_C,$$

qui ne pourra cependant être établie qu'après avoir étudié la notion d'idée adéquate du type $i[m(c)] = i_c$ et c'est le paragraphe 7 de ce chapitre qui sera consacré à cette tâche.

4
La conscience de l'Ame

L'Ame humaine est l'idée $i(C)$ du Corps humain; l'idée $j[i(C)]$ doit exister:

> *Proposition II, 20*: «De l'Ame humaine aussi une idée ou connaissance est donnée en Dieu, laquelle suit en Dieu de la même manière et se rapporte à Dieu de la même manière que l'idée ou connaissance du Corps humain.»[1]

Dans la *Démonstration* Spinoza souligne que l'existence de l'idée de l'Ame «ne doit pas suivre en Dieu en tant qu'il est infini, mais en tant qu'il est affecté d'une autre idée de chose singulière»[2]. A la vérité, l'idée de l'Ame sous la forme de l'essence de cette idée suit en Dieu en tant qu'il est infini, mais l'existence de l'idée de l'Ame suit des idées de certaines choses singulières existant en acte. Ces choses singulières sont les idées $i_b(t)$ qui, par le fait d'être en rapports mutuels déterminés les unes avec les autres, produisent l'idée $i(C)$ et qui sont les idées des corps b lesquels, en effectuant les mouvements $\omega_b(t)$, forment le Corps C. Selon la *Proposition II, 7,* les idées $j[i_b(t)]$ sont, de leur part, en de tels rapports mutuels les unes avec les autres que se forme l'idée $j[i(C)]$:

> *l'idée de l'Ame* «est unie à l'Ame de la même manière que l'Ame elle-même est unie au Corps»[3] (*Proposition II, 21*).

Pour prévenir tout malentendu, il paraît utile de préciser que cette idée de l'Ame ou «connaissance de l'Ame»[4], qui est $j[i(C)]$, n'est pas la connaissance ou la conscience que l'Ame a d'elle-même, mais la connaissance que Dieu a de l'Ame $i(C)$. Puisque l'Ame n'obtient pas par le moyen de l'idée de l'Ame la connaissance d'elle-même, l'obtiendra-t-elle par le biais de ses affections?

Une affection du Corps humain est une modification ou variation de ce Corps; puisque l'Ame est la réplique du Corps, chaque variation du Corps a pour réplique une variation de l'Ame qui est une idée i_C dont existe l'idée $j(i_C)$, pourvu que l'égalité:

$$i[m(C)] = m[i(C)] = i_C$$

puisse être établie:

> *Proposition II, 22*: «L'Ame humaine perçoit non seulement les affections du Corps, mais aussi les idées de ces affections.»[5]

La *Démonstration* envisage l'ordre et la connexion des idées des affections du Corps, notées $i[m(C)]$, et considère que les idées de ces idées, notées $j\{i[m(C)]\}$, suivent les mêmes ordre et connexion[6].

Les idées $i[m(C)]$ *sont dans l'Ame*[7] qui les subit comme ses modifications $m[i(C)]$, pourvu que l'égalité:

$$i[m(C)] = m[i(C)] = i_C$$

puisse être établie.

Les idées $j\{i[m(C)]\}$, quant à elles, ne sauraient exister «en soi», sans le «support» de l'idée de l'Ame, notée $j[i(C)]$, dont elles sont les modifications $m\{j[i(C)]\}$, pourvu que l'égalité:

$$j\{i[m(C)]\} = m\{j[i(C)]\} = j_{i(C)}$$

puisse être établie.

La *Proposition II, 7* s'applique ainsi aux affections $j_{i(C)}$ qui suivent donc les mêmes ordre et connexion que les affections i_C dont elles sont les idées.

Les idées des idées i_C, ne pouvant exister sans l'idée de l'Ame, *sont en Dieu en tant qu'il a l'idée de l'Ame*[8]. Dieu a l'idée i_C d'une affection du Corps conjointement avec une autre idée, elle-même idée d'une affection du Corps et qui est la cause de l'idée i_C; il a donc l'idée $j(i_C)$ conjointement avec l'idée qui est à la fois idée de la cause de i_C et cause de l'idée $j(i_C)$. Par définition, l'Ame perçoit ainsi sa propre affection i_C, perception exprimée par «$j(i_C)$»[9], et elle la perçoit partiellement:

> *l'Ame perçoit les idées des affections du Corps*[10].

La question de la conscience de l'Ame se résout enfin par la

> *Proposition II, 23*: «L'Ame ne se connaît elle-même qu'en tant qu'elle perçoit les idées des affections du Corps.»[11]

Lorsque l'Ame $i(C)$ subit une affection i_C et que l'attribut de la Pensée produit l'idée $j(i_C)$, l'Ame perçoit i_C. Si elle percevait non seulement les affections i_C, mais en plus $i(C)$, l'idée du Corps, elle se connaîtrait elle-même; et si elle était la réplique de son plan $e[P, i(C)]$, elle se connaîtrait de façon adéquate. Or, l'idée $i(C)$ existe dans la durée et ne peut être connue par le moyen de son seul plan, car les modifications qu'elle subit pendant sa vie proviennent d'idées i(c) situées à l'extérieur d'elle, donc étrangères à son plan. Dieu a ainsi l'idée j[i(C)] *en tant qu'il a, outre cette idée et conjointement avec elle, les idées* j[i(c)] *d'autres idées de corps* c.[12] Par définition, l'Ame perçoit l'idée i(C) partiellement ou inadéquatement, à savoir elle ne perçoit que les affections de i(C):

«Mens humana eatenus se ipsam non cognoscit»[13].

Ce résultat signifie non pas que l'Ame demeure entièrement privée de la connaissance d'elle-même, mais que, n'obtenant pas d'emblée cette connaissance, elle devra se résigner à s'en approcher par le biais des idées des affections du Corps.[14]

C'est à la suite de la *Proposition II, 23* qu'il convient de préciser ce qu'est le «Désir». Pour ce faire, il faut revenir à l'«Appétit» ou aux plans e[E,C] et e[P,i(C)] considérés comme une seule et même chose qui s'explique par le moyen d'attributs différents formant la force par laquelle l'homme persévère dans son être. Puisque l'Appétit revêt la forme d'une modification de l'Ame et que, selon la *Proposition II, 23,* l'Ame ne perçoit que ses propres modifications

$$\mathrm{i}(\mathrm{C}) \times \mathrm{i}[\omega_{\mathrm{C}}(t)] = \mathrm{i}_{\mathrm{C}}(t),$$

il existe l'idée

$$\mathrm{j}[\mathrm{i}_{\mathrm{C}}(t)].$$

Spinoza appelle cette idée «Désir», *Cupiditas*: «le Désir est l'Appétit avec conscience de lui-même»[15], l'Appétit étant considéré sous l'aspect de la «Volonté».

Le Désir peut être conçu comme l'idée du plan e[P,C], continûment modifiée, tantôt par les idées des «affects» issus du plan lui-même ou «innés»[16], tantôt par les idées des «affects» provenant de causes extérieures à i(C) ou «acquis»[17]. Ainsi, l'idée j[$\mathrm{i}_{\mathrm{C}}(t)$] est une modification de l'idée j[i(C)]:

$$\mathrm{j}_{\mathrm{i}_{\mathrm{C}}(t)},$$

et cette dernière formule se lit: la modification continue, dans l'intervalle compris entre l'instant de la naissance de C et l'instant de la mort de C, de l'idée du plan e[E,C], ou encore: la modification continue, dans le même intervalle, du plan e[P,i(C)] lui-même.[18] La formule

$$\mathrm{j}_{\mathrm{i}_{\mathrm{C}}(t)}$$

englobe «tous les efforts, impulsions, appétits et volitions de l'homme, lesquels varient suivant la disposition variable d'un même homme»[19].

5
La différence d'une Ame à une autre

Bien qu'étant l'idée i(C) du Corps, l'Ame ne perçoit pas cette idée, donc ne se connaît pas elle-même; par contre, elle perçoit les idées i_C des affections du Corps, perception exprimée par

$$j(i_C) = j_{i_C}.$$

Les choses singulières à la portée de l'Ame sont ainsi les affections du Corps. Puisqu'il y a parité et simultanéité entre la puissance que l'Ame a en pensant et la puissance que le Corps a en agissant[1], il suffit de considérer le plan du Corps pour examiner les idées des affections du Corps.

Ce plan repose sur les corps de degré $\mu - n$ qui composent ou peuvent composer C, $1 \leq n < +\infty$. Ces corps sont notés «cα», «α» signifiant une suite de n chiffres choisis parmi les chiffres 0 et 1. «c1» désigne un des corps de degré $\mu - 1$ dont C est composé à l'instant de sa naissance, «c0» désigne les corps de rechange d'un corps c1 déterminé. A supposer un corps cα de degré $\mu - n$, «cα1» désigne un des corps de degré $\mu - (n + 1)$ dont le corps cα est composé à l'instant de sa naissance; «cα0» désigne les corps de rechange d'un corps cα1 déterminé.

Le plan de C présente:

- le graphe de la forme de C indiquant les corps c1,
- le tableau des corps c0,

ensuite, pour tous les corps cα:

- le graphe de leur forme indiquant les corps cα1,
- le tableau des corps cα0.

Les corps composant un corps cα0 occupent les noeuds de son graphe. Selon le *Lemme 4* les corps occupant les noeuds du graphe de cα1 peuvent se séparer du corps cα dont cα1 est un composant pourvu que «autant d'autres corps de même nature se mettent à leur place»: *totidem alia ejusdem naturae eorum loco succedant*[2]. Les corps occupant les noeuds du graphe de cα0 vont-ils donc occuper, un à un, les noeuds du graphe de cα1? Le graphe de cα0 est-il le graphe de cα1? Au cas de réponse affirmative, un corps de rechange est la copie conforme du corps qu'il est destiné à remplacer, et il faut reconnaître qu'il existe parmi les corps de même degré de composition des corps c et c′ indiscernables bien que distincts les uns des autres: indiscernables parce qu'ayant les mêmes plans, distincts parce que sans corps composants communs s'ils existent simultanément[3], ce qui s'applique aux Corps humains, présumés avoir tous le même degré μ. Puisque «tout ‹affect› d'un [Corps] diffère de l'‹affect› d'un autre autant que [le plan] de l'un diffère [du plan] de l'autre»[4], si tant est qu'il existe des Corps humains C et C′ indiscernables, ce sont leurs «affects» respectifs $C \times \omega_C(t)$ et $C' \times \omega_{C'}(t)$ qui, différant les uns des autres à condition de découler de causes différentes, produisent les traits distinctifs des hommes: «lorsque nous comparons les hommes les uns aux autres, nous les distinguons par la seule différence de leurs ‹affects›»[5].

Mais si les plans de deux Corps humains C et C′ sont différents, les «affects» de C diffèrent des «affects» de C′ dans le même rapport que les plans respectifs de ces Corps[6]; dans ce cas, un «affect» $C \times \omega_C(t)$ est le propre du plan du Corps C.

6
La cause adéquate

Une cause, à laquelle son effet s'ajuste parfaitement, peut être appelée «adéquate» par rapport à son effet:

> «j'appelle cause adéquate celle dont on peut percevoir l'effet clairement et distinctement par elle-même»[1].

Lorsque plusieurs causes ont concouru à une même action et que toutes à la fois ont déterminé un même effet, une seule d'entre elles ne peut être la cause adéquate de cet effet. Cependant, la totalité des causes ayant concouru à cette même action peut être considérée comme une seule cause[2]; celle-ci est adéquate par rapport à son effet. Une cause est inadéquate par rapport à son effet quand elle ne le produit pas seule:

> «j'appelle cause inadéquate ou partielle [...] celle dont on ne peut connaître l'effet par elle seule»[3].

Une cause adéquate par rapport à son effet se situe-t-elle à l'intérieur de l'essence de son effet? L'examen de l'avènement à l'existence d'un corps c permet de répondre à la question. En fait, le corps c résulte des mouvements de certains corps b* et b concourant au placement des corps b sur des trajectoires qui les unissent. Aucun de ces mouvements, pris seul, ne peut être considéré comme cause adéquate de l'effet dont il n'est que la cause partielle; cependant, ces mouvements peuvent être réunis en une seule cause «collective» $\Sigma\, m(b^*, b)$; elle est adéquate par rapport à son effet, le corps c, mais extérieure à l'essence de c.

Si l'on imaginait un observateur situé à proximité de l'essence de c et ne pouvant de sa place rien percevoir d'extérieur à cette essence, cet observateur connaîtrait parfaitement l'essence de c, mais ignorerait la cause de l'avènement de c. Ainsi, une cause adéquate suppose un observateur placé en un lieu précis d'où il peut percevoir l'effet de cette cause. Dès lors, une cause est adéquate:

1 par rapport à son effet, toute cause adéquate devant nécessairement être ou la seule cause de son effet ou la cause collective de toutes les causes concourant à une même action de telle sorte que toutes soient cause à la fois du même effet,

2 par rapport à un observateur de la cause qui doit être placé en un lieu défini d'où, dans son action de connaître[4], il lance son regard en direction de l'effet;

ce lieu est la cause[5] même d'où il déduit l'effet *more geometrico*: «les yeux de l'Ame, par lesquels elle voit et observe les choses, sont les démonstrations elles-mêmes»[6].

Si l'on ne peut déduire un effet d'une cause unique, chacune des causes de l'effet est inadéquate:

1 par rapport à l'effet qui ne dépend alors que partiellement d'elle,

2 par rapport à un observateur placé en un lieu d'où il ne peut embrasser d'un seul regard toutes les causes de l'effet.

Pour préciser le jeu des causes adéquates et inadéquates, on peut considérer un corps c affecté par une cause extérieure, par exemple le mouvement d'un corps b′ de degré $n-1$ qui entre en collision avec un corps b composant c. Si, comme le prévoit le *Lemme 6*, le corps b est contraint du fait du choc reçu de la part du corps b′ à infléchir le mouvement qu'il a dans le système c vers une autre région de l'Étendue, la nouvelle trajectoire de b remonte à deux causes, le mouvement de b′ et celui de b lui-même[7]. Pour un observateur situé à l'endroit de l'essence de c, la première cause lui demeure inconnue et la deuxième, bien que située à l'intérieur de l'essence de c, est inadéquate par rapport à son effet qui ne dépend que partiellement d'elle et par rapport à son observateur qui ne peut de sa place appréhender l'autre cause, le mouvement de b′. Cependant, la cause collective m(b′, b) qui réunit le mouvement de b′ et celui de b, est adéquate par rapport à son effet, la nouvelle trajectoire de b, mais seulement pour un observateur situé à un endroit d'où il perçoit et l'essence de c et le mouvement de b′.

Pourtant, le système c reprend un état stable s'il réussit à influer sur la trajectoire du corps b de sorte que ce corps continue à se mouvoir périodiquement dans c. Cette fois, les causes pour la réadaptation de la trajectoire de b au système c sont tirées uniquement du système c; réunies en une cause collective, elles forment une cause adéquate par rapport à leur effet, la stabilisation du système c, et par rapport à un observateur situé à l'endroit de l'essence de c.

7
L'idée adéquate

Si un observateur connaît l'essence d'un corps c sans connaître le mouvement d'un corps b′ qui affecte le corps c, sa connaissance de cette affection est inadéquate; elle serait adéquate s'il en percevait la cause b′.

Pour préciser la notion de connaissance adéquate, il convient d'utiliser les acquis du paragraphe 2 du chapitre 7 suivant lesquels l'idée i′ produite par l'idée i(c) d'un corps c est identique à l'idée i(c′) du corps c′ produit par le corps c.

Si l'idée i(c) est la cause adéquate de l'idée i′, celle-ci peut être connue par l'intellection de l'essence de i(c) et, selon ce paragraphe 2, elle est identique à l'idée i(c′) qui a pour objet le corps c′. L'idée i′ a donc pour objet le corps c′. Cependant, elle n'a pas été obtenue par l'approche de son objet, le corps c′, mais a été déduite de sa cause adéquate, l'idée i(c). En effet, on peut «percevoir l'être formel de l'idée [i′]», sa forme, «par le moyen d'un autre mode de penser [i(c)], qui en est comme la cause prochaine»[1]; ainsi l'idée i′,

> «[considérée] en elle-même, sans relation à l'objet, a toutes les propriétés [...] intrinsèques d'une idée vraie»[2].

Une idée i′ ayant pour objet le corps c′ est «adéquate» si sa cause est l'idée du corps c, cause adéquate de c′.[3] La cause de l'idée adéquate et la cause de son objet sont Un, mais sont exprimées soit par l'attribut de la Pensée, soit par celui de l'Étendue.

Enfin, une idée i′ ayant pour objet le corps c′ est «inadéquate» si le corps c, dont l'idée est cause de i′, est la cause partielle de c′.

Il faut ici préciser la notion d'idée adéquate du type i_c, idée qui a pour objet le corps c modifié par son état de mouvement:

$$c \times \omega_c(t),$$

la fonction $\omega_c(t)$ déterminant cet état par le moyen de la trajectoire de c. L'idée i_c est l'idée i(c) subissant une modification correspondant à la modification même du corps c; elle est désignée par

$$i(c) \times i[\omega_c(t)].$$ [4]

Bien que le paragraphe 2 du chapitre 7 n'invoque pas d'idées i_c, les données de ce paragraphe seront utilisées pour éclairer la notion d'idée adéquate i_c tout en adaptant convenablement les symboles.

D'abord le symbole c doit être remplacé par le symbole $c \times \omega_c(t)$, parce qu'il ne s'agit plus maintenant du corps c en soi, mais de sa modification qui est considérée comme cause adéquate d'une autre modification de c représentée par le symbole $c \times \omega_c'(t)$ remplaçant le symbole c'. La fonction $\omega_c'(t)$ détermine le nouvel état de mouvement de c.

Ensuite, le symbole i(c') doit être remplacé par le symbole

$$i(c) \times i[\omega_c'(t)] \qquad \text{A}$$

qui représente l'idée i(c) subissant la modification qui correspond à la modification de c représentée par $c \times \omega_c'(t)$.

Enfin, le symbole i(c) doit être remplacé par le symbole i_c et cette idée i_c, modification de l'idée i(c), est considérée comme cause d'une autre modification de i(c) représentée par le symbole

$$i(c) \times i'[\omega_c(t)] \qquad \text{B}$$

qui doit remplacer le symbole i'.

Bien qu'il ne l'ait pas exprimé formellement, il semble que Spinoza ait considéré comme identiques les idées A et B. S'il en était ainsi, la modification $c \times \omega_c'(t)$ pourrait être connue au moyen de l'idée B, idée adéquate de $c \times \omega_c'(t)$, à condition toutefois que l'idée i_c soit la cause adéquate de l'idée B:

> *j'entends par idée adéquate d'une modification d'un corps une idée qui, en tant qu'on la considère en elle-même, sans relation à cette modification, a toutes les propriétés intrinsèques d'une idée vraie.*

B = A, et la modification $c \times \omega_c(t)$ étant notée «m(c)», il ressort que la modification de l'idée i(c) est l'idée de la modification m(c).[5]

8
La perfection de l'Ame

Quand nous sommes l'objet sur lequel s'exerce une action que nous n'avons pas suscitée, nous sommes «passifs»; quand, en nous, nous suscitons nous-mêmes et seuls un «affect», ou, hors de nous, nous entrons seuls en action, nous sommes «actifs».[1] Le plan du Corps, confronté aux «affects» subis par celui-ci, est «[déterminé] à faire quelque chose»[2]; véritable stratège de survie du Corps, il a la ressource soit d'imposer aux corps composant le Corps humain le respect des lois de stabilité exprimées par les *Lemmes 4* à *7* de la théorie des corps, soit, au cas de non-respect et de dislocation d'un corps composant, de le remplacer. L'une ou l'autre de ces interventions est une ingérence dans le Corps humain ou un «affect»; seulement, cet «affect» est produit uniquement par le plan du Corps.

Il paraît naturel de classer les «affects» suivant leurs auteurs qui sont nous-mêmes ou les «causes extérieures»:

> «Quand nous pouvons être la cause adéquate [d'un quelconque de nos ‹affects›], j'entends [...] par ‹affect› une action; dans les autres cas, une passion.»[3]

Au point de vue de l'attribut de l'Étendue, la puissance d'agir du Corps ou son plan doit causer seule, sans le concours d'un corps extérieur, un «affect» pour en être la cause adéquate; au point de vue de l'attribut de la Pensée, l'Ame, «en tant qu'elle a des idées adéquates, [...] est nécessairement active en certaines choses»[4]; son activité consiste à déduire de certaines idées adéquates d'autres idées adéquates. Tout se réduit au lien, d'une part, entre les actions de l'Ame et ses idées adéquates, d'autre part, entre les passions de l'Ame et ses idées inadéquates: «les actions de l'Ame naissent des seules idées adéquates; les passions dépendent des seules idées inadéquates»[5].

Du fait que les «affects» du Corps et de l'Ame sont des causes et modifient la puissance d'agir du Corps et de l'Ame, il est possible de les classer encore selon leurs effets:

> «j'entends par ‹Affects› les affections du Corps par lesquelles la puissance d'agir de ce Corps est accrue ou diminuée [...], ainsi que les idées de ces affections»[6].

Néanmoins, un «affect» peut rester «neutre» de sorte qu'il «n'accroît ni ne diminue [la] puissance d'agir [du Corps ou de l'Ame]»[7], à condition toutefois qu'il émane d'une cause extérieure au Corps. Par contre, un «affect» accroît toujours la puissance d'agir d'un homme qui en est la cause adéquate[8]:

> Un «affect» produit uniquement par le plan de l'homme accroît toujours la puissance d'agir de l'homme. Un «affect» provenant d'une cause extérieure diminue la puissance d'agir de l'homme ou l'accroît ou la laisse inchangée.

Puisque «nous pouvons concevoir une infinité de gradations [...] des forces [d'un seul] ‹affect› »[9], et que le plan de l'homme n'est jamais exempt de modifications[10], il convient de considérer ce plan comme modifié par une suite continue d'«affects» distincts dont chacun varie en fonction du temps t[11]. Les plans e[E, C] et e[P, C] pouvant être compris comme une seule et même chose qui s'explique par le moyen d'attributs différents, le plan de l'homme peut être noté ou «e[E, C]» ou «e[P, C]». Si l'on choisit la première notation, un «affect» du plan de l'homme s'écrit:

$$\mathrm{C} \times \omega_{\mathrm{C}}(t).$$

Le plan e[E, C] ne connaît ni la naissance de C, ni tous les événements de la vie de C, ni la mort de C; c'est seulement le plan e[E, v] d'un certain corps v de degré l, $l > \mu$, qui connaît la naissance, toute la vie et la mort de C. Ce plan préfigure la nature «effective» de C, à savoir la trajectoire suivie effectivement par C durant sa vie; par contre, le plan e[E, C] définit la nature «parfaite» de C, c'est-à-dire la trajectoire que C emprunterait s'il n'était pas affecté par d'autres corps. Une affection de C étant une affection de v, une modification effective de C doit être exprimée dans les termes d'une modification de e[E, v]:

$$\mathrm{v} \times \omega_{\mathrm{v}}(t).$$

C'est la nature effective $\mathrm{v} \times \omega_{\mathrm{v}}(t)$ de C préfigurée par e[E, v] qui est réalisée à tout instant t et non pas la nature parfaite définie par e[E, C]. Il existe donc entre la nature effective $\mathrm{v} \times \omega_{\mathrm{v}}(t)$ et la nature parfaite de C une certaine «distance» exprimant que $\mathrm{v} \times \omega_{\mathrm{v}}(t)$ est plus ou moins conforme au plan e[E, C].

Le plan e[E, C] est la «perfection du Corps C», notée «p». La distance entre p et $\mathrm{v} \times \omega_{\mathrm{v}}(t)$ peut s'écrire:

$$\mathrm{p} - [\mathrm{v} \times \omega_{\mathrm{v}}(t)].$$

Si maintenant $\mathrm{v} \times \omega_{\mathrm{v}}(t')$ est un «affect» infiniment proche de $\mathrm{v} \times \omega_{\mathrm{v}}(t)$, $t < t'$, soit:

$$\mathrm{p} - [\mathrm{v} \times \omega_{\mathrm{v}}(t)] > \mathrm{p} - [\mathrm{v} \times \omega_{\mathrm{v}}(t')], \qquad \mathrm{A}$$

soit

$$\mathrm{p} - [\mathrm{v} \times \omega_{\mathrm{v}}(t)] < \mathrm{p} - [\mathrm{v} \times \omega_{\mathrm{v}}(t')]. \qquad \mathrm{B}$$

«A» se lit: $v \times \omega_v(t)$ est moins conforme au plan e[E,C] que $v \times \omega_v(t')$. Le critère formé par A et B répartit les «affects» en deux classes: ceux qui font passer l'homme soit

- «d'une moindre à une plus grande perfection» (A),

soit

- «d'une plus grande à une moindre perfection» (B);

les uns sont les «Joies»[12], les autres les «Tristesses»[13] de l'homme.

Une passion peut être une Joie; une action l'est toujours: si l'homme agit uniquement sous l'influence de son plan e[E,C], il passe nécessairement d'une moindre à une plus grande perfection[14]:

> Un «affect» produit uniquement par le plan de l'homme est une action; il accroît toujours la puissance d'agir de l'homme, et il est une Joie. Un «affect» provenant d'une cause extérieure est une passion; il diminue la puissance d'agir de l'homme ou l'accroît ou la laisse inchangée, et il est une Tristesse ou une Joie ou n'est ni Tristesse ni Joie.

Entre la puissance que l'Ame a en pensant et la puissance que le Corps a en agissant, il y a par nature parité et simultanéité.[15] Une modification de l'Ame doit donc être exprimée dans les termes d'une modification de e[P,i(v)]:

$$i_C(t) = i(v) \times i[\omega_v(t)],$$

de sorte que la «distance» entre une idée $i_C(t)$ et la «perfection de l'Ame» e[P,i(C)], notée également «p», peut s'écrire:

$$p - \{i(v) \times i[\omega_v(t)]\}.$$

Quand l'Ame produit une idée $i_C(t')$ affirmant une modification $C \times \omega_C(t')$ du Corps plus parfaite qu'une modification $C \times \omega_C(t)$, $t < t'$ et t' infiniment proche de t, elle passe à un perfection plus grande.[16] Elle cherche un procédé pour s'approcher de sa perfection; or, elle ne peut s'en approcher que sur son propre terrain qui est celui des idées, sa perfection e[P, i(C)] étant indépendante de l'état de son Corps existant dans la durée, qu'il soit sain ou corrompu. Ainsi s'approche-t-elle de sa perfection en perfectionnant sa connaissance ou ses idées. Elle a d'emblée des idées i_C des affections de son Corps; par contre, elle n'a ni les idées des corps composant son Corps[17], ni l'idée de son Corps même[18], ni les idées des corps extérieurs à son Corps[19]. Si elle veut s'approcher de sa propre perfection, elle doit conquérir l'idée de son Corps ou l'idée du plan de son Corps. Ce plan n'étant connu qu'à travers les modifications du Corps, empreintes gravées dans le Corps appelées «images»[20]:

$$C \times \omega_C(t),$$

il faut qu'une modification survienne pour que le plan apparaisse. Aux images des Corps correspondent les idées des images, le terme «idée» étant compris comme modification de l'Ame[21]:

$$i(C) \times i[\omega_C(t)].$$

Une modification du Corps est régie par les lois des mouvements des corps, exprimées par une sorte d'«idées», différentes des idées i(c) des corps et des idées i_c de leurs modifications, et que Spinoza désigne par le terme «notions communes»[22]:

> «ce qui est commun à [tous les corps] et se trouve pareillement dans la partie et dans le tout ne constitue [le plan d'aucun corps singulier]»[23].

Les notions communes peuvent, comme la *Définition de l'Individu*, établir le modèle de tout plan de corps ou, comme le *Lemme 6*, prescrire un certain seuil de tolérance qu'un corps ne peut pas dépasser sans se disloquer. Elles sont «adéquates» en ce sens qu'elles sont «les lois et les règles éternelles de la Nature»[24] auxquelles les corps se conforment. Elles définissent la géométrie dont les configurations sont les graphes reliant les corps.

L'Ame utilise les notions communes pour connaître les événements qui ont amené une modification du Corps:

> «il n'est point [de modification] du Corps dont nous ne puissions former quelque concept clair et distinct»[25].

Former le concept clair et distinct d'une modification du Corps, c'est avoir l'idée adéquate de la modification

$$C \times \omega_C(t)$$

du plan e[E, C] à l'instant t. Puisqu'il y a parité et simultanéité entre la puissance que l'Ame a en pensant et la puissance que le Corps a en agissant, l'Ame a l'idée adéquate de la modification

$$i(C) \times i[\omega_C(t)] = i_C(t)$$

de son plan e[P, i(C)] à l'instant t, c'est-à-dire qu'elle perçoit cette modification; cette perception est exprimée par

$$j[i_C(t)].$$

Cependant, la recherche du plan du Corps, bout par bout, même si elle livrait toutes les modifications partielles $C \times \omega_C(t)$, ne saurait faire du plan un Tout d'un seul tenant. Pour obtenir tout le plan, il faut une vue englobante et universelle, qui, à l'instar d'une intégrale de toutes les formes partielles du plan du Corps, recouvrerait ce plan lui-même. Spinoza parle de «Science intuitive»[26]. Or, le plan e[E, C] se trouvant incorporé dans le plan e[E, v] d'un corps v de degré l, $l > \mu$, qui préfigure la naissance, toute la vie et la mort du Corps C, une modification du plan de C est une modification de celui de v. L'ordre de la Nature étendue trouve sa répétition dans l'ordre de la Nature pensée; le plan e[P, i(C)] est inclus dans le plan e[P, i(v)], et la recherche du plan de l'Ame doit alors se faire dans le mode infini immédiat de la Pensée à l'endroit du plan e[P, i(v)]. Ce mode préfigure les causes adéquates des modifications $i_C(t)$; il est l'entendement éternel et infini de Dieu ou idée de Dieu: *plus nous connaissons notre Ame singulière, plus nous connaissons cette idée*[27]. Les parties du plan du Corps repérées une par une par l'Ame sont intégrées en un Tout d'un seul tenant, à savoir l'idée de Dieu, car «tout ce qui est, est en Dieu, et rien, sans Dieu, ne peut ni être ni être conçu»[28]: «notre Ame, en tant qu'elle connaît, est un mode éternel du penser, qui est déterminé par un autre mode éternel du penser, ce dernier à son tour par un autre, et ainsi à l'infini, de sorte que tous ensemble constituent [l'idée de Dieu]»[29]. L'Ame a ainsi droit de cité à l'intérieur de l'idée de Dieu lorsqu'elle «progresse [...] jusqu'à la connaissance adéquate [d'une modification du Corps]»[30], c'est-à-dire en remonte à la cause adéquate située dans l'idée de Dieu.[31]

Mais, «l'Ame se considère nécessairement elle-même quand elle conçoit une idée vraie ou adéquate [d'une modification du Corps]»[32]; finalement, en repérant la cause adéquate d'une seule modification du Corps, elle approche de la «connaissance adéquate [du plan du Corps]»[33], donc de sa perfection.

TROISIÈME PARTIE

COMPARAISON DU MONDE DU *TRACTATUS* AVEC LA NATURE NATURÉE DE L'*ÉTHIQUE*

CHAPITRE PREMIER

LE MONDE WITTGENSTEINIEN ET LA NATURE SPINOZISTE

1
Convergence vers Dieu et vers la limite du monde

Dans le système spinoziste, l'Ame saisit, par le biais de la Science intuitive, un mode singulier de l'attribut de l'Étendue et ce mode est le Corps dont l'Ame est l'idée. Ce Corps est limité par les corps extérieurs susceptibles de l'affecter et de ce fait, il est fini tout en étant formé d'une infinité de corps composants. Il peut être conçu conformément au modèle géométrique qui prévoit un seul «réseau de détermination *ad existendum*» organisé en une infinité de «paliers» numérotés «n», $-\infty \leq n < +\infty$, sur lesquels s'alignent les corps de «degré de composition n»; un «réseau de détermination *ad operandum*» correspond à chaque palier n et figure les affections des corps de degré n.

On peut considérer, dans le système de l'*Éthique*, le seul attribut de l'Étendue et suivre les connexions causales de ses modes finis, les corps. Ces corps sont engendrés par d'autres corps et engendrent d'autres corps sans qu'interviennent les idées de ces corps, selon la *Proposition II, 6*. L'Ame a pour mission de porter la connaissance du Corps devant Dieu; elle explore donc l'ordre de la Nature naturée réservé à l'attribut de l'Étendue et à l'intérieur de cet ordre le secteur représentant le plan du Corps. Ce faisant, elle approche de Dieu en tant qu'il s'exprime sous forme du mode infini immédiat de l'attribut de l'Étendue.

Il serait ici possible de songer au processus wittgensteinien tendant à l'obtention d'une «image» partielle du monde et de mettre le Dieu de Spinoza en parallèle avec le monde de Wittgenstein. Une «image» wittgensteinienne du monde est une surface-limite du monde formée d'une certaine totalité de points $\imath$ dont chacun est atteint par un processus partant du fait $\mathfrak{f}(\imath)$ correspondant à l'intérieur du monde et convergeant vers l'image logique $\imath(\mathfrak{f})$. Cependant, si le système wittgensteinien dissocie monde et limite du monde, la *Proposition I, 14* de l'*Éthique*, selon laquelle nulle substance en dehors de Dieu ne peut être donnée, n'admet aucun point de départ vers Dieu dans lequel Dieu ne résiderait pas déjà.

2
L'ordre spinoziste des choses et l'ordre wittgensteinien des choses

Pour comparer les systèmes du *Tractatus* et de l'*Éthique*, il faut revenir à l'ordre et à la connexion des choses dans chacun d'eux.

Dans le système spinoziste l'ordre de la Nature naturée est incarné par le mode infini immédiat d'un attribut: sont soumis à cet ordre le mode infini médiat et les modes finis tant éternels que fugitifs de l'attribut. Dans la Nature naturante, infinie et éternelle, il n'y a pas d'ordre, à moins qu'on ne qualifie ainsi une certaine prééminence de la Pensée parce qu'elle rend possible la connaissance des autres attributs. Mais c'est la Nature naturante qui instaure l'ordre dans la Nature naturée.

L'ordre que fondent les choses wittgensteiniennes par leurs configurations virtuelles est l'ordre de la substance du monde, mais non du monde lui-même. Chaque chose est engagée dans une infinité de configurations ou états de choses existants; elle sera éternelle parce qu'elle trouvera nécessairement des homologues pour former avec eux des états de choses existants. Quand elle change de partenaires, un état de choses périt; si un nouvel état de choses se forme, il se forme indépendamment de l'existence ou de la non-existence des autres.[1] L'essence de la chose substantielle définit les choses avec lesquelles elle peut former une configuration et le mode de connexion qui les relie entre elles. Wittgenstein élève ainsi au niveau de la substance l'ordre qui, selon Spinoza, agence les modes infinis et finis.

Le système spinoziste ne connaît qu'une entité mortelle, le mode fini existant dans la durée; le système wittgensteinien en connaît cinq: l'état de choses, la situation de choses, le fait, la forme propositionnelle produite par l'opération $[\bar{p}, \bar{\xi}, N(\bar{\xi})]$ et les limites particulières du monde. Le système spinoziste réserve aux modes finis et mortels leur place dans l'ordre causal; un mode éphémère ne peut exister sans que ses prédécesseurs aient existé[2]; à chaque mode fini sont donc attachés tous les modes qui sont ses prédécesseurs ou les prédécesseurs des prédécesseurs, etc. Dans le système wittgensteinien, les états de choses sont insérés dans l'ordre de la substance du monde; chaque situation de choses est définie sur un faisceau d'états de choses déterminé et chaque fait est greffé sur une ou plusieurs parcelles de la réalité déterminées et est ainsi inséré dans l'espace logique des faits. Seules les limites du monde ne semblent pas bénéficier d'un ordre dans lequel elles s'inséreraient.

Dans l'ordre spinoziste des modes mortels, l'avènement d'un mode à l'existence est lié à l'existence d'un autre mode; l'avènement d'un fait wittgensteinien à l'existence n'a égard ni à l'avènement ni à la disparition d'autres faits; et la disparition d'un fait n'a égard ni à la disparition ni à l'avènement d'autres faits. Ce principe est général[3], sauf dans le cas où la vérité de l'image d'un fait f′ suit de la vérité de l'image d'un autre fait f.[4]

Wittgenstein n'exclut pas qu'il puisse y avoir différents mondes[5], chacun constitué de ses propres faits, mais la substance est unique[6], d'un seul tenant: deux faisceaux F(c) et F(c′) d'états de choses étant choisis au hasard, il existe, semble-t-il, $n-1$ faisceaux $F(c_1), \ldots, F(c_{n-1})$ et n choses $h_1, \ldots, h_n$ permettant de former la suite:

$$F(c), h_1, F(c_1), h_2, F(c_2), \ldots, F(c_{n-1}), h_n, F(c')$$

telle que les choses puissent entrer, la première, dans deux états de choses appartenant l'un à F(c) et l'autre à $F(c_1)$, la deuxième, dans deux états de choses appartenant l'un à $F(c_1)$ et l'autre à $F(c_2)$..., la dernière, dans deux états de choses appartenant l'un à $F(c_{n-1})$ et l'autre à F(c′). Infinie et éternelle comme la substance wittgensteinienne, la substance spinoziste est au contraire cloisonnée par des démarcations internes. Un mode d'un certain attribut ne peut être la cause d'un mode d'un autre[7]; ainsi, un attribut ne peut s'ingérer dans l'ordre et la connexion des modes d'un autre. Mais tous produisent leurs modes spécifiques dans le même ordre causal[8] de telle sorte que l'unicité de l'ordre et de la connexion des modes fait l'unité de la substance[9].

Un mode périssable de l'attribut de l'Étendue est composé de «corps» non composés ou «très simples»; sa cohésion intérieure est due à l'effet de coercition qu'exercent certaines lois sur sa forme[10]. Les corps composés ne cessent de s'unir les uns aux autres et finissent par former la *facies totius universi*, cet unique «corps»-limite qui pourrait être appelé le «monde» propre à l'attribut de l'Étendue.

Un mode c de cet attribut est un «individu» s'il est issu de l'union d'autres modes étendus, et s'il existe une variation de c qui mettra un terme à c. La *facies* n'est susceptible d'aucune variation mortelle. Quant à l'entité wittgensteinienne méritant le qualificatif «individu», elle est une limite du monde. En tant que telle, elle est apte à souffrir des variations[11]; mortelle, elle meurt parce qu'elle a résolu de gagner le belvédère loin du monde pour y jouir de la vue du monde *sub specie aeterni*[12]. L'individu spinoziste conserve son individualité tout en subissant des variations à condition qu'elles se fassent selon des règles définies.

La *facies*, représentant cette infinité de choses qui suivent en une infinité de modes de la nécessité divine, demeure en Dieu[13], et Dieu lui est immanent[14]. En dehors de la substance spinoziste, «nulle substance [...] ne peut être»[15], et tout ce qui n'est pas substance est mode et existe *in alio*, à savoir à l'intérieur de la substance. La substance wittgensteinienne ne présente pas une telle unicité, car il existe des instances qui lui sont étrangères, telles que les propositions élémentaires, les limites du monde, le vouloir, les valeurs et Dieu.

3
Les idées selon l'*Éthique* et les images selon le *Tractatus*

Dans le système de l'*Éthique* un attribut spécifique a pour mission de porter la connaissance des autres attributs et de leurs modes devant Dieu; dans le système du *Tractatus* les faits du monde possèdent chacun une entité gémellaire appelée «image logique du fait», *Bild der Tatsache*, et Dieu télécommande l'avènement des faits dans le monde par les images logiques interposées entre lui et le monde.

Les «sujets métaphysiques» ou «microcosmes», formés d'images logiques entrelacées, sont plongés dans le monde conçu comme la surface à trois dimensions de la sphère pleine à quatre dimensions. Chacun d'eux étant d'une certaine manière un «symétrique»[1] du monde, ils en sont la «connaissance»[2]. L'Ame spinoziste «est en Dieu»[3] dans la mesure où elle est un secteur du mode infini immédiat de l'attribut de la Pensée; les sujets métaphysiques, plongés dans le monde sans pouvoir faire surface, demeurent loin du belvédère situé à l'extérieur du monde et occupé par Dieu.

Dans le système de l'*Éthique*, seuls les modes finis de l'attribut de la Pensée sont susceptibles d'avoir comme «objet» un mode fini d'un autre attribut de sorte qu'un mode de l'attribut de la Pensée est nécessaire pour représenter un corps puisqu'aucun corps ne peut représenter un autre corps; cependant, une idée peut représenter une autre idée. Bien que les idées spinozistes semblent s'apparenter aux images wittgensteiniennes, une certaine réserve dans la comparaison des idées avec les images paraît s'imposer, car à côté des idées i(c) existent les idées i_c des affections des corps.

De même que l'*Éthique* propose deux types d'idées, le *Tractatus* envisage deux types d'images, les unes teintées d'une nature substantielle, les autres non. Ces premières images sont greffées sur une parcelle de la réalité dont elles héritent la nature, ce qui les habilite à représenter des faits de la même nature: «l'image spatiale [est habilitée à représenter] tout ce qui est spatial»[4]. Les secondes images se situent sur la surface-limite du monde; étant exemptes de nature substantielle, elles sont habilitées à représenter des faits de n'importe quelle nature; elles s'appellent «images logiques»: «l'image logique est habilitée à représenter le monde»[5]. Puisqu'une image d'une nature substantielle, spatiale par exemple, possède un double, à savoir une image logique $\imath$ qui est vraie uniquement si l'image spatiale existe, «toute image [spatiale] est également une image logique»[6].

Si l'on fait correspondre à tout attribut spinoziste le «monde» formé de ses modes finis et fugitifs, les idées i(c) et i_c se trouvent uniquement dans le «monde» de l'attribut de la Pensée. Les images logiques, bien qu'appelées «pensées»[7], sont dépourvues de toute nature substantielle et ne peuvent, de ce fait, constituer la contrepartie des idées qui, elles, possèdent une nature substantielle au même titre que les corps.

4
Idée et corps, image logique et fait

Pour faire passer, dans le système de l'*Éthique*, la connaissance des Natures naturante et naturée à Dieu, il faut qu'au préalable la connaissance soit liée à son objet par une relation d'isomorphisme. Parmi les différentes sortes d'idées finies:

$$i(c),\ i_c,\ j[i(c)],\ j(i_c),$$

l'idée i(c) du corps c doit être considérée comme l'idée fondamentale dont les autres dérivent. L'idée i(c) et le corps c ont le même degré de composition *n*; ils ont aussi le même plan qui peut, ou dépendre de l'attribut de l'Étendue: e[E, c], ou être exprimé par le moyen de celui de la Pensée: e[P, i(c)]. Les idées des corps composant c sont les idées composant l'idée i(c). L'identité des plans de c et de i(c) est fondée sur l'égalité de la puissance d'agir de la substance par le moyen de l'attribut de la Pensée et de sa puissance de produire des corps.

Suivant le *Tractatus*, l'image logique $\imath(\mathfrak{f})$ est liée à son «objet», le fait $\mathfrak{f}(\imath)$, par une relation d'isomorphisme, que l'on pourrait appeler principale par rapport à la relation d'isomorphisme complémentaire qui peut lier les faits $\mathfrak{f}(c)$ et $\mathfrak{f}(c')$ «teintés» d'une nature substantielle et greffés respectivement sur les parcelles de la réalité $\Lambda(c)$ et $\Lambda(c')$.

Le fait $\mathfrak{f}(\imath)$, teinté d'une nature substantielle, est défini par la formule:

$$(F(c) \times [\bar{p}, \bar{\xi}, N(\bar{\xi})] \times \{p\}),$$

donc par la nature de la chose c sur la parcelle de laquelle il est greffé, par le modèle de la forme propositionnelle qu'emprunte l'image $\imath(\mathfrak{f})$ parmi les formes produites par l'opération $[\bar{p}, \bar{\xi}, N(\xi)]$, enfin par les propositions élémentaires $\{p\}$ «logées» dans ι. L'image logique $\iota[f(c)]$, de sa part, est définie sur la même parcelle de la réalité $\Lambda(c)$ et exprimée par la formule:

$$([\bar{p}, \bar{\xi}, N(\bar{\xi})] \times \{p\});$$

elle produit, quand elle existe et est vraie, le fait $f(\iota) = f(c)$.

Un fait $f(c)$ est d'une nature substantielle, il est spatial ou coloré, etc., tandis que son image logique $\iota[f(c)]$ en est dépourvue et se situe en dehors des faits teintés d'une nature substantielle; on pourrait songer à faire correspondre les natures substantielles du système wittgensteinien telles la spatialité, la colorité, etc., à tous les attributs du système spinoziste autres que celui de la Pensée.

5
La variabilité des corps et des faits

Une fois connues la construction du fait wittgensteinien et celle du corps spinoziste, il est possible de comparer la variabilité des deux constructions. Une unique chose c engendre son faisceau $F(c)$ d'états de choses; une possibilité quant à l'existence ou à la non-existence des états de choses de ce faisceau est une situation de choses $\lambda(c)$ définie sur $F(c)$; parmi toutes les situations de choses $\lambda(c)$, il faut choisir un ensemble $\{\lambda(c)\}$ définissant le fait qui existe chaque fois qu'une des situations de choses déterminées par $\{\lambda(c)\}$ est réalisée.

Le corps spinoziste c de degré de composition *n* peut être conçu à l'aide d'un graphe dont les noeuds représentent des corps b de degré $n - 1$ disposés de manière à pouvoir se communiquer mutuellement leurs mouvements selon un certain rapport déterminé. Il est accompagné d'une charte faisant état des possibilités d'échanges de corps et de l'éventail des trajectoires que peuvent emprunter les corps b. Aussi le corps spinoziste est-il susceptible de variations dans les limites définies par certaines lois de tolérance en ce sens que sa nature ou trajectoire varie et que sa forme demeure maintenue telle quelle. Spinoza conçoit ainsi la définition d'un corps comme inaltérable tout en y incluant les possibilités de réparation du corps; de même Wittgenstein considère la définition du fait comme intangible, mais, puisque le fait $f(c)$ existe si une situation de choses $\lambda(c) \in \{\lambda(c)\}$ existe, et seulement si elle existe, il y aura autant de variantes du fait que de situations de choses $\lambda(c) \in \{\lambda(c)\}$. Cette variabilité du corps et du fait explique leur persévérance dans l'être; le corps la doit à d'autres corps disponibles pour s'intégrer à son système, le fait à l'avènement à l'existence d'entités différentes de lui, à savoir de situations de choses. On peut parler de «points d'existence» d'un fait f(c) et, le cas échéant, d'un unique point, si $\{\lambda(c)\}$ ne contient qu'une seule situation de choses.

Si, au lieu de considérer une seule chose c, on envisage toutes les choses de natures différentes, à savoir la substance du monde, puis tous les faisceaux d'états de choses dérivés chacun d'une chose, ensuite toutes les situations de choses existantes, une par faisceau, on conçoit la «contexture du monde», *Bau der Welt*. La substitution continue et infinie, au sein de chaque faisceau, de situations de choses à d'autres situations de choses, en fonction de la vérité et de la fausseté des propositions élémentaires, modifie incessamment la contexture du monde et occasionne la disparition et l'avènement des faits.

Dans le système de l'*Éthique*, les corps sont susceptibles de former avec leurs homologues de nouveaux corps, et il est possible de concevoir un «corps» maximal illimité, englobant tous les corps, mais non inclus dans un autre corps. Dans le système du *Tractatus*, on peut concevoir une multitude d'entités correspondant chacune à ce «corps» maximal, ce sont tous les mondes réduits aux seuls faits f dont un sujet-limite-du-monde possède les images $\imath$(f). Un tel monde est donc un Tout «limité»; il contient, au moins partiellement, le corps du sujet-limite, *dessen Leib*[1].

6
La vérité selon l'*Éthique* et selon le *Tractatus*

La correspondance entre les images $\imath$(f) et les faits f($\imath$) d'une part, les idées $i_c(t)$ et leurs objets $c \times \omega_c(t)$ d'autre part étant établie, comment assurer la véridicité des images $\imath$(f) et des idées $i_c(t)$?

Dans l'*Éthique*, la vérité est l'apanage des idées i(c) et i_c et, subsidiairement, des idées j[i(c)] et $j(i_c)$. Bien qu'une idée vraie doive s'accorder avec l'objet dont elle est l'idée[1], la vérité d'une idée ne peut être établie en la comparant avec son objet[2]; l'idée tire sa vérité de sa cause. Si sa cause est adéquate, l'accord de l'idée avec son objet est assuré; l'idée a alors «toutes les propriétés [...] d'une idée vraie» bien qu'elle soit considérée «en elle-même, sans relation à [son] objet»[3]. Elle est une idée «adéquate», produite par sa cause adéquate qui est une idée, elle-même adéquate et produite par sa propre cause adéquate qui est encore une idée, etc.

Dans le *Tractatus*, la vérité est l'apanage des entités que sont les images logiques $\imath$. A tout fait f(c) dans le monde correspond une image logique $\iota[f(c)]$ située sur une limite du monde et constitutive du fait qui existe si $\iota[f(c)]$ existe et est vraie, et seulement si $\iota[f(c)]$ existe et est vraie. L'image logique $\iota[f(c)]$ étant un fait[4], l'avènement à l'existence du fait $f(c)$ a pour condition nécessaire l'existence du fait $\iota[f(c)]$: un fait dans le monde est accompagné de son image logique. Par conséquent, pour qu'un fait $f(c)$ situé dans le monde et alors teinté d'une nature c puisse être l'image d'un fait $f(c')$, lui-même teinté d'une nature c', $c \neq c'$, il faut et il suffit qu'il existe les images logiques $\iota[f(c)]$:

$$([\bar{p}, \bar{\xi}, N(\bar{\xi})] \times \{p\})$$

et $\iota[f(c')]$:

$$([\bar{p}, \bar{\xi}, N(\bar{\xi})] \times \{p'\}),$$

telles qu'à chaque proposition élémentaire p corresponde une proposition élémentaire p', et inversement, et que les deux images logiques aient la même forme $[\bar{p}, \bar{\xi}, N(\bar{\xi})]$. Si elles existent et sont vraies, $f(c)$ existe et est l'image vraie de $f(c')$; si $\iota[f(c)]$ existe et est vraie et si $\iota[f(c')]$ existe et est fausse, ou n'existe pas, $f(c)$ est fausse.

L'image $f(c)$ exprime la forme $[\bar{p}, \bar{\xi}, N(\bar{\xi})]$ du fait $f(c')$, mais non pas sa nature c'; l'image logique $\iota[f(c)]$, ayant la même forme que le fait $f(c')$, peut être considérée comme une image logique de ce fait; et c'est en ce sens que l'image $f(c)$ du fait $f(c')$, teintée de la nature c, est «de plus» une image logique de $f(c')$[5].

En conclusion, si un fait existe dans le monde, l'image logique constitutive de ce fait existe sur une limite du monde, et il se peut qu'existe dans le monde une autre image de ce fait. Les images d'un fait sont des faits. Un fait sur une limite du monde n'a pas d'images[6].

Si l'on considère à présent la vérité selon Spinoza, le corps modifié $c \times \omega_c(t)$ et l'idée i_c du corps modifié adviennent à l'existence de manière concomitante. Dès qu'un observateur perçoit la cause adéquate de l'idée i_c, il est assuré de la vérité de cette idée sans avoir besoin de la comparer avec son objet $c \times \omega_c(t)$, car l'idée i_c, occupant un secteur de l'ordre de la Nature pensée, répète l'ordre et la connexion des causes de $c \times \omega_c(t)$. Un corps $c \times \omega_c(t)$ quelconque n'est pourtant pas à la portée d'un observateur tel que l'Ame humaine[7]; seul l'est le Corps humain, objet de l'Ame. Lorsque l'Ame perçoit la cause adéquate d'une de ses idées i_C, elle sait que cette cause est éternelle[8] et l'idée elle-même adéquate.

La vérité d'une idée i_C peut être comparée avec la vérité d'une image logique ι; néanmoins, dans le système du *Tractatus*, l'image ι et les images teintées d'une nature substantielle ne sont pas les seules instances susceptibles de vérité, puisque la proposition élémentaire l'est avant elles. La vérité d'une proposition élémentaire lui vient d'une instance qui pourrait être appelée Dieu; elle va de pair avec l'existence de l'état de choses dont elle est l'instance gémellaire. L'ordre et la connexion des choses dans un état de choses sont préfigurés par l'ordre et la connexion des noms dans la proposition élémentaire gémellaire, les noms et les choses devant être conçus comme des anneaux enlacés les uns dans les autres jusqu'à former un noeud. Il y a autant d'états de choses possibles réservant une place à la chose c qu'il existe de propositions élémentaires contenant un «exemplaire» du nom de c. Ces «exemplaires» sont indiscernables bien que distincts les uns des autres.

La proposition élémentaire est absolument éternelle, alors que la chose l'est à condition d'être en alliance avec ses homologues; pourtant, toute éternelle qu'elle soit, la proposition élémentaire peut être fausse tandis qu'au contraire une essence e[P, i(C)] du système de l'*Éthique* est une vérité éternelle.

Les propositions élémentaires transcendent la substance du monde, le monde et les limites qu'il porte en son intérieur, et forment un Tout auquel il faut, semble-t-il, accorder le caractère d'une sorte de «personne» pouvant être appelée «Moi transcendantal» et de laquelle émane la vue du monde.

7
Fait spatial et corps

Quand il s'agit d'étudier, par exemple, les corps, le seul attribut de l'Étendue suffit, dans le système de l'*Éthique*, à produire l'infinité des modes étendus; dans le système du *Tractatus*, une seule chose, le *Raumding*, suffit à engendrer le faisceau des états de choses sur lequel sont greffés les faits spatiaux. On est ici tenté de rapprocher un fait spatial d'un corps spinoziste; cependant, quand l'*Éthique* traite du mouvement d'un corps, elle n'a pas recours à une seconde nature, différente de celle de l'Étendue, alors que le mouvement d'un fait spatial ne peut se concevoir sans temporalité de sorte que le fait animé d'un mouvement est un fait hybride spatio-temporel et que seul ce fait hybride peut être rapproché d'un corps. En notant «$\mathscr{j}$(c)» une image logique définie sur la parcelle Λ(c), «c», «d», ... des choses de natures différentes telles la spatialité, la temporalité, etc., et «$\oplus$» une fonction de vérité, l'image logique

$$\mathscr{j}(c) \oplus \mathscr{j}(d) \oplus \ldots = \mathscr{i}(c, d, \ldots)$$

est le double d'un fait hybride participant d'une infinité de natures c, d, … Une variation d'un tel fait découle de la substitution continue et infinie de situations de choses $\lambda(c)$, $\lambda(d)$, … contenues dans sa définition $\mathscr{i}(c, d, \ldots)$. Si c et d sont respectivement les choses spatiales et temporelles, la variation du fait $f[\mathscr{i}(c, d, \ldots)]$ peut être comprise comme son mouvement.

Pour trouver la place occupée par le temps dans l'*Éthique*, il faut considérer la relation de cause à effet. L'effet est la fonction de ses causes; ainsi, le mouvement d'un corps c étant la trajectoire de c:

$$c \times \omega_c(t),$$

celle-ci se produit en fonction de certaines autres trajectoires

$$c' \times \omega_{c'}(t^*) .$$

Les trajectoires $c \times \omega_c(t^*)$ et $c' \times \omega_{c'}(t^*)$ concourent simultanément à une seule et même action ayant pour effet de former la trajectoire $c \times \omega_c(t)$, t^* et t étant des nombres réels. Le réel t^* doit être infiniment proche de t et, puisque t^* appartient à la cause et t à l'effet, t^* doit être plus petit que t. Dès lors le continuum de l'axe réel ordonne les variations des corps. Affectée de l'idée de cet axe, l'Ame assimile l'axe lui-même à l'ordre de la Nature étendue; elle imagine donc le temps.[1]

8
L'image d'un fait spatial et l'idée i_c

La distinction entre images logiques et images spatiales, la nécessité pour les premières de former des surfaces-limites du monde en se coupant du monde par l'abandon de toute nature substantielle semblent réduire le mouvement d'un fait à quelque chose qui ne peut être capté par une image logique $\mathscr{i}$. Le fonctionnement d'une turbine à vapeur, par exemple, ne peut s'expliquer sans l'aide de modèles spatiaux et de figures géométriques qui ne sont ni les uns ni les autres des images logiques. Ainsi, les mouvements du fait $f[\mathscr{i}(c, d, \ldots)]$ participant des natures spatiale et temporelle semblent être représentés par des images tant spatiales que temporelles[1].

L'idée i_c du système de l'*Éthique* est aussi bien l'idée d'une variation du corps c que la variation de l'idée de ce corps. La variation du corps c est son mouvement; la variation i_c de l'idée $i(c)$ exprime donc le mouvement de c tout entier.

Il convient maintenant de comparer les systèmes du *Tractatus* et de l'*Éthique* suivant les fonctions qu'ils réservent, dans l'ordre de leurs constructions respectives, l'un au sujet-limite-du-monde, l'autre à l'Ame, idée du Corps.

9
Le sujet selon l'*Éthique* et selon le *Tractatus*

Le sujet du système du *Tractatus* est une «surface-limite» du monde formée d'images logiques $\imath$ définies sur n'importe quelle parcelle de la réalité Λ(c). Une telle image ou «point» $\imath[\mathsf{f}(c)]$:

$$([\bar{p}, \bar{\xi}, N(\bar{\xi})] \times \{p\})$$

peut être conçue comme suit: l'ensemble $\bar{p}$ désigne le faisceau des propositions élémentaires enchaînant le nom de la chose c, $\bar{\xi}$ un ensemble contenant des propositions élémentaires de ce faisceau ou des propositions composées à partir de propositions élémentaires de ce faisceau; N est la négation de toutes les propositions contenues dans $\bar{\xi}$; $\{p\}$ désigne les propositions élémentaires «logées» dans $\imath[\mathsf{f}(c)]$, à savoir les propositions élémentaires contenues, d'une part, dans $\bar{\xi}$ et, d'autre part, dans les propositions composées contenues dans $\bar{\xi}$, et seulement ces propositions élémentaires. Les «points» de cette surface-limite peuvent être connectés entre eux de la façon suivante: une image $\imath[\mathsf{f}(c)]$ définie sur la parcelle Λ(c) est connectée avec une image $\jmath[\mathsf{g}(d)]$ définie sur la parcelle Λ(d), $c \neq d$ ou $c = d$, s'il existe sur la surface-limite un «point» qui soit une image

$$\imath[\mathsf{f}(c)] \oplus \jmath[\mathsf{g}(d)],$$

$\oplus$ étant une fonction de vérité. Il est alors possible de parler d'images logiques $\imath$ et $\jmath$ «entrelacées»[1].

Puisque $\imath(\mathsf{f})$ est appelée *Bild*[2], «image», elle est faite pour être regardée, pensée; il semble donc naturel que le sujet regarde ou pense les images $\imath(\mathsf{f})$ entrelacées dont il est formé, c'est-à-dire que l'image logique $\mathscr{k}(\imath)$ existe. Or $\mathscr{k}$ est, par sa définition même, l'image d'un fait teinté d'une nature substantielle; $\imath$ par contre est sans nature substantielle: $\mathscr{k}(\imath)$ ne peut donc être formée dans le système du *Tractatus*. Ainsi, un sujet ne peut avoir une pensée $\mathscr{k}$ ayant pour objet une pensée de lui-même ou d'un autre sujet-limite[3].

L'*Éthique* connaît un sujet qui a lui-même le statut d'une idée, l'Ame, car il est un mode de l'attribut de la Pensée existant dans la durée; comme tout mode de cet attribut, il existe de manière concomitante avec un mode de l'attribut de l'Étendue qui est son «Corps»; un Corps humain existant dans la Nature et l'idée de ce Corps sont une seule et même chose qui s'explique par le moyen d'attributs différents: le Corps C et l'Ame i(C) sont considérés comme «unis»; leur union est appelée «homme», et l'homme pense. Lorsque l'Ame est modifiée, soit par sa propre vertu soit par celle d'une cause extérieure, de sorte que se produit sa modification i_C, elle «perçoit» la modification du Corps et elle la perçoit partiellement. Elle perçoit en plus sa propre modification i_C, perception exprimée par $j(i_C)$, et elle la perçoit aussi partiellement. Par contre, puisque ni la connexion ni la déconnexion d'images logiques $\imath$ ne peuvent être l'objet d'une image logique k, un sujet-limite wittgensteinien ne peut «percevoir» une de ses modifications.

L'Ame acquiert, à la mesure de ses efforts, un secteur plus ou moins grand de l'entendement éternel et infini de Dieu; elle n'est pas «quelque chose de muet comme une peinture sur un panneau», mais «l'acte même de connaître»[4]. Le sujet wittgensteinien, en revanche, est incapable d'augmenter, par l'acquisition de nouvelles images, la densité du réseau des images interconnectées dont il est formé – seul moyen d'approfondir sa connaissance du monde –; c'est le vouloir qui lui fournit des images $\imath$ supplémentaires. Ce sujet est même incapable de s'opposer au vouloir lorsque celui-ci tourne vers lui sa mauvaise face et lui ôte, par exemple, une image

$$\imath[f(c)] \oplus \jmath[g(d)],$$

déconnectant ainsi les deux images $\imath[f(c)]$ et $\jmath[g(d)]$.

Pour qu'un fait f puisse exister, il est nécessaire, mais non suffisant, que sa «définition» $\imath(f)$ existe sur une limite du monde; une telle limite étant formée d'images logiques entrelacées, elle est elle-même une définition, non d'un fait mais du monde, et puisqu'il y a plusieurs limites, elle est une définition «partielle» du monde[5]. Si donc «un Dieu produit un monde»[6], il doit d'abord produire les définitions partielles de ce monde, à savoir les sujets-limites, puis rendre vraies sur chacun de ces sujets certaines définitions $\imath(f)$: c'est ainsi que des faits $f(\imath)$ constitueront le monde. Le sujet est produit par Dieu, sa modification est de la compétence du vouloir.

Le rapport du sujet avec le monde est celui du propriétaire avec l'objet acquis; Wittgenstein aime à dire: «mon» monde[7]. Cet adjectif possessif insinue que le monde est abandonné au sujet et même qu'il pourrait y avoir autant de mondes que de sujets. Comme le *Tractatus* n'affirme pas l'existence de plusieurs mondes et que la thèse 2.022 invite seulement à concevoir la possibilité d'un second monde sans prendre parti sur son existence effective et que la troisième sous-thèse de la thèse 5.62 ne cautionne pas l'existence de plusieurs mondes dont chacun aurait un propriétaire différent, mais seulement la possession de l'unique monde par différents propriétaires, il faut concevoir la possession du monde par un sujet comme une «participation» à l'unique monde. Il semble normal de penser qu'un sujet participe «entièrement» au monde s'il contient un représentant de chaque parcelle de la réalité, c'est-à-dire si, quelle que soit la parcelle $\Lambda(c)$, il possède une définition $\mathscr{i}(\mathsf{f})$ d'un fait $\mathsf{f}(c)$ greffé sur $\Lambda(c)$. Le monde d'un tel sujet est «entier» en ce sens qu'il contient des faits de toutes natures. Cependant, un sujet peut contenir, en plus, des définitions de faits hybrides, par exemple

$$\mathscr{i}[\mathsf{f}(c)] \oplus \mathscr{j}[\mathsf{g}(d)]$$

avec $c \neq d$, voire la définition d'un fait hybride greffé sur la parcelle de chacune des choses contenues dans un certain état de choses: le monde de ce sujet possède alors des faits jouissant de deux natures différentes ou s'étendant sur une infinité de parcelles de la réalité. Ne faudrait-il pas concevoir le sujet propriétaire d'un monde rassemblant des faits de toutes natures et abondamment doté de faits hybrides s'étendant sur une infinité de natures comme un sujet heureux? Par contre, un monde d'où un certain nombre fini de natures substantielles $c, d, \ldots$ a disparu parce que tout fait $\mathsf{f}(c), \mathsf{g}(d), \ldots$ en a été exclu, et dans lequel, en plus, les faits hybrides sont épars et n'impliquent qu'un nombre fini de natures, devrait être considéré comme le monde d'un sujet malheureux: *die Welt eines Unglücklichen*[8]. Quoi qu'il en soit, dans le *Tractatus*, le bonheur et le malheur du sujet dépendent du vouloir, puissance étrangère au monde et au sujet.

Dans l'*Éthique*, l'Ame est également soumise aux interventions de puissances étrangères à elle-même, à savoir des causes situées dans la Nature naturée pensée; elles produisent les «passions de l'Ame» qui sont ou des «Joies» ou des «Tristesses», ou ni Joies ni Tristesses. Mais l'Ame peut, grâce à la force par laquelle elle persévère dans son être, se donner elle-même des Joies ou trouver des parades contre ses Tristesses. Elle se démarque ainsi du sujet wittgensteinien qui est entièrement passif et doit subir les interventions du vouloir comme si elles émanaient du destin, *Schicksal*[9].

Un sujet wittgensteinien participe à l'unique monde en fonction des images $\mathscr{i}[\mathsf{f}(c)]$ dont il est constitué; ne formant pas lui-même d'image d'un fait[10], on ne saurait dire qu'il pense un fait $\mathsf{f}(c)$ en formant son image $\mathscr{i}[\mathsf{f}(c)]$. Néanmoins, il pense un fait $\mathsf{f}(c)$, mais de la façon suivante: l'image $\mathscr{i}[\mathsf{f}(c)]$ est «matérialisée» dans le propre monde du sujet par un fait qui est différent de $\mathsf{f}(c)$ et qui est un «signe» de l'image $\mathscr{i}[\mathsf{f}(c)]$; c'est en comprenant ce signe que le sujet pense le fait $\mathsf{f}(c)$:

« p_1	…	p_n	
V	…	V	F
F	…	V	V
.		.	.
.		.	. »

Ce signe est un fait s(d) teinté d'une nature substantielle d, d = c ou d ≠ c[11]; il indique les situations de choses λ(c) dont l'existence entraîne celle de f(c)[12] et, à condition qu'il soit compris, il est l'image du fait f(c).[13] Le signe compris est donc une pensée, isomorphe au fait f(c). L'isomorphisme entre cette pensée et le fait f(c) peut être exprimé par une droite menée par les «points» f(c) et s(d), coupant la surface-limite ou sujet au «point» $\imath$[f(c)].[14] Prolongée jusqu'au point infiniment éloigné du monde appelé «belvédère», cette droite peut être interprétée comme le regard de Dieu jeté sur le sujet, et l'isomorphisme entre la pensée $\imath$[f(c)] et le fait f(c) comme le fruit de ce regard.[15]

10
Les variations de l'Ame et les limites du monde

Les variations de l'Ame sont des modifications

$$i(C) \times i[\omega_C(t)] = i_C(t)$$

de son plan e[P, i(C)], celles du sujet-limite des modifications de la géométrie d'une surface-limite du monde formée d'images $\imath$ entrelacées. Les unes et les autres font l'objet de la science de la morale, à savoir de l'éthique. L'auteur des variations de l'Ame est ou l'Ame elle-même ou une cause extérieure à elle; l'auteur des variations du sujet-limite-du-monde est uniquement le vouloir dont le propre est d'être «bon» ou «mauvais», si bien qu'il semble être une sorte de «personne». Envers un sujet déterminé, il est tantôt bon, tantôt mauvais, sans passer par un stade intermédiaire; quand un sujet-limite disparaît, il subsiste et n'est donc le vouloir d'aucun sujet déterminé.

Le vouloir veut, *das Wollen will*, à savoir il veut agir; il est, dans le système du *Tractatus*, l'action personnifiée et son action est la modification des sujets. Il agit en faveur des sujets sans être secondé ou contre eux sans être contrarié, mais les sujets sont passifs à un tel point qu'il va jusqu'à agir à leur place et pour leur compte, de telle manière que le bonheur et le malheur des sujets sont uniquement dûs à l'action du vouloir. N'etant pas susceptible d'agir, un sujet récolte son bonheur comme une récompense qui ne lui est pas due et subit son malheur comme une punition qu'il ne mérite pas. Par exemple, l'action du mauvais vouloir rend un sujet malheureux; elle mérite donc une punition, qui est toutefois reçue non par le mauvais vouloir mais par le sujet, et qui consiste précisément en cette action du mauvais vouloir qui rend le sujet malheureux: *la punition du sujet* doit «résider dans l'action [du mauvais vouloir] elle-même»[1].

Le vouloir ne saurait avoir une contrepartie dans le système spinoziste où l'ordre de la Nature naturée, préfiguré par le mode infini immédiat de chaque attribut, exclut toute action arbitraire. L'Ame ne craint donc aucune puissance maléfique et n'espère en aucune puissance salvatrice: les «actions» de sa force défensive même sont préfigurées dans l'ordre causal de la Nature pensée.

11
Le corps correspondant au sujet spinoziste et le corps correspondant au sujet wittgensteinien

L'objet de l'Ame est le Corps et celui du sujet-limite son propre monde. Suivant l'*Éthique*, entre la puissance que le Corps a en agissant et la puissance que l'Ame a en pensant, il y a par nature parité et simultanéité; le *Tractatus* accepte lui aussi parité et simultanéité, mais entre le sujet et son propre monde, non entre le sujet et son corps. Le sujet wittgensteinien est dissocié de son corps constitué de faits de différentes natures substantielles, les uns greffés sur la parcelle spatiale de la réalité, les autres sur d'autres parcelles. Parmi les faits formant le monde d'un sujet déterminé, il se trouve certains faits constituant le corps de ce sujet; cependant, d'autres faits constituant ce corps peuvent appartenir au monde d'un autre sujet. Ainsi, le corps d'un sujet change au gré des variations de tous les mondes auxquels il participe.

12
Les attributs selon l'*Éthique* et les natures substantielles selon le *Tractatus*

L'unique substance du système de l'*Éthique* est constituée d'une infinité d'attributs éternels: elle est Dieu, et toute chose autre que Dieu apparaissant dans ce système est produite par Dieu. De façon similaire, l'unique substance du système du *Tractatus* est constituée d'une infinité de natures substantielles éternelles se regroupant en des «configurations de natures», mais elle n'est pas Dieu. S'il est probable que le Dieu wittgensteinien ait formé la substance du monde et se charge de la faire subsister éternellement, s'il est également probable qu'il ait produit les propositions élémentaires, la logique, les sujets et le monde, il est douteux qu'il soit à l'origine du vouloir.

Une entité du système wittgensteinien dont l'origine remonte à Dieu semble posséder une entité symétrique par rapport à l'axe logique ou être cet axe même. D'un côté de cet axe se tiennent les entités appelées à se faire attribuer par Dieu la vérité ou la fausseté: propositions élémentaires et images logiques, de l'autre côté les entités dont l'existence dépend de la vérité d'une entité du côté opposé: état de choses, situation de choses, fait.

Les propositions élémentaires sont organisées en faisceaux enchaînant le nom d'une nature c. La substitution continue et infinie, au sein d'un tel faisceau, d'une possibilité quant à la vérité ou à la fausseté des propositions élémentaires, entraîne de l'autre côté de l'axe la substitution également continue et infinie, au sein du faisceau des états de choses possibles enchaînant la nature c, d'une possibilité quant à l'existence ou à la non-existence de ces états de choses; cette substitution est appelée «parcelle de la réalité propre à la nature c». Ainsi persévèrent dans leur être une infinité de natures telles la spatialité, la colorité, la temporalité, etc. Ces natures se montrent dans les faits du monde, lesquels héritent toujours la nature d'une chose.

Le sujet pense les faits mais, en les pensant, capte-t-il leurs natures? Il faut distinguer entre la «forme» d'un fait et son «contenu».[1] La forme d'un fait est déterminée par les situations de choses dont l'existence entraîne celle du fait; son contenu est sa nature substantielle ou, dans le cas d'un fait hybride, l'ensemble de ses natures. Seule une image teintée elle-même de la nature d'un fait peut transmettre cette nature à un observateur.[2] Une image logique n'étant pas teintée d'une nature substantielle, elle ne peut transmettre une telle nature à un observateur. Or, penser un fait, c'est concevoir son image logique ou forme; aussi la nature d'un fait ne peut-elle être pensée.

Si l'on compare maintenant le sujet wittgensteinien avec l'Ame spinoziste, il appert que celle-ci s'emploie uniquement à penser la forme des modifications du Corps, donc les idées

$$\mathrm{i}(\mathrm{C}) \times \mathrm{i}[\omega_{\mathrm{C}}(t)]:$$

«les yeux de l'Ame» par lesquels elle observe les modifications du Corps sont «les démonstrations elles-mêmes»[3]. Voir, ouïr, palper, etc., sont des modifications du Corps, à savoir des «images» ou empreintes qu'il subit de la part de corps extérieurs. Pour en revenir au système du *Tractatus*, faut-il donc se placer, par rapport à l'axe logique, du côté des faits pour voir des couleurs, ouïr des sons, palper des objets, etc.? Dans l'affirmative, du côté des faits, il y a le corps correspondant au sujet-limite. Alors est-ce finalement ce corps qui capte les natures des faits?

13
Les modes infinis de l'*Éthique* et les tautologies du *Tractatus*

Il semble possible de distinguer, dans le système du *Tractatus*, des entités similaires aux modes infinis du système de l'*Éthique*, lesquels sont des modifications infinies et éternelles d'un attribut de Dieu. Le faisceau des propositions élémentaires enchaînant le nom de la chose spatiale, par exemple, recevant la «pluie» éternelle de la vérité et de la fausseté attribuées aux propositions élémentaires dont il est formé, peut être considéré comme une «première» manifestation de Dieu. Puisqu'une possibilité quant à la vérité ou à la fausseté des propositions élémentaires enchaînant le nom de la chose spatiale produit une situation de choses spatiale déterminée, la pluie éternelle de la vérité et de la fausseté tombant sur le faisceau produit la parcelle spatiale de la réalité; cette parcelle peut donc être considérée comme le fruit de la première manifestation de Dieu; celle-ci et son fruit paraissent ainsi s'apparenter, respectivement, aux modes infinis immédiat et médiat d'un attribut spinoziste.

La parcelle spatiale n'est autre que la chose spatiale maintenue éternellement en existence par Dieu au moyen de cette pluie de la vérité et de la fausseté tombant sur le faisceau des propositions élémentaires enchaînant le nom de la chose spatiale. Cette chose s'assimile donc, non pas à un attribut spinoziste, mais au mode infini médiat d'un tel attribut.

L'«image» de la parcelle spatiale est une tautologie, forme propositionnelle

$$([\bar{p}, \bar{\xi}, N(\bar{\xi})] \times \{p\})$$

vraie pour toutes les possibilités quant à la vérité ou à la fausseté des propositions élémentaires $\{p\}$ enchaînant le nom de la chose spatiale. Quand enfin toutes les natures substantielles sont prises en compte, chaque parcelle de la réalité peut être considérée comme une colonne teintée de la nature d'une chose c et portant les faits héritant de cette nature. Les faits hybrides héritant à la fois de la nature de la chose c et de celle d'une autre chose d peuvent être assimilés à une voûte jetée d'une colonne à l'autre. Toutes les colonnes portent les faits non hybrides et hybrides du monde et peuvent être appelées l'«ossature» du monde ou *das Gerüst der Welt*. Les tautologies représentent, à l'exemple d'une épure architecturale, ces colonnes, «sie stellen [das Gerüst der Welt] dar»[1].

DEUXIÈME CHAPITRE

LA VUE WITTGENSTEINIENNE DU MONDE ET L'INTUITION SPINOZISTE

1
Raison spinoziste et logique wittgensteinienne

Après avoir expliqué dans les dix-huit premières *Propositions* de la «Quatrième Partie» les causes de l'impuissance et de l'inconstance de l'homme, Spinoza entreprend de préciser les moyens dont l'Ame dispose pour se prévenir, dans la mesure du possible, contre les malheurs la menaçant durant la vie du Corps. Pour cela, elle tâche de connaître les événements qui ont amené une modification d'elle-même ou du Corps et, grâce à sa connaissance des lois et règles éternelles de la Nature ou notions communes, elle forme l'idée adéquate d'une modification

$$\mathrm{i(C)} \times \mathrm{i}\,[\omega_{\mathrm{C}}(t)]$$

de son propre plan e[P, i(C)] ou celle d'une modification

$$\mathrm{C} \times \omega_{\mathrm{C}}(t)$$

du plan e[E, C] du Corps. Dans sa démarche visant la mise au clair de sa propre situation face aux autres Ames elle est appelée «Raison»[1]. Ainsi, la Raison est l'apanage de toute Ame singulière[2] de sorte que Spinoza peut parler de la Raison comme puissance[3] qui dirige tout homme; agissant «sous la conduite de la Raison»[4], l'homme a le pouvoir de persévérer dans son être[5] autant que ce pouvoir est en lui[6] et ce pouvoir, qui «est [son] essence elle-même»[7], s'exprime par le moyen de l'attribut de la Pensée sous la forme «i(C)»: l'idée du Corps exempte de toute modification, i(C) = e[P, C]. L'homme conservera son être d'autant plus longtemps qu'il stabilisera mieux les fluctuations de son Ame et il est donc utile avant tout dans la vie de perfectionner l'Ame, mais il ne se délivrera pas des «affects» venant l'assaillir de sorte que l'*Éthique* se consacre jusqu'à la vingtième *Proposition* de la «Cinquième Partie» à rassembler «les remèdes que l'Ame peut puiser dans ses propres ressources pour lutter contre ses ‹affects›»[8] et qui sont au nombre de cinq:

1 elle a le pouvoir de prendre connaissance d'un «affect»[9],

2 elle peut faire abstraction des idées des causes extérieures qui produisent son «affect» et concevoir son «affect» en lui-même[10],

3 elle peut affaiblir un «affect» provenant de causes inintelligibles par un «affect» provenant de causes intelligibles[11],

4 elle peut transformer un «affect» inintelligible en un «affect» intelligible en cherchant parmi ses causes celles qui résident dans la nécessité des lois de la Nature[12],

5 elle peut encore transformer plusieurs «affects» inintelligibles en des «affects» intelligibles en ordonnant les affections correspondantes du Corps de sorte que la première soit la cause de la deuxième, la deuxième la cause de la troisième, etc.[13]

Ces remèdes sont nécessaires à l'Ame pour réduire la force des «affects» qui l'assaillent dans la vie présente, à savoir tant qu'elle est unie au Corps; par contre, ils sont vains pour prolonger la durée de l'Ame sans relation avec le Corps[14].

Le *Tractatus* connaît également une puissance qui dirige l'homme, l'engageant à se mettre en accord non avec la forme de son Ame, mais avec celle du monde: la logique. Sous sa conduite l'homme doit taire ce dont il ne peut parler et porter son regard sur les faits pour qu'il en recueille les images logiques, soit purement logiques, soit spatiales, colorées, etc.[15] L'homme qui se contentera de suivre la logique explorera le monde comme jadis Louis-Antoine de Bougainville faisant le tour du monde à bord de la frégate du Roi *La Boudeuse*.

2
La vue du plan du Corps et la vue du monde

L'homme qui s'en remet à l'*Éthique* vaquera à ses affaires tout en se subordonnant à la Raison; il sera cependant incité à s'élever au-dessus de ses occupations pour rechercher l'éternité de son Ame.

L'éternité de l'Ame se déduit de son plan:

> «L'Ame [...] ne peut être entièrement détruite avec le Corps, mais il reste d'elle quelque chose qui est éternel.»[1]

Le terme «quelque chose», désignant quelque chose d'éternel, doit se référer au plan de l'Ame; ce plan a la forme e[P, C]: le plan de construction du Corps humain exprimé par le moyen d'un mode de l'attribut de la Pensée; il est alors une idée i(C). Il peut également prendre la forme e[P, i(C)]: le plan de l'idée du Corps exprimé par le moyen d'un mode de l'attribut de la Pensée; il est alors une idée j[i(C)].

Le plan de l'Ame entre en jeu lorsqu'elle subit un «affect» $i_C(t)$ qui est une «Tristesse». En réponse à sa Tristesse, l'Ame procède au rétablissement de son système i(C) en se transformant elle-même en sa modification $i_C(t')$; cette modification suit de son plan e[P, i(C)][2]: de même que le plan e[E, C] du Corps contraint les corps c composant C à se plier au système C, le plan de son idée contraint les idées i(c) des corps composant C à se plier au système i(C).[3]

Puisque le plan du Corps contraint les corps composant C à se plier au système C, il est la cause adéquate de la modification $C \times \omega_C(t')$; l'idée de cette modification n'est autre que l'idée $i_C(t')$ issue de la contrainte exercée par le plan de l'Ame sur les idées i(c) des corps composant C. Cette idée $i_C(t')$ exprimant adéquatement l'ordre stable auquel les différentes fluctuations de l'Ame se plient sous l'impact de son plan, elle laisse entrevoir, de par cet ordre, le plan même de l'Ame, et elle peut être considérée comme une idée qui a trait au plan de l'Ame: «ad essentiam Mentis humanae pertinet»[4]. Un observateur situé à proximité du plan de l'Ame connaît $i_C(t')$ adéquatement par le seul plan de l'Ame.[5] Si l'observateur est l'Ame elle-même, il est en mesure de jeter un regard sur son plan éternel.

Spinoza n'écrit d'ailleurs pas: *essentiam Mentis humanae constituit*, mais bien: *ad essentiam pertinet*, car l'essence de l'Ame qui est une forme d'une infinie variabilité ne peut être appréhendée par une seule idée $i_C(t')$.

L'homme qui se soumettra aux thèses 6.4 et suivantes du *Tractatus* ne se bornera pas à la seule observation des faits du monde; il tentera de voir le monde comme un Tout d'un seul tenant et de repérer de plus les limites du monde. En dirigeant son regard sur le monde, il appréhendera soit des faits f du monde, soit d'autres surfaces-limites.

Pour comprendre comment un homme perçoit un sujet-limite, il faut se rappeler qu'un tel sujet-limite est également un homme dont le corps, de nature substantielle, «flotte» dans le monde et dont la pensée seulement forme une limite du monde. Lorsqu'un homme effleure un corps humain, suit son mouvement, sent son odeur, discerne ses couleurs, il a la sensation de la présence non seulement d'un corps, mais aussi d'une pensée, limite du monde; Wittgenstein appelle la perception des limites du monde une «sensation»: *Gefühl*[6].

Cependant, l'homme tentant de voir le monde comme un Tout d'un seul tenant avec toutes ses limites se heurtera au mauvais vouloir qui pourra lui enlever certaines pensées ¿ dont chacune est pointée sur le fait qui lui correspond dans le monde. L'homme ignorera alors certains faits de sorte que la présence du corps d'un autre homme et la présence d'une autre pensée pourront lui échapper.

3
Le sujet et Dieu selon le *Tractatus*, l'Ame et Dieu selon l'*Éthique*

De quel endroit le monde wittgensteinien est-il vu comme un Tout d'un seul tenant avec toutes ses limites? Le *Tractatus* demandant de voir le monde «sub specie aeterni» [1], cet endroit devrait être le «point» infiniment éloigné du monde appelé «belvédère»; celui-ci est cependant réservé à Dieu, de sorte que la vue du monde paraît avoir un lien avec Dieu.

Un sujet-limite-du-monde regarde vers l'intérieur du monde, car les images logiques dont il est formé sont pointées sur des faits teintés de natures substantielles; le modèle qui lui convient est celui d'une surface close plongée dans la surface à trois dimensions d'une sphère à quatre dimensions, et il ne peut donc émerger. Néanmoins, le *Tractatus* prévoit un être placé loin du monde, au belvédère, voyant le monde *sub specie aeterni* [2]. A supposer que le sujet-limite-du-monde eût pu quitter le monde, il aurait perdu le statut de surface-limite du monde. Il semble donc alors possible de le considérer comme mort. En effet, si Dieu peut produire des définitions partielles du monde ou sujets pour produire le monde [3], il est concevable qu'il puisse aussi les abolir. Dans ce cas, s'il abolit quelques sujets, le monde cesse d'être défini par ces sujets [4], mais subsiste. Par conséquent, le fait qu'un certain être voit le monde *sub specie aeterni* pourrait bien signifier que Dieu vient de supprimer un sujet comme limite du monde, donc de lui faire quitter le monde pour le placer au belvédère.

L'examen du système de l'*Éthique* montre que le plan de l'Ame est inséré dans l'idée éternelle de Dieu et que l'Ame elle-même est en perpétuelle quête de la connaissance de son plan [5]. L'effort que lui demande sa quête est une Joie dont la cause est Dieu [6]; l'Ame étant consciente de la cause de sa Joie [7], cette Joie est par définition un «Amour» [8], à savoir l'Amour de Dieu et, puisque cet Amour se déploie à l'intérieur de l'attribut de la Pensée, il est l'Amour «intellectuel» de Dieu [9].

4
La perfection de l'homme selon Spinoza et selon Wittgenstein

La «félicité suprême ou béatitude» de l'homme spinoziste[1] consiste dans le labeur de l'exploration de son plan de construction.

L'Ame spinoziste a le même plan que son Corps et elle dispose de la théorie des corps formée de *Définitions, Axiomes* et *Lemmes* pour s'enquérir de ce plan: «l'Ame ne conçoit rien comme ayant une sorte d'éternité si ce n'est en tant qu'elle conçoit [le plan] de son Corps sous le signe de l'éternité»[2]. Elle subit de perpétuels «affects» ayant des causes extérieures et, se trouvant dans un état $i_C(t)$, elle passe à un état $i_C(t')$ par l'effet de son propre effort de stabilisation. Prenant conscience de son état $i_C(t')$ par l'idée $j[i_C(t')]$, elle acquiert une certaine connaissance de l'idée e[P, i(C)] elle-même qui est son plan de construction, et elle finit par percevoir comment elle «[dépend] de Dieu quant à [son plan] et quant à [son] existence»[3]. Sa persévérance est récompensée par son passage d'une moindre à une plus grande perfection, c'est-à-dire d'une moindre à une plus grande stabilité du système des idées dont elle est constituée[4], de telle manière qu'elle atteindrait la perfection suprême en stabilisant définitivement ce système qui tournerait alors sans altération selon son plan de construction.

Le *Tractatus* considère le monde de l'homme heureux et le monde de l'homme malheureux; ces mondes peuvent être transformés l'un en l'autre[5], et lorsque le monde de l'homme malheureux est transformé en monde de l'homme heureux, on peut dire que l'homme wittgensteinien passe d'une moindre à une plus grande «perfection». Comme cet homme est une limite du monde, son passage consiste en une modification d'une limite; cette modification étant l'oeuvre du vouloir, c'est lui qui opère le passage de l'homme wittgensteinien d'une moindre à une plus grande perfection.

Deux sujets-limites étant des surfaces formées d'images logiques entrelacées, leur intersection due à des images ou pensées possédées en commun donne lieu à des interventions du vouloir dont le résultat peut être leur disjonction. Il n'est pas possible de se prononcer sur les avantages ou inconvénients de la jonction et de la disjonction de deux surfaces-limites et de préciser ainsi la surface «parfaite» limitant le monde d'un homme bienheureux. On ne sait donc pas si la surface bienheureuse est solitaire ou si elle a de multiples intersections avec d'autres surfaces.

5
Le monde, nature morte, et le Corps humain géométrique

En réunissant ses pensées i(f) vraies, l'homme wittgensteinien forme l'«image» de son monde[1]. Il appréhende des faits de toutes natures, et un ensemble de faits de différentes natures est comparable à l'agencement de choses qui sert de motif à une «nature morte».

Une nature morte représente des objets de diverses catégories réunis en un seul lieu; on y voit des supports (dalle de marbre, trépied, ...), des récipients (pichet, écrin, ...), des denrées (pain, vin, ...), des ustensiles (couteau, ciseaux, ...), des instruments de travail (faucille, compas, ...), des instruments de musique (luth, flûte, ...), des jeux (cartes, osselets, ...), des fleurs (tulipes, pivoines, ...), etc.

Une parcelle de la réalité avec les faits greffés sur elle peut être comparée à une catégorie d'objets peints dans une nature morte. Il est possible de concevoir qu'un fait puisse être pris sur chaque parcelle comme son représentant; l'ensemble des faits ainsi prélevés serait alors considéré comme figurant le monde entier.

Quand on passe de ces faits à leurs images, on en arrive au «microcosme» qui est la réunion d'images logiques de faits greffés chacun sur une parcelle de la réalité et dans lequel apparaît le monde entier, mais réduit à un fait par parcelle; c'est en cela qu'un microcosme peut être assimilé à une nature morte.

L'homme wittgensteinien porte donc l'intérêt sur la figuration du monde entier, alors que l'homme spinoziste cherche à faire apparaître uniquement la *fabrica*[2] de son propre Corps et ne prend en considération d'autres Corps humains que s'ils affectent le sien. Dans ce cas, il se sert de leurs affections pour étudier, en les contrebalançant, le fonctionnement de cette *fabrica* en vue de la connaître «en tant qu'elle existe telle qu'elle est»[3].

6
Les limites du sujet et de l'Ame

Un microcosme est la pensée dénuée de toute nature substantielle, mais pointée sur les faits spatiaux, temporels, colorés, etc., du monde; il peut être considéré comme l'«Ame» de l'homme dont le corps est un fait hybride greffé sur différentes parcelles de la réalité, la spatiale, la colorée, la temporelle, etc.

Il convient de réexaminer la construction d'un microcosme et d'envisager d'abord une seule parcelle de la réalité Λ(c) avec les images logiques *i*(c) définies sur elle, en commençant par une parcelle constituée à partir de deux états de choses seulement. Les quatorze images logiques définies sur elle se répartissent en quatre images du type 1:

(VFFF) (p, q),

six images du type 2:

(VVFF) (p, q)

et quatre images du type 3:

(VVVF) (p, q).

Si la vérité d'une image *j* suit de la vérité d'une image *i*, une flèche part de *i* vers *j*, et les rapports entre les quatorze images, basés sur leur vérité, donnent lieu à un graphe qui peut se concevoir comme suit: les images du type 1 occupent les sommets d'un carré, celles du type 2 les sommets d'un hexagone contenu dans le carré et celles du type 3 les sommets d'un carré contenu dans l'hexagone; de chaque sommet du carré extérieur partent trois flèches, deux flèches arrivent à chaque sommet de l'hexagone, d'où partent également deux flèches et finalement trois flèches arrivent à chaque sommet du carré intérieur; par exemple une flèche part du point

(VFFF) (p, q)

vers le point

(VVFF) (p, q)

où arrive aussi une flèche issue du point

(FVFF) (p, q);

du point

(VVFF) (p, q)

partent une flèche vers

(VVFV) (p, q)

et une vers

(VVVF) (p, q), etc.

Si la vérité d'une image *j* suit de la vérité d'une image *i* et si un microcosme contient l'image *i*, il convient d'admettre qu'il contient aussi l'image *j*; de façon générale, il doit être admis qu'avec une image *i* un microcosme contient les images *j* dont la vérité suit de celle de *i* ainsi que les images *k* dont la vérité suit de celle des images *j*, etc.

Sur la parcelle de la réalité Λ(c) constituée à partir de deux états de choses peuvent être définies, outre les quatorze images *i*(c), la tautologie

(VVVV) (p, q)

et la contradiction

(FFFF) (p, q),

la première désignée par «**t**[Λ(c)]», la deuxième par «**c**[Λ(c)]». Leurs rapports avec les images i(c) sont les suivants:

> la tautologie est liée avec les images logiques par le fait qu'elle suit de toutes, même si elles n'ont rien de commun entre elles[1];
>
> aucune image logique ne suivant de la contradiction, le seul lien que la contradiction puisse établir entre deux images logiques est qu'aucune des deux ne suive d'elle[2].

A la contradiction peut être attribué un point quelconque à l'extérieur du graphe décrit ci-dessus et à la tautologie un point quelconque à l'intérieur du carré contenu dans l'hexagone. Aucune flèche vers les images i du type 1, 2 et 3 ne part de la contradiction de sorte que celle-ci peut être considérée comme une limite des images i; de chacune des images i part une flèche vers la tautologie, ce qui la distingue de toute image i et permet de la concevoir comme une seconde limite des images i du type 1, 2 et 3. Wittgenstein appelle la contradiction «limite extérieure»[3], la tautologie «point central»[4] des images, terme qui peut se traduire par «limite intérieure».

Partant de la parcelle Λ(c) construite à partir de deux états de choses, on envisage la tautologie «totale» définie sur la parcelle Λ(c) constituée à partir de tous les états de choses du faisceau F(c); elle est conçue de telle sorte qu'à tout ε gémellaire d'un point λ(c) de la parcelle Λ(c) correspondrait un «V» dans son «signe» **t**[Λ(c)] si pour autant un tel signe pouvait être formé. La contradiction «totale» est conçue de la même façon.

Toujours est-il que la contradiction totale et la tautologie totale peuvent être considérées l'une comme la limite extérieure des images i définies sur la parcelle Λ(c), l'autre comme leur limite intérieure.

Quant aux images i(c) situées sur un microcosme et aux images j(c) dont la vérité découle de la vérité des images i(c), elles peuvent les unes et les autres être considérées comme limitées à l'extérieur par la contradiction totale **c**[Λ(c)] et à l'intérieur par la tautologie totale **t**[Λ(c)] de sorte que le microcosme lui-même, par rapport aux images logiques qui lui parviennent de la parcelle Λ(c), peut être considéré comme limité par cette contradiction et cette tautologie définies sur la parcelle Λ(c).

Finalement, puisque le microcosme contient des images logiques glanées sur chaque parcelle, sa limite extérieure est formée par toutes les contradictions totales et sa limite intérieure par toutes les tautologies totales, les unes et les autres définies sur les parcelles Λ(c), Λ(d), etc.

Le microcosme-surface, ayant ainsi des limites, est lui-même une limite du monde, et pour en expliquer la raison, il faut examiner une image logique $\imath$. Elle est un fait, mais un fait dénué de nature substantielle et ne peut être comptée parmi les points du monde qui sont des faits pourvus d'une nature substantielle. L'image $\imath$ est donc différente des faits du monde; cependant, pour être une limite des faits du monde, elle doit être infiniment proche du monde et être ainsi, dans un certain sens, identique aux faits du monde, c'est-à-dire être également un fait.

Pour circonscrire les limites d'une Ame, il faut se rappeler qu'il y a par nature parité et simultanéité entre la puissance que l'Ame a en pensant et la puissance que le Corps a en agissant, de telle sorte qu'il suffit de limiter le Corps pour limiter l'Ame. Or, le plan e[E, C] du Corps est inscrit dans le plan e[E, v] d'un corps v de degré $l, l > \mu$, qui connaît la naissance, toute la vie et la mort du Corps. Limité par v, le Corps est «fini»[5].

Si les plans de deux Corps C et C′ sont différents, le Corps $C \times \omega_C(t)$ modifié par un «affect» à l'instant t peut néanmoins être identique au Corps $C' \times \omega_{C'}(t^*)$ modifié par un «affect» à l'instant t^*, à condition toutefois que $t \neq t^*$. Par contre, il est exclu que

$$C \times \omega_C(t) = C' \times \omega_{C'}(t^*)$$

si $t^* = t$. Ainsi, à un même instant t, deux Corps dont les plans sont différents diffèrent l'un de l'autre. Il s'ensuit que deux Ames i(C) et i(C′) dont les plans sont différents ne peuvent avoir, au même instant t, la même pensée

$$i_C(t) = i_{C'}(t);$$

elles sont donc séparées l'une de l'autre. Dans le *Tractatus*, au contraire, il existe des sujets-limites qui ont des pensées $\imath$(f) en commun et qui ne peuvent être séparés les uns des autres.

TROISIÈME CHAPITRE

LE SYSTÈME DE L'*ÉTHIQUE* ET LE SYSTÈME DU *TRACTATUS*

Il convient d'achever les considérations sur les systèmes du *Tractatus* et de l'*Éthique* en les reprenant dans leur ensemble et en les opposant l'un à l'autre.

Les deux systèmes conçoivent tout d'abord des entités, l'un le monde, l'autre la Nature naturée, qui sont le lieu par rapport auquel l'homme sera défini.

Le monde du *Tractatus* est construit à partir des choses; chacune d'elles possède une seule nature et chaque nature appartient à une seule chose: une unique chose spatiale, une unique chose colorée, une unique chose temporelle, etc. Chaque chose est contenue dans un état de choses qui est une alliance de choses. Un état de choses existe de deux manières: comme alliance virtuelle ou comme alliance effective. Une seule et unique chose, la chose spatiale par exemple, existe en autant d'exemplaires indiscernables bien que distincts les uns des autres qu'il y a d'états de choses existant effectivement qui la contiennent. Tous les états de choses pouvant contenir une chose c, et seulement ceux-là, forment le faisceau F(c) d'états de choses relatif à c.

Une situation de choses λ(c) est un choix parmi les possibilités quant à l'existence ou à la non-existence de tous les états de choses du faisceau F(c); ce choix est ou virtuel ou effectivement réalisé; dans le premier cas, la situation de choses est possible, dans l'autre cas elle existe. La situation de choses λ(c) existante a la nature de c. Chaque sous-ensemble propre de la totalité des situations de choses λ(c) possibles détermine un fait f(c) qui existe dès que l'une des situations de choses du sous-ensemble existe. Le fait f(c) existant a la nature de c. La totalité des faits est le monde.

A ce point de la construction wittgensteinienne du monde, il convient d'échafauder la Nature naturée, contrepartie, dans un certain sens, du monde du *Tractatus*.

Le système spinoziste distingue entre la substance qui est Dieu et les modes de la substance, ou entre la Nature naturante et la Nature naturée. Dans la première se trouvent les attributs de la substance, dans la seconde leurs modes, finis ou infinis. Les modes finis sont ou fugitifs ou éternels, les éternels sont les plans de construction des modes fugitifs et sont appelés essences des modes fugitifs. Les modes infinis sont ou des systèmes d'une infinité de modes fugitifs ou des systèmes d'une infinité de plans de modes fugitifs; ils sont appelés modes infinis médiats dans le premier cas, modes infinis immédiats dans le second cas, et ils sont éternels.

Lorsqu'il s'agit de l'attribut de l'Étendue, les modes finis et fugitifs sont les corps dont la composition se fait en prenant pour point de départ des *corpora simplicissima* de sorte qu'il existe des corps composés uniquement de tels corps très simples; à ces corps composés est attribué le degré de composition 1. A partir de ces corps se composent des corps de degré de composition 2, de manière que, finalement, il existe des corps de degré de composition n, composés, en premier lieu, de corps de degré $n-1$, eux-mêmes composés de corps de degré $n-2$, etc. Le plan de construction d'un corps c de degré n prévoit donc d'abord l'ordre et la connexion des corps b de degré $n-1$ composant c, puis, pour tout corps b de degré $n-1$ composant c, l'ordre et la connexion des corps a de degré $n-2$ composant b, etc. Les plans de tous les corps s'ordonnent en un système infini: le mode infini immédiat de l'attribut de l'Étendue; les corps eux-mêmes s'unissent en une sorte de «corps» maximal appelé *facies totius universi*: le mode infini médiat de l'attribut de l'Étendue.

L'examen du monde wittgensteinien demande maintenant la prise en considération de la proposition élémentaire qui, bien qu'étrangère aux choses, aux faisceaux d'états de choses, aux situations de choses et aux faits, est néanmoins l'instance gémellaire de l'état de choses.

Les propositions élémentaires, existant éternellement, sont susceptibles d'être vraies ou fausses. La vérité d'une telle proposition déclenche l'avènement à l'existence d'un état de choses. Le faisceau d'états de choses F(c) a comme instance gémellaire le faisceau des propositions élémentaires gémellaires des états de choses du faisceau F(c); une possibilité quant à la vérité ou à la fausseté de ces propositions élémentaires a comme instance gémellaire une situation de choses λ(c) et une seule; une telle possibilité n'étant pas réalisée éternellement, une situation de choses n'existe pas éternellement. La substitution continue et infinie, au sein d'un même faisceau F(c), de situations de choses à d'autres situations de choses au gré des possibilités quant à la vérité ou à la fausseté des propositions élémentaires gémellaires des états de choses formant F(c) engendre la parcelle de la réalité Λ(c) propre à F(c). La parcelle Λ(c) est éternelle; elle a la nature de la chose c, il y a ainsi la parcelle spatiale, la parcelle colorée, etc.

De la totalité des parcelles se déduit la réalité empirique qui a été représentée par une «forêt» de tiges verticales et de pédicelles horizontaux: une seule tige pour la seule chose spatiale, une pour la chose colorée, etc. Quand la chose c représentée par la tige c est effectivement alliée aux choses d, e, f, .. , des pédicelles partent d'un seul point de la tige c pour atteindre les tiges d, e, f, ... Ainsi, la réalité empirique est agencée en «étages»; à chaque étage, les pédicelles d'un seul état de choses vont d'une tige à l'autre et sont toujours doublés par un pédicelle allant dans la direction inverse.

Une tige arborant ses pédicelles à divers étages représente une situation de choses λ(c); la réalité empirique change au fur et à mesure qu'une des tiges est modifiée: à un certain étage, les pédicelles sont enlevés et d'autres peuvent y être attachés à la hauteur d'un autre étage. Puisqu'un seul état de choses existant est représenté par les pédicelles partant d'une seule tige et allant chacun vers une autre tige, la fausseté d'une proposition élémentaire supprime un étage et enlève les pédicelles à autant de tiges qu'il y a de choses engagées dans l'état de choses en question. La vérité ou la fausseté des propositions élémentaires fait varier la réalité empirique: plus il y a de propositions élémentaires vraies, plus nombreux sont les pédicelles disponibles pour être attachés à des tiges c, d, e, ...

Puisque dire: f(c) existe, équivaut à dire: λ(c) existe, et que les faits f(c) sont définis à partir d'un choix opéré parmi les situations de choses λ(c) d'un faisceau F(c), la forêt de tiges et de pédicelles peut être considérée comme la totalité variable des faits existants; cette totalité est la contexture du monde.

S'il est exact que la quantité de pédicelles augmente quand augmente la quantité de propositions élémentaires vraies, la quantité de tiges, quant à elle, reste la même. La modification d'une tige équivaut au remplacement d'une situation de choses λ(c) par une autre λ'(c); ce remplacement entraîne la disparition des faits dont la définition n'englobe pas λ'(c); la contexture du monde varie en fonction de la variation de la réalité empirique.

La totalité des parcelles peut être considérée comme l'ossature stable du monde et peut être comparée à un agencement de mâts supportant une toile de tente. Cette ossature soutient les faits, un seul mât ou une seule parcelle les faits teintés de la nature de la parcelle, deux mâts les faits hybrides participant de deux natures. Tout ce qui repose sur les mâts est la contexture du monde.

Après avoir esquissé le système du monde et celui de la Nature naturée, on peut examiner comment leurs auteurs définissent l'homme et, avant tout, sa pensée.

Spinoza élabore, aux fins de définir l'homme pensant, la théorie des idées, contrepartie de sa théorie des corps qui établit, d'une part, qu'aucun corps ne peut exister seul, d'autre part, que certains corps sont contraints par certains autres corps à s'allier dans un système de corps, enfin que la seule action que puisse exercer un corps sur un autre provient de son propre mouvement et de celui de l'autre.

La théorie spinoziste des corps étudie les affections provenant des mouvements que les corps se transmettent mutuellement. Ces affections peuvent se restreindre à de simples échanges de mouvements, elles peuvent provoquer le catapultage d'un corps hors d'un système de corps et même la destruction d'un corps. Certaines lois fixent le «point de non retour» au-delà duquel un corps sera détruit sous l'impulsion des mouvements d'autres corps.

Spinoza fait correspondre à un corps c l'idée i(c) qui partage avec le corps c le plan de construction. Quand le corps c, à la suite d'une affection subie de la part d'un ou plusieurs autres corps, est détruit, son idée i(c) est détruite également.

Un corps c peut être soumis à des affections sans être détruit; elles entraînent alors une modification du corps restant dans les limites prescrites par son plan de construction. En ce cas, il se meut sur une nouvelle trajectoire ou remplace certains de ses composants par d'autres. Une telle modification du corps c produit un certain type d' idées i_c qui ne sont pas des idées de corps, mais des idées de leurs affections. Toujours est-il qu'une idée i_c ne peut exister sans l'idée i(c) du corps dont elle répertorie l'affection.[1]

Les idées i(c) et i_c peuvent devenir chacune l'objet d'une idée, donnant ainsi naissance aux idées j[i(c)] et $j(i_c)$ qui peuvent être interprétées l'une comme la connaissance de l'idée i(c), l'autre comme la connaissance de l'idée i_c.

Le mouvement d'un corps c relève d'une théorie mécanique des corps retenue dans certaines définitions, certains axiomes et lemmes. La théorie du mouvement des corps donne lieu à une sorte d'«idées» appelées notions communes et relatives aux lois physiques expliquant l'avènement à l'existence, la persévérance dans l'être et la destruction des corps.[2] Une notion commune n'est donc ni une idée d'un corps, ni une idée d'une affection d'un corps, ni une idée d'une idée d'un corps, ni une idée d'une idée d'une affection d'un corps.

Après avoir élaboré le concept de l'idée d'un corps, Spinoza passe à l'homme, conçoit un certain degré de composition μ comme celui du Corps humain et y associe l'idée i(C) qu'il appelle Ame humaine, entité gémellaire du Corps. L'homme fait ainsi partie de la Nature naturée[3].

Pour arriver à la définition de l'homme selon Wittgenstein, il faut introduire l'image logique $\imath$(c). Tous les faits à l'intérieur du monde ont une nature; l'image logique, bien qu'étant un fait, n'en a pas. L'image logique de chaque fait est produite par l'opération $[\bar{p}, \bar{\xi}, N(\bar{\xi})]$ et n'a pas l'homme pour auteur. Les images logiques sont regroupées en des ensembles dans lesquels chaque parcelle de la réalité a un représentant sous la forme de l'image d'un fait défini sur la parcelle; un tel ensemble est un microcosme ou un sujet.

De même qu'une image logique est un point limite des faits dans le monde, un microcosme est un ensemble limite de la totalité des faits et, puisque deux images $\imath[f(c)]$ et $\jmath[g(d)]$ définies respectivement sur les parcelles $\Lambda(c)$ et $\Lambda(d)$, $c \neq d$ ou $c = d$, sont connectées si le microcosme contient l'image

$$\imath[f(c)] \oplus \jmath[g(d)],$$

il est doté d'une certaine continuité et peut être appelé une sorte de «surface».

Les faits sont définis sur une parcelle de la réalité; les parcelles sont des «points» de l'espace logique; pour que cet espace puisse être déployé, il faut que les images logiques des faits soient produites et forment des surfaces-limites du monde ou sujets; ceux-ci sont les dimensions de l'espace logique.

Une surface-limite du monde a des pensées ou images logiques, mais ne pense pas[4], au moins dans le sens qu'elle ne produit pas elle-même ses pensées, car elle est limite du monde en vertu des images logiques dont elle est formée sans être capable de les produire elle-même. Aussi dépend-elle des auteurs des images logiques, libres de les produire ou non. Le pouvoir de faire naître une limite du monde ou sujet devant être laissé à Dieu, Dieu est un auteur des images logiques, soit qu'il en produise lui-même, soit qu'il prescrive au vouloir d'en produire. Celui-ci, mettant en marche le mécanisme $[\bar{p}, \bar{\xi}, N(\bar{\xi})]$, est un autre auteur des images logiques.

La formation d'images logiques repose sur les propositions élémentaires qui se départagent en faisceaux dont chacun répond à un faisceau F(c) d'états de choses contenant tous une chose c. La totalité de ces faisceaux de propositions élémentaires est le Moi transcendantal, unique et condition nécessaire à la formation d'images logiques. Il faut concéder à ce Moi la nature de la pensée; puisque Dieu dispose de la vérité et de la fausseté des propositions élémentaires, ce Moi semble être proche de Dieu; il n'est pas moins immuable que l'ossature du monde, sa contrepartie.

Pour que deux faits f et g, l'un défini sur la parcelle $\Lambda(c)$, l'autre sur la parcelle $\Lambda(d)$, $c \neq d$, composent le fait hybride h, il faut que l'image $\imath(f) \oplus \jmath(g)$ existe et soit vraie. Par contre, dans le système spinoziste, un corps c de degré *n* est produit sans l'intervention de l'idée i (c): il advient à l'existence lorsque certains corps b de degré $n - 1$, forcés par d'autres corps b* de degré $n - 1$, s'unissent en un système dynamique.

Après avoir défini le sujet-limite-du-monde wittgensteinien, il convient de le comparer au sujet spinoziste. Le sujet wittgensteinien est pointé sur le monde; il pense les faits du monde, mais il ne peut être que difficilement avancé qu'il puisse déceler un autre sujet. L'homme spinoziste est loin de penser toute la Nature naturée; l'*Éthique* restreint le champ d'application de sa pensée à son propre Corps et aux corps qui l'affectent. Pourtant, l'homme spinoziste demeure à l'intérieur de la Nature naturée et n'occupe pas un lieu particulier, à savoir une limite; on n'a donc pas besoin de s'interroger sur la manière particulière dont un homme perçoit un autre homme.

L'homme défini soit par rapport au monde soit par rapport à la Nature naturée observe soit les faits du monde soit les corps et les idées de la Nature naturée; ce faisant, il est l'émule du navigateur Louis-Antoine de Bougainville. Cependant, l'homme a affaire aux hommes; l'*Éthique* se conçoit comme une éthique, de même que le *Tractatus* dans les thèses 6.4 et suivantes. Il convient donc d'examiner les solutions apportées aux problèmes éthiques par les deux systèmes.

Si l'on commence par l'*Éthique*, les relations entre hommes se conçoivent sous forme d'«affects» émanant d'un homme et atteignant un autre homme. Parce qu'il y a parité et simultanéité entre la puissance que l'Ame a en pensant et la puissance que le Corps a en agissant, les relations entre hommes peuvent être considérées comme des relations entre leurs Ames. Ainsi, l'Ame subit, tant qu'elle est unie au Corps, l'impact des «affects» venant d'autres Ames et qui sont ses passions pouvant être des Joies ou des Tristesses ou ni Joies ni Tristesses, mais dont elle ne connaîtra jamais toutes les causes. Pourtant, dans le cas où un «affect» est une Tristesse, la recherche, toujours inachevée, de ses causes est un moyen donné à l'Ame d'alléger le poids de sa Tristesse.

Dans le *Tractatus*, il faut reconsidérer le sujet. Un sujet ou surface-limite du monde a été comparé à la coque d'un sous-marin en plongée dans l'océan; un tel sous-marin rencontre deux sortes d'objets, l'eau et ses habitants d'une part, d'autres sous-marins d'autre part. Seuls, l'eau et ses habitants sont susceptibles d'images logiques et peuvent être pensés. Quant aux sous-marins ou limites de l'océan, il semble que Wittgenstein leur réserve un procédé de repérage qui n'est pas la pensée et qui est rendu par les termes *sehen*, «voir», et *anschauen* qui n'a pas de correspondant exact dans la langue française, mais duquel le verbe latin *intueri* peut être rapproché. Pour préciser le procédé de repérage d'une surface-limite du monde, Wittgenstein introduit la notion de sens du monde. Le regard lancé à partir d'un sous-marin et qui atteint un autre sous-marin ou surface-limite du monde palpe les contours du monde qui sont, en tant que limites, à l'extérieur du monde[5] et constituent son sens. Le repérage d'autres sujets-limites-du-monde se fait donc par le tâtonnement du sens du monde; Wittgenstein emploie le terme *Gefühl*.

Tant que deux limites du monde ne font que se repérer sans entrer en conflit, il n'est pas encore besoin d'une éthique. Mais, puisqu'il n'y a qu'un seul monde et que le monde est *mon* monde[6], les diverses limites peuvent être amenées à se disputer le monde. Ainsi, l'éthique wittgensteinienne semble être liée à la possession du monde.

Il apparaît possible d'imaginer deux surfaces-limites dont l'une pénètre dans l'autre. Elles auront des images logiques en commun et penseront ainsi certains faits en commun de sorte qu'elles posséderont une partie du monde en commun. En tout état de cause, une telle pénétration lèse la surface pénétrée qui ne dispose plus seule de ses pensées. L'éthique wittgensteinienne semble donc avoir affaire à des lésions de surfaces par d'autres surfaces. A ce point, il convient de revenir au vouloir, bon ou mauvais, qui attribue les images logiques aux sujets. C'est à lui qu'est dévolu le pouvoir de provoquer des conflits entre des sujets-limites ou de les résoudre; auteur des actions humaines, il est l'instigateur des problèmes éthiques.

Ces problèmes sont traités sous le terme comparatif de supériorité *das Höhere*[7]: ce qui est plus élevé par rapport à quelque chose de plus bas. L'explication de ce terme se tire des images logiques. Une image logique $\imath(\mathsf{f})$ d'un fait $\mathsf{f}(\imath)$ ressemble à une flèche partant du «point» $\imath(\mathsf{f})$ et lancée vers le «point» $\mathsf{f}(\imath)$. Si l'on considère maintenant la surface-limite formée d'images $\imath$, elle doit sa continuité à la connexion entre des images $\imath[\mathsf{f}(c)]$ et $\jmath[\mathsf{g}(d)]$ définies respectivement sur les parcelles $\Lambda(c)$ et $\Lambda(d)$, $c \neq d$ ou $c = d$. Elle représente ainsi une complexité formelle qui est plus élevée que celle régnant entre les «points» i(f) et f(i) et que les images i sont incapables d'exprimer.[8] Les problèmes éthiques étant des problèmes de la géométrie des surfaces-limites du monde, ils ne peuvent donc être abordés par des pensées i(f). L'homme wittgensteinien semble les aborder en s'éloignant des surfaces-limites du monde jusqu'à un lieu élevé au-dessus du monde pour voir les formes et l'emboîtement réciproque des surfaces-limites. Ce lieu pourrait être le belvédère si pour autant l'homme peut y parvenir de son vivant.

NOTES ET RÉFÉRENCES

PREMIÈRE PARTIE

CHAPITRE PREMIER

§ 1, pp. 11–13.

1 T, la note accrochée à la thèse 1: «Die Decimalzahlen als Nummern der einzelnen Sätze deuten das logische Gewicht der Sätze an, den Nachdruck, der auf ihnen in meiner Darstellung liegt. Die Sätze n.1, n.2, n.3, etc., sind Bemerkungen zum Satze No. n; die Sätze n.m1, n.m2, etc. Bemerkungen zum Satze No. n.m; und so weiter.»

2 La traduction de la thèse 1.21 est due à Monsieur André Dabezies, professeur à l'Université de Provence.

§ 2, p. 14.

1 T, la note accrochée à la thèse 1: «Die Decimalzahlen als Nummern der einzelnen Sätze [...]». – T, 6.54: «Meine Sätze [...]»

§ 5, pp. 16–30.

1 Le terme *Gegenstand* est rendu par «chose», car «chose» est le terme qui a le moins de coloration gnoséologique; le terme *Sache* est traduit par «entité» pour insister sur la délimitation distinctive qu'implique le terme *Sache*, le terme *Ding* par le terme «objet» en pensant à son sens concret.

2 La thèse 2.01 fonde la définition de l'état de choses sur le terme *Gegenstand*; la thèse 2.011 commente cette thèse en employant, à la place de ce terme, celui de *Ding*. Pourtant, la traduction conserve le terme «chose», pour normalisation, y étant autorisé par la parenthèse de la thèse 2.01.

3 T, 2.0121 [2]: «Si les choses peuvent être [*vorkommen*] dans des états de choses, ceci doit déjà résider en elles.»

4 La chose a besoin de ses homologues pour subsister: le Révérend Père Pierre Antoine, S. J., a parfaitement perçu cette règle et a attiré mon attention sur son importance au cours des entretiens que nous avons eus sur le *Tractatus* à Paris, au Centre Sèvres, en janvier 1981.

5 T, 2.011, 2.012, 2.0121.

6 T, 2.0122.

7 T, 1.1, 1.11, 1.12.

8 T, 2.0121 [3b].

9 T, 2.0122.

10 T, 2.0123 [1].

11 T, 2.0131 [3b]: «Le son doit avoir *une* hauteur, l'objet tangible *une* dureté, etc.»

12 LJV, cf. HLV.

13 LJV, p. 17, l. 4–7, et p. 18, l. 1–5.

14 *Ibid.*, p. 21, l. 1–3.

15 *Ibid.*, p. 32, l. 1–3.

16 *Ibid.*, p. 42, l. 1–5.

17 *Ibid.*, p. 42, l. 8–13, et p. 44, l. 1–2.

§ 6, pp. 30–37.

1 T, page titulaire. – P. 1, l. 7–9.

2 *Ibid.* – L. 7–9.

3 Boileau, *L'Art poétique*, *Chant I*, vers 152 à 153; Horace, *Art poétique*, vers 309 à 311.

4 T, *Vorwort*. – P. 2, l. 10–12.

DEUXIÈME CHAPITRE

§ 1, pp. 39–40.

1 T, 2.01.

2 T, 2.0272.

3 T, 2.03.

4 T, 2.02.

5 T, 2.027.

6 La formule: «l'ordre et la connexion des choses» rend compte d'une part de l'expression *Art und Weise* et d'autre part des verbes *sich zueinander verhalten* et *zusammenhängen*: T, 2.031 et 2.032.

§ 2, p. 40.

1 T, 2.013 [b].

2 T, 2.0123 [2].

3 E, I, *Déf. 8*: «Per aeternitatem intelligo ipsam existentiam, quatenus ex solâ rei aeternae definitione necessariò sequi concipitur.» – GEB 2, p. 46, l. 13–15.

§ 3, pp. 40–42.

1 T, ensemble les thèses 2.0123 [1] et 2.01231.

2 T, 2.0141.

3 T, 2.01231.

4 T, 2.012.

§ 4, pp. 42–43.

1 T, 2.0232.

2 T, 2.0121 [3].

3 T, 2.0271.

4 T, 2.011.

5 Le terme allemand *unbelebt*, sans vie, conviendrait pour caractériser un *Bestandteil.*

6 T, 2.0121 [1].

7 T, 2.0122 [a].

8 T, 2.01.

9 T, 2.0121 [5].

10 T, 2.031, 2.15, 2.151.

11 T, 2.0122.

12 T, 2.0121 [4].

13 T, 2.0121 [5].

14 T, 2.0272.

§ 5, pp. 43–44.

1 T, 2.0271.

§ 6, pp. 45–47.

1 La traduction de la thèse 2.02331 [2] est due à Monsieur André Dabezies, professeur à l'Université de Provence.

2 LNE, p. 230, l .2–5.

3 *Ibid.*, p. 230, l .1–2.

4 *Ibid.*, p. 230, l. 6–9.

5 *Ibid.*, p. 230, l. 23–26.

6 Wittgenstein traite de la question de l'identité des choses indiscernables dans les thèses 2.0233 et 2.02331, dans le cycle: 5.53, 5.5301, . . . , 5.5303, 5.53, dans le cycle:

5.53, 5.531, . . . , 5.535, 5.53, et dans les deux cycles: 5.532, 5.5321, 5.532 et: 5.535, 5.5351, 5.5352, 5.535.

§ 7, pp. 47–48.

1 T, ensemble les thèses 6.3 [b] et 6.37 [b].

2 T, 2.0121 [1].

§ 10, pp. 50–51.

1 T, 2.0141, 2.03, 2.031, 2.032, 2.033, 2.034.

2 T, 2.0251.

3 T, 2.0123 [2], 2.01231, 2.0233, 2.02331.

§ 14, pp. 52–54.

1 T, 2.0251.

2 T, 2.0272, 2.03, 2.031.

3 T, 2.0131 [2].

4 T, 2.0232.

§ 15, p. 54.

1 T, 2.03.

2 T, ensemble les thèses 2.027 et 2.0271.

3 T, 2.022, 2.023, 2.026.

4 T, 2.022.

5 T, 2.0271.

§ 17, pp. 55–56.

1 E, I, *Déf. 3*: «Per substantiam intelligo id, quod in se est, et per se concipitur: hoc est id, cujus conceptus non indiget conceptu alterius rei, à quo formari debeat.» – GEB 2, p. 45, l. 14–16.

§ 18, p. 57.

1 T, 2.022.

2 Ainsi que l'indique dans la thèse 2.023 l'article défini *den*: *aus den Gegenständen*.

3 T, 2.023: «Diese feste Form besteht eben aus den Gegenständen.» – Le mot allemand *eben* renforce l'affirmation que la forme stable du monde consiste en choses: il ne peut y avoir de doute.

4 T, 2.021 [a].

§ 20, pp. 58–60.

1 T, 2.032.

2 T, 5.5561 [1].

3 T, 2.033.

TROISIÈME CHAPITRE

§ 1, pp. 65–66.

1 T, 4.22: «Der Elementarsatz besteht aus Namen. Er ist ein Zusammenhang, eine Verkettung, von Namen.» – 4.221 [1]: *Elementarsätze,* «die aus Namen in unmittelbarer Verbindung bestehen». – 4.24 [2]: «Den Elementarsatz schreibe ich als Funktion der Namen [...]» – 5.55 [2a]: «Der Elementarsatz besteht aus Namen.»

§ 2, p. 66.

1 T, 2.21: «Das Bild stimmt mit der Wirklichkeit überein oder nicht; es ist richtig oder unrichtig, wahr oder falsch.»

2 T, 2.223: «Um zu erkennen, ob das Bild wahr oder falsch ist, müssen wir es mit der Wirklichkeit vergleichen.»

3 T, 4.1: «Der Satz stellt das Bestehen und Nichtbestehen der Sachverhalte dar.»

4 T, 4.06: «Nur dadurch kann der Satz wahr oder falsch sein, indem er ein Bild der Wirklichkeit ist.»

§ 5, pp. 68–69.

1 T, 2.012.

2 T, ensemble les thèses 2.032 et 2.033.

§ 6, pp. 69–70.

1 T, 4.27, 4.28, 4.3, 4.31.

2 T, 4.41.

3 T, 4.26 [b]: «plus der Angabe».

4 *Ibid.*: «durch die Angaben».

5 T, ensemble les thèses 2.04 et 4.26 [b].

QUATRIÈME CHAPITRE

§ 1, pp. 71–73.

1 Le terme *Satz* devrait être traduit par «proposition» quand il désigne une proposition simple ou élémentaire, mais par «phrase» quand il désigne une proposition composée.

2 T, 4.464 [1].

3 T, 2.0271.

4 T, 1.21.

5 T, 2.06 [1].

§ 2, pp. 74–75.

1 T, 4.27.

2 Le terme «prélever» ne figure pas dans le *Tractatus.*

3 T, 4.42.

4 T, 2.11.

CINQUIÈME CHAPITRE

§ 1, p. 77.

1 T, 2.141.

2 T, 2.16. Le terme «isomorphisme» n'est pas employé dans le *Tractatus.*

3 T, 4.221 [2].

§ 2, pp. 77–80.

1 T, 4.441, 4.0312, 5.4, 5.441.

2 T, ensemble les thèses 4.27 et 4.28.

3 T, 2.18.

4 T, 4.27.

5 T, 4.466, 6.1201, 6.1221, 6.124 [e].

6 T, 4.42.

7 T, ensemble les thèses 2.0271 et 4.25.

8 T, 4.466 [2].

§ 4, pp. 80–81.

1 E, II, *Axiome 2*. – GEB 2, p. 85, l. 25.

2 T, 6.373.

3 T, 6.43 [1].

4 T, 5.631 [1].

§ 5, pp. 81–86.

1 T, 6.002.

2 T, 6.001.

3 T, 5 [1].

4 T, 3.11, 3.12, 3.13, 4.014, 4.015.

5 T, 6.001.

6 T, 5 [1,2].

7 T, 6.002: «Ist die allgemeine Form gegeben, wie ein Satz gebaut ist [...]»

8 T, 5 [2].

§ 6, pp. 87–89.

1 T, 2.201.

2 T, 2.202.

3 T, 2.11.

§ 7, pp. 89–92.

1 T, 4.27.

2 T, 2.171 [b]: «das räumliche Bild».

§ 9, pp. 95–98.

1 T, 2.221.

2 T, 6.4312 [1 d].

3 T, 6.521 [1].

4 T, 6.521 [2].

5 T, ensemble les thèses 2.1513 et 2.1514.

6 T, ensemble les thèses 2.1514 et 2.1515.

7 T, 2.1515: «die Fühler der Bildelemente».

8 T, 4.2: «Der Sinn des Satzes ist seine Übereinstimmung, und Nichtübereinstimmung mit den Möglichkeiten des Bestehens und Nichtbestehens der Sachverhalte.»

9 T, 3.21.

10 T, 4.463 [1, 2, 3].

11 T, 4.463 [2].

12 T, 4.463 [3a].

13 *Ibid.*

14 T, 4.463 [3b].

15 T, 4.462 [1c].

16 T, 4.466 [4].

§ 10, pp. 98–99.

1 T, 2.172.

2 Le terme «élément» est propre aux images: 2.15, 2.151, 2.1514, 2.1515, et au signe propositionnel: 3.14 [1], 3.2, 3.201, 3.24 [3a]; les éléments de la proposition sont appelés *Bestandteile*: 3.315 [a, b], 3.4.

§ 11, pp. 99–102.

1 T, 2.171 [b].

2 *Ibid.*

3 T, ensemble les thèses 2.181 et 3.

4 L'image logique est un fait:

a T, 2.141,

b T, 2.16,

c T, 2.18, 2.181, 2.182,

d T, 3,

e T, 3.1, 3.11, 3.14 [2],

f T, 3.3, 3.5, 4,

g T, 4.01, 4.021, 4.03 [2–4], 4.05, 4.1, 4.2.

5 T, 3.2.

6 T, 3.22.

7 T, 3.314 [1, 2].

8 T, 3.313 [2].

9 T, 3.14 [2].

10 T, les cycles: 3.2, 3.201, ..., 3.203, 3.2 et: 3.2, 3.21, ..., 3.26, 3.2.

11 T, 3.2, 3.201, 3.21.

§ 12, pp. 102–104.

1 T, 2.171 [b].

2 T, 2.181.

3 T, 2.171 [a, b].

4 T, 2.171 [a].

5 T, 2.18.

6 *Ibid.*

7 *Ibid.*

8 T, 3.1.

9 T, 3.11.

10 T, 3.1.

§ 13, pp. 104–106.

1 T, 2.173.

2 *Ibid.*

3 T, 3.4 [a].

4 T, 3.4 [b].

5 T, 3.11, 3.12, 3.14, 3.143, 3.1431, 3.1432, 3.2, 3.32, 3.5.

6 T, 3.41.

7 *Ibid.*

§ 14, pp. 106–108.

1 T, 2.182 [a].

2 T, 3.5.

3 T, 4.024 [1]: «Einen Satz verstehen, heisst, wissen was der Fall ist, wenn er wahr ist.» – 4.022 [2]: «Der Satz *zeigt*, wie es sich verhält, *wenn* er wahr ist.»

4 T, ensemble les thèses 4.03 [2] et 4.03 [3]: «Der Satz teilt uns eine Sachlage mit, also muss er *wesentlich* mit der Sachlage zusammenhängen.» «Und der Zusammenhang ist eben, daß er ihr logisches Bild ist.»

5 T, 4.031.

6 T, 4.04, 4.03 [2, 3].

7 T, 2.1514: *die* «Zuordnungen der Elemente des Bildes und der Sachen [Gegenstände, Dinge]».

8 T, 2.1515.

9 T, 3.326.

10 T, 3.32.

11 T, 3.12 [b].

§ 15, pp. 108–109.

1 T, 3.

2 T, 2.1.

3 T, 3.14 [2].

4 T, 3.1.

5 T, 3.12 [a], 3.11 [1].

6 Ou l'acte de l'audition ...

7 T, 3.12 [b].

8 T, 2.11, 2.202, 4.1, 4.121 [4, 5].

9 T, 4.

10 T, 3.5.

§ 16, pp. 109–110.

1 T, 3.313 [2].

2 T, 3.313 [1]: «Der Ausdruck wird [...] durch eine Variable dargestellt, deren Werte die Sätze sind, die den Ausdruck enthalten.»

3 T, 3.31, 3.311, 3.312, 3.313.

4 T, 3.31 [1–4].

5 T, 3.311 [b].

6 T, 3.312 [2], 3.313 [1, 3], 3.314 [1 b, 2].

7 T, 3.31 [3].

8 T, 3.312 [2].

9 T, 3.313 [1].

10 T, 3.313 [2].

11 T, 3.314 [1 b, 2].

12 T, 3.14 [2].

13 T, 3.2.

§ 17, p. 110.

1 T, 2.171.

§ 19, pp. 111–112.

1 T, 1.21: «Eines kann der Fall sein oder nicht der Fall sein und alles übrige [kann, muß aber nicht,] gleich bleiben.»

2 T, 5.135: *gänzlich verschieden.*

§ 20, pp. 112–115.

1 T, 4.1211 [1].

2 T, 4.122 [1] – «Wir können in gewissem Sinne von formalen Eigenschaften

	der Gegenstände	A
und		
	Sachverhalte	B
[und		
	Sachlagen]	C
bezw. von Eigenschaften		
	der Struktur der Tatsachen	D
reden und in demselben Sinne von formalen Relationen		
	[zwischen Gegenständen	A′
und		
	zwischen Sachverhalten	B′
und		
	zwischen Sachlagen]	C′
und [von] Relationen		
	[zwischen] Strukturen [von Tatsachen].»	D′

3 *Ibid.*

4 *Ibid.*

5 T, 4.124 [1].

6 T, 4.122 [1].

7 *Ibid.*

8 T, 4.123 [2, 3].

9 T, 4.122 [4].

10 T, 4.125.

11 T, 5.123 [a], 5.131.

12 T, 2.01231.

13 T, 2.031.

14 T, 4.122 [2]: «Au lieu de propriété [formelle] de la structure [d'un fait], je dis aussi ‹propriété interne [d'un fait]›; au lieu de relation [entre les] structures [de différents faits], [je dis aussi] ‹relation interne [entre différents faits]›.»

15 T, 4.122 [4].

16 T, 4.121 [4]: «Der Satz *zeigt* die logische Form der Wirklichkeit.»

17 T, 4.126 [1, 3].

18 T, 3.24 [1], 4.125, 4.1252, 5.13.

19 T, 5.131.

20 T, 3.141 [2].

21 T, 3.31 [1]: «Jeden Teil des Satzes, der seinen Sinn charakterisiert, nenne ich einen Ausdruck (ein Symbol).» – 3.31 [2]: «(Der Satz selbst ist ein Ausdruck.)»

22 T, 4.126 [8]: «der Ausdruck des formalen Begriffes».

23 T, 3.24 [1].

24 T, 3.31 [4].

25 T, 3.13 [5].

26 T, 3.31 [2].

27 T, 3.31 [1].

28 T, 3.314 [1 a].

29 T, 3.311 [a]: «Der Ausdruck setzt die Formen aller Sätze voraus, in welchen er vorkommen kann.»

30 T, 3.313 [1]: *Der Ausdruck wird durch eine Variable dargestellt.* – 3.313 [3]: «Ich nenne eine solche Variable ‹Satzvariable›.»

31 T, 3.13 [1].

32 T, 4.1271 [2].

33 T, 5.513 [1 b].

34 T, 2.0231.

35 T, 4.122 [3].

36 T, 4.1272 [1–6, 8].

37 T, 4.1272 [7–10].

§ 21, pp. 116–119.

1 Spinoza emploierait le terme *conatus*.

§ 23, pp. 121–134.

1 T, 4.0311.

2 T, 2.032.

3 T, 2.033.

4 Selon la thèse 5.55 [2], la quantité, *Anzahl*, de noms de signification différente dans une proposition élémentaire ne pouvant pas être indiquée, la connexion des noms ne peut pas être connue.

5 T, 5.552:

> 5.552 [1]: «Die ‹Erfahrung›, die wir zum Verstehen der Logik brauchen, ist nicht die,
>
> dass sich etwas so und so verhält, A
>
> sondern,
>
> dass etwas *ist*: B
>
> aber das ist eben *keine* Erfahrung.»
>
> 5.552 [2]: «Die Logik ist *vor* jeder Erfahrung
>
> – dass etwas *so* ist.» C
>
> 5.552 [3]: «Sie ist vor
>
> dem Wie, D
>
> nicht vor
>
> dem Was.» E

6 Les choses, dans les états de choses, sont en relations mutuelles, *verhalten sich zueinander*: T, 2.031, 2.14, 2.15, 2.151, 3.14 [1].

7 T, 4.5 [3b].

8 T, 4.022 [2], 4.062 [d].

9 Le terme *Haken* au figuré désigne une manoeuvre pour se tirer d'embarras: le lièvre en fuite fait un crochet, *schlägt Haken*.

10 T, 5.511 [a].

11 T, 5.512, 5.513, 5.514, 5.515.

12 T, 5.511 [b].

13 T, 5.5521 [b]: «Man könnte sagen: Wenn es eine Logik gäbe, auch wenn es keine Welt gäbe, wie könnte es dann eine Logik geben, da es eine Welt gibt[?]»

14 T, 4.24 [2].

15 T, 4.24 [3].

16 T, 5.5542 [1].

17 T, 5.524 [2].

18 T, 5 [2].

19 T, 3.32.

20 T, 3.3411 [a].

21 T, 4.1272 [1].

22 T, 5.64 [b].

23 *Ibid.*

24 T, 5.641 [3].

25 T, 4.221 [1]: «Es ist offenbar, dass wir bei der Analyse der Sätze auf Elementarsätze kommen müssen, die aus Namen in unmittelbarer Verbindung bestehen.»

26 T, 3.141.

27 T, 4.466 [1, 4].

SIXIÈME CHAPITRE

§ 1, pp. 135–136.

1 T, 2.0121 [3 b].

§ 4, p. 138.

1 T, 5.632.

§ 6, pp. 139–141.

1 T, 5.524 [1].

2 T, 2.04, 2.05.

3 T, 2.0124.

4 T, 3.2, 3.201, 3.202, 3.203, 3.21, 3.22, 4.0311.

5 T, 4.26.

6 T, 4.51, 4.52, 5.5561 [1].

7 T, 5.143, 6.52 [a].

8 T, 5.143.

9 T, 5.5563 [1 a].

10 T, 5.526 [1], 5.5261 [1].

11 T, 3.315, 5.5261 [1].

12 T, 5.521 [2b], 5.1311 [2].

13 T, 6.1231 [2a].

14 T, ensemble les thèses 3.315 [e] et 5.522.

15 T, 3.24 [3], 3.315, 5.522.

16 Eddy Zemach avance que toutes les propositions sont régies par une forme unique, indiquée par la formule [p̄, ξ, N(ξ)] qui détermine leur construction: «in 5.52 Wittgenstein shows us how the general form of the proposition is the form of all propositions» (ZPM, p. 366, l. 15–17) et il ajoute: «both generalized and non-generalized» (*ibid.*, l. 17). Il ne peut donc pas dissocier les rôles des propositions complètement généralisées et des propositions fonctions de vérité: «though the world does not appear in a completely generalized proposition (it has no name-thing connection with the world), the completely generalized proposition, as a prototype of all propositions, does ‹mean› the world» (*ibid.*, l. 21–24).

17 T, 4.022 [2a].

18 T, 4.121 [4, 5].

§ 9, pp. 141–142.

1 T, 6.113.

2 T, 6.113 [a], 6.1264 [2a], 6.1, 6.127, 6.12 [3], 6.1201, 6.1202.

3 T, 6.124 [d].

4 T, 6.124 [a].

§ 10, pp. 142–145.

1 N, *remarque du 28 octobre 1914*: «Schliesslich verändert ja die Wahr- oder Falschheit *jedes* Satzes etwas an der allgemeinen *Struktur* der Welt.» – N, p. 20, l. 17–18.

2 GDW: «SPIELRAUM». – P. 2414, l. 69–80; p. 2415, l. 1–78; p. 2416, l. 1–29.

3 *Ibid.*: «raum, innerhalb dessen sich ein körper frei und ungehindert bewegen kann.» – P. 2415, l. 7–8.

4 T, 4.466 [4].

5 T, 4.44.

6 T, 4.466 [1].

7 T, 4.466 [3].

§ 11, pp. 145–147.

1 La thèse 5.5262 [1 b] semble permettre la lecture suivante: *die Gesamtheit der Elementarsätze läßt den Bau der Welt in einem gewissen Raume spielen.*

2 T, 2.032.

3 T, 5.526 [2]: «Um dann auf die gewöhnliche Ausdrucksweise zu kommen, muß man einfach nach einem Ausdruck ‹es gibt ein und nur ein x, welches ...› sagen: Und dies x ist a.»

4 T, 5.526 [1]: «Man kann die Welt vollständig durch vollkommen verallgemeinerte Sätze beschreiben, das heißt also, ohne irgend einen Namen von vornherein einem bestimmten Gegenstand zuzuordnen.»

5 T, 5.5262 [1 b]: «der Spielraum, [...] welchen die ganz allgemeinen Sätze begrenzen».

§ 12, pp. 147–149.

1 T, 2.062.

SEPTIÈME CHAPITRE

§ 1, p. 151.

1 T, 1.21, 2.027, 4.014 [3], 5.621.

2 T, 1.2.

§ 2, pp. 151–152.

1 T, 6.4311 [3]: «Unser Leben ist ebenso endlos, wie unser Gesichtsfeld grenzenlos ist.» *Das Leben und die Welt sind aus* einem *Stück* (5.621).

§ 5, p. 155.

1 T, 5.143 [1 a]: *das*, «was *kein* Satz mit einem anderen gemein hat».

2 T, 5.143 [3].

3 *Ibid.*

HUITIÈME CHAPITRE

§ 1, pp. 159–160.

1 T, 5.143 [3].

2 T, 5.6.

3 T, 5.61 [1].

4 T, 5.632.

5 T, 4.463 [2].

6 T, 4.51.

7 T, 6.1, 6.112.

§ 4, pp. 160–161.

1 T, 2.022.

2 *Ibid.*: «eine [...] gedachte Welt».

3 *Ibid.*: «eine von der wirklichen [...] verschieden gedachte Welt».

4 T, 2.023.

5 T, 5.631 [1].

§ 5, pp. 161–162.

1 T, 5.632.

2 T, 5.641 [1, 3].

3 T, 5.62 [3], 5.641 [2].

4 T, 5.63 [a].

§ 6, pp. 162–163.

1 T, 4.021 [b]: «[...] den Satz verstehe ich, ohne daß mir sein Sinn erklärt wurde.» – 3.263 [c], 4.021 [a], 4.024 [1], 4.024 [2], 4.024 [3], 4.243 [1 b], 5.521 [2 b], 5.5562.

2 T, 4.02: «dass wir den Sinn des Satzzeichens verstehen, ohne dass er uns erklärt wurde».

3 T, 4.024 [1]: «Einen Satz verstehen, heisst, wissen was der Fall ist, wenn er wahr ist.»

4 LTT, p. 419, l. 10–41, et p. 420, l. 1–4.

§ 7, pp. 163–166.

1 T, 5.234.

2 T, 5.3 [2].

3 T, 5.5.

4 T, 4.5 [3 a].

5 *Ibid.*

6 T, 5.556 [b].

7 T, 5.21: «hervorheben».

8 T, 5.2.

9 T, 5.3 [3 c].

§ 8, p. 167.

1 T, 5.632.

2 T, 6.43 [3].

3 T, 6.43 [2b].

§ 9, pp. 167–168.

1 T, ensemble les thèses 5.5 et 5.54.

§ 10, p. 168.

1 T, 5, 5.01, 6, 6.001, 6.002, 6.01.

§ 12, pp. 169–171.

1 T, 3.031 [a].

2 T, 6.432 [b].

3 T, 6.41 [1 b]: «In der Welt ist alles wie es ist und geschieht alles wie es geschieht [...]»

4 T, 6.41 [2b]: «[...] tout ce qui se passe [tous les événements] et tout ce qui est tel qu'il est [sont contingents].»

5 T, 6.37 [a]: «Einen Zwang, nach dem Eines geschehen müsste, weil etwas anderes geschehen ist, gibt es nicht.» – 5.135, 5.136, 5.1361 [1].

6 T, 6.45 [1]: «Die Anschauung der Welt sub specie aeterni ist ihre Anschauung als – begrenztes – Ganzes.»

7 T, 6.42 [2]: «Sätze können nichts Höheres ausdrücken.» – 6.432 [a]: «*Wie* die Welt ist, ist für das Höhere vollkommen gleichgültig.»

8 T, ensemble les thèses 6.41 [3], 6.41 [2b] et 6.41 [4]: «Was [alles Geschehen und So-Sein] nicht-zufällig macht», «muss ausserhalb der Welt liegen».

9 T, 6.54:

6.54 [1 a]: «Meine Sätze erläutern dadurch, A
dass sie
der, welcher mich versteht, B
am Ende als unsinnig erkennt, C
wenn
er durch sie [hindurchgestiegen] D
– [er] auf ihnen [hinaufgestiegen] – E
[er] über sie hinausgestiegen F
ist.»

6.54 [1 b]: «(Er muss sozusagen

die Leiter wegwerfen, G

nachdem

er auf ihr hinaufgestiegen

ist.)» H

6.54 [2]: «Er muss

diese Sätze überwinden, I

dann

sieht er die Welt richtig.» J

L'homme qui lit le Tractatus (A) *est une limite du monde située à l'intérieur du monde. Il parcourt les cycles de thèses du* Tractatus (D) *et apprend qu'il doit monter au belvédère pour voir le monde avec justesse. La lecture du* Tractatus *représente non pas l'ascension complète au belvédère, mais seulement une étape de cette ascension* (E). *Pour atteindre le belvédère lui-même, l'homme doit vaincre l'emprise qu'exerce sur lui le* Tractatus (I) *et s'élever au belvédère en se laissant guider uniquement par son génie* (F). *La-haut sa vue englobera le monde truffé de toutes ses limites intérieures moins une* (J), *et il comprendra alors que son arrivée au belvédère marque le terme de sa vie.*

10 T, ensemble les thèses 6.41[3] et 6.41[2 b]: «Was [alles Geschehen und So-Sein] nicht-zufällig macht, kann nicht *in* der Welt liegen [...]»

11 T, 6.432 [a].

12 T, 5.

13 T, 5.1362 [1 c]: *Der Zusammenhang von Wissen* 𝒾 (𝔣) *und Gewusstem* 𝔣 (𝒾) *ist der der logischen Notwendigkeit.* – 6.37 [a, b], 6.3 [b].

14 T, 6.13 [2]: «Die Logik ist transcendental.»

15 T, ensemble les thèses 2.012 et 5.123 [b]: «Wenn das Ding im Sachverhalt vorkommen *kann*, so muss die Möglichkeit des Sachverhaltes im Ding bereits präjudiziert sein»: «[ein Gott] könnte [...] keine Welt schaffen, worin der Satz ‹p› wahr ist, ohne seine sämtlichen [Dinge] zu schaffen».

16 T, 6.31 [a]: «Das sogenannte Gesetz der Induktion kann jedenfalls kein logisches Gesetz sein, denn es ist offenbar ein sinnvoller Satz.» – 6.12 [1]: «Dass die Sätze der Logik Tautologien sind, das *zeigt* die formalen – logischen – Eigenschaften der Sprache [...]» – 6.113 [a]: «Es ist das besondere Merkmal der logischen Sätze, dass man am Symbol allein erkennen kann, dass sie wahr sind [...]» – 6.12 [3 a], 6.121 [1], 6.124 [g].

17 T, 6.1201 [b], 6.1221 [1, 2].

18 T, 3.031 [a].

19 T, ensemble les thèses 5.11 et 5.123 [a].

20 T, 5.1361 [2]: «Der Glaube an den Kausalnexus ist der *Aberglaube.*» – 6.36311.

§ 13, pp. 171–172.

1 T, 5.4541 [2]: «ein Gebiet von Fragen».

2 *Ibid.*: «Fragen [...], deren Antworten [...] symmetrisch [liegen]».

3 *Ibid.*: «zu einem [...] regelmässigen Gebilde [vereint]».

4 T, 5.4541 [1].

5 *Ibid.*

6 *Ibid.*: «Die Lösungen der logischen Probleme müssen einfach sein [...]»

7 T, 6.4312 [d]: «[das Leben] in Raum und Zeit».

8 T, 5.621.

9 T, 6.4312 [d]: «[das Rätsel] des Lebens in Raum und Zeit».

10 *Ibid.*

§ 14, pp. 172–173.

1 T, 6.41 [2b].

2 *Ibid.*

3 T, 6.11 [a], 6.121 [1, 2a].

4 T, 6.42 [1].

5 T, 6.42 [2].

6 T, 6.41 [2a].

7 *Ibid.*

8 T, 6.41 [3].

§ 15, pp. 173–174.

1 T, 6.422 [1c].

2 T, 6.422 [1f].

3 T, 6.43 [1].

4 T, 6.422 [1a].

5 *Ibid.*

6 *Ibid.*

7 T, 6.422 [1b].

8 *Ibid.*

9 T, 5.1361 [1]: «die Ereignisse der Zukunft»: le terme *Ereignis* désigne un fait.

10 T, 6.422 [1f].

11 T, 6.422 [2].

12 T, 6.43 [2b]: «[Die Welt] muss sozusagen als Ganzes abnehmen oder zunehmen.»

13 T, 5.63.

14 T, 6.45 [1].

15 T, 6.54 [2].

§ 16, pp. 174–175.

1 T, 6.41 [1a].

2 T, 2.221.

3 T, 4.463 [2].

4 T, 6.54 [2].

5 T, 2.0212.

6 T, 5.6, 5.62 [3], 5.63 [a].

§ 17, pp. 175–178.

1 T, 5.5262 [1a].

§ 18, pp. 178–181.

1 T, 5.473 [3].

2 T, 3.144 [2].

3 T, 5.63.

4 T, 6.4.

5 T, 4.022 [1, 2].

6 T, 5.473 [1].

§ 19, pp. 181–182.

1 T, 1.1.

§ 20, pp. 183–185.

1 T, 4.466 [1].

2 T, 4.466 [4], 4.4661.

3 T, 4.466 [2].

4 T, 4.466 [2]: «Sätze, die für jede Sachlage wahr sind».

5 T, 4.466 [1].

6 T, 4.466 [2].

7 T, 4.466 [3].

§ 21, pp. 185–186.

1 T, 6.43 [3].

2 T, 6.45 [2].

3 T, 6.42 [2].

4 T, 6.42 [1], 6.4321.

5 T, 4.466 [4]: «die Grenzfälle der Zeichenverbindung, nämlich ihre Auflösung».

NEUVIÈME CHAPITRE

Pp. 187–191.

1 T, 2.01.

2 Le terme «constellation» ne figure pas dans le *Tractatus*.

3 T, 2.02.

4 T, 4.0311.

5 Le terme «double» ne figure pas dans le *Tractatus*.

6 T, 4.0311.

7 T, 2.

8 T, 5.

9 T, 6.

10 T, 4.462 [a–c].

11 T, 1.

12 T, 3.

13 T, 3.11.

14 T, 3.14 [2].

15 T, 5.11.

16 T, 6.37 [b].

17 T, 2.19.

18 T, 2.171.

19 T, 3.01.

20 Le terme «fragment» ne figure pas dans le *Tractatus*.

21 T, 1.2.

22 T, 4.

23 T, 4.014.

24 T, 5.4541 [2].

25 *Ibid.*

26 *Ibid.*

27 *Ibid.*

28 T, 5.632.

29 T, 5.621.

30 T, 6.432 [b].

DEUXIÈME PARTIE

CHAPITRE PREMIER

§ 1, pp. 195–198.

1 E, I, *Cor.* de la *Prop. 25*: «Res particulares nihil sunt, nisi Dei attributorum affectiones, sive modi, quibus Dei attributa certo, et determinato modo exprimuntur.» – GEB 2, p. 68, l. 10–12.

2 E, I, *Déf. 5*: «Per modum intelligo substantiae affectiones, sive id, quod in alio est, per quod etiam concipitur.» (GEB 2, p. 45, l. 20–21.) – E, III, *Dém.* de la *Prop. 6*: «Res enim singulares modi sunt, quibus Dei attributa certo, et determinato modo exprimuntur [...], hoc est [...] res, quae Dei potentiam, quâ Deus est, et agit, certo, et determinato modo exprimunt.» (GEB 2, p. 146, l. 10–13.)

3 E, I, *Prop. 11*: «Deus, sive substantia constans infinitis attributis, quorum unumquodque aeternam, et infinitam essentiam exprimit, necessariò existit.» – GEB 2, p. 52, l. 22–25.

4 E, I, *Prop. 23*: «Omnis modus, qui et necessariò, et infinitus existit, necessariò sequi debuit, vel ex absolutâ naturâ alicujus attributi Dei, vel ex aliquo attributo modificato modificatione, quae et necessariò, et infinita existit. – GEB 2, p. 66, l. 24–28.

5 E, V, *Scolie* du *Cor.* de la *Prop. 40*: «[...] apparet, quòd Mens nostra, quatenus intelligit, aeternus cogitandi modus sit, qui alio aeterno cogitandi modo determinatur [...]» – GEB 2, p. 306, l. 19–23.

6 E, V, *Scolie* du *Cor.* de la *Prop. 36*: «Nam quamvis in Primâ Parte generaliter ostenderim, omnia (et consequenter Mentem etiam humanam) à Deo secundùm essentiam, et existentiam pendêre, illa tamen demonstratio tametsi legitima sit [...], non ità tamen Mentem nostram afficit, quàm quando id ipsum ex ipsâ essentiâ rei cujuscunque singularis, quam à Deo pendêre dicimus, concluditur.» – GEB 2, p. 303, l. 19–25.

7 E, II, *Scolie* de la *Prop. 13*: *Scolie* du *Lemme 7*: «Et si sic porrò in infinitum pergamus, facilè concipiemus, totam naturam unum esse Individuum, cujus partes, hoc est, omnia corpora infinitis modis variant, absque ullâ totius Individui mutatione.» – GEB 2, p. 102, l. 10–13.

8 *Ibid.*: «Atque hucusque Individuum concepimus, quod non, nisi ex corporibus, quae solo motu, et quiete, celeritate, et tarditate inter se distinguuntur, hoc est, quod ex corporibus simplicissimis componitur.» – P. 101, l. 27–30, et p. 102, l. 1.

9 *Ibid.*: «Quòd si praeterea tertium Individuorum genus, ex his secundis compositum, concipiamus, idem multis aliis modis affici posse, reperiemus, absque ullâ ejus formae mutatione.» – P. 102, l. 8–10.

10 Je dois ce point de vue à Monsieur Rolf P. Fenkart, professeur à l'Université de Bâle.

11 E, II, *Scolie* de la *Prop. 13*: *Lemme 6*. – GEB 2, p. 101, 1.7–12.

§ 2, pp. 198–200.

1 E, I, *Prop. 28*. – GEB 2, p. 69, l. 1–9.

2 E, I, *Dém.* de la *Prop. 16*: «Haec propositio unicuique manifesta esse debet, si modò ad hoc attendat, quòd ex datâ cujuscunque rei definitione plures proprietates intellectus concludit, quae reverâ ex eâdem (hoc est, ipsâ rei essentiâ) necessariò sequuntur.» – GEB 2, p. 60, l. 21–24.

§ 3, pp. 200–205.

1 E, II, *Scolie* de la *Prop. 13*: *Scolie* du *Lemme 7*. – GEB 2, p. 101, l. 27–30, et p. 102, l. 1.

2 *Ibid.* – P. 102, l. 10–13.

3 *Ibid.* – P. 101, l. 27–30, et p. 102, l. 1.

4 E, II, *Scolie* de la *Prop. 13*: *Déf.* après le *Lemme 3*. – GEB 2, p. 99, l. 26–28, et p. 100, l. 1–5.

5 E, II, *Scolie* de la *Prop. 13*: *Axiome 3* après le *Lemme 3*. – GEB 2, p. 100, l. 6–15.

6 E, II, *Scolie* de la *Prop. 13*: *Lemme 5*: «si partes, Individuum componentes, majores, minoresve evadant [...]» – GEB 2, p. 100, l. 30, et p. 101, l. 1.

7 E, II, *Scolie* de la *Prop. 13*: *Remarque* après l'*Axiome 2* après le *Lemme 3*. – GEB 2, p. 99, l. 23–25.

8 Martial Gueroult interprète la formule *certâ quâdam ratione* comme l'oscillation réunissant les oscillations propres à chaque *corpus simplicissimum*: «Il semble évident que l'Individu est conçu par Spinoza à l'image du pendule composé, la pression des ambiants imposant aux mouvements des corps qui le constituent cette proportion constante de mouvement et de repos qu'impose aux pendules simples la tige rigide qui les lie les uns aux autres dans le pendule composé. L'identité de l'Individu demeure tant que les vitesses de ses parties restent accordées les unes aux autres selon une loi fixe imposant qu'entre toutes se conserve la même proportion de mouvement et de repos.» (GSP 2, p. 173, l. 35–38, et p. 174, l. 1–4.) – M. Gueroult développe sa théorie dans GSP 2, «Chapitre VI: Origine de la connaissance imaginative, I. La physique des corps et du Corps humain [...]», pp. 143–189, en particulier dans les paragraphes 9, 16, 17, 20 et 21.

9 E, II, *Scolie* de la *Prop. 13*: *Déf.* après le *Lemme 3*: «corpora aliquot ejusdem, aut diversae magnitudinis». – GEB 2, p. 99, l. 27.

10 E, II, *Scolie* de la *Prop. 13*: *Lemme 1*. – GEB 2, p. 97, l. 24–26.

11 E, II, *Scolie* de la *Prop. 13*: *Axiome 1* après le *Lemme 3*. – GEB 2, p. 99, l. 9–11.

12 Je suis reconnaissant à Monsieur Rolf Surbeck, professeur au Lycée des Humanités à Bâle, d'avoir bien voulu me donner son avis sur l'interprétation de certains passages du texte de l'*Éthique* appartenant à la théorie des corps.

§ 4, pp. 205–207.

1 E, II, *Cor.* de la *Prop. 31.* – GEB 2, p. 115, l. 29–30.

2 E, II, *Scolie* de la *Prop. 13*: *Lemme 4.* – GEB 2, p. 100, l. 16–21.

3 E, II, *Scolie* de la *Prop. 13*: *Dém.* du *Lemme 4.* – GEB 2, p. 100, l. 24–25.

4 *Ibid.*: «[...] haec [unio corporum], tametsi corporum continua fiat mutatio, retinetur.» Il serait tentant d'écrire: *sous réserve que l'échange de corps se fasse de manière continue* ..., mais la conjonction *tametsi* employée par Spinoza ne le permet pas. – L. 24–26.

5 E, II, *Scolie* de la *Prop. 13*: *Postulat 4.* – GEB 2, p. 102, l. 29–31.

6 E, II, *Scolie* de la *Prop. 13*: *Lemme 5.* – GEB 2, p. 100, l. 29–30, et p. 101, l. 1–4.

7 E, II, *Scolie* de la *Prop. 13*: *Lemme 6.* – GEB 2, p. 101, l. 7–12.

8 E, II, *Scolie* de la *Prop. 13*: *Lemme 7.* – GEB 2, p. 101, l. 17–22.

9 Cf. la note 7.

10 Cf. la note 8.

11 J'exprime ma reconnaissance à Monsieur Simon Lauer, de l'Institut de Recherches Judéo-Chrétiennes à la Faculté de Théologie de Lucerne, pour l'aimable concours qu'il a bien voulu m'apporter dans la traduction du texte de l'*Éthique* concernant la théorie des corps.

§ 5, pp. 207–208.

1 E, II, *Dém.* de la *Prop. 14.* – GEB 2, p. 103, l. 10–12.

§ 6, pp. 208–215.

1 E, II, *Scolie* de la *Prop. 13*: *Lemme 3.* – GEB 2, p. 98, l. 8–12.

2 E, II, *Scolie* de la *Prop. 13*: *Axiome 1* après le *Lemme 3.* – GEB 2, p. 99, l. 9–11.

3 *Ibid.* – L. 11–13.

4 E, IV, *Axiome*: «Nulla res singularis in rerum naturâ datur, quâ potentior, et fortior non detur alia. Sed quâcunque datâ datur alia potentior, à quâ illa data potest destrui.» – GEB 2, p. 210, l. 24–27.

§ 7, pp. 215–216.

1 E, II, *Scolie* de la *Prop. 13*: *Axiome 2* après le *Lemme 3.* – GEB 2, p. 99, l. 15–22.

§ 9, pp. 218–219.

1 Suivant l'avis de Messieurs Rolf P. Fenkart et Bruno Scarpellini, professeurs à l'Université de Bâle, l'existence des corps très simples et de la *facies* ne repose que sur un postulat.

2 Je remercie sincèrement Messieurs Rolf P. Fenkart, Hermann Rudin et Bruno Scarpellini, professeurs à l'Université de Bâle, auxquels je dois des critiques précieuses sur l'emploi du modèle du système planétaire.

§ 10, p. 220.

1 E, I, *Prop. 29.* – GEB 2, p. 70, l. 16–19.

2 E, III, *Prop. 4.* – GEB 2, p. 145, l. 19–20.

3 E, III, *Prop. 7.* – GEB 2, p. 146, l. 19–21.

DEUXIÈME CHAPITRE

§ 1, pp. 221–223.

1 E, IV, *Dém.* de la *Prop. 33*: «Affectuum natura, seu essentia non potest per solam nostram essentiam, seu naturam explicari [...], sed potentiâ, hoc est [...], naturâ causarum externarum, cum nostrâ comparatâ, definiri debet.» – GEB 2, p. 231, l. 11–14.

2 E, III, *Scolie* de la *Prop. 2*: «[...] nemo hucusque Corporis fabricam tam accuratè novit, ut omnes ejus functiones potuerit explicare, ut jam taceam, quòd in Brutis plura observentur, quae humanam sagacitatem longè superant, et quòd somnambuli in somnis plurima agant, quae vigilando non auderent; quod satis ostendit, ipsum Corpus ex solis suae naturae legibus multa posse, quae ipsius Mens admiratur.» – GEB 2, p. 142, l. 8–14.

3 E, III, *Dém.* de la *Prop. 54*: «Mentis [...] essentia (*ut per se notum*) id tantùm, quod Mens est, et potest, affirmat; at non id, quod non est, neque potest.» – GEB 2, p. 182, l. 9–11.

4 E, II, *Déf. 2.* – GEB 2, p. 84, l. 17–20.

5 E, I, *Prop. 29.* – GEB 2, p. 70, l. 16–19.

6 E, II, *Scolie* du *Cor.* de la *Prop. 10.* – GEB 2, p. 93, l. 20–36, et p. 94, l. 1–12.

§ 2, pp. 223–224.

1 E, IV, *Axiome.* – GEB 2, p. 210, l. 24–27.

2 E, V, *Scolie* de la *Prop. 29*: «Res duobus modis à nobis ut actuales concipiuntur, vel quatenus easdem cum relatione ad certum tempus, et locum existere, vel quatenus ipsas in Deo contineri, et ex naturae divinae necessitate consequi concipimus.» – GEB 2, p. 298, l. 30–32, et p. 299, l. 1.

§ 3, pp. 224–226.

1 E, II, *Scolie* de la *Prop. 7*. – GEB 2, p. 90, l. 14–18.

2 E, II, *Scolie* de la *Prop. 13*: *Axiome 2*. – GEB 2, p. 97, l. 21–23.

3 E, II, *Scolie* de la *Prop. 13*: *Axiome 1* après le *Lemme 3*. – GEB 2, p. 99, l. 9–11.

4 E, II, *Déf. 7*: «Quòd si plura Individua in unâ actione ità concurrant, ut omnia simul unius effectûs sint causa, eadem omnia eatenus, ut unam rem singularem, considero.» – GEB 2, p. 85, l. 17–20.

5 E, III, *Dém.* de la *Prop. 7*. – GEB 2, p. 146, l. 23–25.

6 E, I, *Cor.* de la *Prop. 24*. – GEB 2, p. 67, l. 20–25.

7 E, I, *Prop. 35*. – GEB 2, p. 77, l. 6–7.

8 E, V, *Scolie* de la *Prop. 29*. – GEB 2, p. 298, l. 30–32, et p. 299, l. 1–2.

9 E, I, *Prop. 25* (GEB 2, p. 67, l. 26–28). – E, I, *Scolie* de la *Prop. 25* (GEB 2, p. 68, l. 3–8). – E, I, *Cor.* de la *Prop. 25* (GEB 2, p. 68, l. 9–13).

§ 4, pp. 226–228.

1 E, II, *Scolie* de la *Prop. 13*: *Axiome 1* après le *Lemme 3*. – GEB 2, p. 99, l. 8–14.

2 E, II, *Dém.* du *Cor.* de la *Prop. 17*. – GEB 2, p. 105, l. 6–12.

3 E, IV, *Chap. 1* de l'*App*. – GEB 2, p. 266, l. 7–12.

4 E, I, *Scolie 2* de la *Prop. 8*. – GEB 2, p. 50, l. 30–33.

5 *Ibid.* – L. 32–33.

6 E, III, *Dém.* de la *Prop. 4*. – GEB 2, p. 145, l. 26–28.

7 E, III, *Dém.* de la *Prop. 6* (GEB 2, p. 146, l. 13–15). – E, III, *Dém.* de la *Prop. 10* (GEB 2, p. 148, l. 13–14). – E, III, *Dém.* de la *Prop. 54* (GEB 2, p. 182, l. 9–11).

8 E, II, *Dém.* de la *Prop. 24*: «Partes, Corpus humanum componentes, ad essentiam ipsius Corporis non pertinent, nisi quatenus motûs suos certâ quâdam ratione invicem communicant [...], et non quatenus, ut Individua, absque relatione ad humanum Corpus considerari possunt.» – GEB 2, p. 110, l. 30–32, et p. 111, l. 1–2.

9 E, IV, *Dém.* de la *Prop. 60* (GEB 2, p. 256, l. 2–3). – E, II, *Scolie* de la *Prop. 13*: *Cor.* du *Lemme 3* (GEB 2, p. 99, l. 3–7).

10 E, II, *Dém.* de la *Prop. 28*. – GEB 2, p. 113, l. 7–21.

11 E, IV, *Scolie* de la *Prop. 57*. – GEB 2, p. 252, l. 27–29.

12 *Ibid.* – L. 31–32.

§ 5, pp. 228–232.

1 E, I, *Prop. 21*: «Omnia, quae ex absolutâ naturâ alicujus attributi Dei sequuntur, semper, et infinita existere debuerunt, sive per idem attributum aeterna, et infinita sunt.» – GEB 2, p. 65, l. 11–14.

2 E, II, *Scolie* de la *Prop. 7*. – GEB 2, p. 90, l. 18–28.

3 E, III, *Prop. 7*. – GEB 2, p. 146, l. 19–21.

4 E, V, *Axiome 2*. – GEB 2, p. 281, l. 5–7.

5 *Lettre 64 de Spinoza à G. H. Schuller*, du 29 juillet 1675: «Denique exempla, quae petis, primi generis sunt in Cogitatione, intellectus absolutè infinitus; in Extensione autem motus et quies.» – GEB 4, p. 278, l. 24–26.

6 GSP 1, «Chapitre XI: Le Dieu effet, I. Les modes infinis [...]», pp. 309–324, en particulier les paragraphes 1 à 3, 6 à 9, 11 et 12. – GSP 1, «Chapitre XII: Le Dieu effet [...], II. Les modes finis [...]», pp. 325–349, en particulier les paragraphes 1 à 3.

§ 6, p. 232.

1 E, I, *Prop. 22*: «Quicquid ex aliquo Dei attributo, quatenus modificatum est tali modificatione, quae et necessariò, et infinita per idem existit, sequitur, debet quoque et necessariò, et infinitum existere.» – GEB 2, p. 66, l. 16–20.

2 *Lettre 64 de Spinoza à G. H. Schuller*, du 29 juillet 1675: «Denique exempla, quae petis, primi generis sunt [...]; secundi autem, facies totius Universi, quae quamvis infinitis modis variet, manet tamen semper eadem, de quo vide Schol. 7. Lemmatis ante Prop. 14. p. 2.» – GEB 4, p. 278, l. 24–28.

3 GSP 1, «Chapitre XI: Le Dieu effet, I. Les modes infinis [...]», pp. 309–324, en particulier les paragraphes 1 à 4, 6 à 9, 11 et 12. – GSP 1, «Chapitre XII: Le Dieu effet [...], II. Les modes finis [...]», pp. 325–349, en particulier les paragraphes 1 à 3.

§ 7, pp. 232–233.

1 E, I, *Prop. 21*. – GEB 2, p. 65, l. 11–14.

§ 8, pp. 233–234.

1 E, I, *Déf. 2*: «Ea res dicitur in suo genere finita, quae aliâ ejusdem naturae terminari potest.» – GEB 2, p. 45, l. 8–10.

2 E, II, *Scolie* de la *Prop. 13*: *Scolie* du *Lemme 7*. – GEB 2, p. 102, l. 10–13.

3 *Ibid*. – L. 13.

4 *Ibid*. – L. 11–12.

5 E, II, *Scolie* de la *Prop. 13*: *Lemme 7*. – GEB 2, p. 101, l. 17–22.

6 E, II, *Scolie* de la *Prop. 13*: *Lemme 6.* – GEB 2, p. 101, l. 7–12.

7 E, II, *Scolie* de la *Prop. 13*: *Lemme 4.* – GEB 2, p. 100, l. 16–21.

8 E, II, *Scolie* de la *Prop. 13*: *Lemme 5.* – GEB 2, p. 100, l. 29–30, et p. 101, l. 1–4.

§ 9, pp. 234–235.

1 E, II, *Dém.* de la *Prop. 24*: «Sunt [...] partes humani Corporis [...] valdè composita Individua, quorum partes [...] à Corpore humano, servatâ omninò ejusdem naturâ, et formâ, segregari possunt, motûsque suos [...] aliis corporibus aliâ ratione communicare.» – GEB 2, p. 111, l. 2–6.

2 E, II, *Scolie* de la *Prop. 13*: *Scolie* du *Lemme 7.* – GEB 2, p. 102, l. 10–13.

3 E, I, *Déf. 2.* – GEB 2, p. 45, l. 8–13.

TROISIÈME CHAPITRE

§ 2, pp. 237–239.

1 E, I, *Dém.* de la *Prop. 34*: «[...] potentia Dei, quâ ipse, et omnia sunt, et agunt, est ipsa ipsius essentia.» (GEB 2, p. 77, l. 4–5.) – E, I, *Prop. 34* (GEB 2, p. 76, l. 35–36).

2 E, I, *Prop. 29*: «In rerum naturâ nullum datur contingens, sed omnia ex necessitate divinae naturae determinata sunt ad certo modo existendum, et operandum.» (GEB 2, p. 70, l. 16–19.) – E, III, *Dém.* de la *Prop. 7*: «[...] nec res aliud possunt, quàm id, quod ex determinatâ earum naturâ necessariò sequitur [...].» (GEB 2, p. 146, l. 23–25.) – E, I, *Dém.* de la *Prop. 29* (GEB 2, p. 70, l. 27–29). – E, I, *Prop. 36* (GEB 2, p. 77, l. 12–13). – E, I, *Dém.* de la *Prop. 36* (GEB 2, p. 77, l. 14–19).

3 E, I, *Dém.* de la *Prop. 35.* – GEB 2, p. 77, l. 8–11.

4 E, II, *Scolie* de la *Prop. 13*: *Lemme 3.* – GEB 2, p. 98, l. 8–12.

5 E, III, *Prop. 4.* – GEB 2, p. 145, l. 21–22.

6 E, I, *Dém. 2* de la *Prop. 11.* – GEB 2, p. 53, l. 6–10.

7 E, III, *Dém.* de la *Prop. 7*: «Ex datâ cujuscunque rei essentiâ quaedam necessariò sequuntur [...]» – GEB 2, p. 146, l. 23–25.

8 E, IV, *Dém.* de la *Prop. 22* (GEB 2, p. 225, l. 17). – E, III, *Prop. 7* (GEB 2, p. 146, l. 19–21). – E, III, *Dém.* de la *Prop. 28*: «Corporis [conatus], seu [potentia] in agendo». (GEB 2, p. 162, l. 5–8.)

9 E, IV, *Prop. 21*: «Nemo potest cupere beatum esse, bene agere, et bene vivere, qui simul non cupiat, esse, agere, et vivere, hoc est, actu existere.» (GEB 2, p. 225,

l. 3–6.) – E, IV, *Prop. 25* (GEB 2, p. 226, l. 23–24). – E, IV, *Cor.* de la *Prop. 22* (GEB 2, p. 225, l. 22–26).

10 E, I, *Dém.* de la *Prop. 34* (GEB 2, p. 77, l. 4–5). – E, II, *Scolie* de la *Prop. 3*: «[...] ostendimus, Dei potentiam nihil esse, praeterquam Dei actuosam essentiam.» (GEB 2, p. 87, l. 25–26.)

11 E, IV, *Scolie* du *Cor.* de la *Prop. 50*: «Qui rectè novit omnia ex naturae divinae necessitate sequi, et secundùm aeternas naturae leges, et regulas fieri [...]» (GEB 2, p. 247, l. 17–21.) – E, II, *Scolie* de la *Prop. 49* (GEB 2, p. 136, l. 7–12). – E, IV, *Scolie* de la *Prop. 73* (GEB 2, p. 265, l. 21–27). – E, IV, *Chap. 32* de l'*App.* (GEB 2, p. 276, l. 8–14).

12 E, I, *Cor.* de la *Prop. 24* (GEB 2, p. 67, l. 20–25). – E, II, *Scolie* de la *Prop. 45* (GEB 2, p. 127, l. 19–23).

13 E, I, *Scolie* de la *Prop. 11*. – GEB 2, p. 54, l. 20–24.

14 E, II, *Scolie* de la *Prop. 49*. – GEB 2, p. 135, l. 32–36.

15 E, IV, *Préf.*: «Nihil [...] naturae alicujus rei competit, nisi id, quod ex necessitate naturae causae efficientis sequitur, et quicquid ex necessitate naturae causae efficientis sequitur, id necessariò fit.» – GEB 2, p. 208, l. 4–7.

16 E, IV, *Dém.* de la *Prop. 59*. – GEB 2, p. 254, l. 32–33, et p. 255, l. 1–2.

17 E, III, *Prop. 9*. – GEB 2, p. 147, l. 14–17.

18 E, IV, *Dém.* de la *Prop. 4*: «Potentia, quâ res singulares, et consequenter homo suum esse conservat, est ipsa Dei, sive Naturae potentia [...], non quatenus infinita est, sed quatenus per humanam actualem essentiam explicari potest [...]. Potentia itaque hominis, quatenus per ipsius actualem essentiam explicatur, pars est infinitae Dei, seu Naturae potentiae, hoc est [...], essentiae.» – GEB 2, p. 213, l. 2–8.

§ 3, p. 239.

1 E, II, *Scolie* de la *Prop. 7*: «Nec ullâ aliâ de causâ dixi, quòd Deus sit causa ideae ex. gr. circuli, quatenus tantùm est res cogitans, et circuli, quatenus tantùm est res extensa, nisi quia esse formale ideae circuli non, nisi per alium cogitandi modum, tanquam causam proximam, et ille iterùm per alium, et sic in infinitum, potest percipi [...]» – GEB 2, p. 90, l. 18–28.

2 *Lettre 59 de E. W. Tschirnhaus à Spinoza,* du 5 janvier 1675: «Si otium, et occasio sinit, à te submissè peto, veram Motûs Definitionem, ut et ejus explicationem, atque quâ ratione, cùm extensio, quatenus per se concipitur, indivisibilis, immuta bilis, etc., sit, à priori deducere possimus tot, tamque multas oriri posse varietates, et per consequens existentiam figurae in particulis alicujus corporis, quae tamen in quovis corpore variae, et diversae sunt à figuris partium, quae alterius corporis formam constituunt?» – GEB 4, p. 268, l. 23–30.

3 *Lettre 80 de E. W. Tschirnhaus à Spinoza,* du 2 mai 1676: «[...] difficulter admodùm concipere queo, quî à priori corporum existentia demonstretur, quae motûs, et figuras habent; cùm in Extensione, absolutè rem considerando, nil tale occurrat.» – GEB 4, p. 331, l. 6–9.

4 *Lettre 82 de E. W. Tschirnhaus à Spinoza*, du 23 juin 1676: «Velim, ut hâc in re mihi gratificeris, indicando, quî ex conceptu Extensionis secundum tuas meditationes varietas rerum à priori possit ostendi [...]» – GEB 4, p. 333, l. 6–16.

5 *Ibid.*: «Et quod porrò effecit, ut non possim videre, quâ ratione ex Attributo aliquo solo condiderato, ex. gr. Extensione infinita corporum varietas exsurgere possit.» – P. 334, l. 9–11.

6 *Lettre 83 de Spinoza à E. W. Tschirnhaus*, du 15 juillet 1676: «Quòd petis, an ex solo Extensionis conceptu rerum varietas à priori possit demonstrari, credo me jam satis clarè ostendisse, id impossible esse.» – GEB 4, p. 334, l. 22–26.

7 E, II, *Scolie* de la *Prop. 13*: «pauca de naturâ corporum». – GEB 2, p. 97, l. 16–18.

8 *Lettre 83 de Spinoza à E. W. Tschirnhaus*, du 15 juillet 1676: «Nam huc usque nihil de his ordine disponere mihi licuit.» – GEB 4, p. 334, l. 27–28.

§ 4, p. 240.

1 E, I, *Scolie* de la *Prop. 28*. – GEB 2, p. 70, l. 9–12.

2 *Ibid.* – L. 5–7.

QUATRIÈME CHAPITRE

§ 1, pp. 241–242.

1 E, II, *Axiome 2*. – GEB 2, p. 85, l. 25.

2 E, II, *Prop. 1*. – GEB 2, p. 86, l. 10–11.

3 E, II, *Cor.* de la *Prop. 9*. – GEB 2, p. 92, l. 15–18.

4 E, II, *Déf. 4* et *Expl.* de la *Déf. 4*. – GEB 2, p. 85, l. 3–9.

5 E, II, *Scolie* de la *Prop. 43* (GEB 2, p. 124, l. 6–11). – E, II, *Scolie* de la *Prop. 48* (GEB 2, p. 130, l. 5–13). – E, II, *Prop. 49* (GEB 2, p. 132, l. 4–12).

6 Cf. la note 4.

7 E, II, *Expl.* de la *Déf. 3*: *Actio Mentis*. – GEB 2, p. 85, l. 1–2.

8 E, II, *Prop. 9* (GEB 2, p. 91, l. 29–31, et p. 92, l. 1–2). – E, I, *Prop. 28* (GEB 2, p. 69, l. 1–9).

9 E, V, *Scolie* de la *Prop. 23*: «Mentis [...] oculi, quibus res videt, observatque, sunt ipsae demonstrationes.» – GEB 2, p. 296, l. 6–7.

§ 3, pp. 245–246.

1 E, II, *Prop. 6*. – GEB 2, p. 89, l. 3–6.

2 E, I, *Déf. 6*: *substantia constans infinitis attributis*. – GEB 2, p. 45, l. 22–25.

3 E, I, *Prop. 10.* – GEB 2, p. 51, l. 27–29.

4 E, II, *Dém.* de la *Prop. 6.* – GEB 2, p. 89, l. 9–10.

5 E, I, *Axiome 4.* – GEB 2, p. 46, l. 27–28.

6 GSP 2, «Chapitre IV: L'essence de l'homme [...], II. Déduction de l'entendement de Dieu [...]», pp. 47–102, en particulier les paragraphes 6 à 8 *bis*.

7 E, II, *Cor.* de la *Prop. 6.* – GEB 2, p. 89, l. 14–19.

§ 4, pp. 247–249.

1 E, II, *Scolie* de la *Prop. 7.* – GEB 2, p. 90, l. 8–9.

2 *Ibid.* – L. 12–14.

3 E, II, *Scolie* de la *Prop. 13.* – GEB 2, p. 96, l. 24–32, et p. 97, l. 1–3.

4 E, II, *Prop. 7.* – GEB 2, p. 89, l. 20–22.

5 E, II, *Dém.* de la *Prop. 9*: «unius singularis ideae alia idea [...] est causa». – GEB 2, p. 92, l. 10–14.

6 E, III, *Scolie* de la *Prop. 59*: «Atque his puto me praecipuos affectûs, animique fluctuationes, quae ex compositione trium primitivorum affectuum, nempe Cupiditatis, Laetitiae, et Tristitiae oriuntur, explicuisse, perque primas suas causas ostendisse.» – GEB 2, p. 189, l. 1–4.

7 E, V, *Scolie* du *Cor.* de la *Prop. 40.* – GEB 2, p. 306, l. 19–20.

8 *Ibid.* – L. 20–23.

9 *Ibid.* – L. 20–23.

10 *Ibid.* – L. 20–23.

11 E, V, *Scolie* du *Cor.* de la *Prop. 40* (GEB 2, p. 306, l. 23–24). – E, I, *Prop. 16*: «Ex necessitate divinae naturae, infinita infinitis modis (hoc est, omnia, quae sub intellectum infinitum cadere possunt) sequi debent.» (GEB 2, p. 60, l. 16–19.) – E, I, *Prop. 30*: «Intellectus actu finitus, aut actu infinitus Dei attributa, Deique affectiones comprehendere debet, et nihil aliud.» (GEB 2, p. 71, l. 17–19.) – E, II, *Cor.* de la *Prop. 11*: «Hinc sequitur Mentem humanam partem esse infiniti intellectûs Dei.» (GEB 2, p. 94, l. 30–31.)

12 E, II, *Prop. 3*: «In Deo datur necessariò idea, tam ejus essentiae, quàm omnium, quae ex ipsius essentiâ necessariò sequuntur.» (GEB 2, p. 87, l. 4–6.) – E, II, *Prop. 4*: «Idea Dei, ex quâ infinita infinitis modis sequuntur, unica tantùm esse potest.» (GEB 2, p. 88, l. 6–8.) – E, II, *Prop. 8*: «Ideae rerum singularium, sive modorum non existentium ità debent comprehendi in Dei infinitâ ideâ, ac rerum singularium, sive modorum essentiae formales in Dei attributis continentur.» (GEB 2, p. 90, l. 31–35.) – E, IV, *Scolie* de la *Prop. 68*: ... *libertas humana amissa,* «quam Patriarchae postea recuperaverunt, ducti Spiritu Christi, hoc est, Dei ideâ, à quâ solâ pendet, ut homo liber sit [...]» (GEB 2, p. 261, l. 21–31, et p. 262, l. 1–9).

13 GSP 1, «Chapitre XI: Le Dieu effet, I. Les modes infinis [...]», pp. 309–324, en particulier les paragraphes 7 à 12.

§ 5, pp. 249–250.

1 E, II, *Prop. 20.* – GEB 2, p. 108, l. 19–22.

2 E, II, *Dém.* de la *Prop. 20*: «[...] Mentis idea, [...] non sequitur in Deo dari, quatenus infinitus, sed quatenus aliâ rei singularis ideâ affectus est [...].» – GEB 2, p. 108, l. 27–29.

3 *Ibid.*: «[...] ordo, et connexio idearum idem est, ac ordo, et connexio causarum [...].» – L. 29–31.

4 E, II, *Prop. 21.* – GEB 2, p. 109, l. 1–3.

5 E, II, *Scolie* de la *Prop. 21*: «[...] idea Mentis, hoc est, idea ideae nihil aliud est, quàm forma ideae, quatenus haec, ut modus cogitandi, absque relatione ad objectum consideratur; simulac enim quis aliquid scit, eo ipso scit, se id scire, et simul scit, se scire, quòd scit, et sic in infinitum.» – GEB 2, p. 109, l. 19–23.

6 *Ibid.* – L. 20.

7 *Ibid.* – L. 19–21.

8 *Ibid.* – L. 21–23.

9 E, IV, *Préf.*: *essentia, seu forma.* – GEB 2, p. 208, l. 24–27.

10 E, II, *Prop. 7* (GEB 2, p. 89, l. 20–22). – E, V, *Prop. 1*: «Prout cogitationes [...] ordinantur, et concatenantur in Mente, ità corporis affectiones, seu rerum imagines ad amussim ordinantur, et concatenantur in Corpore.» (GEB 2, p. 281, l. 9–12.)

CINQUIÈME CHAPITRE

§ 1, p. 251.

1 E, I, *Prop. 9.* – GEB 2, p. 51, l. 22–24.

2 E, I, *Prop. 8.* – GEB 2, p. 49, l. 8–9.

§ 3, p. 252.

1 E, II, *Scolie* de la *Prop. 7.* – GEB 2, p. 90, l. 14–18.

SIXIÈME CHAPITRE

§ 1, p. 255.

1 E, I, *Prop. 2*: «Duae substantiae, diversa attributa habentes, nihil inter se commune habent.» – GEB 2, p. 47, l. 8–10.

2 E, I, *Prop. 4*: «Duae, aut plures res distinctae, vel inter se distinguuntur ex diversitate attributorum substantiarum, vel ex diversitate earundem affectionum.» – GEB 2, p. 47, l. 22–25.

3 E, I, *Prop. 5*: «In rerum naturâ non possunt dari duae, aut plures substantiae ejusdem naturae, sive attributi.» – GEB 2, p. 48, l. 3–5.

4 E, I, *Prop. 6*: «Una substantia non potest produci ab aliâ substantiâ.» – GEB 2, p. 48, l. 16–17.

5 E, I, *Prop. 7*: «Ad naturam substantiae pertinet existere.» – GEB 2, p. 49, l. 1–2.

6 E, I, *Prop. 8*: «Omnis substantia est necessariò infinita.» – GEB 2, p. 49, l. 8–9.

7 E, I, *Scolie 2* de la *Prop. 8*: «[...] fatendum necessariò est, substantiae existentiam, sicut ejus essentiam, aeternam esse veritatem.» – GEB 2, p. 50, l. 18–19.

8 E, I, *Prop. 11*: «Deus, sive substantia constans infinitis attributis, quorum unumquodque aeternam, et infinitam essentiam exprimit, necessariò existit.» – GEB 2, p. 52, l. 22–25.

§ 2, p. 256.

1 E, I, *Dém.* de la *Prop. 19*: «Deus enim [...] est substantia, quae [...] necessariò existit, hoc est [...], ad cujus naturam pertinet existere, sive (quod idem est) ex cujus definitione sequitur ipsum existere [...]» – GEB 2, p. 64, l. 11–14.

2 E, I, *Dém.* de la *Prop. 16*: «Cùm autem natura divina infinita absolutè attributa habeat [...], quorum etiam unumquodque infinitam essentiam in suo genere exprimit, ex ejusdem ergò necessitate infinita infinitis modis [...] necessariò sequi debent.» – GEB 2, p. 60, l. 26–30.

3 E, I, *Prop. 19*. – GEB 2, p. 64, l. 8–9.

4 E, I, *Prop. 11*. – GEB 2, p. 52, l. 22–25.

5 E, I, *Prop. 7*. – GEB 2, p. 49, l. 1–2.

6 E, I, *Cor.* de la *Prop. 6*: «[...] substantia absolutè ab alio produci non potest.» (GEB 2, p. 48, l. 27–28.) – E, I, *Dém.* de la *Prop. 7*: «Substantia non potest produci ab alio [...]; erit itaque causa sui.» (GEB 2, p. 49, l. 4–6.)

7 E, I, *Déf. 1*: «Per causam sui intelligo id, cujus essentia involvit existentiam, sive id, cujus natura non potest concipi, nisi existens.» – GEB 2, p. 45, l. 5–7.

8 E, I, *Déf. 8*. – GEB 2, p. 46, l. 13–15.

9 E, I, *Scolie 2* de la *Prop. 8*: *vera definitio*. – GEB 2, p. 50, l. 21–24.

10 *Ibid.* – L. 18–19.

11 *Ibid.*: «[...] substantiarum veritas extra intellectum non est, nisi in se ipsis, quia per se concipiuntur.» – L. 11–12.

12 *Ibid.*: «Si quis [...] diceret, se claram, et distinctam, hoc est, veram ideam substantiae habere, et nihilominus dubitare, num talis substantia existat, idem hercle esset, ac si diceret, se veram habere ideam, et nihilominus dubitare, num falsa sit [...].» – L. 12–16.

13 GSP 1, «Chapitre III: La substance constituée d'un seul attribut [...]», pp. 107 à 140, en particulier le paragraphe 13.

14 E, I, *Dém.* de la *Prop. 19.* – GEB 2, p. 64, l. 14–16.

15 E, I, *Prop. 10.* – GEB 2, p. 51, l. 27–29.

16 E, I, *Scolie* de la *Prop. 15*: «Sanè rerum, quae realiter ab invicem distinctae sunt, una sine aliâ esse, et in suo statu manere potest.» – GEB 2, p. 59, l. 14–16.

§ 3, pp. 256–257.

1 E, I, *Déf. 6* (GEB 2, p. 45, l. 22–25). – E, I, *Prop. 11* (GEB 2, p. 52, l. 22–25).

2 E, I, *Déf. 6* (GEB 2, p. 45, l. 22–25).

3 E, I, *Scolie* de la *Prop. 10*: «[...] nihil in naturâ clarius, quàm quòd unumquodque ens sub aliquo attributo debeat concipi [...]» – GEB 2, p. 52, l. 9–13.

4 E, I, *Expl.* de la *Déf. 6*: «Quicquid [...] in suo genere tantùm infinitum est, infinita de eo attributa negare possumus.» – GEB 2, p. 46, l. 2–5.

5 E, I, *Scolie* de la *Prop. 10*: «[...] nihil in naturâ clarius, quàm quòd [...], quò plus realitatis, aut esse habeat [ens], eò plura attributa, quae et necessitatem, sive aeternitatem, et infinitatem exprimunt, habeat.» – GEB 2, p. 52, l. 9–13.

6 E, II, [*Préf.*]: *Deus, sive Ens aeternum, et infinitum.* – GEB 2, p. 84, l. 6–8.

7 E, I, *Scolie* de la *Prop. 29*: «[...] constare existimo, nempe, quòd per Naturam naturantem nobis intelligendum est id, quod in se est, et per se concipitur, sive talia substantiae attributa, quae aeternam, et infinitam essentiam exprimunt, hoc est [...], Deus, quatenus, ut causa libera, consideratur.» – GEB 2, p. 71, l. 7–12.

8 E, I, *Prop. 6.* – GEB 2, p. 48, l. 16–17.

9 E, I, *Prop. 10.* – GEB 2, p. 51, l. 27–29.

10 E, I, *Scolie 2* de la *Prop. 8*: «[...] quoniam ad naturam substantiae [...] pertinet existere, debet ejus definitio necessariam existentiam involvere [...]. At ex ipsius definitione [...] non potest sequi plurium substantiarum existentia; sequitur ergo ex eâ necessariò, unicam tantùm ejusdem naturae existere [...]» – GEB 2, p. 51, l. 14–21.

11 E, I, *Prop. 9.* – GEB 2, p. 51, l. 22–24.

12 Cf. la note 8.

13 E, I, *Prop. 13.* – GEB 2, p. 55, l. 19–20.

14 E, I, *Cor. 2* de la *Prop. 20.* – GEB 2, p. 65, l. 6–10.

15 E, I, *Dém. 2* de la *Prop. 11.* – GEB 2, p. 53, l. 20–24.

16 Lewis Robinson explique l'union des attributs par le fait que l'ordre causal est le même à l'intérieur de chacun d'entre eux: «Die Attribute betrachtet [Spinoza] als grundsätzlich, realiter verschiedene Seinsgattungen» (RSE, p. 246, l. 9–10). *Ihre Einheit muss* «als kausale Einheit [begriffen werden], die sich darin offenbart, dass in allen Attributen dieselbe Ordnung von Ursachen und Wirkungen, dass in all den grundverschiedenen Seinsgattungen nur eine einzige Weltgesetzlichkeit waltet» (RSE, p. 247, l. 25–34). – RSE, «Exkurs II: Ens absolute indeterminatum», pp. 239–248, digression contenue dans: «Kommentar zum Titel und zum ersten Teil der Ethik», pp. 46–248.

§ 4, pp. 258–259.

1 E, I, *Prop. 20.* – GEB 2, p. 64, l. 28–29.

2 E, I, *Déf. 4.* – GEB 2, p. 45, l. 17–19.

3 E, I, *Dém.* de la *Prop. 20*: «Deus [...], ejusque omnia attributa sunt aeterna, hoc est [...], unumquodque ejus attributorum existentiam exprimit.» – GEB 2, p. 64, l. 31–33.

4 E, I, *Prop. 19.* – GEB 2, p. 64, l. 8–9.

5 E, I, *Déf. 8.* – GEB 2, p. 46, l. 13–15.

6 E, I, *Dém.* de la *Prop. 20.* – GEB 2, p. 64, l. 33–35.

7 *Ibid.* – P. 64, l. 33–35, et p. 65, l. 1.

§ 5, pp. 259–261.

1 E, I, *Déf. 5.* – GEB 2, p. 45, l. 20–21.

2 E, I, *Prop. 16.* – GEB 2, p. 60, l. 16–19.

3 E, I, *Dém.* de la *Prop. 16.* – GEB 2, p. 60, l. 26–30.

4 E, I, *Scolie* de la *Prop. 29.* – GEB 2, p. 71, l. 4–16.

5 E, I, *Cor. 2* de la *Prop. 16.* – GEB 2, p. 61, l. 1–2.

6 E, ensemble les *Propositions I, 25* et *I, 19.* – GEB 2, p. 67, l. 26–28, et p. 64, l. 8–9.

7 E, I, *Prop. 25.* – GEB 2, p. 67, l. 26–28.

8 E, I, *Cor. 3* de la *Prop. 16.* – GEB 2, p. 61, l. 3–4.

9 E, I, *Cor. 2* de la *Prop. 17* (GEB 2, p. 61, l. 22). – E, I, *App.* (GEB 2, p. 77, l. 21–24).

10 E, I, *Scolie 1* de la *Prop. 33.* – GEB 2, p. 74, l. 6–8.

11 *Ibid.* – L. 8–11.

12 *Ibid.* – L. 2–3.

13 *Ibid.* – L. 11–18.

14 E, I, *Scolie* de la *Prop. 17* (GEB 2, p. 61, l. 26–32, et p. 62, l. 1–35, ainsi que p. 63, l. 1–31). – E, I, *Prop. 29* (GEB 2, p. 70, l. 16–19).

15 E, I, *App.*: «[...] Dei naturam [...] explicui, ut, [...] quòd omnia à Deo fuerint praedeterminata, non quidem ex libertate voluntatis, sive absoluto beneplacito, sed ex absolutâ Dei naturâ, sive infinitâ potentiâ.» – GEB 2, p. 77, l. 21–28.

16 E, I, *Dém.* de la *Prop. 29*. – GEB 2, p. 70, l. 33, et p. 71, l. 1–3.

17 E, I, *App.* – GEB 2, p. 78, l. 21–36.

18 E, I, *Prop. 33*. – GEB 2, p. 73, l. 18–20.

SEPTIÈME CHAPITRE

§ 2, pp. 263–266.

1 E, II, *Prop. 7*. – GEB 2, p. 89, l. 20–22.

2 E, I, *Axiome 4*. – GEB 2, p. 46, l. 27–28.

3 E, II, *Dém.* de la *Prop. 7*. – GEB 2, p. 89, l. 24–25.

§ 3, pp. 266–267.

1 E, V, *Prop. 1*. – GEB 2, p. 281, l. 9–12.

HUITIÈME CHAPITRE

§ 1, pp. 269–271.

1 E, II, *Prop. 3*. – GEB 2, p. 87, l. 4–6.

2 Cf. la note 11 du paragraphe 4 du chapitre 4.

3 Cf. la note 12 du paragraphe 4 du chapitre 4.

4 E, I, *Dém.* de la *Prop. 30*: «Idea vera debet convenire cum suo ideato [...], hoc est [...] id, quod in intellectu objectivè continetur, debet necessariò in naturâ dari: atqui in naturâ [...] non nisi una substantia datur, nempe Deus, nec ullae aliae affectiones [...], quàm quae in Deo sunt, et quae [...] sine Deo nec esse, nec concipi possunt; ergo intellectus actu finitus, aut actu infinitus Dei attributa, Deíque affectiones comprehendere debet, et nihil aliud.» (GEB 2, p. 71, l. 20–28.) – E, I, *Axiome 6* (GEB 2, p. 47, l. 1). – E, II, *Scolie* de la *Prop. 3*: «[Deus] eâdem necessitate [agit], quâ seipsum intelligit.» (GEB 2, p. 87, l. 19–24.)

5 E, I, *Scolie* de la *Prop. 17.* – GEB 2, p. 62, l. 3–5.

6 *Ibid.*: «si intellectus ad divinam naturam pertinet [...]» – P. 63, l. 4–7.

7 E, I, *Cor. 1* de la *Prop. 16.* – GEB 2, p. 60, l. 31–33.

8 E, I, *Scolie* de la *Prop. 17.* – GEB 2, p. 63, l. 4–9.

9 *Ibid.* – L. 4–6.

10 *Ibid.*: «quatenus Dei essentiam constituere concipitur». – L. 9–11.

11 *Ibid.*: «Quare Dei intellectus, quatenus Dei essentiam constituere concipitur, est reverâ causa rerum, tam earum essentiae, quàm earum existentiae.» – L. 9–11.

12 *Ibid.*: «Cùm itaque Dei intellectus sit unica rerum causa, videlicet (ut ostendimus) tam earum essentiae, quàm earum existentiae [...]» – L. 13–15.

13 *Ibid.* – L. 9–11.

14 *Ibid.* – L. 16–18.

15 Ibid.: «Quapropter res, quae et essentiae, et existentiae, alicujus effectûs est causa, à tali effectu differre debet, tam ratione essentiae, quam ratione existentiae.» – L. 23–25.

16 Ibid.: «[...] Dei intellectus, quatenus divinam essentiam constituere concipitur, à nostro intellectu, tam ratione essentiae, quam ratione existentiae differt, nec in ullâ re, praeterquam in nomine, cum eo convenire potest [...]» – L. 25–30.

17 E, I, *Prop. 31.* – GEB 2, p. 71, l. 29–32.

§ 2, pp. 271–272.

1 E, I, *Scolie 2* de la *Prop. 8*: «[...] modificationum non existentium veras ideas possumus habere; quandoquidem, quamvis non existant actu extra intellectum, earum tamen essentia ità in alio comprehenditur, ut per idem concipi possint.» – GEB 2, p. 50, l. 6–11.

2 E, II, *Prop. 8.* – GEB 2, p. 90, l. 31–35.

3 *Ibid.*: «ideae rerum singularium [...] non existentium». – L. 32.

4 E, II, *Prop. 18* (GEB 2, p. 106, l. 21–24). – E, II, *Dém.* de la *Prop. 18* (GEB 2, p. 106, l. 25–33). – E, II, *Scolie* de la *Prop. 18* (GEB 2, p. 106, l. 34–35, et p. 107, l. 1–28).

§ 3, pp. 272–274.

1 E, II, *Cor.* de la *Prop. 8.* – GEB 2, p. 91, l. 5–7.

2 *Ibid.* – L. 7–11.

3 E, II, *Scolie* de la *Prop. 8.* – GEB 2, p. 91, l. 19–20.

4 *Ibid.* – L. 18–19.

5 E, II, *Cor.* de la *Prop. 8.* – GEB 2, p. 91, l. 5–6.

6 E, II, *Scolie* de la *Prop. 8.* – GEB 2, p. 91, l. 20–22.

7 E, II, *Cor.* de la *Prop. 8* (GEB 2, p. 91, l. 5–7). – E, I, *Scolie 2* de la *Prop. 8* (GEB 2, p. 50, l. 6–11).

§ 4, p. 275.

1 E, II, *Scolie* de la *Prop. 7.* – GEB 2, p. 90, l. 12–14.

2 E, I, *Dém.* de la *Prop. 34.* – GEB 2, p. 77, l. 4–5.

3 E, II, *Cor.* de la *Prop. 7.* – GEB 2, p. 89, l. 27–28.

4 *Ibid.*

§ 5, pp. 275–277.

1 E, II, *Prop. 16*: «Idea cujuscunque modi, quo Corpus humanum à corporibus externis afficitur, involvere debet naturam Corporis humani, et simul naturam corporis externi.» – GEB 2, p. 103, l. 27–30.

2 E, II, *Scolie* de la *Prop. 13*: *Axiome 1* après le *Lemme 3.* – GEB 2, p. 99, l. 8–14.

3 *Ibid.*

4 E, II, *Scolie* de la *Prop. 13*: *Axiome 2.* – GEB 2, p. 97, l. 21–23.

5 E, III, *Scolie* de la *Prop. 17*: «Haec *Mentis constitutio, quae scilicet ex duobus contrariis affectibus oritur, animi* vocatur *fluctuatio* [...]» (GEB 2, p. 153, l. 26–30.) – *Ibid.* (P. 153, l. 30–33, et p. 154, l. 1–9).

6 E, III, *Scolie* de la *Prop. 59.* – GEB 2, p. 189, l. 1–4.

7 E, II, *Prop. 12.* – GEB 2, p. 95, l. 13–15.

8 E, II, *Scolie* de la *Prop. 13*: *Lemme 6.* – GEB 2, p. 101, l. 11–12.

§ 6, p. 278.

1 E, II, *Scolie* de la *Prop. 13.* – GEB 2, p. 96, l. 26–28.

2 E, II, *Scolie* de la *Prop. 7.* – GEB 2, p. 90, l. 12–14.

3 E, II, *Dém.* de la *Prop. 21.* – GEB 2, p. 109, l. 5–6.

4 E, II, *Cor.* de la *Prop. 13.* – GEB 2, p. 96, l. 19.

5 E, III, *Scolie* de la *Prop. 11.* – GEB 2, p. 149, l. 4–9.

6 *Ibid.*

NEUVIÈME CHAPITRE

§ 1, pp. 279–281.

1 E, II, *Axiome 2.* – GEB 2, p. 85, l. 25.

2 E, II, *Prop. 11.* – GEB 2, p. 94, l. 13–15.

3 E, II, *Cor.* de la *Prop. 10.* – GEB 2, p. 93, l. 11–13.

4 E, II, *Dém.* du *Cor.* de la *Prop. 10.* – GEB 2, p. 93, l. 15–16.

5 Cf. la note 1.

6 E, II, *Axiome 3*: «Modi cogitandi, ut amor, cupiditas, vel quicunque nomine affectûs animi insigniuntur, non dantur, nisi in eodem Individuo detur idea rei amatae, desideratae, etc. At idea dari potest, quamvis nullus alius detur cogitandi modus.» – GEB 2, p. 85, l. 26–27, et p. 86, l. 1–3.

7 E, II, *Axiome 1.* – GEB 2, p. 85, l. 22–24.

8 E, II, *Prop. 12.* – GEB 2, p. 95, l. 12–18.

9 E, II, *Dém.* de la *Prop. 12*: «Quicquid igitur in objecto ideae, humanam Mentem constituentis, contingit, ejus datur necessariò in Deo cognitio, quatenus naturam humanae Mentis constituit [...]» – GEB 2, p. 95, l. 23–28.

10 E, II, *Prop. 13.* – GEB 2, p. 96, l. 1–3.

11 E, II, *Prop. 15*: «Idea, quae esse formale humanae Mentis constituit, non est simplex, sed ex plurimis ideis composita.» – GEB 2, p. 103, l. 17–19.

12 E, II, *Prop. 14*: «Mens humana apta est ad plurima percipiendum, et eò aptior, quò ejus Corpus pluribus modis disponi potest.» – GEB 2, p. 103, l. 6–8.

13 E, III, *Scolie* de la *Prop. 57.* – GEB 2, p. 187, l. 12–16.

14 *Ibid.* – L. 16–17.

§ 2, pp. 281–282.

1 E, IV, *Axiome.* – GEB 2, p. 210, l. 24–27.

2 E, IV, *Prop. 3*: «vis, quâ homo in existendo perseverat». – GEB 2, p. 212, l. 19.

3 E, III, *Scolie* de la *Prop. 9.* – GEB 2, p. 147, l. 27–31.

4 E, III, *Déf. 3*: «Per Affectum intelligo Corporis affectiones, quibus ipsius Corporis agendi potentia augetur, vel minuitur [...]» (GEB 2, p. 139, l. 13–16.) – Le terme «affectus» sera rendu par le vocable *affect* lequel sera écrit entre guillemets pour indiquer son caractère de néologisme.

5 E, III, *Expl.* de la *Déf. 1* des *Définitions des «Affects»*: «[...] per affectionem humanae essentiae quamcunque ejusdem essentiae constitutionem intelligimus [...]» – GEB 2, p. 190, l. 23–27.

6 E, III, *Déf. 3*: «Per Affectum intelligo [Mentis] affectiones, quibus ipsius [Mentis] agendi potentia augetur, vel minuitur [...], et simul harum affectionum ideas.» (GEB 2, p. 139, l. 13–16.) – E, II, *Axiome 3* (GEB 2, p. 85, l. 26–27, et p. 86, l. 1–3).

7 E, III, *Déf. 3*: «Si [...] alicujus [...] affectionum [Corporis] possimus esse causa [...]» – GEB 2, p. 139, l. 17–18.

8 E, III, *Scolie* de la *Prop. 9.* – GEB 2, p. 147, l. 27–28.

9 *Ibid.* – L. 27–29.

§ 3, pp. 283–285.

1 E, II, *Prop. 19*. – GEB 2, p. 107, l. 29–32.

2 E, II, *Dém.* de la *Prop. 19*. – GEB 2, p. 108, l. 2–4.

3 E, II, *Prop. 11*. – GEB 2, p. 94, l. 13–15.

4 E, II, *Dém.* de la *Prop. 19*. – GEB 2, p. 108, l. 4–9.

5 *Ibid.* – L. 9–13.

6 E, II, *Scolie* de la *Prop. 13*: *Axiome 1* après le *Lemme 3*. – GEB 2, p. 99, l. 9–11.

7 Cf. la note 5.

8 E, II, *Cor.* de la *Prop. 11*. – GEB 2, p. 94, l. 30–33, et p. 95, l. 1–6.

9 *Ibid.* – P. 95, l. 5–6.

10 *Ibid.*

11 E, II, *Dém.* de la *Prop. 19*. – GEB 2, p. 108, l. 13–15.

12 E, II, *Prop. 7*. – GEB 2, p. 89, l. 20–22.

13 Cf. la note 5.

§ 4, pp. 285–288.

1 E, II, *Prop. 20*. – GEB 2, p. 108, l. 19–22.

2 E, II, *Dém.* de la *Prop. 20*. – GEB 2, p. 108, l. 27–29.

3 E, II, *Prop. 21*. – GEB 2, p. 109, l. 1–3.

4 Cf. la note 2.

5 E, II, *Prop. 22*. – GEB 2, p. 109, l. 24–26.

6 E, II, *Dém.* de la *Prop. 22*. – GEB 2, p. 109, l. 28–30.

7 *Ibid.* – P. 109, l. 30–31, et p. 110, l. 1–2.

8 *Ibid.* – P. 110, l. 2–4.

9 *Ibid.* – L. 2–6.

10 E, II, *Cor.* de la *Prop. 11*. – GEB 2, p. 94, l. 30–33, et p. 95, l. 1–6.

11 E, II, *Prop. 23*. – GEB 2, p. 110, l. 7–9.

12 Cf. la note 10.

13 E, II, *Dém.* de la *Prop. 23*. – GEB 2, p. 110, l. 18–19.

14 E, V, *Scolie* de la *Prop. 42*: *Sapiens*, «sui, et Dei, et rerum aeternâ quâdam necessitate conscius». – GEB 2, p. 308, l. 20–23.

15 E, III, *Scolie* de la *Prop. 9*. – GEB 2, p. 148, l. 1–4.

16 E, III, *Expl.* de la *Déf. 1* des *Définitions des «Affects»*: «[...] per affectionem humanae essentiae quamcunque ejusdem essentiae constitutionem intelligimus, sive ea sit innata [...]» – GEB 2, p. 190, l. 23–27.

17 *Ibid.*: «of van buiten aangekomen». – L. 23–27.

18 E, III, *Déf. 1* des *Définitions des «Affects»*: «Cupiditas est ipsa hominis essentia, quatenus ex datâ quâcunque ejus affectione determinata concipitur ad aliquid agendum.» (GEB 2, p. 190, l. 2–4.) – E, III, *Expl.* de la *Déf. 1* des *Définitions des «Affects»* (GEB 2, p. 190, l. 17–23).

19 E, III, *Expl.* de la *Déf. 1* des *Définitions des «Affects»*. – GEB 2, p. 190, l. 27–31.

§ 5, pp. 288–289.

1 E, III, *Dém.* de la *Prop. 28.* – GEB 2, p. 162, l. 5–8.

2 E, II, *Scolie* de la *Prop. 13*: *Lemme 4.* – GEB 2, p. 100, l. 16–21.

3 E, II, *Scolie* de la *Prop. 13*: *Déf.* après le *Lemme 3.* – GEB 2, p. 99, l. 26–28, et p. 100, l. 1–5.

4 E, III, *Prop. 57.* – GEB 2, p. 186, l. 11–14.

5 E, III, *Scolie* de la *Prop. 51* (GEB 2, p. 178, l. 33, et p. 179, l. 1–5). – E, I, *Prop. 4* (GEB 2, p. 47, l. 22–25).

6 Cf. la note 4.

§ 6, pp. 289–291.

1 E, III, *Déf. 1.* – GEB 2, p. 139, l. 2–3.

2 E, II, *Déf. 7.* – GEB 2, p. 85, l. 17–20.

3 E, III, *Déf. 1.* – GEB 2, p. 139, l. 3–5.

4 E, I, *Scolie* de la *Prop. 31.* – GEB 2, p. 72, l. 12–16.

5 E, V, *Axiome 2.* – GEB 2, p. 281, l. 5–7.

6 E, V, *Scolie* de la *Prop. 23.* – GEB 2, p. 296, l. 6–7.

7 E, II, *Scolie* de la *Prop. 13*: *Axiome 1* après le *Lemme 3.* – GEB 2, p. 99, l. 9–11.

§ 7, pp. 291–292.

1 E, II, *Scolie* de la *Prop. 7.* – GEB 2, p. 90, l. 18–28.

2 E, II, *Déf. 4.* – GEB 2, p. 85, l. 3–6.

3 E, II, *Scolie* de la *Prop. 43*: «[...] unde aliquis certò scire potest, se ideas habere, quae cum suis ideatis conveniant [?]» – GEB 2, p. 124, l. 25–27.

4 E, II, *Prop. 12.* – GEB 2, p. 95, l. 12–18.

5 E, V, *Cor.* de la *Prop. 4*: «Est [...] affectus [id est Mentis affectio] Corporis affectionis idea [...].» – GEB 2, p. 282, l. 30, et p. 283, l. 1.

§ 8, pp. 293–297.

1 E, III, *Déf. 2.* – GEB 2, p. 139, l. 6–12.

2 E, III, *Déf. 1* des *Définitions des «Affects».* – GEB 2, p. 190, l. 2–4.

3 E, III, *Déf. 3.* – GEB 2, p. 139, l. 17–19.

4 E, III, *Prop. 1.* – GEB 2, p. 140, l. 3–7.

5 E, III, *Prop. 3.* – GEB 2, p. 144, l. 31–33.

6 E, III, *Déf. 3.* – GEB 2, p. 139, l. 13–16.

7 E, III, *Dém.* de la *Prop. 15* (GEB 2, p. 151, l. 28–30). – E, III, *Post. 1* (GEB 2, p. 139, l. 21–24).

8 E, V, *Scolie* du *Cor.* de la *Prop. 36*: «[...] nostrae Mentis essentia in solâ cognitione consistit [...]» (GEB 2, p. 303, l. 11–15.) – E, III, *Dém.* de la *Prop. 53*: «Cùm [...] fit, ut Mens se ipsam possit contemplari, eo ipso ad majorem perfectionem transire [...] supponitur [...]» (GEB 2, p. 181, l. 24–28.)

9 E, IV, *Dém.* de la *Prop. 43.* – GEB 2, p. 242, l. 16–21.

10 E, IV, *Cor.* de la *Prop. 4.* – GEB 2, p. 213, l. 30–33.

11 E, V, *Scolie* de la *Prop. 39.* – GEB 2, p. 305, l. 17–20.

12 E, III, *Déf. 2* des *Définitions des «Affects».* – GEB 2, p. 191, l. 1–2.

13 E, III, *Déf. 3* des *Définitions des «Affects».* – GEB 2, p. 191, l. 3–4.

14 E, III, *Prop. 58.* – GEB 2, p. 187, l. 24–27.

15 E, III, *Dém.* de la *Prop. 28* (GEB 2, p. 162, l. 5–8). – E, III, *Prop. 11* (GEB 2, p. 148, l. 23–26). – E, III, *Expl.* de la *Définition Générale des «Affects»* (GEB 2, p. 204, l. 27–29).

16 E, III, *Expl.* de la *Définition Générale des «Affects».* – GEB 2, p. 204, l. 18–23.

17 E, II, *Prop. 24.* – GEB 2, p. 110, l. 26–28.

18 E, II, *Prop. 23.* – GEB 2, p. 110, l. 7–9.

19 E, II, *Prop. 25.* – GEB 2, p. 111, l. 19–21.

20 E, V, *Prop. 14.* – GEB 2, p. 290, l. 8–10.

21 E, V, *Prop. 1.* – GEB 2, p. 281, l. 9–12.

22 E, II, *Scolie 2* de la *Prop. 40*: «[...] Denique ex eo, quòd notiones communes, rerumque proprietatum ideas adaequatas habemus [...]; atque hunc rationem, et secundi generis cognitionem vocabo.» – GEB 2, p. 122, l. 11–14.

23 E, II, *Prop. 37.* – GEB 2, p. 118, l. 9–12.

24 E, IV, *Scolie* du *Cor.* de la *Prop. 50.* – GEB 2, p. 247, l. 17–21.

25 E, V, *Prop. 4.* – GEB 2, p. 282, l. 19–21.

26 E, II, *Scolie 2* de la *Prop. 40*: «Praeter haec duo cognitionis genera datur, ut in sequentibus ostendam, aliud tertium, quod scientiam intuitivam vocabimus. Atque hoc cognoscendi genus procedit ab adaequatâ ideâ essentiae formalis quorundam Dei attributorum ad adaequatam cognitionem essentiae rerum.» – GEB 2, p. 122, l. 15–19.

27 E, V, *Prop. 24.* – GEB 2, p. 296, l. 16–18.

28 E, I, *Prop. 15.* – GEB 2, p. 56, l. 23–25.

29 E, V, *Scolie* du *Cor.* de la *Prop. 40.* – GEB 2, p. 306, l. 18–24.

30 Cf. la note 26.

31 Cf. la note 20.

32 E, III, *Dém.* de la *Prop. 58.* – GEB 2, p. 187, l. 29–32.

33 Cf. la note 26.

TROISIÈME PARTIE

CHAPITRE PREMIER

§ 2, pp. 302–304.

1 T, 2.061.

2 E, I, *Prop. 28*. – GEB 2, p. 69, l. 1–9.

3 T, 1.21, 5.135.

4 T, 5.11, 5.12, 5.121, 5.133.

5 T, 2.022.

6 T, 2.023.

7 E, II, *Prop. 6*. – GEB 2, p. 89, l. 3–6.

8 E, II, *Prop. 7*. – GEB 2, p. 89, l. 20–22.

9 E, I, *Prop. 33*. – GEB 2, p. 73, l. 18–20.

10 E, II, *Scolie* de la *Prop. 13*: *Lemmes 4, 5, 6* et *7*. – GEB 2: p. 100, l. 16–21; p. 100, l. 29–30, et p. 101, l. 1–4; p. 101, l. 7–12; p. 101, l. 17–22.

11 T, 6.43 [1].

12 T, ensemble les thèses 6.45 [1] et 6.431.

13 E, I, *Prop. 15*. – GEB 2, p. 56, l. 23–25.

14 E, I, *Prop. 16*. – GEB 2, p. 60, l. 16–19.

15 E, I, *Prop. 14*. – GEB 2, p. 56, l. 3–4.

§ 3, pp. 304–305.

1 T, 5.4541 [2].

2 T, 5.63.

3 E, V, *Prop. 30*. – GEB 2, p. 299, l. 5–8.

4 T, 2.171.

5 T, 2.19.

6 T, 2.182 [a].

7 T, ensemble les thèses 2.181 et 3.

§ 5, pp. 306–307.

1 T, 5.631 [2].

§ 6, pp. 307–309.

1 E, I, *Axiome 6.* – GEB 2, p. 47, l. 1.

2 E, II, *Expl.* de la *Déf. 4.* – GEB 2, p. 85, l. 7–9.

3 E, II, *Déf. 4.* – GEB 2, p. 85, l. 3–6.

4 T, ensemble les thèses 2.182 [a] et 2.141.

5 T, 2.182 [a].

6 T, 5.542.

7 E, II, ensemble les *Propositions 14, 16, 25, 26* et *31.* – GEB 2: p. 103, l. 6–8; p. 103, l. 27–30; p. 111, l. 19–21; p. 112, l. 1–3; p. 115, l. 14–17.

8 E, V, *Prop. 30.* – GEB 2, p. 299, l. 5–8.

§ 7, pp. 309–310.

1 E, II, *Scolie* du *Cor.* de la *Prop. 44*: «[...] nemo dubitat, quin etiam tempus imaginemur, nempe, ex eo, quòd corpora alia aliis tardiùs, vel celeriùs, vel aequè celeriter moveri imaginemur.» – GEB 2, p. 125, l. 24–27.

§ 8, p. 310.

1 T, 2.171 [a].

§ 9, pp. 311–314.

1 T, 3.42 [3 b]: «[(] Der Satz durchgreift den ganzen logischen Raum.)»

2 T, ensemble les thèses 2.1, 3 et 4.016 [1].

3 T, 5.54.

4 E, II, *Scolie* de la *Prop. 43.* – GEB 2, p. 124, l. 6–11.

5 T, 5.4541 [2].

6 T, 5.123 [a].

7 T, 5.6, 5.62 [3], 5.63, 5.641 [2].

8 T, 6.43 [3].

9 T, 6.372 [1].

10 T, 5.631 [1].

11 T, ensemble les thèses 3.1 et 3.14 [2].

12 T, 3.12 [a]: «das Zeichen, durch welches wir den Gedanken ausdrücken».

13 T, 4.011.

14 T, 3.11 [1].

15 T, 3.12 [b].

§ 10, pp. 314–315.

1 T, 6.422 [f]: «Es muss [...] eine Art von [...] ethischer Strafe geben, aber [sie muss] in der Handlung selbst liegen.»

§ 12, pp. 315–316.

1 T, 3.13 [5].

2 T, 2.171 [1].

3 E, V, *Scolie* de la *Prop. 23*. – GEB 2, p. 296, l. 6–7.

§ 13, p. 317.

1 T, 6.124 [a, b]: «Die logischen Sätze [...] stellen [das Gerüst der Welt] dar. Sie ‹handeln› von nichts.»

DEUXIÈME CHAPITRE

§ 1, pp. 319–320.

1 E, II, *Scolie 2* de la *Prop. 40*. – GEB 2, p. 122, l. 11–14.

2 E, II, *Cor.* de la *Prop. 38*. – GEB 2, p. 119, l. 5–9.

3 E, IV, *Scolie* de la *Prop. 18*: «rationis dictamina». – GEB 2, p. 222, l. 15.

4 E, IV, *Prop. 24*: «Ex virtute absolutè agere nihil aliud in nobis est, quàm ex ductu rationis agere, vivere, suum esse conservare (haec tria idem significant) [...]» – GEB 2, p. 226, l. 11–15.

5 E, IV, *Déf. 8*: «[...] virtus, quatenus ad hominem refertur, est ipsa hominis essentia, seu natura, quatenus potestatem habet, quaedam efficiendi, quae per solas ipsius naturae leges possunt intelligi.» – GEB 2, p. 210, l. 19–23.

6 E, III, *Prop. 6*: «Unaquaeque res, quantùm in se est, in suo esse perseverare conatur.» – GEB 2, p. 146, l. 6–8.

7 E, IV, *Déf. 8*. – GEB 2, p. 210, l. 19–23.

8 E, V, *Scolie* de la *Prop. 20*. – GEB 2, p. 293, l. 4–6.

9 *Ibid.* – L. 7.

10 *Ibid.* – L. 8–10.

11 *Ibid.* – L. 10–12.

12 *Ibid.* – L. 13–15.

13 *Ibid.* – L. 15–17.

14 *Ibid.* – P. 294, l. 18–24.

15 T, 7.

§ 2, pp. 320–322.

1 E, V, *Prop. 23.* – GEB 2, p. 295, l. 13–15.

2 E, III, *Dém.* de la *Prop. 3.* – GEB 2, p. 145, l. 8–12.

3 E, III, *Dém.* de la *Prop. 7.* – GEB 2, p. 146, l. 23–25.

4 E, V, *Dém.* de la *Prop. 23*: «In Deo datur necessariò conceptus, seu idea, quae Corporis humani essentiam exprimit [...], quae propterea aliquid necessariò est, quod ad essentiam Mentis humanae pertinet [...]» – GEB 2, p. 295, l. 17–20.

5 E, IV, *Dém.* de la *Prop. 61*: *hominis essentia*, «quatenus determinata concipitur ad agendum ea, quae per solam hominis essentiam adaequatè concipiuntur». – GEB 2, p. 256, l. 25–29.

6 T, 6.45 [2]: «das Gefühl der Welt als begrenztes Ganzes».

§ 3, p. 322.

1 T, 6.45 [1].

2 *Ibid.*

3 T, 5.123 [b].

4 T, 6.431.

5 E, IV, *Prop. 28.* – GEB 2, p. 228, l. 7–9.

6 E, V, *Prop. 32.* – GEB 2, p. 300, l. 12–14.

7 E, V, *Prop. 30.* – GEB 2, p. 299, l. 5–8.

8 E, III, *Déf. 6* des *Définitions des «Affects»*. – GEB 2, p. 192, l. 19–20.

9 E, V, *Cor.* de la *Prop. 32.* – GEB 2, p. 300, l. 21–27.

§ 4, p. 323.

1 E, IV, *Chap. 4* de l'*App.* – GEB 2, p. 267, l. 2–4.

2 E, V, *Dém.* de la *Prop. 31.* – GEB 2, p. 299, l. 21–23.

3 E, V, *Scolie* du *Cor.* de la *Prop. 36.* – GEB 2, p. 303, l. 19–25.

4 E, III, *Dém.* de la *Prop. 3.* – GEB 2, p. 145, l. 2–6.

5 T, ensemble les thèses 6.43 [2] et 6.43 [3].

§ 5, p. 324.

1 T, 3.01.

2 E, III, *Scolie* de la *Prop. 2.* – GEB 2, p. 142, l. 8–14.

3 E, IV, *Dém.* de la *Prop. 26*: «Conatus sese conservandi nihil est praeter ipsius rei essentiam [...], quae quatenus talis existit, vim habere concipitur ad perseverandum in existendo [...]» – GEB 2, p. 227, l. 8–12.

§ 6, pp. 324–327.

1 T, 5.143 [1 b].

2 T, 5.143 [1 a].

3 T, 5.143 [3].

4 *Ibid.*

5 E, I, *Déf. 2.* – GEB 2, p. 45, l. 8–13.

TROISIÈME CHAPITRE

Pp. 329–336.

1 E, II, *Axiome 3.* – GEB 2, p. 85, l. 26–27, et p. 86, l. 1–3.

2 E, II, *Scolie* du *Cor.* de la *Prop. 29.* – GEB 2, p. 114, l. 19–27.

3 E, IV, *Prop. 4.* – GEB 2, p. 212, l. 27–30.

4 T, 5.631 [1].

5 T, 6.41 [1 a].

6 T, 5.62 [3].

7 T, 6.432 [a].

8 T, 6.42 [2]: «Sätze können nichts Höheres ausdrücken.»

BIBLIOGRAPHIE

WITTGENSTEIN

OEUVRES

ÉDITIONS ORIGINALES

[Ludwig WITTGENSTEIN.] «Logisch-Philosophische Abhandlung.» Dans: *Annalen der Naturphilosophie* (Leipzig), vol. 14, 1921, pp. 185–186 et 199–262.

[Ludwig WITTGENSTEIN.] *Tractatus logico-philosophicus.* [Introd. p.] B. Russell. [Texte allemand avec trad. anglaise p. C. K. Ogden et F. P. Ramsey. London, Routledge [...], 1922. [190 pp.] (International library of psychology, philosophy and scientific method.)

ÉDITIONS CRITIQUES

[Ludwig WITTGENSTEIN.] *Notes on logic [1913].* [Éditées dans N, pp. 93–107.]

[Ludwig WITTGENSTEIN.] *Notes dictated to G*[*eorge*] *E. Moore in Norway, April 1914.* [Éditées dans N, pp. 108–119.]

N [Ludwig WITTGENSTEIN.] *Notebooks 1914–1916.* [Éd. p.] G. H. von Wright [et] G. E. M. Anscombe. [Texte allemand avec trad. anglaise p. G. E. M. Anscombe.] [Index p. E. D. Klemke.] 2e éd. Oxford, Blackwell, 1979. [140 pp.]

[Ludwig WITTGENSTEIN.] *Prototractatus. An early version of Tractatus Logico-Philosophicus. [...]* [Éd. p.] B. F. McGuinness, T. Nyberg [et] G. H. von Wright. *Logisch-Philosophische Abhandlung.* [Fac-similé du manuscrit (pp. VII–CXXXI), texte allemand avec trad. anglaise p. D. F. Pears et B. F. McGuinness (pp. 35–239).] London, Routledge [...], 1971. [Pp. I–VI, 1–34, VII–CXXXI, 35–256.]

T [Ludwig WITTGENSTEIN.] *Logisch-philosophische Abhandlung. Tractatus logico-philosophicus.* [Édition critique.] [Éd. p.] B. F. McGuinness [et] J. Schulte. Frankfurt am Main, Suhrkamp, 1989. [XXX, 310 pp.]

WITTGENSTEIN

ÉTUDES ET COMMENTAIRES

AENISHÄNSLIN, Markus. «La structure cyclique du *Tractatus* de Wittgenstein.» Dans: *Systèmes symboliques, science et philosophie. Travaux du Séminaire d'Épistémologie Comparative d'Aix-en-Provence, [Équipe de Recherche Associée au] C. N. R. S. 650.* Paris, Éditions du [C. N. R. S.], 1978. Pp. 243–258.

AENISHÄNSLIN, Markus. *Le* Tractatus *de Wittgenstein et l'*Éthique *de Spinoza, étude de comparaison structurale.* [Thèse de doctorat d'État, Université de Provence (Aix-en-Provence et Marseille), 1988.]

ALLAIRE, Edwin B. «Types and formation rules: a note on Tractatus 3.334.» Dans: *Analysis,* vol. 21, 1961, pp. 14–16.

ANSCOMBE, Getrude E. M. *An introduction to Wittgenstein's Tractatus.* London, Hutchinson, 1959.

ANTHONY, Clifford H. *Language as a mirror of the world in Wittgenstein's* Tractatus. [Thèse, University of Western Ontario (London, Ontario), 1973.]

ARD, David J. *Language, reality and religion in the philosophy of Ludwig Wittgenstein.* [Thèse, McMaster University (Hamilton, Ontario), 1978.]

ARD, David J. «Knowing a name.» Dans: *Philosophy and Phenomenological Research,* vol. 43, 1982–1983, pp. 377–388.

BACHMAIER, Peter. «*Zeigen*: Zentralbegriff im Werk Wittgensteins.» Dans: *Wittgenstein und sein Einfluß auf die gegenwärtige Philosophie. Akten des zweiten internationalen Wittgenstein-Symposiums [...] 1977.* [Éd. p.] E. Leinfellner [*et al.*]. Wien, Hölder [...], 1978. Pp. 245–247.

BAKER, Gordon. *Wittgenstein, Frege and the Vienna Circle.* Oxford [...], Blackwell, 1988.

BARKER, Peter. «Hertz and Wittgenstein.» Dans: *Studies in History and Philosophy of Science,* vol. 11, 1980, pp. 243–256.

BARONE, Francesco. «Il solipsismo linguistico del Wittgenstein del *Tractatus.*» Dans: *Filosofia,* 1951, vol. 3, pp. 543–570.

BARONE, Francesco. *Il neopositivismo logico.* Torino, Edizioni di Filosofia, 1953.

BARONE, Francesco. «Wittgenstein, Ludwig.» Dans: *Enciclopedia filosofica,* vol. 4. Venezia, Istituto per la Collaborazione Culturale, 1957. Col. 1777–1780.

BAXLEY, Thomas F. «Wittgenstein's theory of quantification.» Dans: *International Logic Review,* vol. 11, 1980, pp. 46–55.

BELL, David. «Solipsismus, Subjektivität und öffentliche Welt.» Dans: *Von Wittgenstein lernen.* [Éd. p.] W. Vossenkuhl. Berlin, Akademie[-]Verlag, 1992. Pp. 29–52.

BENARAB, Gertrud. *Die operativ-pragmatische Basis der Sprachphilosophie Ludwig Wittgensteins. Eine Studie zur Kontinuität der Sprachphilosophie Ludwig Wittgensteins.* [Thèse, Universität Hamburg, 1974.]

BICKENBACH, Jerome E. «The status of the propositions in the *Tractatus.*» Dans: *Dialogue: Canadian Philosophical Review,* vol. 13, 1974, pp. 763–772.

BINDEMAN, Steven L. *The role of silence in the philosophies of Martin Heidegger and Ludwig Wittgenstein.* [Thèse, Duquesne University (Pittsburgh), 1978.]

BLACK, Max. *A companion to Wittgenstein's «Tractatus».* Cambridge, Cambridge University Press, 1964.

BOLTON, Derek. *An approach to Wittgenstein's philosophy.* London, The Macmillan Press, 1979.

BORNE, Étienne. «La mort dans l'existence humaine (réflexion philosophique).» Dans: *Dictionnaire de Spiritualité [. . .],* vol. 10. Paris, Beauchesne, 1980. Col. 1758–1769.

BOUGAINVILLE, Louis-Antoine de. *Voyage autour du monde, par la frégate du Roi la Boudeuse, et la flûte l'Étoile; en 1766, 1767, 1768 et 1769.* Paris, Saillant et Nyon, 1771. [In-4°, 417 pp., fig. et cartes.]

BOUVERESSE, Jacques. *Wittgenstein: la rime et la raison. Science, éthique et esthétique.* Paris, Les Éditions de Minuit, 1973. (Critique.)

BOUVERESSE, Jacques. «Savoir, croire et agir.» Dans: *Savoir, faire, espérer: les limites de la raison.* (Publications des Facultés Universitaires Saint-Louis, vol. 5.) Bruxelles, Facultés Universitaires Saint-Louis, 1976. Pp. 19–41.

BRADLEY, Francis H. *Appearance and reality. A metaphysical essay.* London, Sonnenschein [. . .], 1893.

BROCKHAUS, Richard R. *Pulling up the ladder: the metaphysical roots of Wittgenstein's* Tractatus Logico-Philosophicus. La Salle (Illinois), Open Court, 1991.

BRUENING, William H. «Wittgenstein's view of death.» Dans: *Philosophical Studies* (Dublin), vol. 25, 1976, pp. 48–68.

BYWATER, William G. «Wittgenstein's elementary propositions.» Dans: *The Personalist,* vol. 50, 1969, pp. 360–370.

CAMPANALE, Domenico. «Il mondo in Wittgenstein.» Dans: *Rassegna di Scienze Filosofiche,* vol. 9, 1956, pp. 38–76.

CAMPANINI, Giorgio. «Wittgenstein, *Tractatus.*» Dans: *Rivista Internazionale della Filosofia del Diritto,* vol. 4, 1964, pp. 811–813.

CAMPBELL, William E. *Wittgenstein's picture theory of meaning.* [Thèse, Washington University (St. Louis, Missouri), 1973.]

CANFIELD, John V. «*Tractatus* objects.» Dans: *Philosophia, Philosophical Quarterly of Israel,* vol. 6, 1976, pp. 81–99.

CARDONE, Elsa. «L'Etica nel ‹Tractatus› di Wittgenstein.» Dans: *Ricerche filosofiche,* vol. 32, 1964, pp. 12–20.

CARNEY, James D. «Wittgenstein's theory of picture representation.» Dans: *The Journal of Aesthetics and Art Criticism,* vol. 40, 1981, pp. 179–185.

CARRUTHERS, Peter. *Tractarian semantics: finding sense in Wittgenstein's Tractatus.* Oxford [. . .], Blackwell, 1989. (Philosophical theory.)

CARRUTHERS, Peter. *The metaphysics of the* Tractatus. Cambridge [...], Cambridge University Press, 1990.

CAVALIER, Robert J. *Wittgenstein, ethics and the will: an interpretation of the* Tractatus. [Thèse, Duquesne University (Pittsburgh), 1978.]

CLAVELIN, Maurice. «Elucidation philosophique et ‹écriture conceptuelle› logique dans le *Tractatus.*» Dans: *Wittgenstein et le problème d'une philosophie de la science. Colloques internationaux du [C.N.R.S.]. Sciences Humaines. Aix-en-Provence, 21–26 juillet 1969.* Paris, Éditions du [C.N.R.S.], 1970. Pp. 91–112.

CLEGG, Jerry S. «Logical mysticism and the cultural setting of Wittgenstein's *Tractatus.*» Dans: *Schopenhauer-Jahrbuch,* vol. 59, 1978, pp. 29–47.

COPI, Irving M. «Frege and Wittgenstein's *Tractatus.*» Dans: *Philosophia, Philosophical Quarterly of Israel,* vol. 6, 1976, pp. 447–461.

CORDUA, Carla. «La teoría de los elementos últimos en Wittgenstein.» Dans: *Revista Latinoamericana de Filosofía* (Buenos Aires), vol. 2, 1976, pp. 197–213.

CORRAL, Ana María. «La relación Dios-mundo en el ‹*Tractatus Logico-Philosophicus*› de Ludwig Wittgenstein.» Dans: *Revista de Filosofía* (México), vol. 11, 1978, pp. 421 à 428.

COYNE, Margaret U. «Eye, ‹I›, and Mine: the self of Wittgenstein's *Tractatus.*» Dans: *The Southern Journal of Philosophy,* vol. 20, 1982, pp. 313–323.

DALY, Charles B. «Logical positivism, metaphysics and ethics. I. Ludwig Wittgenstein.» Dans: *Irish Theological Quaterly,* vol. 23, 1956, pp. 111–150.

DANIELS, Charles B. et DAVISON, John. «Ontology and method in Wittgenstein's *Tractatus.*» Dans: *Noûs,* vol. 7, 1973, pp. 233–247.

DANTO, Arthur C. «Depiction and description.» Dans: *Philosophy and Phenomenological Research,* vol. 43, 1982–1983, pp. 1–19.

DAVANT, James B. «Wittgenstein on Russell's theory of types.» Dans: *Notre Dame Journal of Formal Logic,* vol. 16, n° 1, 1975, pp. 102–108.

DIETRICH, Rolf-Albert. *Untersuchungen über den Begriff des «Mystischen» in Wittgensteins «Tractatus».* [Thèse, Universität Göttingen, 1971.]

DILMAN, İlham. «Wittgenstein on the soul.» Dans: *Understanding Wittgenstein.* [Éd. p.] G. Vesey. *Royal Institute of Philosophy Lectures,* vol. 7, 1972–1973. London, The Macmillan Press, 1974. Pp. 162–192.

DUNLAP, Lowell A., Jr. *Sense, nonsense and senselessness: an essay in the continuity of the thought of Ludwig Wittgenstein.* [Thèse, Marquette University (Milwaukee, Wisconsin), 1972.]

EDWARDS, James C. *Ethics without philosophy. Wittgenstein and the moral life.* Tampa [...], University Presses of Florida, 1982.

ELGIN, Catherine Z. «The impossibility of saying what is shown.» Dans: *The Southern Journal of Philosophy,* vol. 16, 1978, pp. 617–627.

EVANS, Ellis. «*Tractatus* 3.1432.» Dans: *Mind*, vol. 64, 1955, pp. 259–260.

FAVRHOLDT, David. *An interpretation and critique of Wittgenstein's Tractatus*. Copenhagen, Munksgaard, 1964.

FAVRHOLDT, David. «The relation between thought and language in Wittgenstein's *Tractatus*.» Dans: *Teorema, número monográfico*, 1972, pp. 91–100.

FINCH, Henry Le Roy. *Wittgenstein – the early philosophy. An exposition of the* «Tractatus». New York, Humanities Press, 1971.

FOGELIN, Robert J. *Wittgenstein*. London, Routledge [...], 1976. (The arguments of the philosophers.)

FOGELIN, Robert J. «Wittgenstein's operator N.» Dans: *Analysis*, vol. 42, 1982, pp. 124–127.

FOGELIN, Robert J. «Wittgenstein on identity.» Dans: *Synthese*, vol. 56, 1983, pp. 141 à 154.

FREEMAN, James B. et DANIELS, Charles B. «Maximal propositions and the coherence theory of truth.» Dans: *Dialogue: Canadian Philosophical Review*, vol. 17, 1978, pp. 56–71.

FUNKE, Gerhard. «Einheitssprache, Sprachspiel und Sprachauslegung bei Wittgenstein.» Dans: *Zeitschrift für philosophische Forschung*, vol. 22, 1968, pp. 3–30 et 216–247.

GALE, Richard M. «Could logical space be empty?» Dans: *Acta Philosophica Fennica*, vol. 28, 1976, pp. 85–104. (Essays on Wittgenstein. In honour of G. H. von Wright.)

GARAVASO, Pieranna. «The concept of limit as ‹origin› of Wittgenstein's ethics.» Dans: *Ethik: Grundlagen, Probleme und Anwendungen. Akten des fünften internationalen Wittgenstein-Symposiums [...] 1980*. [Éd. p.] E. Morscher [*et al.*]. Wien, Hölder [...], 1981. Pp. 356–358.

GARVER, Newton. «Pantheism and ontology in Wittgenstein's early work.» Dans: *Idealistic Studies*, vol. 1, 1971, pp. 269–277.

GEACH, Peter T. «Review of Colombo's Italian translation of *Tractatus*.» Dans: *The Philosophical Review* (Ithaca, New York), vol. 66, 1957, pp. 556–559.

GEACH, Peter T. «Saying and showing in Frege and Wittgenstein.» Dans: *Acta Philosophica Fennica*, vol. 28, 1976, pp. 54–70. (Essays on Wittgenstein. In honour of G. H. von Wright.)

GEACH, Peter T. «Wittgenstein's operator N.» Dans: *Analysis*, vol. 41, 1981, pp. 168 à 170.

GENOVA, Anthony C. «Death as a *terminus ad quem*.» Dans: *Philosophy and Phenomenological Research*, vol. 34, 1973–1974, pp. 270–277.

GHINS, Michel. «La forme et le sens dans le Tractatus de Wittgenstein.» Dans: *Revue Philosophique de Louvain*, vol. 75, 1977, pp. 453–481.

GIGLIOLI, Giovanna. «Totalidad ontológica y totalidad lingüística en el Tractatus.» Dans: *Revista de Filosofía de la Universidad de Costa Rica*, vol. 19, 1981, pp. 39–43.

GILL, Jerry H. «Wittgenstein's concept of truth.» Dans: *International Philosophical Quarterly*, vol. 6, 1966, pp. 71–80.

GILL, Jerry H. «Wittgenstein on the use of ‹I›.» Dans: *The Southern Journal of Philosophy*, vol. 5, 1967, pp. 26–35.

GILL, Jerry H. «Wittgenstein and metaphor.» Dans: *Philosphy and Phenomenological Research*, vol. 40, 1979–1980, pp. 272–284.

GODDARD, Leonard, et JUDGE, Brenda. «The metaphysics of Wittgenstein's *Tractatus*.» Dans: *Australasian Journal of Philosophy*, vol. 1, 1982, pp. 1–72.

GOLDSTEIN, Laurence. «Tautology and contradiction – an introduction to the *sinnlos*.» Dans: *Sprache, Logik und Philosophie. Akten des vierten internationalen Wittgenstein-Symposiums [...] 1979*. [Éd p.] R. Haller [*et al.*]. Wien, Hölder [...], 1980. Pp. 350 à 353.

GOODMAN, Russell B. «Schopenhauer and Wittgenstein on ethics.» Dans: *Journal of the History of Philosophy*, vol. 17, 1979, pp. 437–447.

GRANGER, Gilles-G. «L'Argumentation du Tractatus. Systèmes philosophiques et métastructures.» Dans: *Hommage à Martial Gueroult. L'Histoire de la philosophie [...]*. Paris, Fischbacher, 1964. Pp. 139–154.

GRANGER, Gilles-G. «Sur la conception du langage dans le *Tractatus* de Wittgenstein.» Dans: *Word*, vol. 23, 1967, pp. 196–207.

GRANGER, Gilles-G. «Le problème de l'espace logique dans le *Tractatus* de Wittgenstein.» Dans: *L'Age de la science*, vol. 1, 1968, pp. 181–195.

GRANGER, Gilles-G. *Essai d'une philosophie du style*. Paris, Colin, 1968. (Philosophies pour l'âge de la science.)

GRANGER, Gilles-G. *Ludwig Wittgenstein. Présentation, choix de textes, bibliographie*. Paris, Seghers, 1969. (Philosophes de tous les temps, vol. 54.)

GRANGER, Gilles-G. «Wittgenstein et la métalangue.» Dans: *Wittgenstein et le problème d'une philosophie de la science. Colloques internationaux du [C.N.R.S.]. Sciences Humaines. Aix-en-Provence, 21–26 juillet 1969*. Paris, Éditions du [C.N.R.S.], 1970. Pp. 77–90.

GRANGER, Gilles-G. «Wittgenstein (Ludwig), 1889–1951.» Dans: *Encyclopaedia Universalis*, vol. 16. Paris, Encyclopaedia Universalis France, 1973. Pp. 997–998.

GRANGER, Gilles-G. *La vérification*. Paris, Odile Jacob, 1992.

GRELOT, Pierre. «La mort dans l'Écriture Sainte.» Dans: *Dictionnaire de Spiritualité [...]*, vol. 10. Paris, Beauchesne, 1980. Col. 1747–1758.

GRIFFIN, James. *Wittgenstein's logical atomism*. Oxford, The Clarendon Press, 1964.

GDW [GRIMM, Jacob L.] *Deutsches Wörterbuch*, von Jacob GRIMM und Wilhelm GRIMM [...], [vol. 10,] 1te Abtheilung. Bearbeitet von Dr. Moritz Heyne [...]. Leipzig, Hirzel, 1905.

GUSTASON, William W. *Negation and assertion in Frege and the Tractatus*. [Thèse, University of Michigan (Ann Arbor, Michigan), 1968.]

GUSTASON, William W. «Miss Anscombe on the general propositional form.» Dans: *Analysis*, vol. 32, 1972, pp. 195–196.

GUSTASON, William W. «*Tractatus* 2.0201–2.0212.» Dans: *Canadian Journal of Philosophy*, vol. 4, 1974–1975, pp. 515–527.

HACKSTAFF, Lawrence H. «A note on Wittgenstein's truth-function-generating operation in *Tractatus* 6.» Dans: *Mind*, vol. 75, 1966, pp. 255–256.

HALLER, Rudolf. «Sprachkritik und Philosophie. Wittgenstein und Mauthner.» Dans: *Sprachthematik in der österreichischen Literatur des 20. Jahrhunderts*. [Éd. p.] Institut für Österreichkunde. Wien, Hirt, 1974. Pp. 41–56. (Schriften des Institutes für Österreichkunde.)

HAMBURG, Carl H. «Whereof one cannot speak.» Dans: *The Journal of Philosophy*, vol. 50, 1953, pp. 662–664.

HARGROVE, Eugene C. *Wittgenstein and ethics*. [Thèse, University of Missouri (Columbia, Missouri), 1974.]

HARRISON, Frank R. «Notes on Wittgenstein's use of ‹das Mystische›.» Dans: *The Southern Journal of Philosophy*, vol. 1, 1963, pp. 3–9.

HARWARD, Donald W. *Wittgenstein's saying and showing themes*. Bonn, Bouvier [...], 1976.

HEIL, John. «*Tractatus* 4.0141.» Dans: *Philosophy and Phenomenological Research*, vol. 38, 1977–1978, pp. 545–548.

HESS, Gérald. «Le *Tractatus* de Wittgenstein. Considérations sur le système numérique et la forme aphoristique.» Dans: *Revue de Théologie et de Philosophie* (Lausanne), vol. 121, 1989, pp. 389–406.

HINTIKKA, Jaakko et HINTIKKA, Merrill B. «Some remarks on (Wittgensteinian) logical form.» Dans: *Synthese*, vol. 56, 1983, pp. 155–170.

HOCHBERG, Herbert. «Negation and generality.» Dans: *Essays on Wittgenstein*. [Éd. p.] E. D. Klemke. Urbana [...], University of Illinois Press, 1971. Pp. 464–484.

HOCHBERG, Herbert. «Facts, possibilities, and essences in the *Tractatus*.» Dans: *Essays on Wittgenstein*. [Éd. p.] E. D. Klemke. Urbana [...], University of Illinois Press, 1971. Pp. 485–533.

HOCHBERG, Herbert. «Natural necessity and laws of nature.» Dans: *Philosophy of Science*, vol. 48, 1981, pp. 386–399.

HODGES, Michael P. *Transcendence and Wittgenstein's* Tractatus. Philadelphia, Temple University Press, 1990.

HLV HOOG, Simone. *Louis XIV. Manière de montrer les jardins de Versailles*. Paris, Éditions de la Réunion des Musées Nationaux, 1982.

KALIN, Martin. «Time and multiplicity in the *Tractatus*.» Dans: *The Southern Journal of Philosophy*, vol. 20, 1982, pp. 337–357.

KEYSER, Cassius J. [Observations sur le *Tractatus*.] Dans: *Bulletin of the American Mathematical Society*, vol. 30, 1924, pp. 179–181.

Klemke, Elmer D. «The ontology of Wittgenstein's *Tractatus.*» Dans: *Essays on Wittgenstein.* [Éd. p.] E. D. Klemke, Urbana [...], University of Illinois Press, 1971. Pp. 104–119.

Kluge, Eike-Henner. *Functions and things: an essay in the metaphysics of Frege and Wittgenstein.* [Thèse, University of Michigan (Ann Arbor, Michigan), 1969.]

Kluge, Eike-Henner. «Objects as universals: a re-appraisal of the *Tractatus.*» Dans: *Dialogue: Canadian Philosophical Review,* vol. 12, 1973, pp. 64–77.

Koenne, Werner. «Die Beziehung Wittgensteins zu Frege im *Tractat.*» Dans: *Wissenschaft und Weltbild,* vol. 26, 1973, pp. 135–145.

Koenne, Werner. «Rekursive Techniken und der *Tractat.*» Dans: *Oesterreichische Philosophen [...],* vol. 1, [éd. p.] J. Ch. Marek [*et al.*] Innsbruck, Zelger, 1977. (Conceptus, vol. 28–30, 1977.) Pp. 289–303.

Kroy, Moshe. «Early Wittgenstein on death.» Dans: *Indian Philosophical Quarterly,* vol. 9, 1981–1982, pp. 239–244.

Lange, Ernst M. *Wittgenstein und Schopenhauer: logisch-philosophische Abhandlung und Kritik des Solipsismus.* Cuxhaven, Junghans, 1989. (Hochschultexte Philosophie, vol. 4.)

Langford, Cooper H. «On propositions belonging to logic.» Dans: *Mind,* vol. 36, 1927, pp. 342–346.

Lazerowitz, Morris. «Tautologies and the matrix method.» Dans: *Mind,* vol. 46, 1937, pp. 191–205.

LNE Leibniz, Gottfried Wilhelm. *Nouveaux essais sur l'entendement humain.* [Éd. p.] Leibniz-Forschungsstelle der Universität Münster. Dans: Leibniz, Gottfried Wilhelm. *Sämtliche Schriften und Briefe.* [Éd. p.] Deutsche Akademie der Wissenschaften, Berlin. *Sechste Reihe: Philosophische Schriften,* vol. 6. Berlin, Akademie-Verlag, 1962. Pp. 39 à 527.

LTT Lewy, Casimir. «A note on the text of the *Tractatus.*» Dans: *Mind,* vol. 76, 1967, pp. 416–423.

Long, Peter. «Formal relations.» Dans: *The Philosophical Quarterly* (St. Andrews), vol. 32, 1982, pp. 151–161.

LJV [Louis XIV.] *Manière de montrer les jardins de Versailles.* [Introd. p.] R. Girardet. Paris. Plon, 1951. (Psyché, vol. 2.)

Ludwig, Jan. «‹Substance› and ‹simple objects› in *Tractatus* 2.02 ff.» Dans: *Philosophical Studies* (Dordrecht), vol. 29, 1976, pp. 307–318.

Maslow, Alexander P. *A study in Ludwig Wittgenstein's Tractatus logico-philosophicus.* [Thèse, University of California at Berkeley, 1934.]

Maury, André. «Wittgenstein and the limits of language.» Dans: *Acta Philosophica Fennica,* vol. 32, 1981, pp. 149–167. (Essays in philosophical analysis. Dedicated to Erik Stenius [...].)

McDonough, Richard M. *The argument of the* Tractatus. *Its relevance to contemporary theories of logic, language, mind and philosophical truth.* Albany (New York), State University of New York Press, 1986. (Suny series in philosophy.)

McHale, Mary E. *The notion of the mystical in Wittgenstein's Tractatus.* [Thèse, Catholic University of America (Washington, D. C.), 1979.]

Miller, David. «The uniqueness of atomic facts in Wittgenstein's *Tractatus.*» Dans: *Theoria*, vol. 43, 1977, pp. 174–185.

Mizińska, Jadwiga. «Der letzte Satz des ‹Tractatus› von Wittgenstein.» Dans: *Wittgenstein – eine Neubewertung. Akten des 14. internationalen Wittgenstein-Symposiums [...] 1989.* [Éd. p.] R. Haller [et] J. Brandl. Wien, Hölder [...], 1990. Vol. 3, pp. 45–48.

Moreno, Arley R. *Recherches sur le* «Tractatus» *de Wittgenstein.* [Thèse de doctorat de troisième cycle, Université de Provence (Aix-en-Provence et Marseille), 1976.]

Moreno, Arley R. «Le système de numérotation du *Tractatus.*» Dans: *Systèmes symboliques, science et philosophie. Travaux du Séminaire d'Épistémologie Comparative d'Aix-en-Provence, [Équipe de Recherche Associée au] C. N. R. S. 650.* Paris, Éditions du [C. N. R. S.], 1978. Pp. 259–282.

Morrison, James C. *Meaning and truth in Wittgenstein's* Tractatus. Den Haag, Mouton, 1968. (Janua Linguarum, series minor, vol. 64.)

Mounce, Howard O. *Wittgenstein's Tractatus. An introduction.* Oxford, Blackwell, 1981.

Müller, Anselm. *Ontologie in Wittgensteins «Tractatus».* Bonn, Bouvier, 1967. (Abhandlungen zur Philosophie, Psychologie und Pädagogik, vol. 41.)

Narveson, Anna. «The ontology of the *Tractatus.*» Dans: *Dialogue: Canadian Philosophical Review*, vol. 3, 1964, pp. 273–283.

Nicolet, Daniel. *Lire Wittgenstein. Études pour une reconstruction fictive.* Paris, Aubier, 1989. [Thèse, Université de Lausanne, 1989.]

Nieli, Russell. *Wittgenstein: from mysticism to ordinary language. A study of Viennese positivism and the thought of Ludwig Wittgenstein.* Albany (New York), State University of New York Press, 1987. (Suny series in philosophy.)

Novielli, Valeria. *Wittgenstein e la filosofia.* (Pubblicazioni della Facoltà di Lettere e Filosofia della Università degli Studi di Bari.) Bari, Adriatica Editrice, 1969.

[Obituary.] «Dr. L. Wittgenstein.» Dans: *The Times,* London, 1951, le 2 mai, p. 8, col. 5.

Park, Young S. *Wittgenstein's version of verifiability in the* Tractatus. [Thèse, Emory University (Atlanta, Georgia), 1975.]

Pears, David F. *Wittgenstein.* London, Fontana [...], 1971.

Pears, David F. «The ontology of the *Tractatus.*» Dans: *Teorema, número monográfico,* 1972. Pp. 49–58.

Pears, David F. «Wittgenstein's treatment of solipsism in the Tractatus.» Dans: *Crítica: Revista Hispanoamericana de Filosofía* (México), vol. 6, 1972, pp. 57–84.

PEARS, David F. «Representation in Wittgenstein's *Tractatus.*» Dans: *Forms of representation. Proceedings of the 1972 Philosophy Colloquium of the University of Western Ontario [...]*. [Éd. p.] B. Freed [*et al.*]. Amsterdam, North-Holland Publishing Company, 1975. Pp. 203–219.

PETERSON, Donald M. *Wittgenstein's early philosophy: Three sides of the mirror.* London [...], Harvester Wheatsheaf, 1990.

PIANA, Giovanni. *Interpretazione del «Tractatus» di Wittgenstein.* Milano, Il Saggiatore, 1973.

PIANI, Vincenzo. «Il problema del soggetto: dalla logica alla metafisica nelle prime opere di Wittgenstein.» Dans: *Metafisica e scienze dell'uomo. Atti del VII congresso internazionale. Centro Internazionale di Studi e di Relazioni Culturali. Bergamo, 4–9 settembre, 1980.* Vol. 1, Roma, Borla, 1982. Pp. 314–321.

PITCHER, George. *The philosophy of Wittgenstein.* Englewood Cliffs (New Jersey), Prentice-Hall, 1964.

PLOCHMANN, George K. «A note on Harrison's notes on ‹das Mystische›.» Dans: *The Southern Journal of Philosophy,* vol. 2, 1964, pp. 130–132.

POULAIN, Jacques. «La possibilité des propositions ontologiques dans le *Tractatus logico-philosophicus.*» Dans: *Les Études Philosophiques,* n° 4, 1973, pp. 529–552.

RAMSEY, Frank. «Critical notice of the *Tractatus.*» Dans: *Mind,* vol. 32, 1923, pp. 465 à 478.

RAPHAËL, Leyla. *Wittgenstein et Hertz. Pour une lecture antipositiviste de Wittgenstein.* [Thèse, McGill University (Montreal), 1978.]

REGUERA, Isidoro. «Wittgenstein 1: La filosofía y la vida. Primera parte. La lógica del lenguaje y la lógica del silencio [...]» Dans: *Teorema,* vol. 11, 1981, pp. 57–77.

REGUERA, Isidoro. «Wittgenstein 1: La filosofía y la vida. Segunda parte. La felicidad y el arte [...]» Dans: *Teorema,* vol. 11, 1981, pp. 279–314.

RENTSCH, Thomas. *Heidegger und Wittgenstein. Existential- und Sprachanalysen zu den Grundlagen philosophischer Anthropologie.* Stuttgart, Klett-Cotta, 1985.

ROBINSON, John H. *Seeing the world aright: a study of Ludwig Wittgenstein's pretractarian notebooks.* [Thèse, University of Notre Dame (Notre Dame, Indiana), 1975.]

SAVITT, Steven F. *Frege and Wittgenstein on identity, logic, and number.* [Thèse, Brandeis University (Waltham, Massachusetts), 1972.]

SCHEIER, Claus-Artur. «Zur Struktur von Wittgensteins Logisch-philosophischer Abhandlung.» Dans: *Philosophie des Rechts, der Politik und der Gesellschaft. Akten des 12. internationalen Wittgenstein-Symposiums [...] 1987.* [Éd. p.] O. Weinberger [*et al.*]. Wien, Hölder [...], 1988. Pp. 410–412.

SCHIAVONE, Michele. «Il pensiero filosofico di Ludwig Wittgenstein alla luce del *Tractatus Logico-Philosophicus.*» Dans: *Rivista di Filosofia Neo-Scolastica,* vol. 47, 1955, pp. 225–252.

SCHWARTZ, Élisabeth. «Remarques sur ‹l'espace des choses› de Wittgenstein et ses origines frégéennes.» Dans: *Dialectica,* vol. 26, 1972, pp. 185–226.

SCHWARTZ, Élisabeth. «Remarques sur le ‹sujet› selon Wittgenstein.» Dans: *Systèmes symboliques, science et philosophie. Travaux du Séminaire d'Épistémologie Comparative d'Aix-en-Provence, [Équipe de Recherche Associée au] C.N.R.S. 650.* Paris, Éditions du [C. N. R. S.], 1978. Pp. 283-305.

SELLARS, Wilfrid St. «Naming and saying.» Dans: *Essays on Wittgenstein.* [Éd. p.] E. D. Klemke. Urbana [...], University of Illinois Press, 1971. Pp. 78-103.

SHIBLES, Warren. «Comments on ‹Wittgenstein's limits of the world›.» Dans: *Midwest Studies in Philosophy,* vol. 1, 1976, pp. 132-134.

SHIELDS, Philip R. *Logic and sin in the writings of Ludwig Wittgenstein.* Chicago [...], The University of Chicago Press, 1993.

SHWAYDER, David S. *Wittgenstein's Tractatus. A historical and critical commentary.* [Thèse, Oxford University, 1954.]

SIITONEN, Arto. «On the operational interpretation of logic and mathematics in the *Tractatus.*» Dans: *Philosophie der Naturwissenschaften. Akten des 13. internationalen Wittgenstein-Symposiums [...] 1988.* [Éd. p.] P. Weingartner [et] G. Schurz. Wien [...], Hölder, 1989. Pp. 411-414.

SLUGA, Hans. «Subjectivity in the *Tractatus.*» Dans: *Synthese*, vol. 56, 1983, pp. 123 à 139.

SMITH, Barry. «Law and eschatology in Wittgenstein's early thought.» Dans: *Inquiry*, vol. 21, 1978, pp. 425-441.

SMITH, Barry. «On tractarian law.» Dans: *Wittgenstein, der Wiener Kreis und der kritische Rationalismus. Akten des dritten internationalen Wittgenstein-Symposiums [...] 1978.* [Éd. p.] H. Berghel [*et al.*]. Wien, Hölder [...], 1979. Pp. 456-459.

SMUCKER, Jan A. *A study of the problem of determining ontological commitments in Wittgenstein's* Tractatus. [Thèse, Michigan State University (East Lansing, Michigan), 1969.]

SOAMES, Scott. «Generality, truth functions, and expressive capacity in the Tractatus.» Dans: *The Philosophical Review* (Ithaca, New York), vol. 92, 1983, pp. 573-589.

«Spinoza inverted. Tractatus Logico-Philosophicus. By L. Wittgenstein [...]» - [Review of C. K. Ogden's translation of the Tractatus.] Dans: *The Times*, London, 1922, le 21 décembre, Literary Supplement, p. 854, col. 4.

STEGMÜLLER, Wolfgang. «Eine modelltheoretische Präzisierung der Wittgensteinschen Bildtheorie.» Dans: *Notre Dame Journal of Formal Logic,* vol. 7, n° 2, 1966, pp. 181 à 195.

STENIUS, Erik. *Wittgenstein's Tractatus. A critical exposition of its main lines of thought.* Oxford, Blackwell, 1960.

STENIUS, Erik. «The sentence as a function of its constituents in Frege and in the *Tractatus.*» Dans: *Acta Philosophica Fennica,* vol. 28, 1976, pp. 71-84. (Essays on Wittgenstein. In honour of G. H. von Wright.)

STRICKLER, Nina. *The problem of the absolute: a study in Spinoza, Hegel and Wittgenstein.* [Thèse, De Paul University (Chicago), 1973.]

STRIPLING, Scott R. *The picture theory of meaning: an interpretation of Wittgenstein's Tractatus Logico-Philosophicus.* [Thèse, Pennsylvania State University (Pennsylvania), 1975.]

SUSZKO, Roman. «Ontology in the *Tractatus* of L. Wittgenstein.» Dans: *Notre Dame Journal of Formal Logic,* vol. 9, n° 1, 1968, pp. 7–33.

TENNESSEN, Herman. «Whereof one has been silent, thereof one may have to speak.» Dans: *The Journal of Philosophy,* vol. 58, 1961, pp. 263–274.

TERRICABRAS, Josep-Maria. *Ludwig Wittgenstein. Kommentar und Interpretation.* Freiburg (Breisgau), Alber, 1978.

TILGHMAN, Benjamin R. «Seeing and meaning.» Dans: *The Southern Journal of Philosophy,* vol. 14, 1976, pp. 523–533.

VAN EVRA, James W. «On death as a limit.» Dans: *Analysis,* vol. 31, 1971, pp. 170–176.

VERHACK, Ignace. «Wittgenstein's deictic metaphysics: an uncommon reading of the *Tractatus.*» Dans: *International Philosophical Quarterly,* vol. 18, 1978, pp. 433–444.

VILLORO, Luis. «Lo indecible en el *Tractatus.*» Dans: *Crítica: Revista Hispanoamericana de Filosofía* (México), vol. 7, 1975, pp. 5–39.

VUILLEMIN, Jules. «Remarques sur 4.442 du *Tractatus.*» Dans: *Wittgenstein et le problème d'une philosophie de la science. Colloques internationaux du [C.N.R.S.]. Sciences Humaines. Aix-en-Provence, 21–26 juillet 1969.* Paris, Éditions du [C.N.R.S.], 1970. Pp. 153–172.

WALKER, Jeremy. «Wittgenstein's early theory of the will: an analysis.» Dans: *Idealistic Studies,* vol. 3, 1973, pp. 179–205.

WEINBREN, Graham. *Mysticism, solipsism and judgment: the conception of the mind in the Tractatus and some related problems.* [Thèse, State University of New York at Buffalo, 1976.]

WEISSMAN, David. «Ontology in the *Tractatus.*» Dans: *Philosophy and Phenomenological Research,* vol. 27, 1966–1967, p. 475–501.

WEISSMAN, David. «Platonism in the *Tractatus.*» Dans: *Idealistic Studies,* vol. 2, 1972, pp. 51–80.

WHITTAKER, John H. «Tractatus 6.4312: immortality and the riddle of life.» Dans: *Philosophical Investigations,* vol. 6, 1983, pp. 37–48.

WILSON, Fred. «The world and reality in the *Tractatus.*» Dans: *The Southern Journal of Philosophy,* vol. 5, 1967, pp. 253–260.

A Wittgenstein workbook. [Par] COOPE, Christopher, GEACH, Peter, POTTS, Timothy [et] WHITE, Roger. Berkeley (California), University of California Press, 1970.

WOLNIEWICZ, Boguslaw. «Four notions of independence.» Dans: *Theoria,* vol. 36, 1970, pp. 161–164.

WOLNIEWICZ, Boguslaw. «The notion of fact as a modal operator.» Dans: *Teorema, número monográfico,* 1972. Pp. 59–66.

WOLNIEWICZ, Boguslaw. «Sachlage und Elementarsatz.» Dans: *Wittgenstein und sein Einfluss auf die gegenwärtige Philosophie. Akten des zweiten internationalen Wittgenstein-Symposiums [. . .] 1977.* [Éd. p.] E. Leinfellner [*et al.*]. Wien, Hölder [. . .], 1978. Pp. 174–176.

WOLNIEWICZ, Boguslaw. «Situations as the reference of propositions.» Dans: *Dialectics and Humanism,* vol. 5, 1978, pp. 171–182.

WOLTERS, Richard M. *Wittgenstein's ontology in his early works.* [These, University of Massachusetts at Boston, 1974.]

WORTHINGTON, Bernard A. «Ethics and the limits of language in Wittgenstein's *Tractatus.*» Dans: *Journal of the History of Philosophy,* vol. 19, 1981, pp. 481–496.

WORTHINGTON, Bernard A. «Language and the self in Wittgenstein's Tractatus.» Dans: *Philosophical Studies* (Dublin), vol. 29, 1982, pp. 148–156.

WORTHINGTON, Bernard A. *Selfconsciousness and selfreference: an interpretation of Wittgenstein's* Tractatus. Aldershot [. . .], Avebury, 1988.

WRIGHT, Georg H. von. *Wittgenstein.* Oxford, Blackwell, 1982.

WUCHTERL, Kurt. *Struktur und Sprachspiel bei Wittgenstein [. . .]* Frankfurt am Main, Suhrkamp, 1969.

ZEMACH, Eddy M. «Material and logical space in Wittgenstein's Tractatus.» Dans: *Methodos,* vol. 16, 1964, pp. 127–140.

ZPM ZEMACH, Eddy M. «Wittgenstein's philosophy of the mystical.» Dans: *Essays on Wittgenstein's* Tractatus. [Éd. p.] I. M. Copi [*et al.*]. London, Routledge [. . .], 1966. Pp. 359 à 375.

ZIMMERMANN, Jörg. *Wittgensteins sprachphilosophische Hermeneutik.* [Thèse, Universität Tübingen, 1974.] Frankfurt am Main, Klostermann, 1975. (Philosophische Abhandlungen, vol. 46.)

ZWICKY, Jan. «Wittgenstein and the logic of inference.» Dans: *Dialogue: Canadian Philosophical Review,* vol. 21, 1982, pp. 671–692.

SPINOZA

OEUVRES

ÉDITIONS ORIGINALES

[Benedictus de SPINOZA.] B.d.S. *Opera posthuma. Quorum series post praefationem exhibetur.* [S.l.,] 1677. [2 parties en 1 vol. in-4°, préface, 1 p, 614 pp., index, 1 p., 112 pp., tables, fig., ill.]:

E [I] – *Ethica ordine geometrico demonstrata, et in quinque partes distincta [...].*

[II] – *Tractatus politicus, in quo demonstratur, quomodo societas, ubi imperium monarchicum locum habet, sicut et ea, ubi optimi imperant, debet institui [...].*

[III] – *Tractatus de intellectus emendatione, et de viâ, quâ optimè in veram rerum cognitionem dirigitur.*

[IV] – *Epistolae doctorum quorundam virorum ad B.d.S., et auctoris responsiones [...].*

[V] – *Compendium grammatices linguae hebraeae.*

[Benedictus de SPINOZA.] *De Nagelate Schriften van B.d.S. Als Zedekunst, Staatkunde, Verbetering van 't Verstant, Brieven en Antwoorden. Uit verscheide Talen in de Nederlandsche gebragt.* [S.l.,] 1677. [In-4°, préface, 666 pp., fig., ill.]

ÉDITION CRITIQUE

[Benedictus de SPINOZA.] *Spinoza. Opera. Im Auftrag der Heidelberger Akademie der Wissenschaften herausgegeben von Carl Gebhardt.* Heidelberg, Winter, 1925. [4 vol., portraits, fig., ill.]:

[Vol. 1.] – *Korte verhandeling van God [...]. Renati Des Cartes Principiorum philosophiae pars I. et II. Cogitata metaphysica. Compendium grammatices linguae hebraeae.* [631 pp.]

EB 2 [Vol. 2.] – *Tractatus de intellectus emendatione. Ethica.* [392 pp.]

[Vol. 3.] – *Tractatus theologico-politicus. Adnotationes ad Tractatum theologico-politicum. Tractatus politicus.* [432 pp.]

EB 4 [Vol. 4.] – *Epistolae. Stelkonstige reeckening van den regenboog. Reeckening van kanssen.* [447 pp.]

TRADUCTIONS

[Benedictus de SPINOZA.] *Oeuvres [...].* [Trad. et notes p.] Ch. Appuhn. Paris, Garnier-Flammarion, 1964–1966:

[Vol. 1.] – *Court traité. Traité de la réforme de l'entendement. Principes de la philosophie de Descartes. Pensées métaphysiques.* [1964]. [443 pp., fig., ill.]

[Vol. 2.] – *Traité théologico-politique.* [1965]. [380 pp.]

[Vol. 3.] – *Éthique [...].* [1965]. [379 pp.]

[Vol. 4.] – *Traité politique. Lettres.* [1966]. [379 pp., fig., ill.]

[Benedictus de SPINOZA.] *Éthique [...].* [Texte latin, trad. nouvelle, notice et notes p.] Ch. Appuhn [...]. Paris, Vrin, 1977. [2 t. en 1 vol., t. 1: 433 pp., t. 2: 260 pp.] = Reprod. de: SPINOZA, *Éthique [...]. Texte latin [...] revu. Traduction nouvelle, notice et notes par Charles Appuhn [...].* Vol. 1, Paris, Garnier, 1920 [423 pp.]; vol. 2, Paris, Garnier, 1934 [291 pp.].

[Benedictus de SPINOZA.] *Oeuvres complètes.* [Trad. et notes p.] R. Caillois, M. Francès [et] R. Misrahi. [Paris,] Gallimard, 1978. [LVII, 1576 pp., fig., ill.] (Bibliothèque de la Pléiade, vol. 108.)

[Benedictus de SPINOZA.] *Spinoza. Abrégé de grammaire hébraïque. [...].* [Introd., trad. française et notes p. J. Askénazi et J. Askénazi-Gerson.] Paris, Vrin, 1968. [242 pp.] (Bibliothèque des textes philosophiques.)

[Benedictus de SPINOZA.] *Sämtliche Werke in sieben Bänden und einem Ergänzungsband.* [Éd. p.] C. Gebhardt [en collaboration avec] O. Baensch [et] A. Buchenau. Hamburg, Meiner, 1976 ss.:

[Vol. 1.] – *Kurze Abhandlung von Gott, dem Menschen und dessen Glück.* [Trad. p.] C. Gebhardt, [éd. p.] W. Bartuschat. Hamburg, Meiner, 1991. 5e éd. [XLII, 141 pp.] (Philosophische Bibliothek, vol. 91.)

[Vol. 2.] – *Die Ethik, nach geometrischer Methode dargestellt.* [Trad. p.] O. Baensch, [introd. p.] R. Schottlaender. Hamburg, Meiner, 1976. [Réimpression de la 2e éd. de 1910.] [XXXVI, 337 pp., fig., ill.] (Philosophische Bibliothek, vol. 92.)

[Vol. 3.] – *Theologisch-Politischer Traktat.* [Trad. p.] C. Gebhardt, [éd. p.] G. Gawlick. Hamburg, Meiner, 1976. [XXXVI, 370 pp., ill.] (Philosophische Bibliothek, vol. 93.)

[Vol. 4.] – *Descartes' Prinzipien der Philosophie auf geometrische Weise begründet, mit dem «Anhang, enthaltend metaphysische Gedanken».* [Trad. p.] A. Buchenau, [introd. p.] W. Bartuschat. Hamburg, Meiner, 1978. 5e éd. [XXXVIII, 176 pp., fig., ill.] (Philosophische Bibliothek, vol. 94.)

[Vol. 5.] – *Abhandlung über die Verbesserung des Verstandes. Abhandlung vom Staate.* [Trad. p.] C. Gebhardt, [introd. p.] K. Hammacher. Hamburg, Meiner, 1977. 5e éd. [XLVIII, 218 pp.] (Philosophische Bibliothek, vol. 95.)

[Vol. 6.] – *Briefwechsel.* [Trad. p.] C. Gebhardt, [introd. p.] M. Walther. Hamburg, Meiner, 1977. 2e éd. [LXVIII, 458 pp., fig., ill.] (Philosophische Bibliothek, vol. 96a.)

[Vol. 7.] – *Spinoza, Lebensbeschreibungen und Gespräche.* [Trad. et introd. p.] C. Gebhardt. Hamburg, Meiner, 1977. 2e éd. [XII, 171 pp.] (Philosophische Bibliothek, vol. 96b.)

[Vol. 8.] – *Algebraische Berechnung des Regenbogens. Berechnung von Wahrscheinlichkeiten.* [Trad. et introd. p.] H.-Chr. Lucas [et] M. J. Petry. Hamburg, Meiner, 1982. [XLII, 84 pp., fig., ill.] (Philosophische Bibliothek, vol. 350.)

[Benedictus de SPINOZA.] *Opera [...]. Lateinisch und deutsch.* [Vol. 2.] *Tractatus de intellectus emendatione. Ethica.* [Éd. p.] K. Blumenstock. Darmstadt, Wissenschaftliche Buchgesellschaft, 1980. 3e éd. [565 pp., fig.] – (*Tractatus de intellectus emendatione* = reprod. de la trad. de Berthold Auerbach dans: *B. de Spinoza's sämmtliche Werke aus dem Lateinischen [...]*, [éd. p.] Berthold Auerbach [...], vol. 1 [2e éd.], Stuttgart, Cotta, 1871. *Ethica* = reprod. de la trad. de Berthold Auerbach dans: *B. de Spinoza's sämmtliche Werke aus dem Lateinischen [...]*, [éd. p.] Berthold Auerbach [...], vol. 2 [2e éd.], Stuttgart, Cotta, 1871.)

SPINOZA

ÉTUDES ET COMMENTAIRES

ALEXANDER, Samuel. *Space, time and deity*. The Gifford lecture at Glasgow, 1916 à 1918. London, The Macmillan Press, 1920.

ALEXANDER, Samuel. *Spinoza and time*. [Postface de] Viscount Haldane [...] London, Allen [...], 1921.

ALQUIÉ, Ferdinand. *Le rationalisme de Spinoza*. Paris, Presses Universitaires de France, 1981. (Epiméthée, essais philosophiques.)

BAENSCH, Otto. «Die Entwicklung des Seelenbegriffs bei Spinoza als Grundlage für das Verständnis seiner Lehre vom Parallelismus der Attribute.» Dans: *Archiv für Geschichte der Philosophie*, vol. 20, 1907, pp. 332–344 et 456–495.

BARTH, Heinrich. *Philosophie der Erscheinung. Eine Problemgeschichte. Zweiter Teil, Neuzeit*. [Vol. 2.] Basel, Schwabe, 1959.

BARTUSCHAT, Wolfgang. «Selbstsein und Absolutes.» Dans: *Neue Hefte für Philosophie. Spinoza 1677–1977*. Vol. 13, 1977, pp. 21–63.

BARTUSCHAT, Wolfgang. *Spinozas Theorie des Menschen*. Hamburg, Meiner, 1992.

BAUMANN, Johann J. *Die Lehren von Raum, Zeit und Mathematik in der neueren Philosophie [...]. Suarez, Descartes, Spinoza [...]*. [Vol. 1.] Berlin, Reimer, 1868.

BAUMANN, Johann J. *Die Lehren von Raum, Zeit und Mathematik in der neueren Philosophie [...]. Leibniz, Leibniz und Clarke, Berkeley [...]*. [Vol. 2.] Berlin, Reimer, 1869.

BECHER, Erich. *Der Begriff des Attributes bei Spinoza in seiner Entwicklung und seinen Beziehungen zu den Begriffen der Substanz und des Modus*. Halle an der Saale, Niemeyer, 1905. (Abhandlungen zur Philosophie und ihrer Geschichte. [Éd. p.] B. Erdmann. Vol. 19.)

BENNETT, Jonathan. «Spinoza's vacuum argument.» Dans: *Midwest Studies in Philosophy*, vol. 5, 1980, pp. 391–399.

BENNETT, Jonathan. *A study of Spinoza's* Ethics. Cambridge [...], Cambridge University Press, 1984.

BRAIG, Carl. *Vom Sein. Abriss der Ontologie*. Freiburg (Breisgau), Herder, 1896. (BRAIG, Carl. *Die Grundzüge der Philosophie*, vol. 4.)

BRANDOM, Robert. «Adequacy and the individuation of ideas in Spinoza's Ethics.» Dans: *Journal of the History of Philosophy*, vol. 14, 1976, pp. 147–162.

BRUNNER, Peter. *Probleme der Teleologie bei Maimonides, Thomas von Aquin und Spinoza*. Heidelberg, Winter, 1928.

BRUNSCHVICG, Léon. *Spinoza*. Paris, Alcan, 1894.

BRUNSCHVICG, Léon. *Spinoza et ses contemporains*. 3e éd. [...] Paris, Alcan, 1923.

CAILLOIS, Roland. «L'absolu et le divin. (A propos du spinozisme.)» Dans: *Revue de l'Enseignement Philosophique*, vol. 33, 1982–1983, pp. 3–26.

CAIRD, John. *Spinoza*. Edinburgh, Blackwood, 1888.

CAMERER, Theodor. *Die Lehre Spinoza's*. Stuttgart, Cotta, 1877.

CAMPBELL, John. «Spinoza's theory of perfection and goodness.» Dans: *The Southern Journal of Philosophy*, vol. 18, 1980, pp. 259–274.

CASELLATO, Sante. «La durata infinita et la durata finita nella dottrina di Spinoza.» Dans: *Sophia*, vol. 10, 1942, pp. 55–66.

COLLINS, James D. *Spinoza on nature [...]* Carbondale (Illinois), Southern Illinois University Press, 1984. (Philosophical explorations.)

CREMASCHI, Sergio. *L'automa spirituale. La teoria della mente e delle passioni in Spinoza*. Milano, Università Cattolica del Sacro Cuore, 1979. (Scienze filosofiche, vol. 22.)

CURLEY, Edwin M. *Spinoza's metaphysics. An essay in interpretation*. Cambridge (Massachusetts), Harvard University Press, 1969.

DELBOS, Victor. *Le problème moral dans la philosophie de Spinoza et dans l'histoire du spinozisme*. Paris, Alcan, 1893.

DELBOS, Victor. *Le spinozisme. Cours professé à la Sorbonne en 1912–1913*. Paris, Société Française d'Imprimerie et de Librairie, 1916.

DELBOS, Victor. *Figures et doctrines de philosophes. Socrate, Lucrèce, Marc-Aurèle, Descartes, Spinoza, Kant, Maine de Biran*. Paris, Plon, 1918.

DUCHESNEAU, François. «Du modèle cartésien au modèle spinoziste de l'être vivant.» Dans: *Canadian Journal of Philosophy*, vol. 3, 1973–1974, pp. 539–562.

DUPOND, Pascal. «La différence éthique dans la pensée de Spinoza.» Dans: *L'Enseignement philosophique*, vol 42, n° 4, 1992, pp. 30–48.

EDGAR, William J. «Continuity and the individuation of modes in Spinoza's physics.» Dans: *Spinoza's metaphysics: essays in critical appreciation*. [Éd. p.] J. B. Wilbur. Assen, Van Gorcum, 1976. (Philosophia Spinozae perennis: Spinoza's philosophy and its relevance, vol. 1.) Pp. 85–105.

ERHARDT, Franz. *Die Philosophie des Spinoza im Lichte der Kritik*. Leipzig, Reisland, 1908.

FEUERBACH, Ludwig A. *Geschichte der neuern Philosophie von Bacon von Verulam bis Benedict Spinoza*. Ansbach, Brügel, 1833. [In-8°, IV, LXIV, 436 pp.]

FISCHER, Kuno. *Spinozas Leben, Werke und Lehre*. [4e éd.] Heidelberg, Winter, 1898. (FISCHER, Kuno. *Geschichte der neuern Philosophie [...]*. Vol. 2. *Descartes' Schule. Spinozas Leben, Werke und Lehre*. [4e éd.].)

FLAGE, Daniel E. «The essences of Spinoza's God.» Dans: *History of Philosophy Quarterly*, vol. 6, 1989, pp. 147–160.

FLØISTAD, Guttorm. «Mind and body in Spinoza's Ethics.» Dans: *Giornale Critico della Filosofia Italiana, Quarta Serie*, vol. 8, 1977, pp. 345–357.

FÓTI, Véronique M. «Spinoza's doctrine of immortality and the unity of love.» Dans: *The Southern Journal of Philosophy*, vol. 17, 1979, pp. 437–442.

FRIEDMAN, Joel I. «Spinoza's problem of ‹other minds›.» Dans: *Synthese*,vol. 57, 1983, pp. 99–126.

FRIEDMAN, Joel I. «How the finite follows from the infinite in Spinoza's metaphysical system.» Dans: *Synthese*, vol. 69, 1986, pp. 371–407.

FRIEDRICHS, Max. *Der Substanzbegriff Spinozas neu und gegen die herrschenden Ansichten zu Gunsten des Philosophen erläutert.* Greifswald, Abel, 1896. [Thèse, Universität Leipzig, 1896.]

GARRETT, Don. «*Ethics* IP5: shared attributes and the basis of Spinoza's monism.» Dans: *Central themes in early modern philosophy: essays presented to Jonathan Bennett.* [Éd. p.] J. A. Cover [et] M. Kulstad. Indianapolis [...], Hackett, 1990. Pp. 69–107.

GOLDSCHMIDT, Victor. «La place de la théorie politique dans la philosophie de Spinoza.» Dans: *Manuscrito: Revista de Filosofia* (Campinas, São Paulo), vol. 2, nº 1, 1978, pp. 105–122.

GRANGER, Gilles-G. *Pour la connaissance philosophique.* Paris, Odile Jacob, 1988.

GÜNTHER, Wilhelm. «Der Kausalitätsbegriff bei Spinoza.» Dans: *Jahresbericht des Real-Progymnasiums (Wilhelmsschule) zu Wolgast, Ostern 1905.* Wolgast, Hoffmann, 1905. Pp. 1–24.

GUERET, Michel, ROBINET, André [et] TOMBEUR, Paul. *Spinoza. Ethica. Concordances, index, listes de fréquences, tables comparatives.* Louvain-la-Neuve, Université Catholique de Louvain, 1977. (Informatique et étude de textes, vol. 10.)

GSP 1 GUEROULT, Martial. *Spinoza. Dieu (Éthique, I).* [Vol. 1.] Paris, Aubier-Montaigne, 1968. (Analyse et raisons, vol. 12.)

GSP 2 GUEROULT, Martial. *Spinoza. L'Ame (Éthique, II).* [Vol. 2.] Paris, Aubier-Montaigne, 1974. (Analyse et raisons, vol. 18.)

HALLETT, Harold F. *Aeternitas, a spinozistic study.* Oxford, The Clarendon Press, 1930.

HARRIS, Errol E. «Infinity of attributes and idea ideae.» Dans: *Neue Hefte für Philosophie. Spinoza 1677–1977.* Vol. 13, 1977, pp. 9–20.

HASEROT, Francis S. «Spinoza's definition of attribute.» Dans: *The Philosophical Review* (Ithaca, New York), vol. 62, 1953, pp. 499–513.

HECKER, Konrad. «Spinozas Ontologie der Körperwelt.» Dans: *Zeitschrift für philosophische Forschung*, vol. 31, 1977, pp. 597–617.

HUAN, Gabriel. *Le Dieu de Spinoza.* Arras, Schoutheer, 1913. [Thèse, présentée à la Faculté des lettres de l'Université de Paris, 1913.]

IRRLITZ, Gerd. «Spinoza. Die Ethik in der ‹Ethik›.» Dans: *Deutsche Zeitschrift für Philosophie*, vol. 30, 1982, pp. 222–233.

JOACHIM, Harold H. *A study of the Ethics of Spinoza. (Ethica ordine geometrico demonstrata).* Oxford, The Clarendon Press, 1901.

KOYRÉ, Alexandre. «Le chien, constellation céleste, et le chien, animal aboyant.» Dans: *Revue de Métaphysique et de Morale*, vol. 55, 1950, pp. 50–59.

KRISTELLER, Paul O. «Stoic and neoplatonic sources of Spinoza's Ethics.» Dans: *History of European Ideas,* vol. 5, 1984, pp. 1–15.

LERMOND, Lucia. *The form of man: human essence in Spinoza's* Ethic. Leiden [...], Brill, 1988. (Brill's studies in intellectual history, vol. 11.)

LUCASH, Frank. «On the finite and infinite in Spinoza.» Dans: *The Southern Journal of Philosophy,* vol. 20, 1982, pp. 61–73.

MARCHAL, Christian. *The three-body problem.* Elsevier, Amsterdam [...], 1990. (Studies in astronautics, vol. 4.)

MARK, Thomas C. *Spinoza's theory of truth.* New York, Columbia University Press, 1972.

MARK, Thomas C. «The spinozistic attributes.» Dans: *Philosophia, Philosophical Quarterly of Israel,* vol. 7, 1977, pp. 55–82.

MARK, Thomas C. «Spinoza's concept of mind.» Dans: *Journal of the History of Philosophy,* vol. 17, 1979, pp. 401–416.

MATSON, Wallace. «Death and destruction in Spinoza's ‹Ethics›.» Dans: *Inquiry,* vol. 20, 1977, pp. 403–417.

MCKEON, Richard P. *The philosophy of Spinoza. The unity of his thought.* New York [...], Longmans [...], 1928.

MCKEON, Richard P. «Causation and the geometric method in the philosophy of Spinoza (I).» Dans: *The Philosophical Review* (Ithaca, New York), vol. 39, 1930, pp. 178–189.

MCKEON, Richard P. «Causation and the geometric method in the philosophy of Spinoza (II).» Dans: *The Philosophical Review* (Ithaca, New York), vol. 39, 1930, pp. 275–296.

MCRAE, Robert. «The mind, simple or composite: Leibniz versus Spinoza.» Dans: *The Southern Journal of Philosophy,* vol. 21, 1983, pp. 111–120.

MESSERI, Marco. «Il corpore singolo nella teoria fisica della materia di Spinoza ed in quella di Descartes.» Dans: *Annali della Scuola Normale Superiore di Pisa. Classe di Lettere e Filosofia.* Série 3, vol. 14, 1984, pp. 771–795.

MISRAHI, Robert. «Système de la nature, anthropologie et conscience de soi.» Dans: *La Nouvelle Critique,* n° 114, 1978, pp. 58–66.

NAESS, Arne. «Freedom, emotions, and self-subsistance: the structure of a small, central part of Spinoza's ‹Ethics›.» Dans: *Inquiry,* vol. 12, 1969, pp. 68–104.

PARKINSON, George H. *Spinoza's theory of knowledge.* Oxford, The Clarendon Press, 1954.

PASIG, Walter K. *Spinozas Rationalismus und Erkenntnislehre im Lichte des Verhältnisses von Denken und Ausdehnung.* Leipzig, Ramm [...], 1892. [Thèse, Universität Leipzig, 1892.]

PEGUEROLES, Juan. «¿Teologia negativa en la Etica de Spinoza? (I, 17, Escolio).» Dans: *Pensamiento,* vol. 33, 1977, pp. 251–267.

RADNER, Daisie. «Spinoza's theory of ideas.» Dans: *The Philosophical Review* (Ithaca, New York), vol. 80, 1971, pp. 338–359.

RICE, Lee C. «Spinoza on individuation.» Dans: *The Monist*, vol. 55, 1971, pp. 640 à 659.

RIVAUD, Albert. *Les notions d'essence et d'existence dans la philosophie de Spinoza*. Paris, Alcan, 1905. [Thèse complémentaire, présentée à la Faculté des lettres de l'Université de Paris, 1905.]

RSE ROBINSON, Lewis. *Kommentar zu Spinozas Ethik. [...]. Kommentar zum ersten und zum zweiten Teil der Ethik.* [Vol. 1.] Leipzig, Meiner, 1928.

RÖD, Wolfgang. «Spinozas Idee der scientia intuitiva und die spinozanische Wissenschaftskonzeption.» Dans: *Zeitschrift für Philosophische Forschung*, vol. 31, 1977, pp. 497–510.

SACKSTEDER, William. «Spinoza on part and whole: the worm's eye view.» Dans: *The Southwestern Journal of Philosophy*, vol. 8, n° 3, 1977, pp. 139–159.

SACKSTEDER, William. «Least parts and greatest wholes: variations on a theme in Spinoza.» Dans: *International Studies in Philosophy*, vol. 23, n° 1, 1991, pp. 75–87.

SASSO, Robert. «Parcours du ‹De Deo› de Spinoza (‹Ethique›, I). Un exemple des fonctions de la systématicité dans la constitution du discours philosophique.» Dans: *Archives de Philosophie*, vol. 44, 1981, pp. 579–610.

SCHMITT, Elisabeth. «Die unendlichen Modi bei Spinoza.» Dans: *Zeitschrift für Philosophie und philosophische Kritik*, vol. 140, 1910, pp. 1–128 et 129–182.

SCHMITT, Elisabeth. «Zur Problematik der unendlichen Modi.» Dans: *Chronicon Spinozanum*, vol. 2, 1922, pp. 155–173.

SCHNEIDERS, Werner. «Sub specie aeternitatis. Spinozas absoluter Standpunkt.» Dans: *Theoria cum Praxi. Zum Verhältnis von Theorie und Praxis im 17. und 18. Jahrhundert. Akten des III. Internationalen Leibnizkongresses, Hannover, 12. bis 17. November 1977. Band II. Spinoza.* (Studia Leibnitiana Supplementa [...] Vol. 20.) Wiesbaden, Steiner, 1981. Pp. 170–188.

SIEGEL, Carl L. *Vorlesungen über Himmelsmechanik*. Berlin [...], Springer, 1956. (Die Grundlehren der mathematischen Wissenschaften [...], vol. 85.)

S.N.C.F. Indicateur officiel du 31 mai 1987 au 26 septembre 1987. Renseignements généraux. Paris, S.N.C.F., 1987.

S.N.C.F. Indicateur officiel du 31 mai 1987 au 26 septembre 1987. Sud-Est et Corse. Paris, S.N.C.F., 1987.

STUMPF, Carl. «Spinozastudien.» Dans: *Abhandlungen der Preussischen Akademie der Wissenschaften, Philosophisch-historische Klasse*, n° 4, 1919, pp. 1–57.

SZEBEHELY, Victor. *Theory of orbits. The restricted problem of three bodies.* New York [...], Academic Press, 1967.

TROILO, Erminio. «I ‹Modi finiti› nella filosofia di Benedetto Spinoza.» Dans: *Atti del Reale Istituto Veneto di Scienze, Lettere ed Arti*, vol. 97, 2e partie, 1937–1938, pp. 247 à 281.

TROMPETTER, Linda. «Spinoza: a response to De Vries.» Dans: *Canadian Journal of Philosophy,* vol. 11, 1981–1982, pp. 525–537.

URSERY, Danney. «Spinoza's primary emotions.» Dans: *Dialogue (Phi Sigma Tau),* vol. 22, 1980, pp. 57–62.

VOSS, Stephen H. «How Spinoza enumerated the affects.» Dans: *Archiv für Geschichte der Philosophie,* vol. 63, 1981, pp. 167–179.

WAHLE, Richard. «Ueber die geometrische Methode des Spinoza.» Dans: *Sitzungsberichte der Wiener Akademie der Wissenschaften, Philosophisch-historische Klasse,* vol. 116, 1888, pp. 431–452.

WARTOFSKY, Marx W. «Action and passion: Spinoza's construction of a scientific psychology.» Dans: *Spinoza. A collection of critical essays.* (Modern studies in philosophy.) [Éd. p.] M. Grene. Garden City (New York), Anchor Press [...], 1973. Pp. 329 à 353.

WETLESEN, Jon. *The sage and the way, Spinoza's ethics of freedom.* Assen, Van Gorcum, 1979. (Philosophia Spinozae perennis: Spinoza's philosophy and its relevance, vol. 4.)

WOLFSON, Harry A. *The philosophy of Spinoza, unfolding the latent processes of his reasoning.* Cambridge (Massachusetts), Harvard University Press, 1934.

ZUBIMENDI, Julián. «La teoria del paralelismo en Espinosa (analisis de Eth. II, Prop. 7, Cor. y Esc.).» Dans: *Revista de Filosofía* (Madrid), vol. 5, 1982, pp. 81–99.

TABLE

www.ingramcontent.com/pod-product-compliance
Ingram Content Group UK Ltd.
Pitfield, Milton Keynes, MK11 3LW, UK
UKHW051027041026
15470UKWH00015B/1604

* 9 7 8 3 7 6 4 3 2 5 0 8 4 *